中 国 建 筑 名 家 文 库
中国建筑文化中心 组编

吴庐生 戴复东

文集

戴复东 吴庐生 著

华中科技大学出版社
http://www.hustp.com
中国·武汉

作者简介

戴复东　中国工程院院士

戴复东院士，安徽省无为县人，1928年4月25日出生于广州市。1952年7月毕业于南京大学（前身为中央大学，现东南大学）建筑系。中国工程院院士、教授、博士生导师、国家一级注册建筑师、政府特殊津贴获得者、同济大学建筑与城市规划学院名誉院长、同济大学高新建筑技术设计研究所所长。1983年6月~1984年10月在美国纽约哥伦比亚大学建筑与规划研究生院作访问学者。获得贝聿铭先生设立的每届一名"在美华人学者奖学金"，独身一人乘长途汽车环全美旅行，参观了三十余座城市，访问了十多家建筑设计事务所，获得了重要的感性认识，《越洋行踪》一书，就是他在美国的建筑见闻。《欧游掠影》一书，也是他利用去欧洲短期讲学机会，写的以法国、德国为主的建筑见闻。

同时他也非常重视乡土建筑研究，如贵州布依族岩石建筑、山东荣成市海草石屋。他一只手抓世界上先进的事物，另一只手抓自己土地上有生命力的东西。

他设计工程73项，国内外设计竞赛获奖19项，其中一等奖3项；撰写论文76篇，专著11部,译书1部；培养硕、博、博士后研究生98名，参加国际会议并发言7次，在维也纳艺术学院短期讲学一周。2006年8月，经评审，中国创造学会与国际管理学会授予戴复东"终生成就奖。"

THE AUTHOR

Professor Dai Fudong, Academician of Chinese Academy of Engineering

Dai Fudong, whose ancestral home is in Wuwei County, Anhui Province, was born on April 25, 1928, in Guangzhou, Guangdong Province. He graduated from the Architecture Department of Nanjing University (National Central University as its predecessor, and nowadays Southeast University) in July, 1952. Now he is an academician of Chinese Academy of Engineering, a national first-class certified architect, a winner of special government allowance, the honorary president of the College of Architecture and Urban Planning, and the director in the Institute of High and New Architectural Technology & Architectural Design of Tongji University, as well as a professor and a doctoral supervisor. Between June, 1983 and October, 1984, he was a visiting scholar to the Graduate School of Architecture and Planning of Columbia University, N.Y. US. He was awarded "*Fellowship for Chinese Scholar Who Lives in America*", a scholarship founded by I. M. Pei which confers on only one person each time. He once visited more than thirty cities and more than ten architecture design firms while travelling around the United States by coaches all alone, through which he acquired important perceptions. Overseas Tracks recorded his observation about architecture. *Glimpse of Europe* included his observation about French and German architecture, which witnessed his short-term teaching experience in Europe.

Meanwhile, he attaches great emphasis on local architecture study, such as rock building of Bouyei people in Guizhou Province and sea grass stone house in Rongcheng City, Shandong Province. With one hand, he grasps the world advances; with the other, he holds the things of strong vitality on the ground.

Professor Dai has designed 73 projects and won 19 awards in designing competition home and abroad, among which there are 3 first prizes. Moreover, he has published 76 papers and 11 monographs as well as 1 translation book. Under his guidance graduated 98 students with degree of master, PhD and postdoctorate. He has attended international conferences and given speeches for 7 times. Professor Dai once taught in the Academy of Fine Arts Vienna for one week. In August 2006, he was awarded "*The Achievement of All His Life Prize*" through examination by The Institute of Creation of China and The Institute of International Administration.

作者简介

吴庐生　中国工程设计大师

　　吴庐生教授，女，1930年8月1日生于江西庐山，安徽省庐江县人，现任上海同济大学教授、国家特许一级注册建筑师、同济大学高新建筑技术设计研究所总建筑师、高级顾问、政府特殊津贴获得者。曾任同济大学建筑设计研究院副总建筑师、顾问、总建筑师、硕士生导师。曾获1988年度上海市"三八红旗手"称号；1995年度上海市教育系统"女能手"称号；2010年12月获"同济大学卓越女性荣誉奖"。1972–2000年在设计院，设计工程获市、部、国家级奖12次。1999–2013年在高新所，设计工程获学会、市、部、国家级奖9次。2004年4月26日获"全国第四批中国工程设计大师"称号。著作有《当代中国建筑师——戴复东 吴庐生》《同济大学高新所作品集》等。

THE AUTHOR

Ms. Wu Lusheng, whose ancestral home is in Lujiang County, Anhui Province, was born on August 1, 1930, in Lushan, Jiangxi Province. She used to be the vice chief architect, consulting architect of Architectural Design & Research Institute of Tongji University, and a master's supervisor. Now she is the professor of Architectural Design & Research Institute of Tongji University (Group) Co., Ltd. in Shanghai, the national first-class certified architect, chief architect and senior consultant in the Institute of High and New Architectural Technology & Architectural Design of Tongji University, as well as a winner of special government allowance. She has been awarded the following honors: "Woman Standard-bearer" of Shanghai in 1988, "Woman Pace-setter " title by Shanghai Education System in 1995. From 1972 to 2000, she worked in the Architectural Design & Research Institute of Tongji University and won 12 prizes at municipal, ministerial and national level. From 1999 to 2013, she worked in the Institute of High and New Architectural Technology & Architectural Design of Tongji University and won 9 prizes at academical, municipal, ministerial and national level. On 26 April, 2004, she was awarded the title of National Design Master. She also wrote books, such as *Contemporary Chinese Architects –Dai Fudong and Wu Lusheng, Collected works of the Institute of High and New Architectural Technology & Architectural Design of Tongji University (1999-2012), etc..*

有关照片

1952年戴复东进入大学

戴安澜烈士——戴复东的父亲

南京大学（现东南大学）恩师杨廷宝院士

20世纪70年代戴复东在安徽干校

南京大学恩师刘敦桢院士

南京大学恩师童寯教授

20世纪70年代戴复东在斗室中伏床工作

吴庐生在"文革"期间，墙上是戴复东
所画毛主席像

1981年《建筑师》在我校举办竞赛评奖

1980年12月戴复东与童勤华、来增祥、郑友扬在江西省新余县

1983年戴复东与哥伦比亚大学建筑规划研究生院院长波歇克教授

1983年6月戴复东第一次赴美期间在哥伦比亚大学公寓内

1983年6月戴复东在自由神像岛上看纽约

1983年9月戴复东参观纽约利华大厦内院

1983年9月戴复东与哥伦比亚大学著名建筑设计教授科茨曼诺夫合影

1983年12月戴复东在纽约访问世界著名建筑师菲利普·约翰逊（右二）及伯吉（左一），被赠送作品集

1983年戴复东与黄兰谷教授共同会见贝聿铭先生

1983年戴复东在纽约古根海姆
博物馆前

1983年戴复东在纽约联合国
会堂前

1983年戴复东在纽约访问阿里·阿提亚建筑师

1983年戴复东在纽约联合国
大厦门前

1983年戴复东在纽约中央公园大
门进口处

1984年9月戴复东在尼亚加拉大瀑布前

2004年春戴复东、吴庐生在二人设计的浙江大学新校区1200座剧场大门前

1985年戴复东、吴庐生、贝聿铭先生及夫人参加联欢活动

1985年戴复东与陈植老先生访问上海中山故居

1986年建筑城规学院成立

1987年戴复东与冯纪忠、陶松龄、赵秀恒拜访日领馆

1986年戴复东在同济大学建筑城规学院成立大会上

1986年戴复东在家中备课

4

1988年4月戴复东参加全国政协第七届第一次会议

1989年4月戴复东、吴庐生与作家三毛（中）在一起

1989年戴复东、吴庐生在武汉做学术报告后参观小三峡

1989年联合国官员赖尚农先生观看戴、吴二人的设计

1992年9月戴复东、吴庐生在曲阜参观调研

1990年戴复东与海草石屋工匠学习技术

1992年9月戴复东、吴庐生参加东南大学90周年校庆

1994年戴复东、吴庐生与东南大学恩师刘光华教授在沪聚会

1994年戴复东、吴庐生与恩师刘光华教授（中）在一起

1998年核审《当代中国建筑师——戴复东、吴庐生》书稿

1996年戴复东、吴庐生在二人设计的武汉梅岭3号入口前

1996年戴复东、吴庐生在上海创业城国际设计竞赛二等奖方案模型前（无一等奖）

1999年戴复东被评为中国工程院院士后留念

1997年戴复东70岁生日

1999年底戴、吴夫妇二人在新家中

2002年6月戴复东、吴庐生在台湾日月潭畔

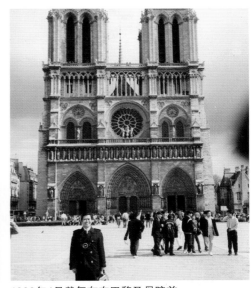

1988年4月戴复东在巴黎圣母院前

2002年1月戴复东、吴庐生在二人设计的中国残疾人体育艺术培训基地施工现场模型前

1988年4月戴复东在巴黎蓬皮杜中心休息平台上

1984年8月戴复东在底特律文艺复兴中心前

2003年8月戴复东、吴庐生在二人设计的浙江大学新校区中心岛建筑群前

吴庐生一岁生日与父（吴正华）、母（陈健吾）合影

1954年戴复东、吴庐生、戴母王荷馨（前中）、大弟靖东（前右）、小弟澄东（前左）、二妹藩篱（后左）合影

1953年戴复东和吴庐生的结婚照

20世纪70年代末吴庐生在家中图板上画图

20世纪70年代末吴庐生照片

1984年，吴庐生在同济大学文远楼屋顶上展示自己设计的青岛国家教委学术活动中心设计方案的模型

吴庐生中年的证件照

1987年吴庐生在兰州做兰州大学工程

吴庐生在办公室里办公

1988年吴庐生获上海"三八红旗手"光荣称号后的工作照

1989年吴庐生（中）和她的硕士研究生周友超（左）、金磊（右）答辩后合影

1996年吴庐生与何镜堂院士（当时为教授）在青岛合影

吴庐生在自己设计的房间里

吴庐生与其干爹严济慈（著名物理学家）合影

2000年6月吴庐生与戴复东带领博士生为浙江大学新校区中心组团研讨设计方案

2006年吴庐生大师在办公室工作照

1997年吴庐生在上海到杭州的火车上。准备参加儿子戴维平作美国约翰·波特曼先生（John Portman）的学术报告会翻译

2004年4月26日吴庐生荣获"全国第四批工程设计大师"称号

20世纪50年代末戴复东、吴庐生和儿子戴维平合影

少年维平与父母合影

1984年维平出国前与父母在一起研究设计方案

1984年维平出国前在家中自己的卧室内与父母合影

1986年4月戴复东第二次访美与爱子戴维平在哥伦比亚大学图书馆前校友雕像下合影

1999年吴庐生与爱子戴维平在新家中

戴复东与维平在美国哥伦比亚大学图书馆前广场草坪上

爱子戴维平的遗像

1999年戴、吴搬新家后儿子维平第一次回国来新家合影

1997年戴复东与吴庐生在儿子戴维平给研究生作学术报告后留影

1999年戴维平在父母新家电脑前

2009年戴、吴与儿子戴维平最后合影

应中国建筑学会邀请，准备在1999年出版《当代中国建筑师——戴复东、吴庐生》一书，戴复东在老宅书房里整理资料。
注：为迎接1999年在北京召开的第21届国际建筑师代表会和第20届世界建筑师大会而出版此书

1999年戴复东、吴庐生在戴复东的台湾博士生郑明任家里

戴复东、吴庐生二人在"中国残疾人体育艺术培训基地（诺宝中心）"的多用途会堂后墙向活动台口拍照

时任同济大学建筑设计研究院一室主任吴庐生和同室暖通工程师王彩霞在南京中山陵前合影

编者序言

　　中华民族自近代以来，涌现出一批建筑大家，他们为我国建筑文化的传承、古代建筑和历史文化城镇的保护与合理利用、城乡规划、建筑设计创作和建筑科技的创新作出了重要贡献。他们有的在建设理念、建设思想上思考颇深，有的在建筑教育、建筑理论上造诣深厚，有的在建筑科技、建筑设计上硕果累累，为我国建设领域留下了一笔笔宝贵的建筑与文化遗产。在当前城市化进程加快、西方建筑文化不断涌入中国，东西方文化相互碰撞、交融的形势下，深入梳理、品读建筑大家的建设思想和学术成果，对指导当代城市建设具有重要的现实意义。

　　为传承、借鉴、发展中国优秀的建筑文化和学术成就，中国建筑文化中心组织整理为我国建设事业作出重要贡献的建筑大家的学术论文、报告、笔记和手稿，呈现他们的学术思想、建设理念、专业素质和道德品行等宝贵的精神和物质财富，编纂出版《中国建筑名家文库》（下简称《文库》），以期建设工作者汲取更真实的中华建筑文化知识和学术思想，正确处理传承发展中国优秀建筑文化与学习借鉴西方建筑文化的关系，因地制宜地规划和建设具有中国特色的可持续发展城镇。

　　我们希望编纂出版的《文库》成为富有历史价值的关于中国建筑文化发展历史的重要学术文献之库，并希望当代建设工作者能够从《文库》中汲取营养和经验并有所感悟、借鉴，为我国建设事业健康、有序发展作出更大的贡献。

　　《文库》在编纂过程中得到住房和城乡建设部有关领导和老一辈建筑师的大力支持，他们对《文库》组稿、编纂工作给予了很大帮助，在此深表谢意。

中国建筑文化中心

2009 年 12 月

作者自序

光阴如流水般地过去，一转眼，我们二人都已是八十岁以上的老人了！回忆当年剃着平头，梳着小辫，双双走上工作岗位的情景，不禁哑然失笑。我们俩60多年来信守的"座右铭"如下：

坚韧不拔地追求，

执着勤奋地探究，

清醒周密地思索，

谦虚谨慎地奋斗！

我们俩很有幸，在为国人努力创造宜人的美好生存、生活、工作、休闲的环境中，不知不觉地用心、用脑、用手，推敲、思考、探索好几十年。在这既短又长的时间里，我们每一个人和我们相互之间的喜、怒、哀、乐，酸、甜、苦、辣，不知有多少……所幸，有一种声音在呼唤我们："把你们的劳动果实记录下来！"所以除了构思、方案图纸、施工图纸、施工说明之外，我们睁着昏花的老眼，把我们所思、所虑、所关心、所重视的事物，尽可能整理出一些文字材料。现在我们不辞粗陋，应中国建筑文化中心的要求，敝帚自珍的拿出来，请更多的老、中、青专业和非专业人士加以审阅、批评、指正。

做建筑设计是一件非常困难和艰巨的工作。首先特别是能够接到一项称心的设计任务很难；但对于有的单位和人比较容易得到，他们比较高明和有办法。一般是得到这项任务后，能把这项任务做得使建设单位满意、社会满意、设计者自己也满意，那真是件很不容易的事。孙中山先生说过一句话："夫天下之事，其不如人意者固十常八九"。在我们的思想中，我们会经常提醒自己，对困难要有所估计和认识。完成设计任务后，要使设计成果能够使大家和自己都满意，的确不是件容易的事，怎么办？要动脑筋，要知难而进，要想办法、要知不足、要不知足……

虽然，我们的年龄与日俱增，但是我们脑子还算是清晰的。我们要努力学习新事物和新技术，使自己跟上时代不落后；要知难而进并想办法解决；要知不足而不是知足……让我们能为祖国、人民、社会、地球再多出一些力，多做一些事。

吴庐生
戴复东

2017 年岁末　上海同济大学　东庐

目 录
CONTENTS

第二篇　建筑理论 ·················· 164

Chapter 2　Architectural Theories

第一篇　建筑设计

1　广州市国际综合商业中心
全国设计竞赛优良奖（最高奖）（1982 年）

戴复东　　吴庐生

　　这是"文化大革命"以后，全国举行的第一次大型建筑设计竞赛活动，本设计方案为最优方案。建筑基地位于广州东风三路南面，东为教育北路、西为连新路，在这样一个 3∶1 的长条形基地内，西面为新华通讯社，北面的中轴线上是中山纪念堂。

东北外观透视

　　在这块基地上我们设计了建造两幢 26 层的办公楼和一幢 15 层的宾馆楼，在这两个大内容下有 5 层的会议、餐饮、商店及设备用房等公共空间用房，车库位于地下。

　　我们想：在基地正中间的轴线两旁放置两幢 31 层办公楼，平面及柱网为与基地成 45°关系布置的 7.5 米柱网；在基地东端放置一幢与平面呈 45°关系的宾馆楼；下面 5 层裙房是会议、餐饮、商店及设备用房等，整体建筑外界面全部使用玻璃幕墙。在立面上最下面的底层将承重柱表现出来，由于 5 层的条形底座长度太长，将它上面的 4 层挑出，在界面上切出竖条形三角空隙，这样，用玻璃幕墙清澈

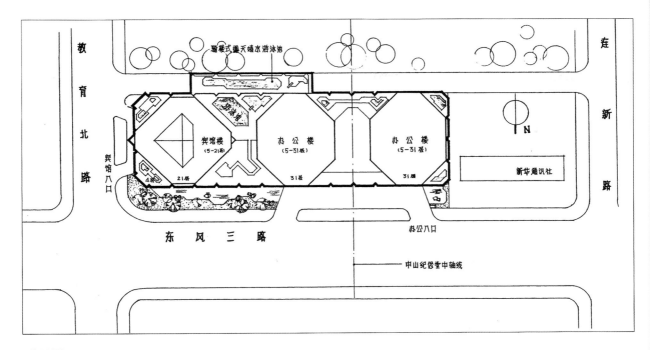

总平面

的晶体感折成不同角度的大小界面，我们认为这是幕墙整体在建筑艺术处理上很重要的方法，给人以通透、晶莹、挺括、新颖、现代的强烈感受和高科技的形态印象。由于竖向的三个体段，既有对称感，又不对称，加上中间不封闭，所以整体显得通透穿插，且又很开敞。办公楼的主出入口在东风三路的主轴线上，宾馆的主入口在教育北路上，每个入口都设置了出入地下车库的上下车道。宾馆范围内的南面道路上部，其下面架空，上面第三层设置了室外游泳池。办公楼平面呈八角形布置，可以适当避免双楼之间的视觉干扰和对采光的遮挡。

整体建筑采用钢结构或钢筋混凝土结构，柱网 7.5 米见方布置，整齐划一，便于结构受力及施工，办公楼采用框筒结构，层高 4 米，利于景观办公布局；宾馆采用中庭布局方式，结构为框架剪力墙体系，层高 3.5 米。

由于当时有人对于北面东风三路基地主轴线上是中山纪念堂，对这一建筑形态和材料与中山纪念堂是否匹配有争议，因此，未能建造。

宾馆入口门厅　　　　　　　　　　　　　　　　　　　　　　　办公大厦活动大厅

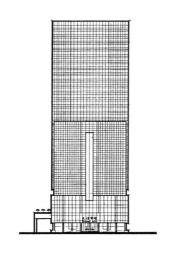

东立面

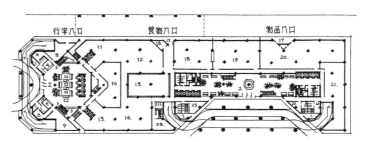

底层平面
1. 门卫厅　2. 进厅　3. 行李厅　4. 登记厅　5. 服务厅
6. 邮电厅　7. 银行　8. 浴厕　9. 办公用品仓库　10. 洗衣房
11. 中式点心餐厅　12. 中餐厨房　13. 西式点心餐厅　14. 西
餐厨房　15. 食品仓库　16. 厨房办公　17. 卸货平台　18. 职
工厨房　19. 职工餐厅　20. 用品仓库　21. 修理工场　22. 勤
杂工更衣室　23. 厨房职工休息浴厕

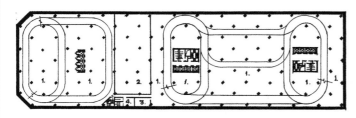

地下室平面
1. 停车场　2. 设备用房（水、电、暖、冷、风……）
3. 器械修理室　4. 职工更衣室、浴厕

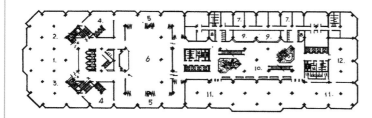

二层平面
1. 大餐厅　2. 中餐厅　3. 西餐厅　4. 备餐厅
5. 通道及多用途前室　6. 多功能大厅（集会、
宴会厅、舞厅）　7. 接待洽谈厅　8. 服务厅
9. 办公接待　10. 活动大厅　11. 商品陈列厅
12. 展品库　13. 淋浴室　14. 拔风管

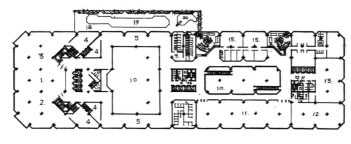

三层平面
1. 大餐厅　2. 西餐厅　3. 中餐厅　4. 备餐厅
5. 冷饮小吃　6. 电话　7. 休息厅　8. 交谊厅
9. 更衣淋浴室　10. 二层上空　11. 商场
12. 商品库　13. 大谈判室　14. 服务室
15. 谈判室　16. 营业员用房　17. 厕所
18. 日光浴平台　19. 成人嬉水池　20. 儿童池
21. 清洁工具　22. 风管、竖管　23. 拔风管

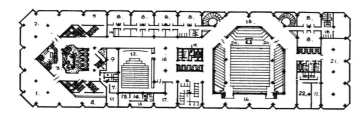

四层平面
1. 棋牌游艺室　2. 弹子乒乓室　3. 中庭　4. 酒吧
5. 小吃间　6. 更衣、浴厕　7. 修理室　8. 会议室
9. 宾馆电话总机　10. 服务室　11. 安全中心
12. 电影厅（340 座）　13. 整流室　14. 放映室
15. 倒片室　16. 休息室　17. 影片贮存室
18. 电话　19. 风管　20. 国际会议厅（1000 座）
21. 通信中心　22. 大厦电话总机室

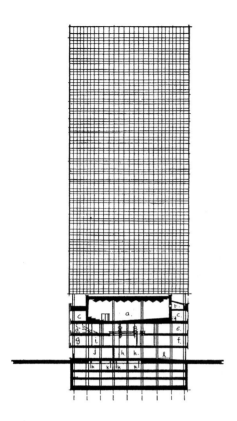

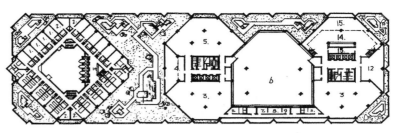

五层平面

1. 单间客房　2. 套间　3. 设备用房　4. 器械贮藏　5. 健身房　6. 国际
会议厅上空　7. 整流室　8. 放映室　9. 倒片室　10. 服务室　11. 浴厕
12. 修理室　13. 备餐厅　14. 酒吧　15. 咖啡座

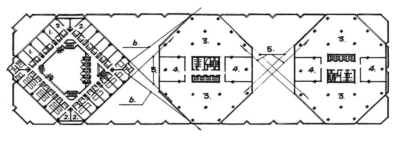

标准层平面

1. 单间客房　2. 套间　3. 大办公室　4. 小办公室　5. 采光无遮挡　6.
宾馆客房视野无阻碍

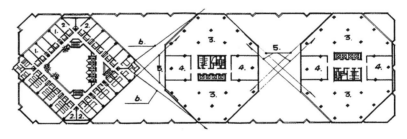

宾馆屋顶餐厅（第二十层）　　　办公屋顶餐厅（第三十层）

1. 餐厅　2. 备餐间　3. 服务厅　4. 厕所

横剖面

a. 国际会议厅　b. 放映厅

c. 休息厅　d. 谈判厅

e. 商场　f. 商品陈列厅

g. 洽谈厅　h. 门厅

i. 办公楼接待厅

j. 职工餐厅　k. 风道

l. 车道

纵剖面

a. 文娱室　b. 餐厅　c. 中庭　d. 门厅　e. 电影厅

f. 多功能大厅　g. 设备用房　h. 厨房　i. 点心室

j. 食品库　k. 大厅　l. 国际会议厅　m. 通信中心

n. 展品库　o. 车库　p. 大谈判室　q. 修理工厂

r. 宾馆客房层

（原载《当代中国建筑师——戴复东、吴庐生》267—271 页）

2 大球上楼，节约用地（1982 年）

——上海体院双层篮球练习馆设计

吴庐生

人们对体育建筑中的比赛馆比较熟悉，但对培养运动员和教练员的练习馆，却往往印象不深。

我国高等体育院校、市体工队、军区运动队、大学中学体育用房和国家省市各种规模的体育中心，都需要设置大量的练习场馆，对专业运动员和学员来讲，可为平时训练、赛前练习、小型比赛、单项集训时使用，对业余爱好者则可开展体育活动。但体育建筑占地甚多是个问题，处理不当将成为开展体育运动的障碍。

例如上海体育馆东面的球类练习馆，是容有六片篮球练习场的三座高大建筑物；至于国外某些体育中心占地就更可观了，日本代代木体育中心占地 91 万平方米，莫斯科体育中心占地 180 万平方米，西德慕尼黑奥林匹克运动员体育中心占地更多。体育建筑占地多的问题在国内外都存在着。因此在体育建筑中考虑节约用地的问题，就越来越重要了。

为了节约用地，国内过去曾建过一些多层球类练习馆，但基本上都是小球、体操上楼，上下层都作为小球练习场地。如长沙的湖南省体委综合练习馆，底层为食堂、二层为乒乓球练习房、三层为体操房。广州二沙岛体育中心新建的乒乓球练习馆，上下两层都作为乒乓球练习房。小球上楼的实例比较普遍，大球上楼的例子在国内也有，但仅仅是把上层作大球练习房，利用底层小房间的承重墙支承楼板，如 30 年代建造的南京工学院体育馆就是一例。总之在国内，把上下层都作为大球练习场地的多层馆还没有出现过。最近美国乔治城大学建造的双层体育场馆，其地面上是露天足球场，地面下的体育馆建筑包括球类馆、田径馆、游泳馆，并设有看台，看台夹层内有体操场地，承重结构为双曲抛物面状的水泥薄壳结构。这一设计节约了用地、利用了空间，但地面上并无屋顶覆盖，是露天的，所以它还不是座完整的双层体育馆。

上下都作为大球练习场地的球类练习馆能不能建造呢？通过对上海体院双层篮球练习馆的设计建造，我们摸索解决了一些关键问题。下面先简略介绍一下工程概貌：上海体院拟建造一组体育教学建筑，其中之一是篮球练习馆，要求设八片篮球场地（比上海体育馆还多两片），若按一般单层处理，则需四个 32.9 米×37.6 米的高大建筑物，占地比上海体育馆东面的三个练习馆还要大。在经过若干次方案比较后，我们决定建造双层篮球练习馆，以节约用地（图 1、图 2）。

我们根据所给的 5600 平方米建筑面积，将两个双层篮球练习馆的开间定为 4.70 米，进深 8 开间，面阔 7 开间。底层净高 7.38 米，在进深 4 米开间处有一排中间柱，这并不影响楼下篮球练习活动；楼上为大空间，净高 7.0 米，屋顶采用两向正交正放钢网架（网架间距 2.35

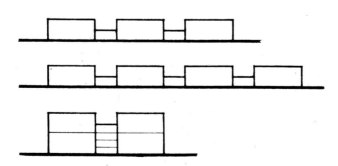

图 1 上海体院篮球练习馆与上海体育馆球类练习馆占地面积比较

上：上海体育馆球类练习馆；中：按单层处理的上海体院篮球馆；下：按双层处理的上海体院篮球馆

图2　建成后的上海体院篮球练习馆

米，网架高度2.6米，起拱60厘米），屋面覆盖钢丝网水泥屋面板。两个双层馆之间有两个连接体，南面是四层的辅助办公用房，北面是室外安全楼梯。中间庭院将来准备加盖屋顶，也可进行体育活动。上下练习馆使用面积近5000平方米，辅助面积紧凑（图3~图5）。

图3　篮球练习馆上层内景

图4　篮球练习馆下层内景

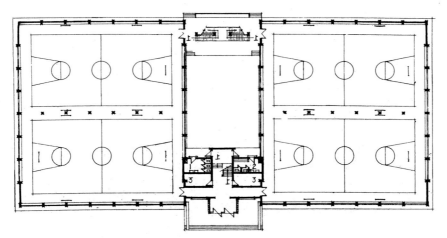

图5　上海体院篮球练习馆一层平面图
1. 女厕　　2. 男厕　　3. 配电保管室

我们在设计建造双层篮球练习馆的过程中，集中解决了如下几个比较关键的问题。

1. 楼层结构形式的选择

最理想的楼层结构形式是底层当中不设柱，上下层均是大空间。如把楼层结构也做成网架形式，用钢量将大大增加，且结构高度超过一般结构形式，使房屋总高度增加，从而可能超过附近机场的高度限制，因此未被采用。

后来又对几种中间有柱的结构形式，加以分析比较。

（1）18米跨度钢筋混凝土桁架：桁架高2.4米，增加房屋高度，不经济，未采用。

（2）18米跨度钢筋混凝土预应力大梁：梁高1.8米，上下加预应力、曲线张拉，结构高度仍嫌大，又没有施工条件，无法实现，未采用。

（3）18米跨度钢网架：高度1.4米，意义不大，未采用。

（4）18米跨度组合梁：由钢筋混凝土和钢两种材料上下组合而成，共同受力，总高度1.3米或更小。但组合梁整体质量由于牵涉到两个工种，很难保证，故未敢采用。

（5）18米跨度钢梁，按连续梁设计，梁高1.1米，在15厘米厚预应力空心板上加5厘米厚整浇层代替水平支撑。因为此方案，梁高度小，施工方便，这两个优点非常突出，我们决定采用此方案。

当然如时间、地点、条件有所改变，我们的选择就会灵活多了，不一定非采用钢梁结构形式不可。

2. 隔绝楼层传声的材料

当楼上练习时，篮球和运动员撞击地板的声音，往往使楼下大受干扰，要减少这种传声，最有效的方法就是将不同声阻的几层材料组合，使声音在沿材料传递过程中，由于碰到不同阻尼的材料而衰减。

我们具体采用了将弹性填充物把地板面层和楼板承重结构分开的方式。构造层次见图6。

底层地面采用浇注塑胶地面，也有利于吸声。楼层空间也采取了吸声措施，悬挂了一些浮云吸声板。

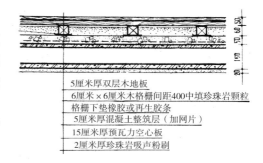

5厘米厚双层木地板
6厘米×6厘米木格栅间距400中填珍珠岩颗粒
格栅下垫橡胶或再生胶条
5厘米厚混凝土整筑层（加网片）
15厘米厚预应力空心板
2厘米厚珍珠岩吸声粉刷

图6　上海体院篮球练习馆楼层构造

3. 屋顶结构形式及施工吊装方案

对这种近方形的平面，我们选择了钢网架结构。由于是两层球类馆，角柱须支承预制楼板而不可省去，无法采取四角锥立体网架形式，而采取了两向正交正放形式（图7）。

单层房屋网架的吊装已较普遍，但两层球类馆的屋顶网架吊装是一个新课题，国内尚无先例。

在讨论吊装方案时，有人曾提出过高空跑吊法。用两部塔吊将网架从附近场地高高举起，同步跑吊，绕过柱顶将网架安装在柱顶圈梁上。这种方式不符合安全操作规程，也没有利用楼层特点，因而被否定了。

也有人提出顶升法，将网架各支座套在各个柱身上，用多个卷扬机同步缓缓升至柱顶。但这要改变原设计，在施工图全部完成的情况下已不可能采用。

经反复研究，我们采用了楼板上整体拼装吊装就位法（图8、图9）。将网架在楼板上拼装成整体，左右各一台50

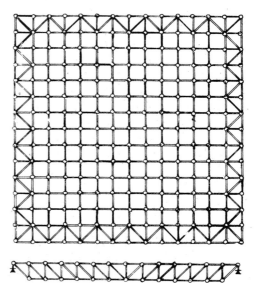

图7　两向正交正放网架形式

吨·米履带吊，共八个吊点，同步起吊，在柱顶高空举着网架等待约一小时左右，待两部汽车吊将柱顶上面部分圈梁安装完毕后，再将网架下放就位在柱顶圈梁上并固定。

图8　开始起吊屋顶网架

图9　屋顶网架已吊装就位

4. 双层练习馆的采光、通风与照明

图10表示了训练馆高低侧窗和天窗在通风对流中的作用。屋顶虽无隔热处理，但由于通风天窗加强了对流，屋面板下不产生热涡流现象，这使低侧窗通风效果良好，所以室内并不会热。

从该馆采光情况来看，下层采光没有上层好，但经设计也达到了要求。我们在建筑物的四个方向都开了窗，朝南窗面采用蓝色隔热玻璃，朝北窗面则采用普通净白片，朝东及朝西窗面采用重磨砂玻璃，有亮度而不刺眼，起了塑料窗帘的作用。

在该双层练习馆的灯光照度方面，底层仅考虑了练习照明，上层考虑了比赛照明，并在篮板及其附近加强了照度，照明灯具结合了正交正放网架的特点做成鹤颈弯式。

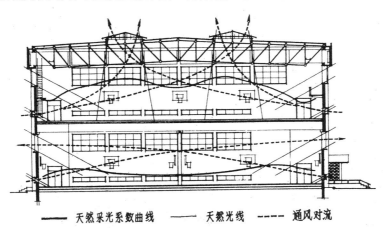

—— 天然采光系数曲线　—— 天然光线　---- 通风对流

图10　上海体院篮球练习馆室内采光和通风情况

5. 其他

除解决双层篮球练习馆设计中的几个关键问题以外，我们还较好地解决了球类馆玻璃窗须设置保护铁栅的细部问题。

过去室内球场玻璃窗的保护铁栅，通常有两种：一种是笼子式，铁栅从内墙面凸出，在室内看上去像一个个笼子，很不雅观；另一种是附窗式，铁栅附于窗樘内面，铁栅离玻璃面只有6厘米左右，不仅容易震碎玻璃，而且铁栅要与钢窗一起加工，比较麻烦。

我们在上海体院篮球练习馆设计中将窗户处理成条式外凸窗，把中转式钢窗装在外面，保护铁栅装在里面，这种做法，避免了铁栅凸出于内墙面；与玻璃面有一定距离，不会震碎玻璃；加工方便；且外墙面条形凸窗有立体感，增加了立面效果（图11）。如果在铁栅上加个开启小门则对清洁卫生工作及安装维修工作更方便。

关于艺术造型方面。篮球练习馆在方案阶段有两种造型设想（图12）。这两种设想造型都较活跃，尤其是第二种，且能充分利用空间，使用功能更合理。而且，承重柱位置不变，将上部墙身出挑，即可做出观摩廊及简易看台。但大家对这个方案建筑面积的计算方法却存在着分歧，而且施工单位强调全装配式，希望构件变化越少越好，工程越省事越好，这种有创新的方案就很难通过。于是我们只能采用方方整整、简洁统一的手法来处理造型，以求施工单位早日通过付诸实施、建设单位早日使用新球类房，当然我们也在可能条件下力求有所前进。

图11 练习馆的外凸窗

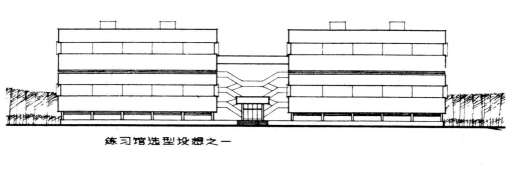

练习馆选型设想之一

练习馆选型设想之二

图12 篮球馆的两种造型设想

（原载《建筑师》1983年15期50-57页）

3 同济校园的新蕾（1983 年）

——计算中心

吴庐生

　　"创作"似乎不可思议，"创新"就更令人难以捉摸，在困难条件下去"创"，真有山穷水尽之感。建筑创作比起其他的纯艺术创作更困难些，因为那不是创作一幅画、一件工艺品，而是创作拥有雄厚物质基础的房屋，"创"得不好就会造成不小的损失。建筑创作举足轻重，影响颇大，建筑师需要有足够的勇气和毅力。

　　今天，我国的建筑创作正处在建筑材料（包括结构、装修材料）尚待开发，施工单位限制甚多，领导指示条条框框，面积造价控制甚严的情况下，如果不是运气好，碰上外资建筑、援外建筑、重点建筑，要想做出个有点名堂的建筑来确实很难。正因为难，才应去"觅"，因为一般建筑毕竟是大多数，是大量性的，如何在平凡的建筑中做出成绩来，这就给 80 年代的中国建筑师们出了一道难题。

　　如果脱离现实情况去创作，结果往往会落空。如果按照别人的脚印搬来套去，就会千篇一律，给人以"似曾相识"的感觉，失去了新鲜的味道。那么就只能在实践中摸索着去"觅"了！看哪一种创作的分寸掌握得合适。既然束缚那么多，要想在一个建筑物上尽善尽美，是不现实的，但要在一个建筑物中实践几点，甚至只做到一二点"新意"，只有经过苦口婆心的说服和坚持，精诚所至，金石为开。就让我们挤身于这一缝隙间吧，希望能开出几朵小花来，谈不上使人流连，但至少也能令人多看几眼。我认为我们的要求不宜过高，但要有所发现，有所前进，有一二点"突破"。

　　在同济大学计算中心的创作中，我就是按照这样的要求去实践的，但是否能达到这样的要求就要看实践的检验了。

东南面外景

同济计算中心于1983年4月中旬建成，为二层框架结构建筑，面积只有1543平方米，机房中计算机的机型是德国西门子公司的产品7536，将来准备发展成7551，属中型计算机房。这台新型计算机，是德意志联邦共和国的几个单位赠送给同济大学的。

电子计算机房是一种建筑新类型，它的平面和空间如何能布局合理？它的外表和形式如何表现？这些问题尚需探索。同济大学计算中心在以下几方面进行了一些尝试。

1. 平面和空间布局紧凑，组合灵活有趣

开敞式的主楼梯间和候机、门卫柜台呵成一气，主楼梯不但满足交通功能，同时还起了装饰作用，形式不落俗套；主楼梯间顶上有小型天窗一个，解决了采光问题，给人豁然开朗之感。次楼梯间既有疏散作用，其活动平台板可以启闭，又给吊装计算机集装箱以方便，且丰富了西南立面造型。

2. 建筑形式从一般工业建筑和精密仪器车间中解脱出来，给人以新意

造型富于立体感，若干凸出物错落有致地丰富了立面，色彩红白相映。几只惹眼的白色凸窗框内装了双层窗，既解决了空调房间的保温隔热问题，又点缀了

南立面

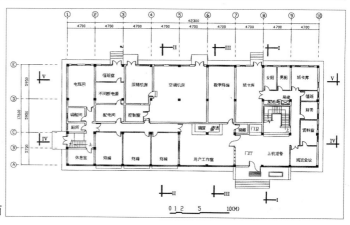

二层平面

底层平面

立面。东立面上层办公室采用了三面玻璃的透明凸窗形式，既扩大了小小软件办公室的空间，改善了朝向，也打破了东立面上"墙+洞"的单调感。

西南面外景

参观廊

整个建筑采用了水红色干黏石的外墙面，凸出物均贴白色马赛克，配以蓝天绿树，显示出计算机房建筑独特的风格和色彩，给人以亲切感。入口雨罩和踏步处理，欢迎着中外科技人员上机操作。

3. 功能关系和流线使"人机分离"的设想成为现实，既合理又节能

将控制室和主机房、磁盘间等用玻璃隔断分开，按各部门的要求和人的舒适度设置空调，取不同的温湿度，做好防尘净化、照明、防震、噪声隔绝，使"人"和"机"各得其所，既节约了能源、利用了余冷余热、减少了高效过滤的送风量，又能使上机操作的人与价值昂贵的计算机分开，保证了操作人员的身体健康，延长了计算机的使用寿命，提高了计算机安全运转的周期。

参观者在舒适、明亮的参观廊内活动，隔玻璃窗观察各室的操作情况，保证了主机房等的小气候条件不受参观人次的干扰、影响。

4. 主机房布局既达到空调要求，又不"与世隔绝"

主机房为了节约空调，东、北、西三面均不开窗，但采用了明亮的全封闭手法，即透过南面参观廊两侧的大玻璃窗，和南面附属用房双层玻璃凸窗，使室外景物尽收眼底，虽然处于全封闭中，却无闭塞之感。

底层终端室采用了大玻璃观察窗，非但使空间流通扩大，且便于监督管理，调度台工作人员透过大玻璃窗对终端室内活动一览无遗。

5. 将空调管道与北墙保温、固定壁橱结合，既美观又实用

设备用房设于主机房之下，穿过楼板即为主机房，管道短捷。利用沿墙壁橱的部分空间，隐藏了截面尺寸很大的送回风管道，壁橱的其余空间则作贮藏之用（修理工具、磁盘、磁带、参考资料等的贮存），使主机房内整洁美观，除计算机设备外，不必再放入其他家具。

这座建筑建成以后，得到有关方面的鼓励，《新建筑》要我赶写一点心得，时值隆冬，连日雨雪，四周绿化草木尚未长成，附近又有施工现场，照片很难表达尽致，尚请读者原谅。

（原载《新建筑》1984 年 2 期 34-35 页及封面、封 2 彩页）

第一篇 建筑设计

4 上海天马大酒店（1987 年）

吴庐生

上海天马大酒店地处上海虹桥新开发区，虹许路及吴中路交界处，离机场很近，为中等国际旅游宾馆，是国内首家兼作旅游局系统培训中心用途的宾馆。

天马大酒店包括酒店和学校两部分，其中宾馆用地 15500 平方米，学校用地 2100 平方米。总建筑占地面积

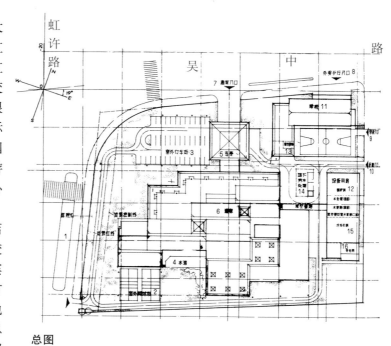

1. 庭院
2. 网球场
3. 停车场
4. 水池
5. 停车
6. 酒家
7. 酒家入口
8. 外卖餐厅入口
9. 学校入口
10. 后勤入口
11. 学校
12. 设备用房
13. 煤气表房
14. 地下污水处理站
15. 冷冻机房
16. 变电所

总图

6200 平方米，总建筑面积 17600 平方米，酒店采用 7.5 米大开间，主楼最高七层，有客房 215 间。为适应学员培训需要，除普通双人客房外设多种国家风格及总统级套房、按摩浴缸等。公共活动部分除商场、银行、邮局、茶座、酒吧、弹子房、美容室、健身房、洽谈室外，还有桑拿浴室、保龄球房、电脑管理机房、程控电话机房、保安监视部门。餐厅除中、西风味餐厅外，还有 24 小时餐厅、多功能厅（有同声翻译设施）、对外餐厅（学校实践产品），各主要餐厅围绕"水厅"而设。

教学楼内有为旅游局系统培训各级管理人员及厨师的各种教学设施。设计特点主楼呈曲尺跌落屋顶，远看似山丘。立面造型新颖，色彩对比鲜明。特色客房除提供学员实习，认识不同民族的文化艺术、风俗习惯外，还提供"客房旅游"的新内容。

模型

天马大酒店外观

大堂

西班牙式客房卧室

法式客房起居室

明式客房卧室

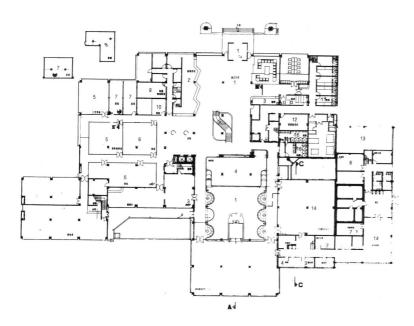

1. 门厅　2. 总服务台　3. 酒吧
4. 咖啡厅　5. 商店　6. 食品间
7. 机房　8. 贮藏室　9. 电脑、电话
总机室　10. 邮政室　11.　桑拿浴
室　12. 客房部办公室　13. 车库
14. 餐厅　15. 健身房　16. 盥洗间
17. 公用电话亭

首层平面

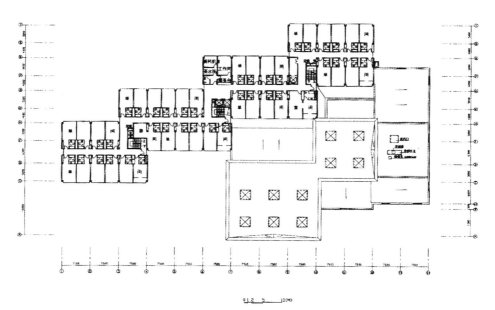

二～五层平面

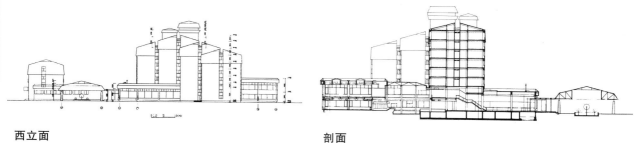

西立面　　　　　　　　　　剖面

参加设计人　宋宝曙
（原载《世界建筑导报》1990 年 19/20 期 77-79 页）

5　邵逸夫先生首批在大陆赠款建造的高校工程巡礼（1989 年）

吴庐生

邵逸夫先生是香港著名的实业家，又是知名的慈善家及影业巨子。他热心社会公益，尤其重视对青年的教育。他是香港中文大学逸夫书院的创办人，近年来，他又多次捐资教育界，为发展家乡的科学文化卫生教育事业、培养人才、造福乡梓作出了可贵的贡献，深为各界人士称道。

从对首批捐赠大陆 11 所大学的 1.1 亿港元，用于建造图书馆、教学楼、科学馆的情况看来，兴学育人，已初见成效。继首批之后，第二、三、四批捐赠所建高校的工程将陆续建成，更可以预见将结出累累硕果。

为鼓励国内有关高等院校认真做好邵逸夫先生赠款工程项目的建设和管理工作，保证工程的质量与进度，国家教育委员会决定组织一个五人专家小组，对第一批赠款有关项目进行综合评比，做到奖励先进，促进后进，以不辜负邵逸夫先生赠款兴学育人的深情厚谊。

首批参加综合评比的工程有 11 所大学的 11 个项目，其中有 图书馆（均附学术报告厅）七座：

（1）（上海）华东师范大学图书馆——逸夫楼；

（2）（金华）浙江师范大学图书馆；

（3）（西安）西北大学图书馆——逸夫楼；

（4）（重庆）西南师范大学图书馆——逸夫楼；

（5）（昆明）云南大学图书馆；

（6）（天津）南开大学图书馆；

（7）北京师范大学新图书馆。

教学、科学馆三座：

（1）南京大学数学楼——逸夫馆（包括教室、电化教室、计算机系和学术报告厅）；

（2）（武汉）华中师范大学邵逸夫科学会堂（包括图书馆、研究所、学术会议室及报告厅）；

（3）（长春）东北师范大学科学馆（包括测试中心、计算中心和电镜中心，物理系、化学系、生物系及学术报告厅）。

再有邵逸夫先生在家乡杭州捐赠的工程项目：杭州浙江大学邵逸夫科学馆（会议中心，包括大、中、小型会议室，陈列厅等）。

以上这 11 所大学都分别接受了邵逸夫先生赠款一千万元港币，每项工程再由国家教育委员会或省市地方政府拨款若干万元人民币，或自筹资金若干万元人民币建成。其中面积最小的为 4800 平方米，最大的为 17495 平方米。首批工程要求在 1989 年 7 月底以前竣工，各项具体工作均由各校自理。

国家教委及各地方政府非常重视这一工作，在他们的领导下，各校对基地选址、建设项目内容都作了周密的考虑；对设计单位和施工部门都作了慎重的选择；对人力和物力都作了充分的调配；建立了得力的工程项目管理机构；安排了紧凑合理的施工进度；加强了监督以保证工程质量；并制定了日后使用管理的规章制度。由于各校充分发挥了主观能动性，最后的结果是：11 项工程的质量全部达到要求，绝大多数均能按时建成，投入使用。

由于这 11 个项目在建造地区、所属高校、规模大小和内容设施上各不相同，因此在设计和施工上就出现了百花齐放、百家争鸣的盛况，使得每一项目各具特色，下面对各个项目作一下简单的介绍。

第一篇　建筑设计

1. （上海）华东师范大学图书馆

平面为形状不规则的"双口"形，高、中、低三种层数代表三种不同的功能分区，高层为书库区，中层为阅览区，低层为报告厅。东立面和南立面活泼多姿，大厅内丰富多彩，家具设计新颖别致（图1）。

2. （金华）浙江师范大学图书馆

矩形平面朝东伸出两翼，高、中、低层代表不同功能的书库、阅览室、报告厅。立面造型朴素大方、色彩纯净、富文教味，严谨而不呆板，变化而不杂乱，恰如其分地表现了高等学校的建筑风貌（图2）。

图1 （上海）华东师范大学图书馆古籍阅览室

图2 （金华）浙江师范大学图书馆西北立面

3. （西安）西北大学图书馆

平面呈"▣▣"形，书库、阅览室分列南北两长翼，西侧为报告厅，正中连接体采用跌落式大平台处理，增加了内院的情趣。立面造型南北严谨对称，东西变化活跃，外观色彩典雅（图3）。

4. （重庆）西南师范大学图书馆

平面呈"口"字形，西南一隅安置了展览厅，整座建筑到处洋溢着艺术系师生的创作激情（图4、图5）

图3 （西安）西北大学图书馆西立面

5. 昆明云南大学图书馆

平面为方形，中间设有玻璃顶覆盖的中庭，南北两侧安排阅览室，东侧为书库，四层设屋顶花园，

图4 （重庆）西南师范大学图书馆报告厅入口

图5 （重庆）西南师范大学图书馆陈列厅

图6 （昆明）云南大学图书馆东南背侧立面　　　　　图7 （昆明）云南大学图书馆中庭

功能布局简单合理，并重视室内外环境设计。立面造型具有时代性、民族性、地方性，对称而不呆板，变化而不过分；正立面和背立面均能给人较好的观瞻（图6、图7）。

6.（天津）南开大学图书馆

平面由四个菱形体45°斜向组成，中心菱形体为玻璃顶共享空间，两侧为阅览室，后侧为书库。立面造型于稳中求动，严肃与灵活相结合；阅览室设室外螺旋形疏散楼梯，细部处理十分精致，室内布置色彩协调（图8～图10）。

图8 （天津）南开大学图书馆东主立面

图9 （天津）南开大学图书馆中庭　　　　图10 （天津）南开大学图书馆阅览室螺旋形疏散
　　　　　　　　　　　　　　　　　　　　　　　　　　外楼梯

7. 北京师范大学图书馆

平面设计成"梭"形中字，两端尖，以交通厅为中心，形成两个内庭院。立面造型朴素简洁，东、西两侧立面虚实对比强烈，有立体感。室内色彩协调统一，清淡雅致（图11、图12）。

图11　北京师范大学图书馆南主立面　　　　　图12　北京师范大学图书馆中庭楼梯间

8. 南京大学教学馆

这是一座包括普通教学用房、电化教学用房、计算机科学系和报告厅的综合性建筑群，教学设施现代化，全部教室设闭路电视插座。建筑以高层为主体，左右为多层和低层，均南北向条块组成。造型为简洁块体，色彩明快纯白。主要进厅室内雅致，多功能的报告厅可供演出使用（图13～图15）。

9.（武汉）华中师范大学科学会堂

它包括图书馆、两个研究所、学术会议室和报告厅，平面为错开双口形，图书馆为一完整"口"字。立面造型以重复出现的凸窗为主调，内庭院精心布置，会议室和报告厅室内装修精致，为建筑生辉不少（图16）。

图13　南京大学教学馆东主立面　　　　　图14　南京大学教学馆大厅

图15　南京大学教学馆多功能厅　　　　　图16　（武汉）华中师范大学科学会堂北主立面

10.（长春）东北师范大学科学馆

它包括测试、计算、电镜三个中心，物理、化学、生物三个系和学术报告厅。平面为"山"字形，两侧翼与原有物理楼、化学楼相接，形成一组体量可观的建筑。建筑造型将五层主楼和两端低层块体结合，转角及楼梯间均处理成曲面，覆以茶色玻璃；中间报告厅设单独出入口，外墙以曲面花台衬托，庄重中不失活泼（图17）。

图17 （长春）东北师范大学科学馆北背立面

11.（杭州）浙江大学科学馆

平面为不规则"口"字形，立面造型以"学海扬帆"的玻璃幕墙镶嵌在实体墙面上为特征。室内公共活动空间宽敞贯通，大、中、小会议室配套设施俱全，提供酒吧、茶座进餐等设施，是高校内进行国内外学术会议和交流活动的良好场所。内庭院珍泉苑布置精致玲珑，有石有水有桥有树，小中见大（图18～图20）。

图18 （杭州）浙江大学科学馆珍泉苑　　图19 （杭州）浙江大学科学馆门厅　　图20 （杭州）浙江大学科学馆椭圆形演讲厅

国家教育委员会组织的专家小组，在38天的时间内，天南地北，东奔西走，对以上11个项目进行了访问、调查、研究，他们一致认为：邵逸夫先生的赠款义举，有力地推动了国内高等学校建设事业的发展，初步取得了计划、使用、设计、施工与管理之间相互协作的经验，并且为大陆的建筑设计和施工建造工作创造了向国际先进水平学习和实践的机会，是一件有历史意义和现实意义的好事。只是由于设计与施工的时间局促、各方面都缺乏经验、技术水平参差不一，使整个工作和各工程项目都还存在一些缺点和不足之处，有待于今后加以改进。

（原载《时代建筑》1991年第2期26-30页）

第一篇 建筑设计

6 种瓜得瓜，种豆得豆（1993 年）

——记同济大学逸夫楼（科学苑）的创作

吴庐生

　　这次同济大学逸夫楼得奖，既在意料之外，又在情理之中。在整个设计过程中，我感到，要想在平凡的中型文教建筑中做出不平凡的成绩，引起人们注意，有相当难度。学校建筑往往面积小、造价低、要求高，再加上任务急、时间紧的因素，设计和施工质量往往难以得到保证。邵氏工程项目像一股春风吹到各个校园，这给承担各地邵氏工程的建筑师们提供了一个大好的创作机会。同时，也要承担不小的风险，在同济校园内，建筑"大、中、小"师们比比皆是，身为本校设计院成员，逸夫教学楼又要选址在校门口显要位置上。我承担了这项工程的设计任务，一方面要义不容辞，尽心尽力，不计较设计费，为学校作贡献；另一方面又要努力争取"不求有功，但求无过"，不要落到人人唾骂。

西立面

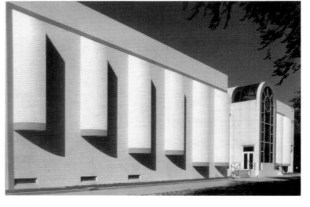

北立面

西立面

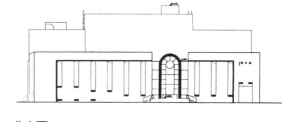

北立面

　　没有料到的是，同济逸夫楼自 1993 年底投入运营来，大家普遍认为该建筑的室内外空间处理较好，尤其在两个不大的中庭处理上，有较突出的创造性，共同构成了一个多变化、多用途、多层次的功能艺术中心，很吸引人。整个建筑清新醒目，格调高雅，在同济校园内外得到一致称赞。高层次的国际、国内会议和各种展览、陈列会经常在此举行，充分显示了建筑设计上的灵活性、多功能、高品位和激励人心的文教建筑特点，同时也吸引了国内同行、国际友人、各级领导来此参观，经济效益也日益增加，为学校新学科的开辟和国际经济技术交流开辟了一个重要途径。

来自各方面的评语有："该建筑未采用什么高级材料，但却呈现出高格调、高品位的气氛。在建筑创作中从现实条件出发，突破常规，不落俗套，大胆创新，在高雅建筑创作方向上迈出了可喜的一步。"这使我受宠若惊。得到称赞，当然我很高兴，但我认为学无止境，艺无尽端，我应当在这一基础上更好地向国内外优秀作品学习，争取能再前进一步。

我的父亲吴正华教授生前告诫我们，为人处世、做学问要"胆大心细，智圆行方"。现在看来，用在我的建筑专业上也颇对口，建筑设计要敢于创新，但要精耕细作；设计思想要灵活，但作品要稳重大方，而逸夫楼的设计，正是一次"稳"而"新"的尝试。

总体设计

该建筑选址在同济大学东大门主轴线南侧，与行政楼隔路对应，东临四平路，是校前区的重要景点。逸夫楼地处校前区，与图书馆、南北教学楼、行政楼共同组成学校教学、行政、交流中心区。总体位置、单体形体在布局和体量上与行政楼均衡对应。

为了避免主轴线上交通繁杂，学术交流中心主要入口朝西，次要入口朝北，面对学校主轴线。教学楼主要入口朝南，次要入口朝东。四周除布置环形车道和停车场外，建筑物沉浸在绿化丛中。

建筑物主要立面朝西，门前围合成凹口，留出大片草地，衬托出清新醒目的白色建筑。面对学校主轴线的北立面，以它富雕塑感的造型，隐约展现在行道树丛中。西北角的通透空间，起了视觉上的引导作用，将人们的视线从北面引向西面主入口。南面则面对着绿化铺地的停车场，露天停车场放在建筑物侧面，不妨碍观瞻。东面围墙外即为喧闹的四平路，利用围墙内的一片乔木林来隔绝尘埃和噪声。

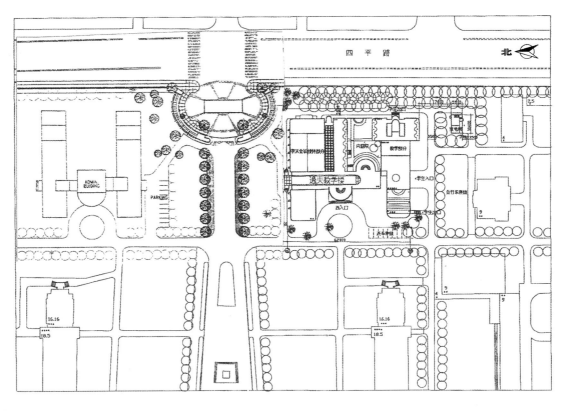

总平面

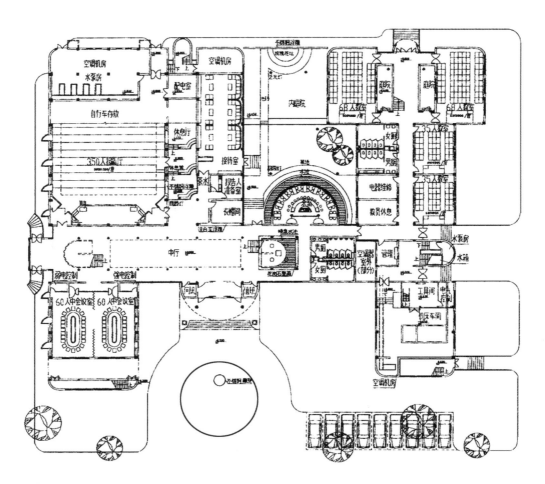

底层平面

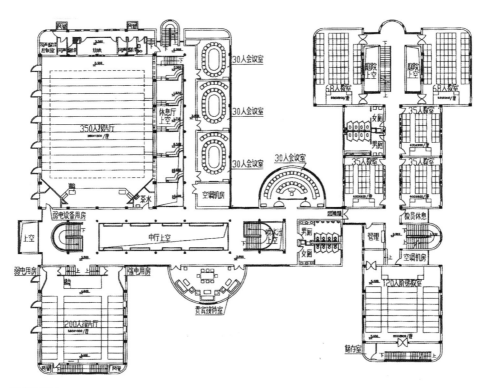

二层平面

单体设计

二层的学术交流中心以灵活自由的 T 形布局放在北侧，5 层的教学楼则采用经过改进的传统内廊带小天井的"一"字形布局格式放在南侧，二者之间由于功能、层数不同设置了沉降缝和防火门，既考虑了结构和防火要求，也注意到两大部分在使用上互借互补的灵活性，给建筑物在分合管理上创造了较大的自由度。两部分的空间除通过廊式实体相联系外，还采用了内庭院形式的空间分隔和联系，形成了一个既分又合、有机统一的整体。

学术交流中心有大、中、小会议室（350 人、200 人、2×60 人、30 人）、接待室、贵宾室、茶室酒吧等内容。这些内容通过面积不大、风格迥异而又相互融洽的两个带回廊的中庭，将所有的厅、室联系起来。两个中庭兼具大厅、休息交往厅、展示厅、交通厅诸多功能，其中阶梯式中庭空间和装修效果尤佳。学术交流中心部分面临四平路和校主轴线的两个界面，均采用了耳窗和设备辅助用房将噪声隔绝，取得了闹中取静的效果，耳窗设置尚可为立面添色。学术交流中心部分，装修简洁明快，低材高用，各室色彩搭配和谐，设计手法灵活多变，装饰艺术作品富有创意，有较强的文化气质和较高的文化层次，格调高雅、不落俗套，将建筑环境与艺术作品有机融合。

现代化的教学楼有三种容量的教室（35 人、70 人、120 人阶梯）和电教用房、机床车间，另有露天阶梯教室，供师生开展各种课外活动或日后扩展用。东部直跑楼梯间两侧设置了两个小天井，既改善了两侧 70 人大教室的环境质量，又打破了单一走廊格式，使整个教学楼布局充满生机，3 个楼梯的形式选择和处理手法（主、次、疏散楼梯），做到功能使用合理，立面造型美观且富特色，打破了一般教学楼的单调感，使人耳目一新。

外部造型色彩

外部造型采用 5 个立面（包括屋顶平面）的处理手法，简练的直线，配以局部的半圆、圆、球体造型，5 个立面构图比例和色质光影效果都恰到好处。外墙面采用白墙面、灰眉线、蓝玻璃的色彩对比，再加上体、面、形、影的精心处理，每个立面虽各不相同，但清新醒目浑然一体，富有时代感和雕塑感，又不失中国韵味。与附近原有"一二·九"建筑群简洁的形体和朴素的色彩取得呼应，同时白色基调与其他建筑也能协调。

建筑设计创新

建筑创作方面：

（1）在平凡的中型文教建筑创作中，做出高品位的格调，令人对低造价的文教建筑刮目相看。

（2）在面积并不宽裕的学术交流中心部分，未沿用走廊和交通厅的手法，而是利用两个面积不大的中厅组合和布置，共同构成了一个多用途、多变化、多层次的功能艺术中心。

将 350 人报告厅旁的疏散走道，结合休息和交往功能，做成顶部采光，布有绿化、庭院灯及雕塑的阶梯形中庭，有较突出的创造性。

将中央公共大厅结合交通、集散、陈列、休息及交往功能，做成二层柱廊式的中庭，其上有筒形侧采光拱顶，在两端亮顶下设开敞楼梯，并与壁雕、室内喷泉以及室外景色配合，颇具魅力。

（3）建筑的空间、造型和界面层次丰富、手法简洁，表现明快富雕塑感，不矫揉、不抄袭，有强烈的时代感，又具有一定的中国韵味。

（4）在装修上不追求豪华，避免披花带彩、挂银贴金的庸俗和暴发户式做法，重视材质、材色，崇尚自然、协调和谐、低材高用、突出重点，创造出了与建筑物身份相称相配的、朴实、典雅的高层次、高格调建筑。

（5）建筑与环境的有机配合，比较成功。在建筑上安排了雕塑的恰当位置及其应当表达的思想内容。主入口处的"春华秋实，硕果累累"是大型的写实类汉白玉浅浮雕；在南楼梯对面墙上的"阴阳协调、国泰民康"是平面的黑白花岗石拼贴；在阶梯形中庭内逐级而升起，墙面上的"理性的力量——宏观、中观、微观"是圆盘形有凹凸感的不锈钢体块组合。这些作品不因循守旧、富创造性、充满活力，起到教育与激励人心效果，它们与建筑相辅相成，相得益彰。

南北向中庭　　　　　　　　　　　　　　东西向中庭　自下向上看

建筑用材方面：

（1）中庭内柱廊采用塑铝板代替不锈钢包圆柱，仅加少量不锈钢盖缝条，效果文静典雅，又节约了投资，受到普遍赞赏。

（2）350人报告厅室内采用水泥拉条吸声木条墙面，不使用护墙板、软包装、高级墙纸，声学效果很好，又节约了投资，受到普遍赞赏。

（3）所有室内墙面少用多彩喷涂，多用白色或其他颜色涂料，既符合卫生要求，又节约了投资。

（4）长条形拱状屋面未全做玻璃顶，仅两端及两侧开窗，构成两点加两线的采光效果，感觉很好，又节约了能源和投资。

（5）外门窗采用白色塑钢门窗，隔声、保温、密封性好，美观且有特色。

几个问答题

同济大学建筑城规学院《时代建筑》副主编支文军，曾就有关的一些建筑设计思想和逸夫楼设计问题，对我作了探索性访谈，现摘录有关部分如下：

支：您创作中的个性特征主要体现在什么地方？

吴：根据具体设计题目变换方法，没有固定的形式，使人没有老调重弹的感觉或某某人的风格说法。

支：您认为优秀建筑的标准是什么？

吴：表里基本一致，不矫揉造作，不故弄玄虚，手法简洁，层次丰富，表现明快，当前不算"新"，过时不嫌"老"，经得住时间考验，富时代感，但又有中国韵味。

支：在您设计的众多建筑作品中，您认为哪个作品是最满意的？

吴：我们每项工程都有自己的特色，但时代在前进，经验在积累，应该是长江后浪推前浪，一个更比一个强。

支：您对建筑理论界流行的风格、流派有什么看法？同济逸夫楼应属什么风格？

吴：我的态度是博采众长，不盲目抄袭某派，不拘一格虚心学习。

支：您认为同济逸夫楼最难处理的问题是什么？处理得最成功的地方是什么？

吴：最难处理的问题是钱少、面积小、要求高。我的处理方法是不追求豪华，避免贴金挂银、庸俗和暴发户式的做法。重视材质、材色，协调和谐，低材高用，做出特点，创造出与建筑物本身身份相匹配的，朴实、典雅、高层次、高格调的建筑风格。

支：同济逸夫楼给人感觉典雅、文静、飘逸，富有浓厚的文化气息，这是否是您设计中所追求的品质和境界？是通过什么途径获得这种效果的？

吴：改革开放以来，国内形势给予建筑创作广阔天地，这是我们这一代建筑师的幸福。但经济高潮之后，随之而来的是文化需求，人们越早醒悟这点越好。另外，我国许多地区尚处于经济落后状态。我们做建筑师的不要忘记世界上先进的东西，跟上形势，同时要立足于自己的土地，不脱离现实。这就需要建筑师发挥才能，在设计、质量上狠下功夫，努力在经济不富裕的情况下追求高品位，而不单纯追求设计费。

支：精心的设计才会产生精品建筑，创作灵感固然重要，但更需全身心的投入和精心的创作。同济逸夫楼处处见精心和新颖，您认为创作灵感在此起多大作用？

吴：一个成功建筑的产生，不容否认建筑师的设计起主导作用，但不仅限于设计质量高、图纸详尽仔细、对各种材质熟悉程度这些范围，更重要的是取得建设单位和施工单位的理解、支持和配合。逸夫楼是在我校基建处大力支持和配合，浙江诸暨建筑安装工程公司的理解和合作下，才能取得圆满结果。建筑师除本身业务精良外，尚须善于合作，使建设、设计、施工三股力量扭成一根绳，向优质工程目标迈进。

支：您最近在进行什么项目的设计？有何特征？

吴：目前我正在浦东三环大厦工程组奋力完成施工图。地处浦东新区金桥出口加工区的三环大厦，是一幢现代化多功能的综合体。主楼采用三角形单元组合方式，结构简洁统一，使用面积大，分隔灵活，采光面大，造型独特丰富。其外形的变化充分体现玻璃幕墙的轻巧新颖和光影效果；其造型突破了目前国内外高层建筑的造型构思，是一次高层建筑造型"新"和"稳"的创新。但是能否如愿以偿，尚须看建设、设计、施工三方面的配合协作。

主要设计人：吴庐生
建造地点：上海同济大学校园东大门南侧
结构形式：钢筋混凝土框架结构
基地面积：3575 平方米
占地面积：2435 平方米
总建筑面积：6828 平方米
建筑层数：2～5 层
建筑高度：21 米
建筑密度：68%（基地面积/建筑控制线范围）
容积率：1.9

停车数量：（露天）50 辆
设计单位：同济大学建筑设计研究院
施工单位：浙江诸暨建筑安装工程公司
竣工时间：1993 年 11 月 30 日
获奖情况：邵逸夫先生第五批大陆赠款项目工程
　　　　　一等奖第一名
1994 年上海市优秀设计二等奖（建筑专业一等奖）
1995 年国家教委优秀设计项目一等奖
1995 年建设部优秀建筑设计项目一等奖
全国第七届优秀工程设计银质奖

027

第一篇 建筑设计

（原载《全国优秀建筑设计选 1995》47-48 页中国建筑工业出版社 1995 年版）

（原载《当代中国建筑师——戴复东、吴庐生》1-18 页）

7 山东省烟台市图书馆设计（1989 年）

戴复东 吴庐生

　　烟台市图书馆定位于烟台市中心文化公园内东南角地段，西面与少年宫邻接。主要入口位于北部的城市主干道上，基地地势逐步由北向南升高。

　　整体布局大形态呈 T 形，主体为南北导向，在 T 形西北方向交接处设置入口圆形门厅。从门厅中间的少量踏步及两侧坡道可进入内部设有弧形楼梯并与前厅套接的中心大厅。从中心大厅的东北可以进入书籍出纳厅，长出纳台的南面是九层的方形平面书库，中心大厅的西南入口是四层带有二层中庭的阅览室，由于柱网与阅览室的非一般处理，它的平面呈菱形，在其最西南角有一个南向的儿童阅览室，可以另门出入，阅览室上面第四层部分是影像、视听资料及专题研究室。总体中 T 字形态的北部是一个扇形会议厅，这样，整体建筑物是方形柱网，斜向错叠。各部分建筑空间组合排列依据人流、物流、书流与使用要求相结合而加以制定，并考虑残疾人出入及内部活动要求。阅览部分运用层层叠落方式，使建筑物在形态体量上与文化公园的自然环境能作紧密的结合，同时在空间上与西面的少年宫得到有机的联系。

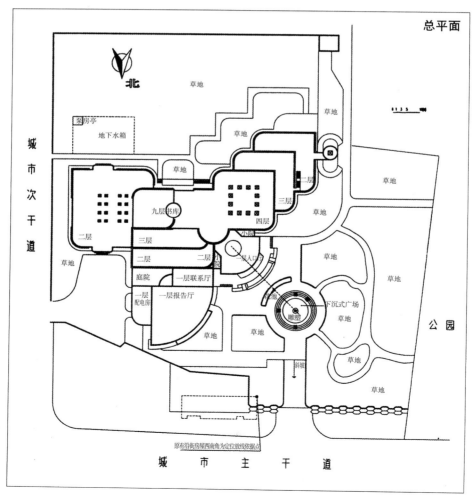

模型顶视

模型西北鸟瞰

模型北鸟瞰

屋面部分作为层叠的屋顶花园，可为读者提供一个室外休息、观赏、阅览和交流的场所。

建筑物主入口前部设计了一个下沉式广场，内置主题性（知识、智慧、未来）的雕塑，既可以突显建筑物的性质，同时二者间的组合关系成为整体环境中不可分割的一部分。

图书馆的整体空间体量及形象作圆润转角处理，形体叠落，中间部分向上突出的圆形楼梯间，会产生一种巨轮的隐喻感——图书馆是一艘宏伟的航船，它承载着各种年龄的读者，在知识的海洋中乘风破浪前进。同时通过这一隐喻，也可以体现海滨城市特色，表现并强调了它的文化象征意义。

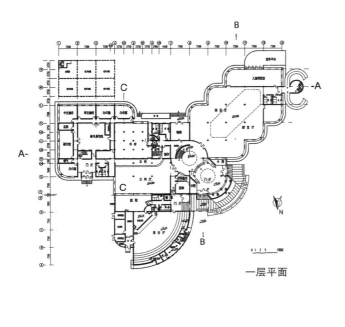

一层平面

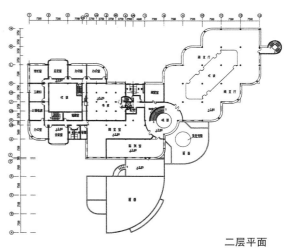

二层平面

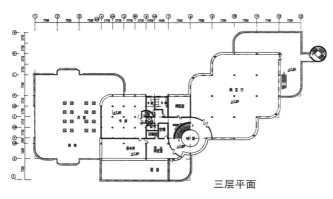

三层平面

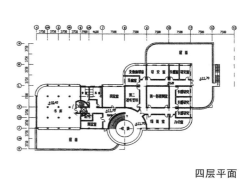

四层平面

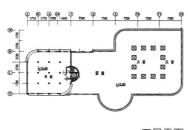

五层平面

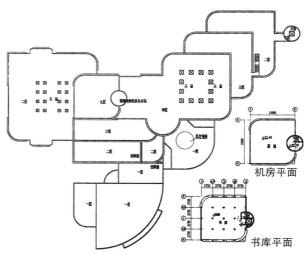

屋顶平面

机房平面

书库平面

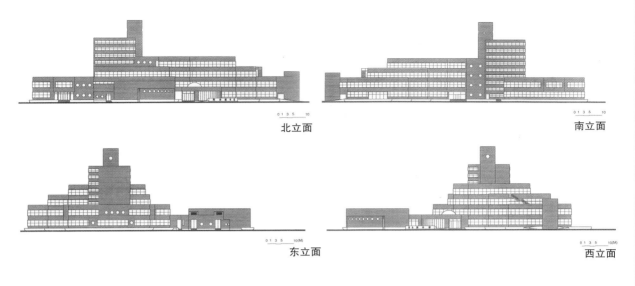

北立面　　　　　　　　　　　　　南立面

东立面　　　　　　　　　　　　　西立面

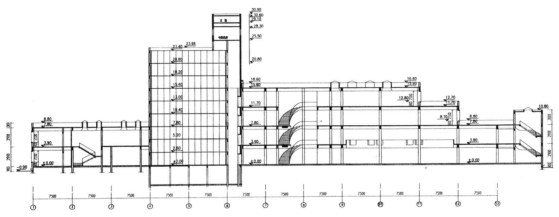

A-A 剖面

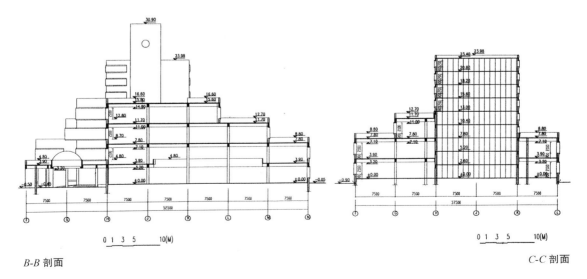

B-B 剖面　　　　　　　　　　　　C-C 剖面

（原载《当代中国建筑师——戴复东、吴庐生》26-34 页）

8 因地制宜、普材精用、凡屋尊居（1958-1961 年）

——武汉东湖梅岭工程群建筑创作回忆

戴复东 吴庐生

　　在武汉市东湖风景区内梅岭有一组专作接待用的建筑（包括最高级别招待所、多用途小会堂、室内游泳池、水榭、长廊等），这组建筑为毛主席生前在武汉时生活、工作、接待、会议及文体活动使用和接待外国元首之用。一年以前，这组建筑已对外开放，公开售票参观。当年我们有幸设计这一组工程，现将当时创作构思回忆出来，成文成图，作为纪念，并求教于广大读者。

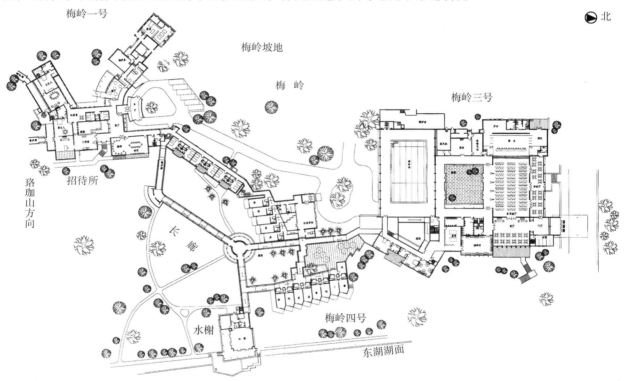

总体布置及平面

　　1958 年的夏天，湖北省委招待处朱汉雄处长等和某地设计院的建筑师 W 先生，带着设计好的武汉东湖梅岭招待所设计图，请同济大学建筑系副主任黄作燊教授和戴复东讲师对设计图提意见，黄和戴二人很友善地给设计提了意见和积极性的建议后，当时甲方要求我们重新进行设计。我们认为这一任务已由该设计院承担，提出意见和建议仅供参考，并相信设计院和 W 先生一定可以改得更好，于是坚决谢绝。

　　两天以后，武汉的朱处长找建筑系总支，要求我们设计。我们感到很为难，向系总支汇报了事情的经过而再次加以拒绝，最后上海市委指定要同济承担这一设计任务，明确将任务交下。于是在无可奈何、对该设计院及 W 先生无限抱歉的心情下，戴应朱处长的要求进行了设计，并请黄作燊教授对方案作了审阅。很快，湖北省委批准了新方案，并要求派人去武汉进行现场设计作施工图。系总支就派了戴复东、吴庐生、傅信祁三位（建筑工种）和结构、水、暖、电的教师前往。后来，任务的项目又增加了多用途小会堂、室内游泳池，由戴、吴作了方案并被批准，基本完成施工图纸后，由吴驻守工地又设计完成长廊水榭。个别教师和学生短期参加了部分设计工作。"文革"后，戴、吴又在总支书记唐云祥领导下，设计了梅岭工程群中的四期工程（未建）。

主套房部分东外观

梅岭工程群位于武昌东湖北岸一块位置较适中的叫做梅岭的小山坡基地上，南可看湖并遥望珞珈山的武汉大学主体建筑群，东面也有一块面积不小的水面。在这块基地上怎样才能设计出既满足适用要求，又符合基地条件，并具有自己特色的这样一组建筑群体呢？

当时总的指导思想就是：根据实际情况，不强求对称布局，按照功能需要，结合地形所给予的制约和有利条件，自由灵活地组织空间，使人在里面和外面能舒适方便，动、静活动上得到尽量满足，尺度宜人，并尽量和自然结合。

从一开始我们觉得这一设计与一般不同，难度很大。首先是招待所的卧室和工作室很大，超出常规很多，这样做出来的实际效果会怎样，心里没把握，和朱处长等商量他们寸步不让，这常成为我们争论的话题；其次，当时市面上建材的种类、家具、灯具等，我们认为可采用的实在太少，和今天相比有天渊之别，但要求又不能降低，我们又不想用昂贵的材料，做涂脂抹粉的工作，于是就努力做到**普材精用、低材高用**。同时还要自己设计灯具并参与制作，当然这也成了一种乐趣。后来，甲方让我们参加了一次文艺演出晚会，使我们看见了毛主席，并告诉我们这幢招待所服务的对象就是他老人家，这给我们以极大鼓舞，争论也得到解决，困难反而变成了动力。于是我们采取了既适合人的尺度，又能恰当地体现高大宽敞效果的手法进行设计，保证了准时出图，使工程能顺利地开工和进行，并取得了良好的效果。

招待所：原来我们设想依据等高线，使地面、顶棚和空间能有高低错落，但朱处长等坚持，地面必须平坦不可以有踏步。设计中，我们使建筑物的各主要房间有向南的好朝向，同时也使房间能具有好的景向，并可以在不同房间看到不同方位的湖光山色（这一点是向冯纪忠教授设计的南山老甲乙学习的），但又考虑到确保各方向的安全。此外，遇到任何复杂的地形，就采用斜坡道代替踏步。招待所不大，但内部功能内容很多，彼此之间既要做到联系便捷，又要分隔严密。室内和室外主要用一般粉刷及乱石砌墙体，屋顶用机青瓦；两个套房前的休息室地面，采用树材横截面的圆木块铺设；主卫生间采用落地大窗，外面做了一个很小但绝对私密的小院。以上这些总的是希望突出人生活在自然之中，与自然紧密结合的思想；同时周围适当种树，使得在里面活动的人观景便利、被观隐蔽，达到了甲方提出的外面看土些（朴素），里面用"洋"些（适用）的希望和要求。

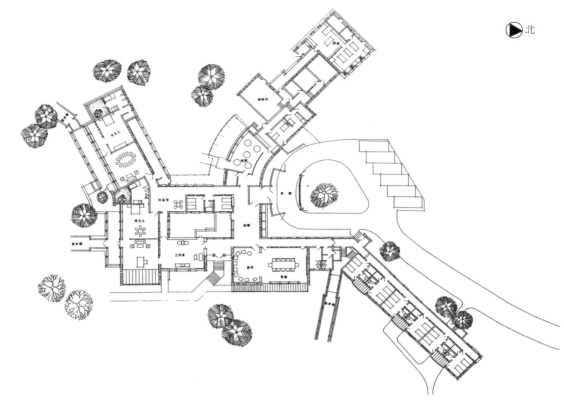

北

招待所平面（梅岭一号）

招待所入口

主套房南外观

餐厅南小院

主套房工作室接待室东外观

前厅南小院

接待室（自会议室看）

会议室（自接待室看）

接待室内景

园木横截铺地

小会堂：由多功能厅附小舞台、大接待室、前厅、休息厅、休息廊、厨房、备餐室等组成。多功能厅要求适应各种会议、小型演出、电影、联欢、文娱、舞会、宴请、会餐等活动。它不是大型正规剧场、会场，因此我们希望能做出有特色的设计，让它有些不一般。

首先从台上台下的关系着手。尽可能不将二者生硬分开，让台上台下打成一片，既重视在精神上交流，也可在活动上直接联系，我们采取了两项措施：

①不设台框。多功能厅宽度与舞台开口一致，台下台上连成一气，这样二者比较容易打成一片，而不是将二者用墙隔开以开洞相联系的方式。

②台唇作成活动部件。平时就是台上台下地面在此突变的台唇，根据需要可以逐层拉出，形成多级踏步，便于台上台下直接而方便地联系。

多功能厅要适应很多功能，因此，吊顶采用声光热综合解决的折板嵌灯方式；耳光及扬声器采用每边单块弧面突出体的新手法；墙面——实墙不贴装饰材料，采用既经济又美观的水泥拉条涂亚光漆的处理方法……取得了较好的效果。

休息厅的墙面很大，影响也大，我们决定采用夏布饰面，这种饰面采用鄂湘赣地方材料，有吸声效果，既有地方特色，又很有现代气息；几个大吊灯由吴设计，效果较好；在入口处要有停车雨罩，我们想在这里创造出一种强烈的动态感，于是在结构专家朱伯龙的合作下，做出了昂扬腾跃的大篷。

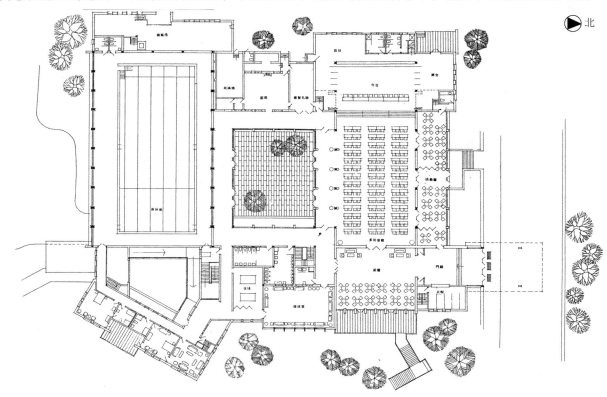

多用途小会堂及室内游泳池平面（梅岭三号）

室内游泳池：我们想室内游泳池不应当仅仅用一个空间将游泳池罩起来就行了，而是应当在空间内组织容纳多种活动，并满足部分室外条件的要求。

游泳的人与陪同及观看的人可以互相观看，从而打成一片。由于受更衣、换鞋、洗脚等清洁事项限制，非游泳者不能进入泳池室内，所以我们就在北墙面上开大玻璃窗，外面设走廊放置桌椅，室内外动静状态的人们可以互相神会；此外在游泳池侧壁上开小圆洞装观察窗，通过它可以观看水下的游泳活动。

室内南向开落地大窗，室内的人可以看到室外的自然环境。对于室内游泳池来说，冬日阳光是最受欢迎的，因此南面除开大窗外，朝南的一部分屋面也做成玻璃顶，考虑到冬至时温暖的阳光可以一直照射到泳池北池壁上端，使得冬日泳池室内犹如夏日室外一样舒畅。

室内游泳池的内界面的设计在当时很困难。

墙面：墙面要防潮、不吸水、易清洗，这就需要采用硬质面材，但由于击水及喧哗的声音很大，硬质面材会使混响时间过长，室内声环境效果会很差，因此又要吸声。由于这一对矛盾同时存在，在当时有些建材还没有发明，国内还无产品的情况下，几乎有些束手无策。后来戴想出用玻璃做面层，内表面磨砂喷漆，再密集穿孔，达到防水易清洗且有空腔吸声作用；同时又想到我国南方农民穿的蓑衣，不怕水、不腐烂，用来放在穿孔玻璃后作吸声材料，经过实践取得成功，最后依据上述方法建造，取得了耐久实用的良好效果。

顶棚：顶棚是很大的声反射面，冷天使用时温水产生的蒸气又易在顶棚上产生凝结水，聚成冷水滴落下，掉在身上很不舒服。我们用吸声材料作成弧形顶棚，用特殊断面的木条顺弧形钉制，每根木条断面背后都设计有小槽，既可作为吸声空腔，又可使凝结水顺槽流到边上落到特制的水沟中去，这样取得了较好的效果。

为了突出结合自然的想法，在室内西壁面上作了一大幅沥粉贴色的"鸬鹚戏水"壁画，据反映效果很好。好多次，湖上的真鸬鹚想进去戏水同乐，撞在玻璃窗上，一次竟撞死了一只。

为了联系招待所、室内游泳池、多用途会堂，并便于到湖边小憩，后来由吴设计并建成了长廊及水榭。

一转眼近40年过去了，这一组中国历史上一个小瞬间的重大活动载体已完成了它的历史任务。回忆起来，思绪如潮，感慨万千，作为我们耕耘生涯中的一段经历和一个成果，它是我们永远的纪念品。

活动台唇

休息前厅（在门厅和会堂之间）

会堂局部内景

长廊内景

自己设计庭院灯

第一篇 建筑设计

游泳池南外观

长廊局部外观

游泳池内景

长廊与招待所连接关系

（原载《当代中国建筑师——戴复东、吴庐生》131-148 页）

（原载《建筑学报》1997 年 12 期 9-11 页）

9 山东省烟台市建筑工程公司大厦（1990 年）

戴复东

基地较小为梯形，东面是斜向的西南河路（城市南北向主干道），南面是次要道路南洪街，西面为六层住宅，北面为住宅内空地。在基地内西北角是公司原有四层办公楼，必须保留。要求新建一万平方米以内的办公楼（包括各种设备用房）。

定位定型

看了基地和地形图，立刻有两个概念涌上心头，其一是这块基地应多留些空地出来，以便安置其他设备用房、附属设施及绿化，因此以集中式开放型办公室的高层建筑较为合适；其二是这座高层建筑应当与西南河路的斜走向有一种有机的联系，于是将这一主楼平面做成方形45°边，这样可以和原有办公楼以及南洪街有呼应，采用双向各6m的柱网，与原有建筑物平行并垂直，方形四角呈45°，做成十字形平面。这样既与西南河路的斜向呼应，同时又与原有建筑及南洪街协调，在位置上既考虑了东西向中间最大一跨的空间与西面新老建筑之间的小庭院连成一气，使大厅内有较强烈的通顺流畅感，又能从位于东面的南小街看来成为透视终端的效果。

烟台建筑工程公司大厦西南外观

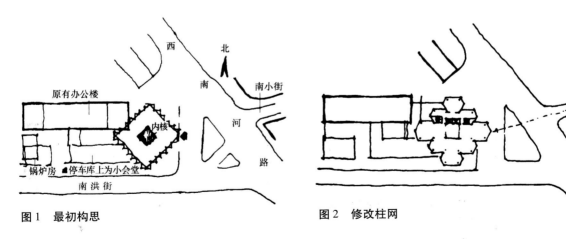

图1 最初构思　　　　　　　　图2 修改柱网

方向主次

为了使每层有较大的面积，靠近外墙的楼面向柱外挑出1m，这就形成了连续折面的外墙面，几乎四面相同，但设计中考虑在这块基地上东面沿主要道路作为主出入口，因此希望强调这一方向性，并打破外墙面平直的单调感，于是将东西面外墙做得中部凸出一些，略成钝角，这样，从平面和空间上看就强调了这幢建筑的东西方向性，而且比较活泼。

039

第一篇 建筑设计

塑造中庭

标准层平面中 6m×6m 的网络共 13 个，办公位于南部的网格中，可以有好的朝向。在传统的方形办公楼平面中，将楼梯电梯置于中央核心的做法有很多优点，但也带来了内部中央空间比较沉闷、闭塞，缺少中心感。于是就将电梯推后，楼梯推出成自然采光通风，利于消防，而将中间的 6m×6m 方块挖空，形成中庭，围绕中庭留出一圈走廊联系办公室。为了使中庭空间不致太高，整个大楼做了三段中庭。

观光电梯

中庭的北面是电梯，但隔了一堵厚厚的墙壁，中庭会显得沉闷，将普通电梯的后壁换成大玻璃，将电梯井朝向中庭的墙面打开，装上玻璃罩，花最少的钱做出了观光电梯。得到电梯公司的支持，取得了成功。

低材高用

重点在进厅。地面采用胶东特产的磨光花岗石，墙面采用水泥拉条涂色，这样就可以用水泥这种一般的低材形成特殊质感的高级墙面，建成后取得了较好的效果。

形如其"人"

这是一幢为建筑工程界红旗单位使用的建筑物，也是公司的标志，形应如其"人"。公司领导人认为平面形状像一枚大勋章，比较满意，外在的形象，这座建筑物是新颖、头角峥嵘，符合公司的气派，并有些中国味。

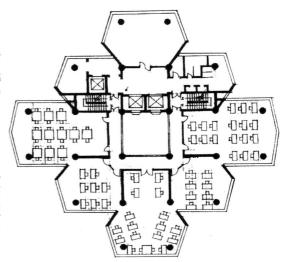

标准平面

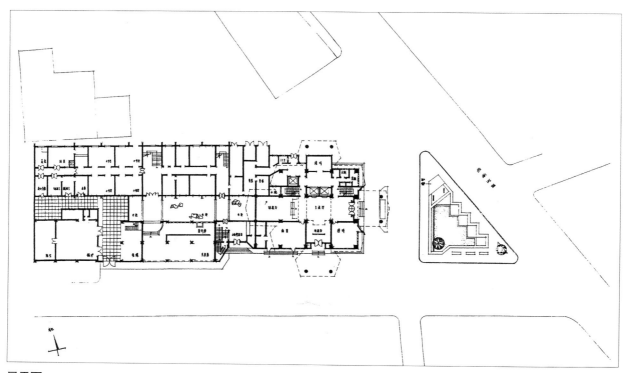

一层平面

东入口仰视

西南仰视

中庭仰视

中庭底层内景

中庭俯视

底层休息厅内景

（原载《当代中国建筑师——戴复东、吴庐生》276–283 页）

10　浙江省绍兴市震元堂大厦（1994 年）

戴复东

具有 240 多年历史的中药老店震元堂位于绍兴市中心解放路与胜利路交叉口的西北。此前因城市道路改造拓宽，前店早被拆除，后店又年久失修。国家医药总局决定投资加以改造，并扩建浙江震元医药公司办公大楼。基地为 26m×27m，共 702m²。

总体综合

建筑物位于重要道路转角基地，构思决定从"震元"两字下手。震指东方，元指初始或第一，震元堂寓意为东方为首的药房之一。震是八卦中的一个卦象，图案是☳。震元堂始建于清乾隆十七年（1752），面街东向，有两个内庭，均设有玻璃天棚，是中国式的中庭。于是设计将处于城市道路交叉口的药房平面设计成圆形。以与城市地段空间形态吻合，用中国语言文字中通假做法，借圆为元。将药房设计成 3 层，中间做一小中庭，从剖面上看是一个震卦的卦象，用这两点来表示震元。将 12 层的办公楼置于圆形平面之后，成折角安排，使药房部分如拥怀中，以强调并突出其重要性。

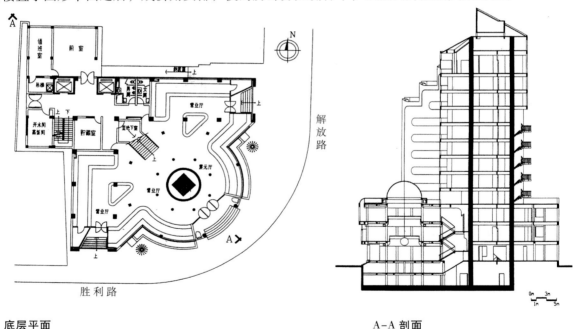

底层平面　　　　　　　　　　　　　　　　A–A 剖面

震元药房

三层的药房逐层外挑。由于中间的中庭用圆形玻璃穹窿顶，室内光线仍不弱，下面两层外墙只在上部开条形高窗。外墙可以有较大和完整墙面，与传统的、具有较大实墙面的老药房有某种视觉上的联系，三层高逐层外挑实墙面圆形体，加上顶部半圆玻璃穹窿，可给人以"药罐头"的感受。

这个有 240 年历史的老药房，是我国药学的一种深厚文化积淀，如何表现它的文化气息？首先在黑色门楣上写上"本堂始建于清乾隆十七年"几个大字；其次在主入口不锈钢的柱上悬挂一副铜对联，采用以"震元"二字为首的老对联："震生则万物齐备，元善为众美所归"；再次在底层主入口两侧的墙面上作两片石雕，一片内容是叙明中药的发展历史，一片以表现震元堂历史为题材。我邀请了同济大学建筑城规学院的陈行教授来创作，用了与我规划设计的山东曲阜后作街上所采用的汉画像石风格的石刻方式，产生了较好的文化氛围效果。药房圆形屋两角安置两座树灯，吸收了蒲公英喷水装置外形的特点，将喷水口改装小乳白磨砂灯泡。白天是枝繁果茂的一簇不锈钢花，夜间是火树银花的一团灿烂光球，取得丰富、辉煌的视觉效果。

办公主楼

　　主楼总体在东、南向伸展，对道路转角取环抱之势。由于在结构高度上两端细长比较大，因此在顶部采用分层跌落的方法加以改善。而在建筑上这样处理使得顶部丰富和有变化，并产生一种中心突出向上的动态感；在跌落的山墙部位做花台，种植植物，使远离地面的空中能有绿化，取得一定的生态效果，使生命腾驻高空；而跌落女儿墙的侧面略加弯曲提升，具有一种将绿化进一步推上空中的动态，达到与绍兴传统建筑马头墙形态的有机联系，但却不是生硬抄袭马头墙。主楼的立面用弧形，采用了中央呈圆筒形镜面玻璃加窗下墙的做法。为产生一种整体动态的镜面玻璃效果，窗下墙不连通到两侧端头，而在两端采用半圆形实体收头；将墙身外皮与玻璃处在同一面上而不形成明显的凹凸。达到一种特殊的幕墙效果。

震元堂全景

室内设计

　　"低材高用"是基本原则。

　　中庭的直径只有6m并不大，从剖面上为使上下空间有连通贯透之气，将挑台逐层由下而上向外放，避免直筒单调，同时将挑台下部做成圆弧面，使之流畅润滑；挑台的栏杆用弧形普通白板玻璃，上部腐蚀线条，加强水平方向；墙身采用简单的淡灰色涂料，柱身采用喷吵不锈钢面，不咄咄逼人；中庭内设置一下挂较长的蒲公英状大吊灯，与中庭空间形态及玻璃穹窿顶协调，充实丰富中庭空间；中庭的顶部是玻璃穹窿，结构形式与玻璃分块一致，成为合理、完整的圆球形态。

　　中庭地面处理根据医、药、易同源，在药房中庭地面，也是最核心位置上放置易经卦象图案，用64卦圆方图。圆代表天体运行，时间变化；方代表东西南北，空间定位，取天地相涵之意。这一图像用意深广，是天地缩影，宇宙时空的表现，古有新意，秘而不俗。用铜铸出爻条，在地面定好位，用强力胶固定位置，再用黑色磨石子浇捣磨制成整体的方法来施工，最后取得了黑色金线，经久耐看的64卦圆方图。

震元堂入口

玻璃穹窿顶鸟瞰

中庭正视

树灯及东面石雕（震元堂史）

火树金花灯及中药史石刻

中庭俯视

（原载《当代中国建筑师——戴复东、吴庐生》297-305页）

11　福州元洪大厦（1995 年）

吴庐生

福州市元洪大厦是首批华人实业家林氏在福建省投资的项目，建于福州市闹市区黄金地段五一广场东侧，东临五一中路，西与三幢元洪高级公寓毗邻，共同组成元洪花园。该大厦是 1990 年经过全国六家甲级设计院评比后，我院一举中标的 100 米高层建筑，当时是福州市最高的建筑物，该工程备受海外舆论界和实业界瞩目，海内外影响大。现将建筑设计方面主要的特点和创新分述如下：

1. 基地位置显要，但四面受限，主体采用了直径 40 米、有变化的圆形花状平面，这样与四周间距的矛盾最少，且景向、朝向、光照均很理想。

2. 办公大楼采用圆形花状平面，由于平面布置合理，分隔灵活可变，每层可根据买主经济情况，采用六种销售方式，根据需要选择，其中四种为景观办公室形式，两种为商住形式。

3. 立面造型独特，南北两块三角形裙房簇拥着 28 层的圆形花状主体，采用棕、白两种对比色调，局部点金，经过处理而富于变化的造型，使用了凹凸细部、点条窗洞、虚实墙面等手法，造型富有新意，在高层建筑中独树一帜。大厦与邻近的三幢高层公寓，在形式上既有区别，在色彩上又很协调，整体感好。

元洪花园全景

4. 内外装修风格朴实无华但又突出重点，所采用的材料和处理手法，与高级办公楼身份相称相配，造价经济，外观经久耐看；社会效益和经济效益均不错。

主要设计人：吴庐生 任力之 张洛先
建造地点：福州市五一中路
结构形式：（主体上部）框—筒结构
　　　　　（地下室）地下连续墙加内衬墙
　　　　　（桩基）大直径深层嵌岩冲钻孔灌注桩
基地面积：4995 平方米
占地面积：3087 平方米
总建筑面积：47642.6 平方米，其中
　　　　　　地上 44694 平方米，地下 2948.6 平方米
建筑层数：28 层
建筑高度：100 米

建筑密度：60%
容积率：8.95
停车数量：（地下）55 辆
　　　　　（地面）15 辆
设计单位：同济大学建筑设计研究院
施工单位：福州省第一建筑工程公司
　　　　　福州华安消防工程技术有限公司
竣工时间：1995 年 6 月
获奖情况：1996 年度福州市人民政府授予
　　　　　"十佳建筑景观"荣誉
　　　　　1997 年度上海市优秀工程设计二等奖

第一篇　建筑设计

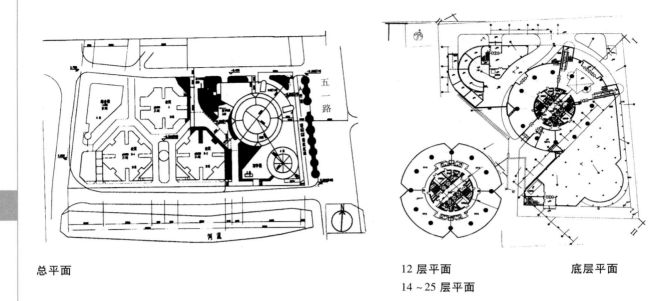

总平面

12 层平面

底层平面

14～25 层平面

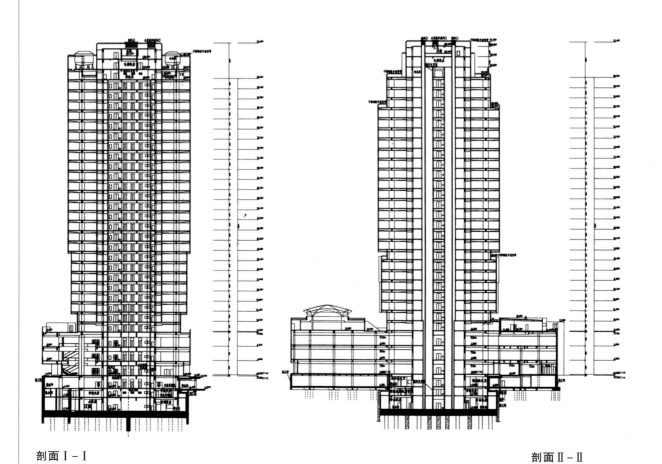

剖面 I - I

剖面 II - II

东北立面

东南立面

景观办公室内景

会议室

（原载《中国百名一级注册建筑师作品选 3》）
（原载《当代中国建筑师——戴复东、吴庐生》251-266 页）

12 江苏省昆山市煤炭石油公司大厦
（1988–1991 年）

戴复东

昆山市煤炭石油公司在昆山市内沿一条主要干道朝阳路南，原有一座四层的小建筑物，东面是一座五层高的汽车客运公司，该公司建筑的顶部是三层的八角形体块。由于煤炭石油公司要扩大面积，请我们另外设计一幢新楼，当时我带着我的硕士研究生张军，一起参加了这一工作。

该建筑物位于朝阳路南面，故主要入口朝北，朝阳路与基地入口主面呈18°的关系，用地宽度仅为32.12米，而深度西为61.5米，东为51.5米。整个建筑物控制在3000平方米的基地之内，这就给设计带来一定的麻烦。建筑面积不大，入口与城市道路不平行，有一个18°的尖角。

所以我们首先考虑，这个主体建筑的形态如果是方方正正的就会与入口道路形成一个不平行、不垂直的尴尬关系，怎么办？思考后，我们认为若做成一个圆柱形、圆桶形，便可以调和与模糊道路方向和基地形态之间所形成的矛盾关系，同时，与紧贴在一起的昆山汽车客运公司的八角形上面的体块也会产生一种有机联系。但仅是一个圆柱筒形态，还无法创造出一个优越的环境和氛围。于是我们就根据圆形体态与内部布局关系，采用了南面用大的半圆（作为办公等使用），北面用小的半圆（作厕所等辅助用房及空隙使用）。这样两个半圆拼接在一起的形态，就在这块基地上产生一个"形态功能多方面"的效果。然后，一座疏散电梯与楼梯组合成长圆筒体拉到西面，再一座疏散楼梯置于大半圆的东部。整体建筑用白色面砖

主体北部外观

贴面，大小半圆体量的顶部用红色桁架，半环形构架，最中心的圆筒状部分是大会议室的主席台，顶部为向北斜坡，上面安置了成组的小金字塔形天窗。这样，新建成的 11 层高的煤炭石油大厦就气宇轩昂、挥洒自如、风度翩翩地站立在那里了。

为了停车的需要，我们做了一个半地下车库，便于基地的南北联系；建筑的东面有一条车辆通道，位于西面长圆筒形楼梯间与主楼之间的联廊下面，便于消防车通行。

内院南向仰视

顶部众多金字塔形天窗

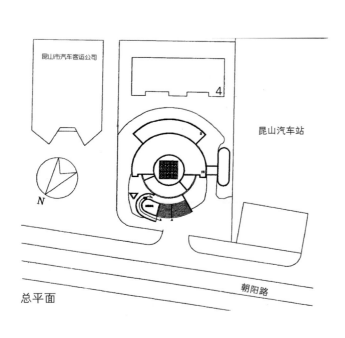
总平面

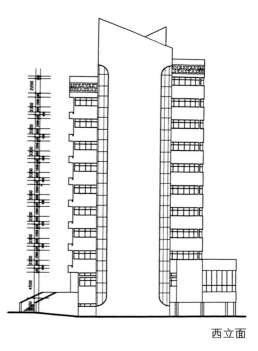
西立面

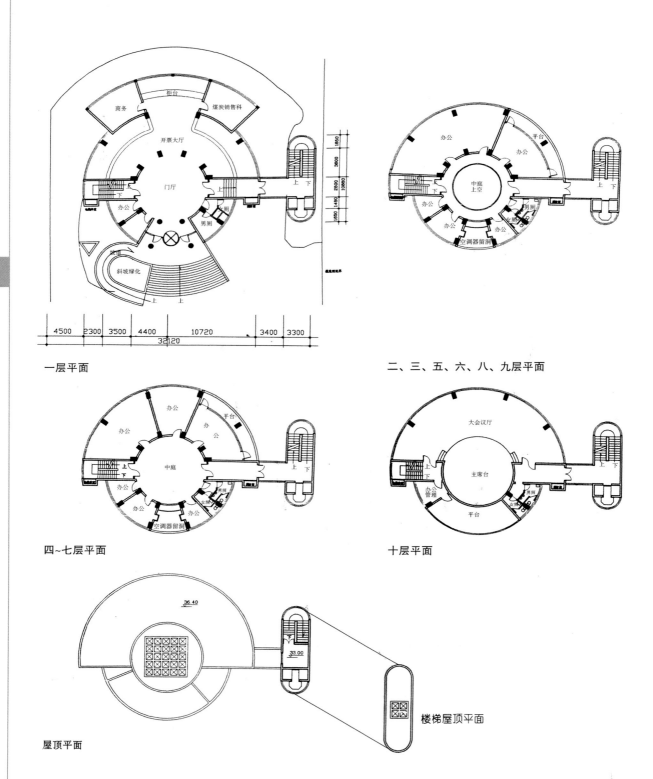

一层平面

二、三、五、六、八、九层平面

四~七层平面

十层平面

屋顶平面

楼梯屋顶平面

（合作人：张军）

（原载《追求·探索——戴复东的建筑创作印迹》107—111页）

13　甘肃省兰州市兰州大学文科小区规划及单体建筑（1988 年）

吴庐生

兰州大学文科区占地 192.5 亩地（约 128205 平方米），总建筑面积 9 万平方米，其规模可容 3500～4000 名学生。1987 年国家教委基建局邀请了四家高校设计院和兰州某设计院参加投标，采取专家评审和师生投票方式，同济大学建筑设计研究院的方案中标。大家一致认为该方案分区明确，功能关系好，教学区新颖有特点。在用地紧张的情况下，安排了 400 米跑道的运动场，建筑单体和布局有利于分区建设。后经调整，将教工住宅由多层改为高层，留出空地作教学区扩展用。经过多年设计和施工，现已建成教学楼、兰州大学逸夫文科楼、学生饭厅、学生宿舍、教工高层住宅、锅炉房、变电站。图书馆工程施工正在进行中。

文科小区教学区模型

兰州大学文科区的规划设计，是在占地不大、地势平坦、不规则矩形的基地上进行，为此，规划指导思想是使之有层次、深度、内涵，希望达到"楼不在高有神则名，域不在宽有景则灵，斯是兰大，唯我求新……"要求。

由本规划中学生宿舍采用一部楼梯，平面为 L 形布局，很有特色，被选入《1988 年全国高等学校宿舍优秀设计选编》图集。

设 计 人：吴庐生
合 作 人：王健强、任力之、戴复东
建造地点：兰州东岗综合居住小区内
结构形式：钢筋混凝土框架结构
　　　　　钢筋混凝土框—剪结构
占地面积：192.5 亩（128205 平方米）
总建筑面积：90000 平方米

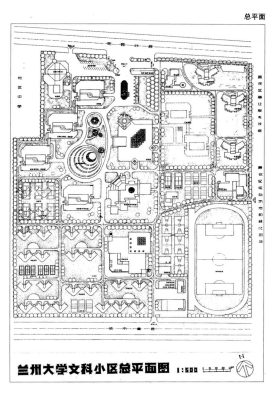

总平面

兰州大学文科小区总平面图　1:500

第一篇　建筑设计

建筑层数：2～17 层

建筑高度：最高 51 米

容 积 率：0.7

设计单位：上海同济大学建筑设计研究院

施工单位：兰州军区后勤部队

竣工时间：单体 12 项自 1987 年开始设计至今，已陆续竣工

获奖情况：1994 年兰州大学逸夫文科楼获国家教委邵氏工程二等奖；1988 年兰州大学学生宿舍被选入
《全国高校学生宿舍优秀建筑设计选编》

备　　注：模型为 1987 年中标方案，后将住宅区由多层（六层）变为高层（十五层），留出的空地为
扩大教学科研区用地。

教学区总平面模型

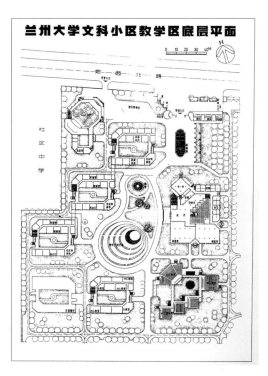

教学区底层平面

学生生活区模型

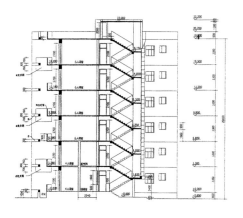

学生宿舍剖面

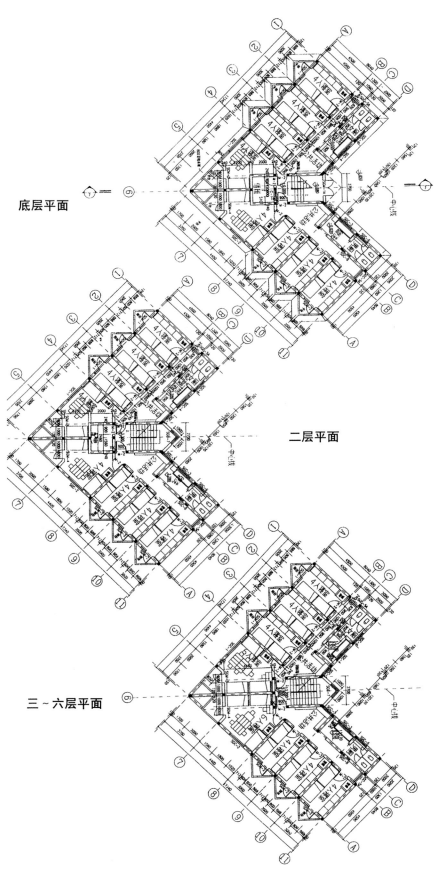

底层平面

二层平面

三~六层平面

学生宿舍

（原载《当代中国建筑师——戴复东、吴庐生》91-96 页）

14　上海市国际展览馆方案（1997 年）

吴庐生

基地位置

在虹桥地区的上海世贸商城对面，延安西路高架以南、虹桥路以北、伊犁路以西 13.4 公顷（约 13.4 万平方米）呈三角形的地段，周围涉外高层建筑林立，在此地区内要建造一座能满足举办国际、国内大型的、供展览用的场馆。主入口在基地的西北面，由延安西路穿过延安西路高架桥，直下基地的主广场（在主展区和西展区之间），设计包括主馆（主展区、北展区），西展区（上部有突出的建筑体量——圆形平面塔楼）和跨世纪广场（作为室外展区）。主要构思是用一个室外的跨世纪广场和一条室内的线型交通中庭连接主展区、北展区和西展区。整个的展区、展馆、空间布局形态与基地形态有一种互相结合较完整的妥善关系。

展馆设计

南展区、北展区、西展区的各展厅均基本上采用同一尺度模数结构平面尺度，主馆即南展区，采用悬吊大跨钢桁架，北展区及西展区采用钢结构双向等跨柱网构架体系，采用钢筋混凝土框架结构，在南北展区之间用一条 15 米宽、顶部采光的带形交通长廊中庭，连接大空间主展区和二层平面为锯齿形布局的北展区。交通长廊起着联系纽带、交通、交往和休息的作用。两层空间设多处上下连通的小型中庭和自动楼梯，使空间通畅明亮，展览路线明确；展厅可分可合，观众可自由选择参观内容，当时这是一种创新的设计手法。

建造地点：上海世贸商对面延安西路高架以西、虹桥路以北、伊犁路以西

结构形式：大跨钢桁架、钢筋混凝土框架结构

基地面积：13.4 公顷

建筑面积：

地上：119084 平方米（主展区、北展区、西展区）

主馆：81315 平方米（主展区、北展区）

地下：52850 平方米（地下车库和设备用房）

建筑层数：主展区 1、2 层
　　　　　　北展区 2 层

建筑高度：展区最高 27 米

塔楼最高：45 米

建筑密度：40%

容积率：0.9

绿地率：30.7%

实施情况：上海地区三大设计院参与竞赛，后因建筑性质改变停建

设计人：吴庐生

合作人：曾群、任力之、王健强

线型交通中庭室内效果图

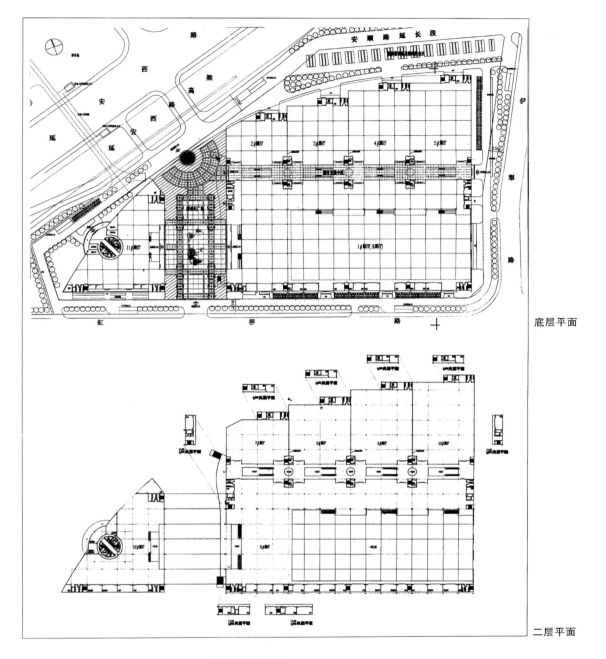

底层平面

二层平面

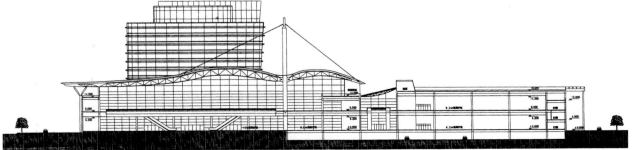

剖面

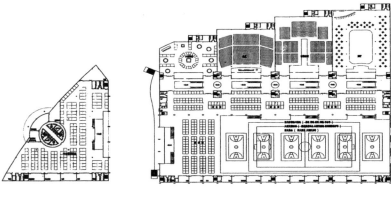

展厅综合利用示意

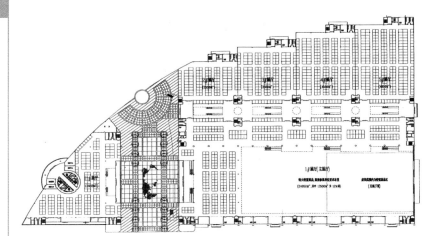

一层展厅展
位布置示意

三层展厅摊位布置示意图

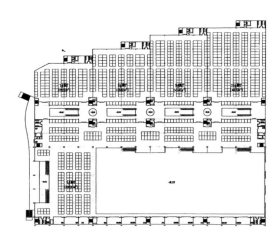

二层展厅展
位布置示意

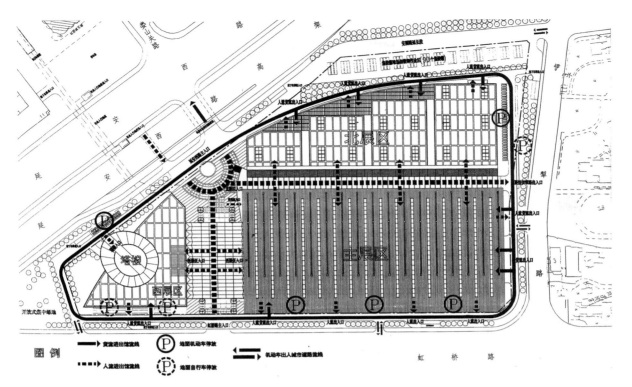

交通流线分析图

主展区室内效果图

（原载《当代中国建筑师——戴复东、吴庐生》52-60 页）

15 舟山浙江水产学院迁建工程（1998 年）（现名浙江海洋学院）

吴庐生

原浙江水产学院与舟山师范专科学校合并改名为浙江海洋学院。

本项目是在保留原有校舍的基础上，进行改扩建校园及第一期单体建筑设计。规划设计的指导思想是：

舟山浙江水产学院迁建工程全景

建成后的学生生活区

1. 功能分区调整格局

扩大教学科研区，使其处于中心地带并留有发展余地。将学生生活区集中设于校园西部高地上并考虑扩展。将风雨操场和露天球场设于学生生活区和教学科研区之间，风雨操场可以对外开放。标准田径场和球类场地，布置在文化路东侧，有地道相通，也可对外开放。

第一期新建、扩建单体建筑有教学楼、实验楼、图书馆、风雨操场、学生食堂、学生宿舍。

2. 道路系统分析

道路按宽度分为 7 米、4 米、2 米三级；按性质分为城市道路、车行道、人行道、消防车道、地道。

广场设有校前区广场、风雨操场北侧的下沉式半圆广场、会展中心附近的雕塑广场。

汽车停车场分别设在行政楼、会展中心、培训楼附近，自行车停车则尽量利用建筑物下架空部分。

3. 绿化布局

集中绿地有三处，即校前区绿地、人工湖自然景观绿地、山林区山林景观绿地，其余均为分散绿化。

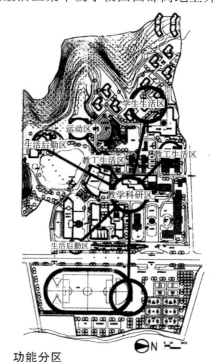

功能分区

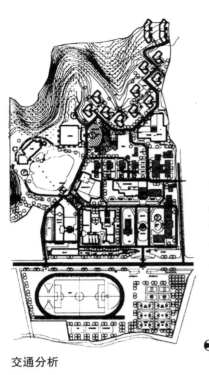

交通分析

图例

━━ 城市道路
─── 一级道路 7米
─── 二级道路 4米
─── 三级道路 2米
Ⓟ 停车场
Ⓢ 广场

绿化布置

图例

▨ 山林区绿化
▦ 校前区绿化
☐ 人工湖绿化
━━ 关系轴

Ⓝ N

建设地点：舟山市文化路东西两侧

规划设计人：吴庐生、刘毓劼

规划面积：151182m²（227亩）

规划完成时间：1997年5月

竣工时间：1998年8月

校园规划总用地面积：151182平方米（227亩）

其中校舍建设用地：62000平方米

道路、广场、停车场用地：9300平方米

运动场用地：32600平方米

绿化用地（包括发展预留地）：47300平方米

总建筑面积：47852平方米

（其中，原有校舍：20920平方米，第一期扩

建校舍：26932平方米

在校学生规模：2000人

建筑容积率：0.32（至第一期工程竣工）

建筑覆盖率：11%（至第一期工程竣工）

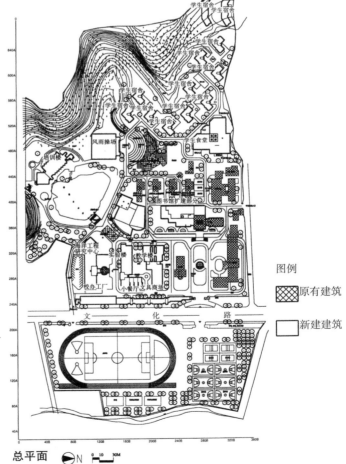

图例

▨ 原有建筑
☐ 新建建筑

总平面 Ⓝ N 0 10 30M

第一篇 建筑设计

教学楼
主要设计人：吴庐生、王玉妹
总建筑面积：5074 平方米
建筑层数：5 层
建筑高度：19.5 米
结构类型：框架、砖混
设计完成时间：1996 年 12 月
竣工时间：1998 年 2 月

教学楼

　　教学楼包括普通教室（通用实验室）和阶梯教室两部分，并分成两个防火区。其东端为 5 层，有 30 个 35 座的普通教室。这一部分的设计比较简单，采用中间走廊南北两面每侧各安置 3 个教室即可，西端为 3 层，有 6 个 70 座阶梯教室，6 个 140 座阶梯教室，这部分设计比较不易，每一阶梯教室地面都有踏步座席，容纳座席不同，则大小不同，地面升高不同，而这些教室既要考虑南北两面采光，又要考虑师生的进出交通廊道，为了使得布局不要太散而占地太大，于是就将每层的 4 个阶梯教室用一条走廊和 4 个天井联系起来，以利通风、采光，利用走廊和楼梯调节不同层高的变化。这样使得建筑空间组合紧凑，建筑外立面简洁明快，并可以具有文教建筑特色。

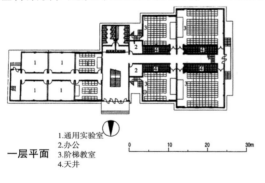

一层平面
1.通用实验室
2.办公
3.阶梯教室
4.天井

北立面

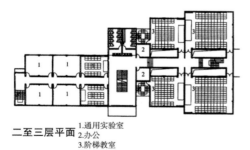

二至三层平面
1.通用实验室
2.办公
3.阶梯教室

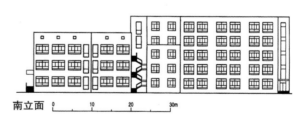

南立面

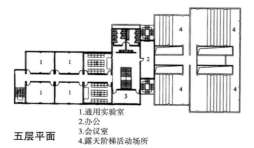

五层平面
1.通用实验室
2.办公
3.会议室
4.露天阶梯活动场所

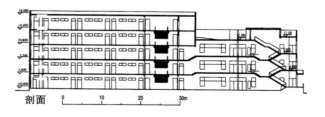

剖面

实验楼

实验楼设计人：吴庐生　王玉姝

实验楼建筑面积：4520 平方米

建筑层数：1～4 层

建筑高度：17.4 米

结构类型：砖混

设计完成时间：1996 年 12 月

竣工时间：1998 年 2 月

实验楼包括海洋渔业实验室和机械工程实验室两部分。机械工程实验室在实验楼西端，共有 4 层。海洋渔业实验室在东端，由于实验室数量多少及大小不同，布置成沿街呈阶梯形跌落，最高 4 层。造型活泼，又丰富了文化路的景观。

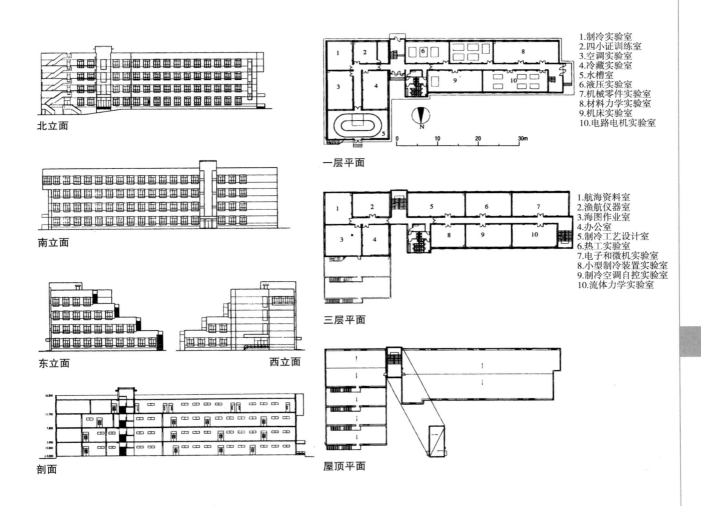

北立面

南立面

东立面

西立面

剖面

一层平面

1.制冷实验室
2.四小证训练室
3.空调实验室
4.冷藏实验室
5.水槽室
6.液压实验室
7.机械零件实验室
8.材料力学实验室
9.机床实验室
10.电路电机实验室

三层平面

1.航海资料室
2.渔航仪器室
3.海图作业室
4.办公室
5.制冷工艺设计室
6.热工实验室
7.电子和微机实验室
8.小型制冷装置实验室
9.制冷空调自控实验室
10.流体力学实验室

屋顶平面

第一篇　建筑设计

设计人：吴庐生　马慧超　刘毓劼
建筑面积：扩建 4125 平方米，改建 1500
　　　　　平方米
建筑层数：2～5 层
建筑高度；19.7 米
结构类型：框架
设计完成时间：1997 年 4 月
竣工时间：1998 年 8 月

图书馆

　　图书馆是在原 1500 平方米老图书馆基础上加以改造、扩建而成。为使新旧建筑立面协调，我们对外装修进行了统一设计。改造后的图书馆功能趋于完备，分区合理，交通流线便捷，具有学校建筑的文化气质。

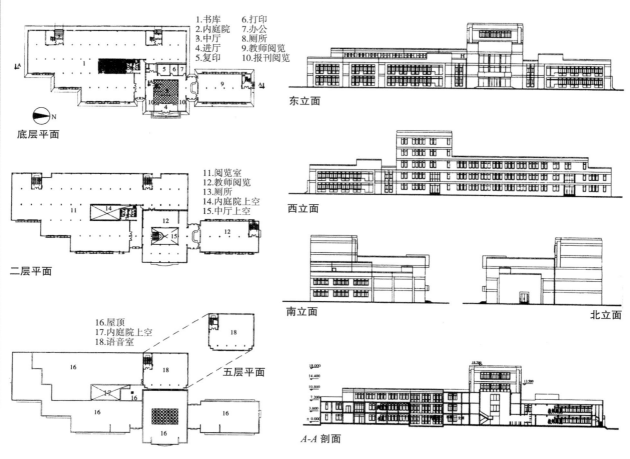

1.书库　　　6.打印
2.内庭院　　7.办公
3.中厅　　　8.厕所
4.进厅　　　9.教师阅览
5.复印　　　10.报刊阅览

底层平面

东立面

11.阅览室
12.教师阅览
13.厕所
14.内庭院上空
15.中厅上空

二层平面

西立面

16.屋顶
17.内庭院上空
18.语音室

五层平面

南立面　　　　　　　　　　北立面

四层平面

A-A 剖面

风雨操场设计人：吴庐生　任　皓
风雨操场建筑面积：2970 平方米
建筑层数：1~2 层
建筑高度：11 米
结构类型：框架
设计完成时间：1997 年 5 月
竣工时间：1998 年 8 月

风雨操场

　　风雨操场为一多功能场馆，包括球类练习及集会功能。南部运动场地可安排两个标准篮球场，四周设观摩廊。北侧为运动员辅助用房。外墙设高低窗，以利空气流通，窗内设防护铁栅，避免碰撞损坏。立面力求简洁大方，以体现体育建筑的特色。

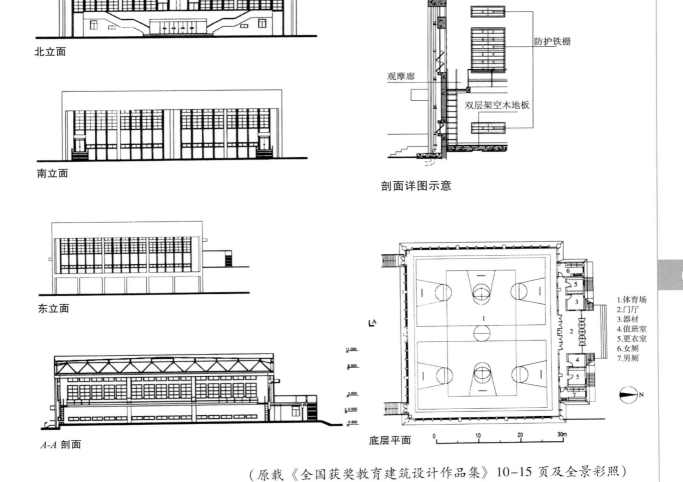

北立面

南立面

剖面详图示意

海蓝色彩钢夹芯板
彩钢夹芯板
防护铁栅
观摩廊
双层架空木地板

东立面

A-A 剖面

底层平面

1.体育场
2.门厅
3.器材
4.值班室
5.更衣室
6.女厕
7.男厕

063

第一篇　建筑设计

（原载《全国获奖教育建筑设计作品集》10-15 页及全景彩照）

16　上海市金桥开发区三环大厦（1993 年）

吴庐生

三环大厦是浦东新区内一幢现代化、多功能的综合体建筑。分商住办公楼、公寓副楼及公共活动裙房三部分，以商住办公大楼为主体。

设计特点：

1. 商住办公楼的平面采用边长为 9 米的等边三角形单元组合方式，结构简洁统一，使用面积大、分隔灵活、采光面大、造型丰富独特。

2. 主楼平面作中央筒核，周围部分低层为六个六边形，中层为三个六边形和三个梯形，高层为六个梯形。其基本单元均为边长 9 米的等边三角形。

3. 外形变化体现了轻型结构和玻璃幕墙的轻巧新颖和光影效果，突破了一般国内外高层建筑的造型构思，是一次高层建筑造型"新"和"稳"的创新尝试。

4. 公寓副楼为 L 形平面住宅，每层一梯六户，户型有一、二、四室户。

5. 裙房设大堂、商场、餐饮、娱乐等各种类型用房。

6. 主楼下设一层地下室，全部作设备用房。副楼下设二层地下室，主要作车库。

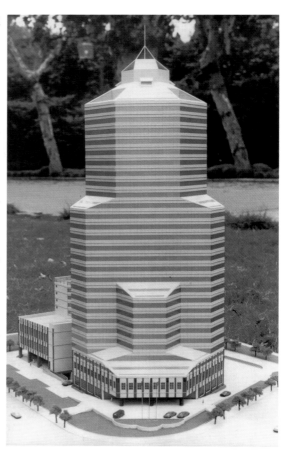

上海三环大厦模型

设计人：吴庐生
合作者：蔡　琳
建造地点：上海浦东新区金桥出口加工区，东北为纬二路，东南为上川路。
结构形式：主楼为框筒结构，副楼为框架结构。主副楼下裙房和地下室设沉降缝。基础采用片筏基础加柱基。
基地面积：9670 平方米
总建筑面积：45530 平方米，其中地上 39640 平方米，地下 5890 平方米。
建筑层数：主楼 27 层（包括设备层）；副楼 8 层；裙楼 2 层（局部 3 层）；地下室主楼下 1 层，副楼下2 层（主副楼下 1 层及 2 层裙房均为公共活动用房）。
建筑高度：最大高度 97.7 米
容积率：4
停车数量：两层地下汽车库共 115 车位，露天汽车停车 25 车位，自行车库 400 车位，露天自行车停车150 车位。
绿化率：37%
设计及竣工时间：1993 年设计，后被房产商买去，改成住宅，令人惋惜。

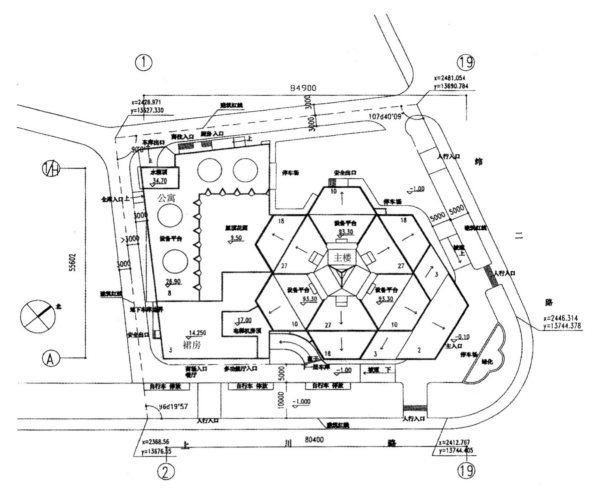

总平面

三环大厦总平面模型

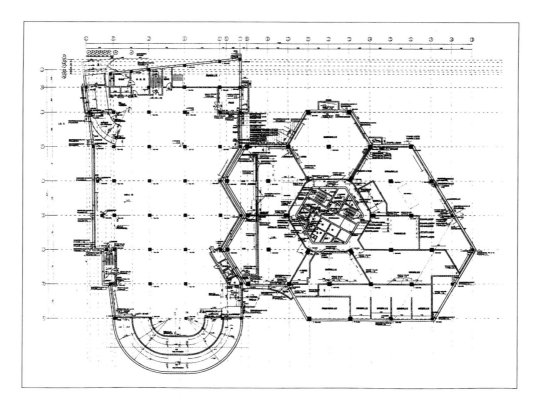

地下一层平面

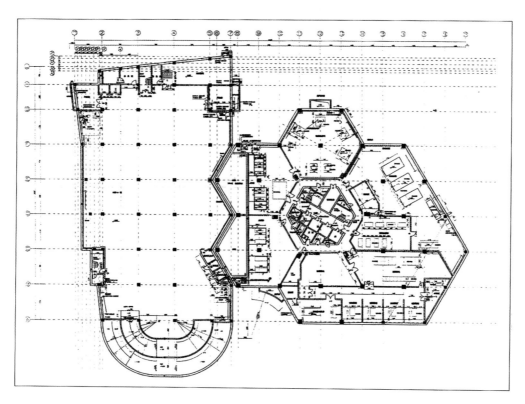

地下二层平面

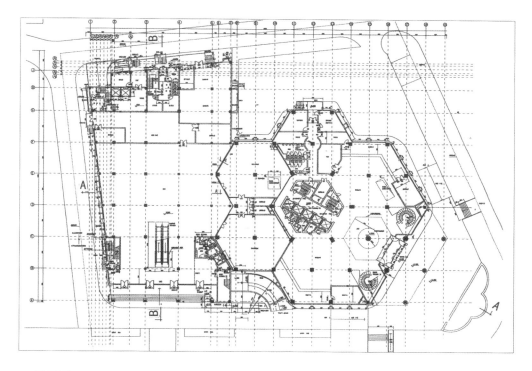

一层平面

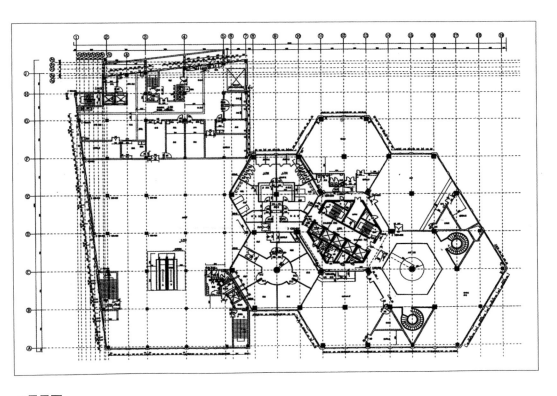

二层平面

第一篇　建筑设计

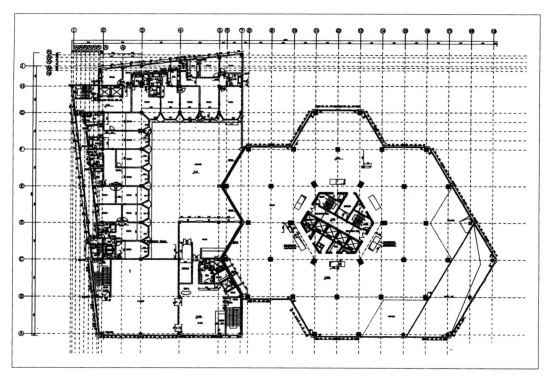

三层平面

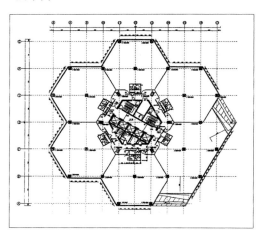

四层平面

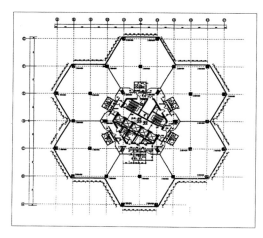

五至十层平面

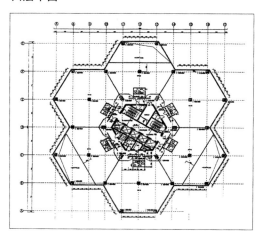

十一层平面

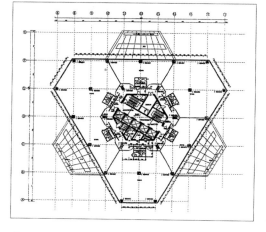

十二层平面

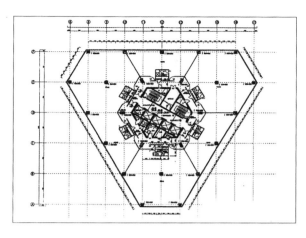

十三至十七层平面

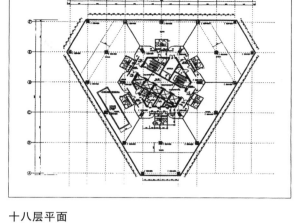

十八层平面

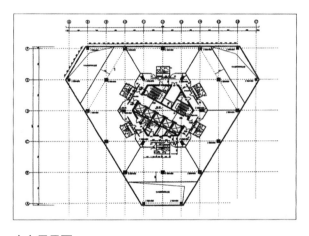

十九层平面

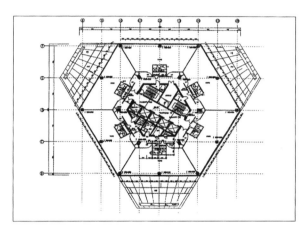

二十层平面

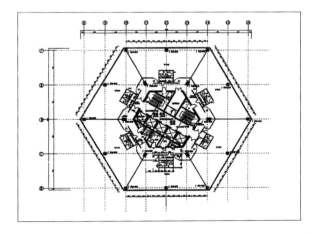

二十一至二十六层平面

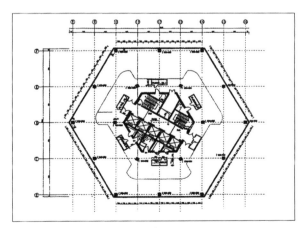

音乐茶座层平面

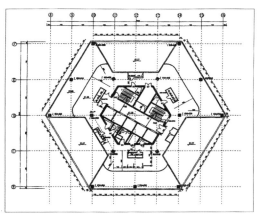

观景厅层平面

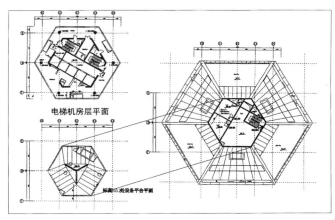

电梯机房层平面

水箱 层平面

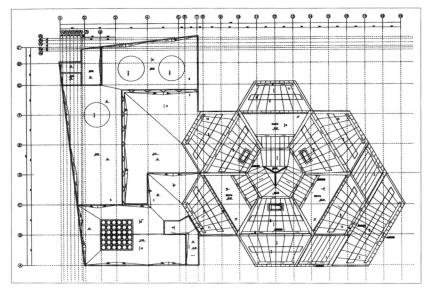

顶层平面

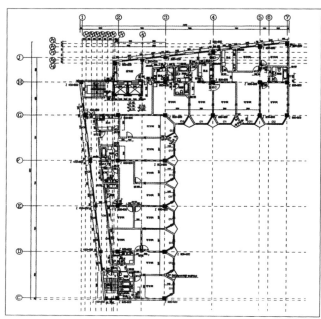

副楼四至八层平面

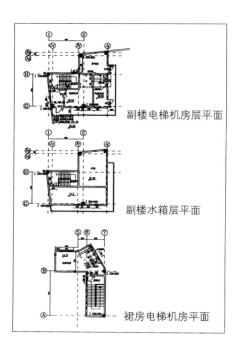

副楼电梯机房层平面

副楼水箱层平面

裙房电梯机房平面

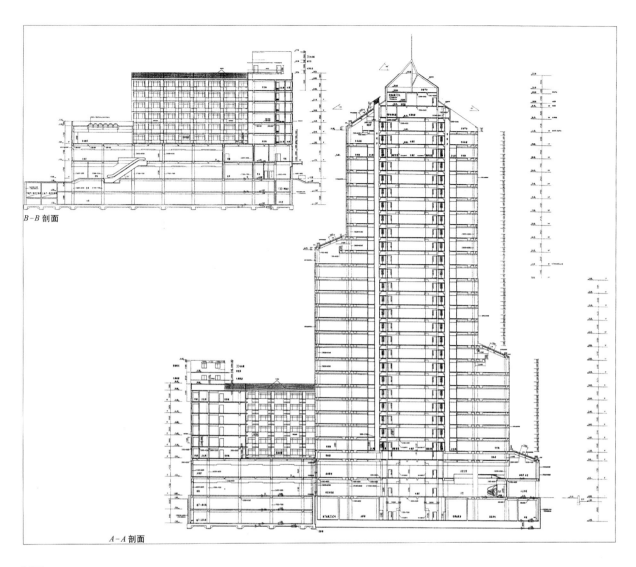

B-B 剖面

A-A 剖面

剖面

（原载《当代中国建筑师——戴复东、吴庐生》284～296页）

17　行云流水、峡谷梯台、冰肌玉骨、闲雅飘逸（1998–2000 年）
——同济大学研究生院大厦建筑创作与实践

戴复东　吴庐生

前言

1996 年，同济大学吴启迪校长提出同济今后教育发展的方向是：在抓好本科教学的基础上，大力发展研究生教育，使教育工作向更高层次前进。同济大学研究生院依据这一方针，努力从各方面推进研究生教育工作，招生数额逐年较大幅度增加，教学及课内外活动也迅猛发展。过去附于行政楼内的研究生院仅 300 平方米的建筑面积，远远不能适应发展需要。为此，校部决定建造一幢研究生院大楼（全国第一座为研究生教育工作而建造的研究生院），香港瑞安集团罗康瑞先生捐赠 800 万元人民币，国拨资金 300 万元，其余费用校部筹措（后由浙江东海工程建设总承包公司捐赠 200 万元人民币）。建筑面积控制在 13000 平方米之内（包括理学院置换面积）。接受这一任务后，从何处下手？如何作出功能合理、空间及环境宜人、室内外空间形态优美、与建筑本身性质相符合的设计？就成为问题的核心。

南向外景

选址

研究生院选址于主校区中部原有理化馆（二层建筑）位置上，基地南面正对主校区的南校门，原址前有较大面积的草地与绿化，基地前的道路是主校区东西主要轴向路，路南是电气楼，北面是声电馆，东面是和平楼、物理楼、摄影工作楼，西面是南北向河流。

从外部大环境考虑，将研究生院建筑最东南角与原有理化馆东南角完全重合，以保证基本上不占草地绿化面积；为了与路南八层的电气大楼匹配协调，并提高基地的容积率，研究生院也采用八层；研究生院主入口面南，直对主校区南校门。这些是总体布局上环境对研究生院大楼的要求、制约和特色。

平面布局

八层高的研究生院大楼在平面布局上分为南北两部分，南翼为研究生院本部，主要是办公、教学，为让进南面多功能厅体块，呈曲线形体段，北翼直线型体段作为理学院本部，主要是教学、科研，两者之间以一个八层高的中庭相联系，形成一个完整的建筑主体。中庭西侧底层设半地下室，内部为变配电间用房，将其顶部做

西面外景

成跌落梯台，这样就可以在开敞明亮的中庭空间内，进行人数众多、内容广泛的各种活动（庆典、集会、招生、就业、展览……）。西南角二层椭圆形平面的会堂建筑（150人学术报告厅与多功能厅上下重叠）和东北角二层蝴蝶形平面的阶梯教室（150人和120人阶梯教室左右各一），分布在主体的斜对角，更丰富了建筑总体造型。而主体南翼体段略向内弯曲，以致建筑总体不致离道路太近，既增加了活泼性，又解决了极少占用绿地的实际问题，这种正反曲线凹凸相接的体态与界面形成了柔和灵活的趋势，产生了一种行云流水的气势。

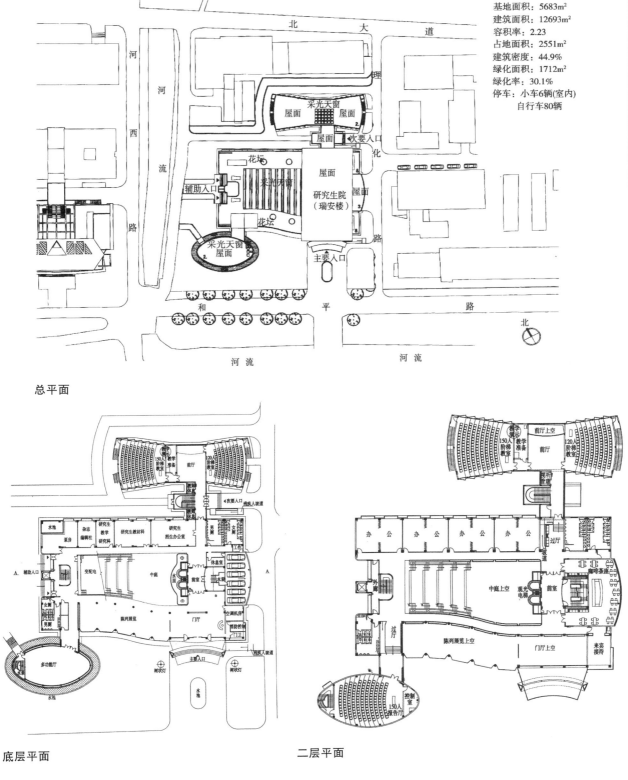

基地面积：5683m²
建筑面积：12693m²
容积率：2.23
占地面积：2551m²
建筑密度：44.9%
绿化面积：1712m²
绿化率：30.1%
停车：小车6辆(室内)
　　　自行车80辆

总平面

底层平面

二层平面

入口外景

中厅和陈列厅之间的空中走廊

　　主入口位于东南端，遥对主校区的南大门，作为研究生院主要出入口；次入口位于主体与阶梯教室之间，供研究生招生办公室等日常进出及学生上下课出入口之用；在建筑主体西端设另一次入口为辅助入口，供教学设备进出之用。

　　在东端主入口设带前室的主楼梯间和两台观光电梯；西端次入口设次楼梯间及一台客货两用电梯，主次楼梯均可直通屋顶层。八层屋面除了设备用房及露天设备场地之外，布置了屋顶花园，设有休息接待、玻璃花房、人造草皮、花台、庭院灯和最具特色的中庭透光屋顶。

中庭设计

　　对中庭空间的设计，在南北体段之间八层高的中庭东端，为使师生上上下下在不封闭的电梯轿厢内，不与外界隔绝，而成为一种享受。采用两台蓝色科技型的观光电梯，上至中庭的新型屋盖，下至半地下室顶上的阶梯形大看台，及两侧层层的花池。在电梯运行中对庭内全景一览无遗，基本上做到了乘者与外界有交流。加上庭内可举行各种活动，熙熙攘攘的气氛又感染了乘者，赏心悦目、内外交融。采用了国产第一台载重1吨外观有科技感的半透明观光电梯，基本上达到了在运行中乘客与外界有交流、交融。

　　在中庭内想要达到室内外相似的光环境，减少阳光直射庭内，控制夏季庭内温度，中庭屋顶采用U形断面预应力钢筋混凝土空腹梁，其形体设计考虑了屋面排水和投光灯槽；两空腹梁之间透明部分采用槽形夹丝玻璃夹胶。这样一实一虚相间，解决了屋面排水、屋顶采光、高空照明、结构防火、玻璃安全诸问题。这种新颖的中庭形式，做到了既经济合理，又美观实用、气势恢宏，给人一种赏心悦目的感受，是一次中庭屋盖设计创新的探索和实践。

中庭预应力梁及玻璃顶

中庭向东俯视

中庭和南面陈列厅之间的空中走廊，采用单柱悬挑 1.6 米的廊，简化了结构，也开阔了视野，两个空间既分又合，贯通流畅。

为使中庭设计能满足消防及安全要求，西端为半开敞式，仅设槽形玻璃挡雨板，可直接对外通风排烟。

中庭东端上部设百叶窗，屋顶下四周设通风罩。除以上自然通风排烟外，中庭回廊设自动喷水、火灾报警和机械排烟设备。与中庭相通的门均为乙级防火门。一切设施均确保消防、安全。

立面和剖面设计

研究生院的外型和色彩采用高科技手法，简洁明快的造型、腾飞向上的形象、纯洁素雅的色彩、虚实互补的立面，给人以"清新"的感觉。从主校区南大门方向望去，她映衬在大片绿色中，点缀数丛寓意我校研究生节——枫林节的红枫树，玉洁冰清、分外高雅。走近她仔细端详，却有着丰富的细部和白、灰、黑色系。

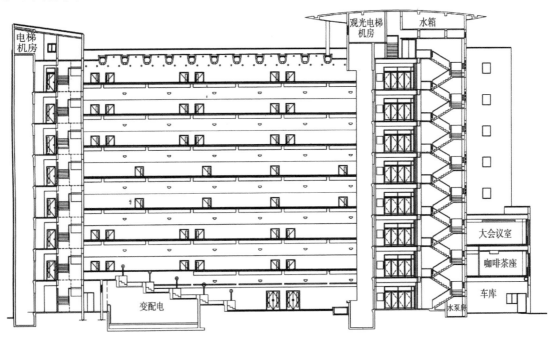

A–A 剖面

整个建筑外墙面采用白色方形小面砖铺贴。南立面主进口之上为整片曲面的玻璃幕墙，左右为层层水平带形凸窗，西端带形凸窗较东端带形凸窗长且成反曲面，终点作了收头处理。整片玻璃面和条形的玻璃带成曲面状并有机组合，成为南立面的主旋律。玻璃有灰、透明两种，固定窗均为透明，上支开启窗均为灰色镀膜玻璃，一宽一窄、一透明一灰色，两种水平条带贯通东西，成为南立面的主要特征。主进口上部的屋顶有扁梭子形的金属屋盖，表面用银灰色铝塑板包装，这一腾飞向上的顶盖，既突出了主入口，又将屋面设备用房巧妙地涵盖其下。主入口门前设一断面为三角形、平面略成弧形、灰色斩假石的门架，吊挂着出挑 3.8 米预应力板式的弧形大雨篷，给人以轻盈飘逸的感觉，又可使汽车停靠其下遮风避雨，左右草坪上各配有一盏蒲公英状大型庭院灯，为主入口又加上浓重的一笔。

二层高的陈列大厅，外墙面呈反曲线型，配有五组尺寸各异的二层高的大型玻璃凸窗，这在设计和施工上均有一定难度。承蒙珠海市晶艺玻璃工程有限公司，采用金属内支架、点式固定玻璃的方式，派专人设计、制作、安装，并赠送了这一价值 45 万元的高科技产品，既突出了陈列大厅的特点，又显示了研究生院高科技的含量。

陈列室大型玻璃凸窗

玻璃凸窗近景

南立面的屋顶，除梭子形的屋盖外，西端配有小型双凹曲顶的玻璃花房，与梭子形的屋盖主次分明，除烘托梭子形主体外，还作为屋顶轮廓线的尽端收头。丰富了南外观的造型。南立面西南角椭圆形的双层会堂建筑，上部学术报告厅四周全封闭，内设全空调，外墙用白色水泥拉条罩面，顶呈弧形曲面；下部多功能厅四周采用通透的大玻璃窗，并环以水池，使内外交渗，室外景色尽收眼底。这一上实下虚的弧形建筑，为南外观生色不少，研究生院主要立面为南立面，空调设计根据实际需要，南翼体段采用集中空调，保持了南立面的整洁。

东立面为八层主体建筑的东端，底部为三层裙房，前为二层椭圆形会堂建筑的东端，后为二层阶梯教室的东端，在主体建筑和阶梯教室之间，有出入频繁的次入口。这个立面虚实对比性强，高低错落有致，细部的处理很耐人寻味。

北立面为八层主体建筑的北立面，其凸窗和凸窗之间，设空调室外机有规律的隔板和不锈钢栏杆，与蝴蝶形平面双层阶梯教室三角形的凸窗，上下前后的组合，在统一中求变化，在协调中求突出。

西立面为八层主体建筑的西立面，以垂直槽形玻璃挡雨板最具特色，前后又有二层椭圆形会堂建筑和二层阶梯教室，更丰富了这个立面在水中的倒影。

以上东、西、南、北四个立面虽各具特色，但在造型和色彩上浑然一体，清新醒目。

东向外景

阶梯教室西北外景

空调设计

考虑节约投资，因地而异，建筑部分采用集中空调方式，150 座学术报告厅、多功能厅、中庭下部人群集中的层面上，采用全空气定风量低速管道系统。南翼办公、接待、计算机房、视听教室采用风机盘管加新风系统，单独房间可独自控制，同时也照顾了主立面（南翼南立面）的整齐。北翼及其他不定时使用的房间采用分体式空调（壁挂式或柜式）两台热泵设备安置在屋面西北角不注目处，既不占用建筑面积，又不妨碍观瞻。分体式空调室外机均安置在北立面特定的位置和附近屋面上。

考虑到同时使用系数，冷（热）源按总负荷的 80% 设置，使用效果良好，既满足了各种使用要求，控制灵活，又节约了能源和设备投资。

照明设计

新型灯具的设计和选用，也是该建筑设计的一个特点，研究生院室内和室外各采用了一对蒲公英灯，自行设计了带帽路灯兼庭院灯、强光束的射灯（射程长 12 米）、带形日光吊灯、1/4 球形壁灯等，其余在市场上所选用的灯具，均为经济美观，且为建筑师所接受的灯型。

室内色彩及壁雕艺术

室内色彩以白、蓝、灰为主调，以中庭为例，八层中庭四周墙面及各层栏杆花池均为白色，饰以银色亚光不锈钢扶手，朴素挺括。顶部 U 形断面空腹梁亦为白色，两梁之间采用透明的槽形玻璃，和实体梁相间一实一虚，白天见光影效果，晚间观光束夜景，十分醒目。东面科技型蓝色观光电梯，两侧配海蓝色水泥拉条墙面。中庭地面以灰色芝麻白花岗石为主，银以海蓝色斯米克地砖和两侧汉白玉的直条

主入口门厅内景

图案，这种石材和地砖相拼的地面做法，是取地砖色彩的优势，补足低档石材色彩的不足，使大面积地面生动活泼起来，这也是一次大胆尝试和较成功的例子。中庭地面高起的跌落梯台部分，全部采用灰色花岗石，两侧跌落花池采用白色大理石，池内满种绿色肾蕨，点缀着球型庭院灯，形成一幅室内绿色景观图像。

和中庭空间贯通的前厅、陈列展览厅，点缀着银灰色塑铝板的圆柱、巨型点式玻璃凸窗、竖向槽形玻璃隔断、螺旋纹圆形吊灯。入口大厅正面及左侧设置了两帧题为"春华""秋实"的可丽耐材料（corian）壁画，是由建筑系刘克敏教授和阴佳副教授联合创作的，色彩丰艳、亮丽可人，在室内整体中是点睛之笔。整个中庭、前厅、陈列展览厅，在色彩美丽的花卉与绿色植物的掩映下，共同组成了协调悦目、光线明亮、意趣雅致并且有科技和文化气质的环境空间。

社会检验

经过半年多的案头与现场艰巨异常的操作，顶着一些意外和不必要的干扰，这一心血凝成的成果

终于完成了。它赢得了校内师生和校外广大人士的认可和交口赞誉，业主和使用者——同济大学和研究生院的反映是："经过使用检验，各使用单位反映都很好，非常感谢设计人员，自始至终坚持在第一线。从施工图到室内外装修图，的确凝聚了设计人员的心血，从室外大环境到建筑物本身，从材料选择到细部处理，不计报酬地奉献了他们的智慧。尤其难能可贵的是牢牢掌握预算和造价，建筑师有较强的经济意识，才能达到'少花钱、多办事、办好事'的效果。"

（原载《建筑学报》2002 年第 4 期 8 ~ 11 页及封 2、封 3 彩页）

18   中国残疾人体育艺术培训基地建筑创作（2002 年）

戴复东   吴庐生

1998 年初，中国残疾人联合会决定在上海建造一所代表国家水平的、综合性、多功能残疾人体育艺术培训基地。残、健共享成为设计中重要的原则。我们承担了这一建筑设计工作。这是国内第一座残疾人培训基地，国内没有先例可循。内容包括以下方面。

（1）体育：室内 8 泳道标准游泳池、智残训练泳池、室内体育场馆等；

（2）艺术：标准舞台、观众厅、培训教室等；

（3）公寓：76 间标准客房，136 床位等；

（4）服务：餐厅、厨房、变配电室等；

（5）运动场及花园：室外网球场、四道 60 米直跑道，残疾车停车位，花园及庭院等。

1   总体布局

基地沿漕宝路东西约 240 米长，南北沿东面星东路约 127 米深，沿西面星中路约 216 米深，南面约 167 米长，北向面朝漕宝路。基地面积 39900 平方米，要布置游泳馆、球类馆，小剧场三个大空间和一个公寓楼高层，并将它们有机联系起来，成为一组主体建筑，再加上两组残疾人疏散用的斜坡道，颇为壮观。主体建筑位于基地北部，面临道路，室外活动场位于主体建筑背后基地的南面。由于几个主要馆场需要较大的建筑空间和跨度，安置在底层，建筑物作一系列平置展开排列。

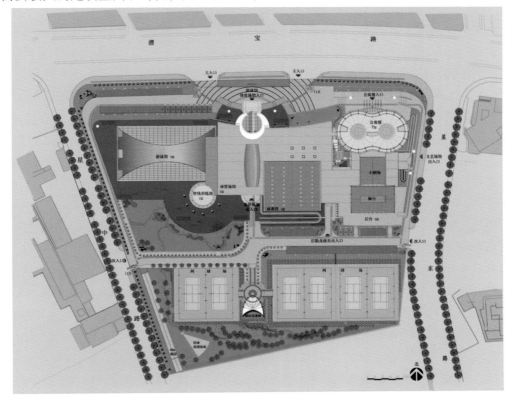

总平面

基地西部的星中路与漕宝路成71°斜交，西北角基地进深较大，将室内游泳池放在这里，可以很好利用边角基地；这样依次由西向东安置泳池、更衣、淋浴室；其外安放交通联系大厅；大厅东侧为室内体育场馆和壁球室，便于和泳池共用更衣淋浴室，节约建筑面积和投资；这样室内体育活动空间就紧凑完整地组合起来了。再往东布置公寓楼，培训人员可以在此直接对外进出，并通过东西向休闲长廊与体育部分联系，基地在东西长度上就安排满了。文艺场馆的小观众厅、舞台、后台安置在公寓楼的南面。这样，建筑群随着各部分的不同功能和空间需要，错落有致、融汇贯通为一体，有机地组合成新颖别致、富有韵律感的现代建筑轮廓，室外运动场和花园绿化用地位于建筑群的南面，自然过渡、和谐衔接。

2 各主要用房空间及界面的决定

1. 室内游泳池

室内泳池的平面必须安置长50米、宽21米、深1.4~1.8米的8泳道泳池，它的室内平面形态以矩形最合理，决定采用56米×66米的矩形平面。考虑了加强人与自然的联系，做到既可在室内看到室外的山水树木，又可使冬天的阳光直射泳池，内外通透交融。于是在矩形平面的长方向上部先做一个长弧形拱顶，中间高两端低，与矩形空间的容积可以大致扯平，然后再依南北两边的底线朝池内空间52°的位置上各切一刀，这样形成了一个类似花篮状的拱顶结构，并有了两个弧形的大斜玻璃面，中部较高，两边开敞通透。这样一种泳池的空间形态，在国内外还很少见到。

根据结构工程师的反复思索，这种花篮状的拱顶采用了一种简单经济的办法：用10品斜柱钢框架，它们的跨度、截面大小相同而高度、形状变化不一，组合起来承受屋面、两侧斜置钢拉索点式玻璃以及吊顶的荷载。

结构形态上虽得到了解决，但室内泳池中湿度较大。钢材怕水；此外普通钢无法达到消防的要求，国标规定：支承单层建筑的柱要二级耐火等级，其燃烧性能与耐火极限是：非燃烧体，2小时。如果用大量的防火涂料则造价太贵，且钢结构外包的阻燃材料太厚，外观效果不佳。怎么办？能不能用钢材材质的改进来解决这一问题？武汉钢铁公司技术中心接受了这一挑战，短期内炼出了WGJ510C2钢，即高性能耐火耐候建筑用钢。它的耐火性能是在600摄氏度时屈服强度δ，不低于标准屈服强度δ最低值的2/3；耐候（气候）性确保为普通钢（Q235，Q345）的2~8倍，其技术性能达到了国际领先水平。在后来应用的实践中还不断克服了用钢板弯成钢管的焊接，特种焊条的制作和生产，与其他品种钢材的焊接等一系列难题，在有关质检部门检查、鉴定、认可下，花篮状拱顶的泳池才得以实现。而52°拉索点式玻璃的安装是一个大难题，由江苏省建伟幕墙装饰工程有限公司的施工队伍用简单办法将其方便地成功安装上去。这些说明现代建筑的创新有赖于建筑材料和建筑技术的革命。

这一花篮状拱顶室外中部高15.8米，室内净高13.4米，内部净空间$V \approx 15600$立方米。室内空间体积可以比矩形泳池减少近2500立方米~7000立方米。加上南北两大片采用Low-e中空钢化玻璃，除了它的空间具有高大敞亮的效果之外，节约空间与节能的效果就显而易见了。

室内泳池很容易产生结露现象，空调工程师作了设计并进行计算。根据规范，室内泳池水温为26℃，室内空气温度应高于水温1~2℃，相对湿度为50%~70%，风速控制在0.2米/秒，因此将室内空气参数设定为28℃，相对湿度60%。由于游泳馆内温度高，相对湿度大，为防止围护结构内表面结露，要求内表面温度必须高于室内空气露点温度18.5℃。玻璃幕墙采用Low—e中空钢化玻璃，屋面板为0.8毫米厚，彩钢板加50毫米厚西斯尔玻璃棉毡，达到了传热系数小于$K=2.58$的标准，因此不会结露。同时，钢桁架下做成铝条（V形截面）拼装吊顶，内置管线，空调的机械排风系统位于顶部两侧能迅速排走池区水面不断蒸发的蒸气与热量，而在两侧玻璃幕墙下方布置送风管口，沿玻璃向上送热风。此外，池厅地面采用地面辐射采暖系统，地表温度可达 32 摄氏度，这些都可提高玻璃内表面温度，防止结露现象。

2. 室内体育馆

这是一个练习馆，放两个标准篮球场，室内平面为 40 米×36 米，高度到结构底为 10.4 米，可进行球类训练。场馆顶部用钢网架结构。与一般场馆不同的是室内要装置空调，送风管道可以在网架内穿行。由于场馆三边有高建筑的遮挡，为了白天训练采光需要，顶上设置了分散的 40 个直径 1.2 米自然采光圆筒。外玻璃幕墙内部设置钢木组合的垒木护栏，起防撞击保护玻璃的作用，又可作为运动前准备活动用。

3. 观众厅、舞台

这个场馆是艺术排练区，作为节目审查用，观众厅不需很大，是"小厅大舞台"，设计成 16 米宽、21 米深、8.9～9.97 米高，可以适应多种功能，地面平坦不做坡台。观众席做成电动机械操作可伸缩 258 座活动式台阶，拉出时观众能无遮挡地观看台上演出；收拢时可全部贴靠后墙，留出厅内平坦地面，作排练、舞会、宴会等使用。舞台口和观众厅等宽，取消台口框，观众厅有伸入舞台之感，两侧墙各做成 7 个折叠形界面，横剖面做成上小下大的梯形，舞台声音可以较好地向观众厅内反射，内部形态有变化不呆板。为了使侧墙对高频声有一定的漫射，后墙能够吸声，采用了两侧密贴通长石膏条，后墙铺吸声玻璃棉外钉木条，石膏条与木条断面相同，达到平面上有细腻凹凸的肌理效果，产生柔和感。经过计算机声学模拟图显示，小厅内声场分布较均匀，效果良好。

4. 公寓楼

这是一个残、健共用旅馆，其标准层平面可以有很多组合方式。为方便聋哑人，在平面上采用两个圆形相接，电梯放在两圆之间成为束腰双圆，当聋哑人在圆形内圈走廊上行走或站立时，就可用手势来进行交流。走廊在内，客房在外，客房平面开间内小外大，就可以将卫生间沿外墙布置而得到自然通风采光条件，取得较好的节能效果。

公寓楼的高度受到虹桥机场航道的限制，所以设计成上下两层中庭。两个圆形客房层各是一个四层高的圆形中庭，中庭的地面是设备层的顶盖，客人可以在此聚集、休闲、交流，尺度不大也不高，有一种亲切温馨的感觉。我们学习国外经验，在四层楼（客房层的第一层）设计了一间避难间，残疾人在火灾时躲进去等待援救，乘轮椅的残疾人的客房都设在这一层。

公寓楼门厅的平面形态是束腰双圆，在两圆的连接部位设置了两部观光电梯，观光面各朝向一个圆形中庭。门厅东面的圆环底层可以和文艺场馆的前厅联系，而后进入到多用途的观众厅西面圆环底层，设总服务台，并可联系贵宾室。在门厅入口处有一个大的弧形玻璃雨篷，它的形态稳定安详，对来者有一种欢迎和呵护的神态。

5. 主入口门厅

采用了一个锥形体态，底平面是个圆形，上小下大，将上面沿入口方向斜切去一块前低后高，做一个中间折叠的玻璃顶盖，并一直向入口方向拉下，入口上部做一个悬挑较大的雨篷，立面为半棱形，给人以犀利有力的感受，表达残疾人自强不息、势不可挡的精神。

6. 中庭

中庭在泳池更衣室和体育场馆之间的交通大厅，平面是一个矩形空间，为了不同于一般矩形中庭，设计成腰鼓形平面的柱廊及夹层，顶部中间往上高出，成半腰鼓形空间。中庭两端各设一座下有水池烘托的悬挑楼梯和一座透明没有电梯机房的液压电梯。中庭南端为大面积玻璃窗和门，可以观看室外景色并由此进入建筑南面的网球场及投掷场和花园。

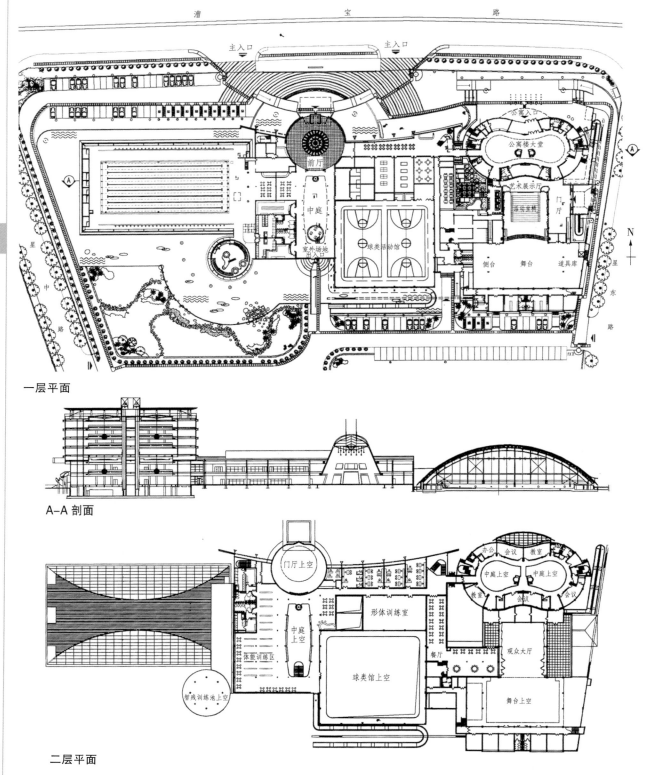

一层平面

A–A 剖面

二层平面

3 外部及外观

墙体采用白色蜂窝铝板罩面，玻璃采用无色，部分有白色彩釉圆点及条纹，部分采用不透明的钢化玻璃。泳池为大片钢拉索点式无色玻璃，为了冲洗玻璃面及工作人员攀登泳池屋顶的需要，在泳池南北两面沿屋顶轮廓上方各设置一根不锈钢定向喷水管。室内体育馆及中庭大窗为白色彩釉圆点玻璃，主入口门厅为无色钢化玻璃，舞台上面外部罩以不透明钢化玻璃；公寓楼客房卫生间外窗采用橘皮纹玻璃砖，在东西客房外用印有横向条纹的弧形钢化玻璃作遮阳，公寓楼内两个小中庭的顶部为白色条纹无色玻璃。这样组合在一起，体现一种清新、纯净、秀丽、端庄的气质。

为了残疾人在二楼公共活动场所能够被紧急疏散的需要，我们在东、南两面和东入口处设置了供轮椅用的疏散长坡道，也可以作为残疾人爬坡锻炼的设施，它们可以表现建筑物为残疾人服务的性质特征，同时在外部空间形态上能产生很强的力度感。

建筑物北部主要入口两侧紧贴墙体外各设计了一片门架，各门架端部在立面上作倾斜状，门架外水面上设一些不锈钢的支架。在建筑物的东部及南部各设计一座大门架，这样来统一形态各异的体量，达到了空间界定的效果，同时又可以产生整体力度感。

室内泳池的北、南、西三面设计了环绕的室外水池，可以产生倒影、扩大空间感，站在室内泳池边，仿佛置身水中。采用中水装置，部分处理过的中水也排入室外池中，池水可以绿化浇灌及洗车，节约水资源。池深为 1 米，水深 0.7 米，用深浅相间的蓝色马赛克铺底，卵石贴四壁，增加水的深度感；南面庭院地面有几组大的叠石伸入水池内，增加自然野趣。

观众厅西侧用作贵宾室，室外设计了一个小庭院，石材和卵石组成方圆几何图案铺地，细条纹肌理面石片铺南墙面，上有大圆窗和小方窗，自然形态的水池亦用卵石贴池壁，蓝色马赛克铺底。院内西南角立石笋于绿色竹丛中，点以红色小赤枫，中心位置上植以数株小盘槐……亲切、有序、温馨、野趣。

基地中部南端设置一座白色膜结构的休息棚，作为从主入口穿过中庭到南面的收头景点。

围墙不高，仅作为一种界定，用简单直线及圆弧线条组成的铁栏杆围合。东、西、北三面共设有四个出入口，门卫室由玻璃及白色铝蜂窝墙和圆形倒置浅盘形顶构成，在形态与外观上与主体建筑取得呼应。

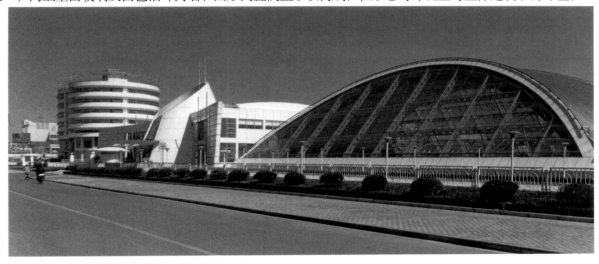

自漕宝路往东南方向外观

公寓楼西北外观

主要中庭内景

公寓楼内小中庭内电梯及连廊

室内泳池内景

贵宾室前小庭院

体育馆内景

南部门架墙及疏散大坡道

观众厅内景（座席收至后墙）

设计单位：同济大学高新建筑技术设计研究所　　结构设计：孙艳萍　王笑峰　陈丽君　吴端等
建设地点：上海市　　　　　　　　　　　　　　　给排水：孙祥生等
占地面积：39900 平方米　　　　　　　　　　　　设备设计：戴茹
建筑面积．23378 平方米　　　　　　　　　　　　电气设计：俞丽华　严志峰等
建筑设计：戴复东　吴庐生　汪海津
　　　　　吴白　丁桂月

（原载《建筑学报》2003 年第 11 期 23-27 页）

19 浙江大学紫金港校区中心岛组团建筑与环境创作（2003 年）

戴复东　吴庐生

1　基地环境

中心岛位于紫金港校区较中心的位置，大致呈圆形，四面环水，水体形态由人工依自然环境铸就，南面的水面较大。校区大门原设计在南面，中心岛建筑作为终端建筑，后来校区大门改为东面，校区有一条东西向主要干道从岛中心穿越，因此也可作为东大门的终端建筑。

这一个位于新校区中部的中心圆岛，四面环水，东西干道贯穿其中，南北两端也与校区有关部门相联系，是一个特色较鲜明的基地；其次，有近 4 万平方米的建筑面积，内容复杂，功能差别很大的建筑物要布置在这一近 5 万平方米的圆岛上，所以，这也是一个很难处理好的基地；再次，中心圆岛位于校区中心，自然条件十分优越，最后的规划建筑应当是一个空间丰富、体态动人和环境优美令人心旷神怡的成果，因此，这更是一个很富有挑战性的基地。

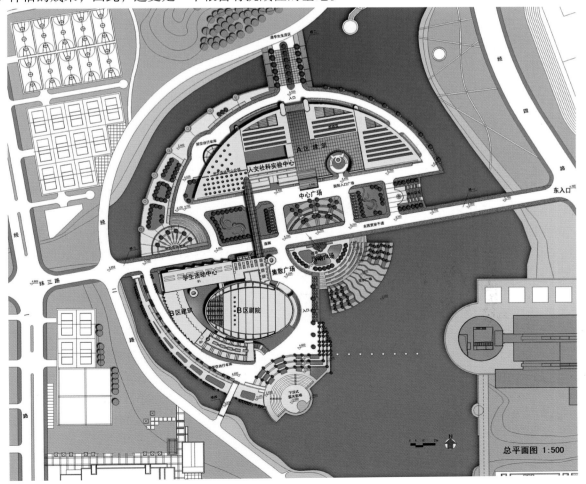

总平面

2 功能要求

根据规划和单体任务的要求，中心岛组团要容纳三大内容：

（1）校史馆与自然陈列博物馆（校史陈列馆、有/无脊椎动物展厅、昆虫展厅、海洋动物展厅、高等植物展厅、栽培植物展厅、低等植物展厅，土壤地矿展厅、农业科技展厅等）12000 平方米。

（2）人文社科中心（思想政治系、经济学院、教育学院、人文学院等等）8000 平方米。建成后改为建筑学系。

（3）学生活动中心（1200 座剧场、大中小报告厅、多功能厅、银行、书店、商店、快餐、茶学实验室、色彩教室、素描教室、书画教室、音乐教室、中心机房、琴房、学生社团办公及各种社团活动室、心理咨询室等）18000 平方米。

3 设计主导思想

接到任务后，经过一段时间的摸索和思考，我们考虑了以下的一些原则做主导思想来进行规划与单体设计。

在自然生态上：重阳光、重朝向，重水体、重绿化；

在人文思想上：重现代、重高科技、重情感、重人性；

在环境空间形体上：反满铺拥塞，重疏密有致，重主从关系；

在创作目标上：环境浪漫融于理性，排列疏朗；

　　　　　　　空间：面广繁杂内容，梳理成章；

　　　　　　　形态：体态曲面完形，显示灵气；

　　　　　　　氛围：生态交融现代，体现人文。

在形态的形成上：形态要反映环境，形态要体现功能，体态要表达感情。

基地环境内容丰富密集，但我们应当化解这一矛盾，设计出疏朗舒畅的空间结果。

4 总体构思及单体布局

1. A 区建筑（月牙形综合楼）

由于中心圆岛被东西向干道从中心穿越，因此基地就被分成了路南、路北两大块。路北是一个半圆形的平面，我们把它定为 A 区，这里是一个可以安置较大建筑量的基地。路南应当尽可能留出较多的空地，使中心岛前面留有较大的生活空间，形成开阔空灵的环境。那么，路北建筑的空间与形态就应与圆形的岛屿、半圆形的基地产生有机和生动的联系，这是一个首先要解决的难题。针对这一点我们将空间可塑性较大的陈列馆放在路北，加上人文社科中心，和一部分学生活动中心，大面积满铺，再从北到南由高向低将屋顶斜切一刀，使这一组建筑形成一个月牙形顶面，北高南低由北向南倾斜。这样在中心岛上的这一大组建筑物可以减少正面的拥塞感，同时可以在形态的观感上展现圆形中心岛后部空间形态的关系。

这对于内部空间作为陈列馆使用是可行的，而且可以利用向南的斜屋面，每层设置剖面弧形朝北采光的天窗，解决了陈列馆的采光和通风。为了中心岛与北面大量学生来往联系的方便，在月牙形中部底层做成交通大通道。在陈列馆部分的南向做一个圆形入口庭院，庭院中央安置一个粗细不锈钢管组合成的生命树雕塑。在庭院的入口处安置一座白色微晶石的拱形大门。庭院后的陈列馆前厅空间，往北逐层作为陈列馆空间。在月牙形中部底层大通道西侧，安置了人文社科中心部门。人文社科中心有一小庭院，作为通风采光之用。月牙形西部三角形地带作为学生活动中心的一部分，南向布置大、中、小三个报告厅，余下的三角形中心设置了一个圆形球体空间，作为综合功能厅。

从东入口看中心岛

2. B 区建筑（学生活动中心总部）

这样，以 1200 座剧场为主体的 B 区学生活动中心，就应当放置在主干道南面偏西的位置上，让出东南角，使整个中心岛开朗、透气。1200 座剧场是这块小基地的中心，其北面平行主干道的条形建筑（底层安置贵宾室、银行、书店、设备用房、消防控制室；楼上安置茶学、棋牌、音乐欣赏、素描、色彩、书画、展廊）。剧场西南面成环状建筑（布置快餐、商店、琴房、计算中心、心理咨询室、办公室等）。剧场观众厅楼座采用两侧跌落到池座的方式，在跌落座位上空两侧各布置五个小包厢，剧场主入口向东。

B 区 1200 座观众厅内景

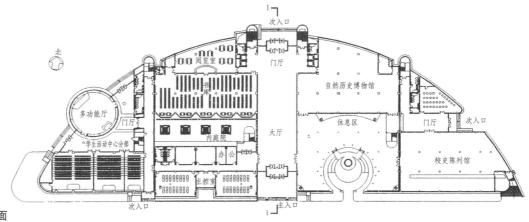

A区一层平面

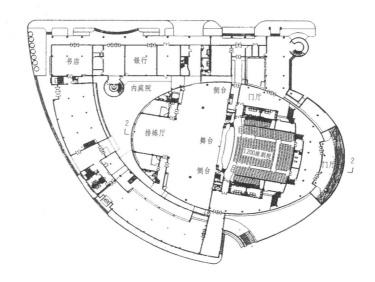

B区一层平面

3. 连廊

为了主干道南北 A 区及 B 区两部分能有所联系，我们在基地西部二层设置了一条架空的长连廊。

这样，在中心岛圆形基地上将建筑物如此布局后，基本上在功能要求上和空间形态上大致满足了我们提出的规划设计主导思想原则，达到了较为合适的效果。

从西面看连廊

A 区南入口雨篷

A 区球形多功能厅

从东面看 B 区建筑

5 造型及色彩

综上所述，A 区建筑为 180 米长半月形平面，屋顶呈北高南低的大斜面，屋面上虚实搭配，错落有致，色彩为白色加透明玻璃，正中两座耸立的白色楼梯塔筒与旗杆状的避雷装置，十分引人注目。

B 区由 B1、B2、B3 三区组成，用直线形、曲线形与卵形平面巧妙地围合成一个整体，三区既分又合，功能各异，色彩亦为白色与透明（玻璃），卵形剧场屋面呈双曲状，且前低后高；四周墙面略有收分，上小下大，有秀丽感。

6 室外空间布局和景观设计

容纳新校区内大量学生进行各种参观、集会、休闲活动，是设置中心岛的一项很重要内容。A 区和 B 区形式各异的入口雨篷，欢迎各方师生。于是在这一基础上，结合基地和建筑空间的特点，在岛东南角重要位置上设置了一个大的扇形亲水广场，人们可以集聚在此，享受南面美好的广阔的水环境。剧场南偏东方向设置了一个圆形下沉式露天剧场，在这里，学生和教师们可以在室外的大空间中畅怀地放声歌唱、表演。此外在月牙形体段西南角紧贴主干道旁，安置另一块较大的学生活动广场，可以举行小型演讲、表演活动。A 区的西部和 B 区的西南部布置了较开阔的近水平台场地。在 A 区的东面紧贴干道处放置了一处叠水景观，使人在正对中心岛东面的入口处在形态上和声音上有一种近水、亲水的亲切感受。在整个中心岛部位，我们设置了一座有 30 米高的白色钢制尖塔，在它 21 米高度以上处有一个直径为 4 米的金属网状球灯组，网状杆件节点上布满了灯，形成蒲公英状灯球，这成为中心岛室外空间环境和整个建筑群体的一个视觉中心。

A 区和 B 区的功能复杂，简练的造型和素雅的色彩动人心弦，富有创意，加上周围的景观设计，如下沉式的露天剧场、低洼的学生活动园地，坡向东南水面的整体地势，四周的各式花台及休息坐凳，近水的亲水广场、叠水景观，各处点缀的蒲公英庭院灯，中心的大蒲公英灯塔标志；整个被绿化衬托的中心岛，从对岸遥望，四面环水，犹如水上蓬莱。

这样，建筑物、广场、绿化、水面、小建筑、灯具……能全面、有机互渗地组合成一个人工与自然紧密结合的环境，成为浙大紫金港新校区的亮点。

设计单位：同济大学建筑设计研究院　高新建筑技术设计研究所
建设地点：浙江大学紫金港校区中心岛　　竣工时间：2003 年 12 月　　占地面积：46115 平方米
建筑面积：40000 平方米（地上 38000 平方米，地下 2000 平方米）
建筑设计：戴复东、吴庐生、吴永发、胡仁茂、杨宁、梁铭等
结构设计：易发安、巢斯等　　空调设计：戴茹等
电气设计：徐李平等　　给排水设计：孙祥生等　　建筑摄影：除署名外均为戴复东

浙江大学紫金港校区中心岛工程鸟瞰全景（摄影：王金樑）

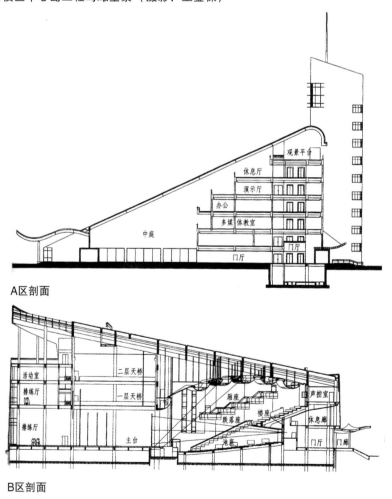

A区剖面

B区剖面

（原载《建筑学报》2005 年第 1 期 30–35 页）

20 武钢技术中心系统工程（2006 年）

戴复东　吴庐生

1 总体和环境

武钢技术中心系统工程园区，位于武汉市青山区冶金大道南侧，东邻工业四路，南为鄂州街，西为二十二街坊，是一块坐南面北的基地。主要出入口在北侧冶金大道上，东及南各设次入口。总体西块为新建系统工程园区，东块保留原有建筑。西块主体建筑科技大厦位于核心位置，与主入口和核心广场连成一气，气势磅礴，反映武钢集团欣欣向荣的前景。

科技大厦的西北布置公共实验楼，西南布置设备供应和生活楼。三个建筑形成三角形稳定格局。后二者之间目前绿化为预留发展。三个建筑联系方便，共同营造气势恢宏、造型新颖、具有强烈标志性的钢铁企业技术中心形象。围绕主体建筑有 7 米宽的消防环道。建筑南侧有消防登高场地。机动车停放分为地上和地下两部分。地下车库停车 56 辆；地上停车位于科技大厦的西侧，停车 66 辆。非机动车停车位于入口坡道下和科技大厦西侧，共 840 辆。

主楼北侧为入口广场，由青灰色和米色石材铺砌。广场的东西端各有一绿化花坛，夜景灯光精心设计，有良好的夜幕氛围。

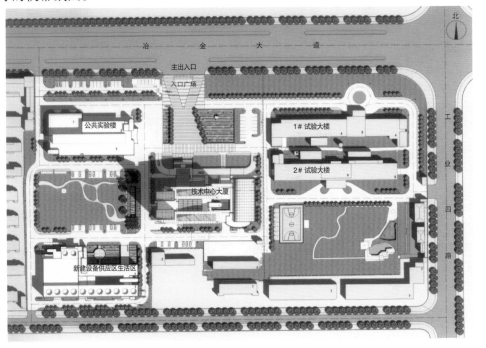

总平面

2 科技大厦

武钢科技大厦是武钢技术中心系统工程主体，为一类高层科技建筑，总建筑面积 31462 平方米，地下 1 层，地上 16 层，建筑高度为 73.85 米（室外地面到 16 层女儿墙顶）；副楼报告厅 2 层。地下一层为 6 级人员隐蔽所，平时做车库和设备用房。主体除地下一层为钢筋混凝土结构外，均采用钢管混凝土柱和 H 型钢梁，报告厅地上部分全部采用钢结构。科技大厦上部结构采用钢框架—支撑体系，钢支撑在地下室过渡成剪力墙。框架柱采用 C40 级圆钢管混凝土柱。

在符合规范要求的前提下，主体建筑科技大厦——技术中心的高层结构，钢材均采用武钢自己研发的、具有国际领先水平的、耐火耐候钢 WGJ510C2。

科技大厦主楼采用上、下中庭两侧布置用房的方式，但在 5～12 层将中庭空间采用双走廊布局。报告厅及相关会议、交流室与主体脱开，以符合报告厅结构的特殊需要。科技大厦主楼与副楼二者结合创造出高低组合、虚实并存的整体形象。主楼布局以 1 层作档案库；大厦入口、门厅及展厅位于 2 层，由室外设大台阶及行车坡道到达；3 层为图书馆及网络中心；4 及 5 层为科技服务及对外窗口部门；2～4 层为中庭，作展厅、交流使用；5～12 层为各科研部门，不设中庭；13～16 层为管理中心，具有中庭，作内部集体活动使用。上、下中庭在西端有两部观景电梯，富有活力和特色。主体建筑二层层高采用 6.9 米，其他各层均为 4.3 米。

鸟瞰

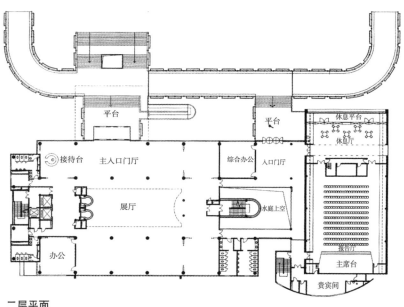

二层平面

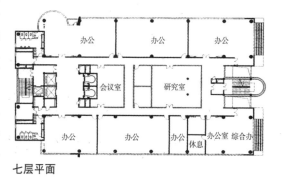

七层平面

3 造型及色彩

技术中心科技大厦位于园区中心，正对主入口，与园区主入口及入口大广场一起，展现出一种大气磅礴的姿态，反映出武钢集团欣欣向荣的发展前景。武钢技术中心是武钢的一面旗帜，设计中用充满现代科技感的建筑轮廓，挺拔的斜线处理显示出武钢公司不断向上的发展势头和迅速增长的科技成就，力求创造出腾飞的建筑形象。形态独特的柔和扁圆桶形报告厅外包金属铝板，与主体的刚劲形成对比，体现出建筑美、结构美、工艺美。整个主体建筑外墙材料以双层中空 Low-e 透明钢化玻璃为主，局部饰以深色镀膜玻璃，陪衬银白色金属蜂窝铝板，白昼与夜间都显示出钢结构的灵巧；门厅、展厅与报告厅外立面均采用点式玻璃幕墙，以显示内部的展品和氛围。主立面上方有一圆形点式玻璃幕墙，隐喻武钢技术中心如冉冉升起的一颗恒星，同时，也会令人联想起炼钢炉前的观察窗，折射出武钢的科技成果不断地由观察窗中涌现。

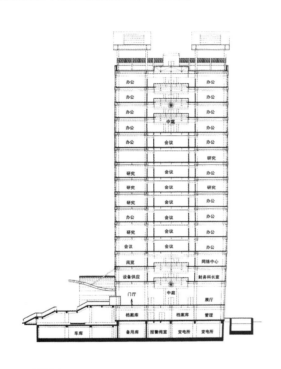

剖面 1   剖面 2

4 设计创新要点

（1）总体上新旧两地块有机融合，科技大厦在新旧地块中占统领地位，经过精心规划后，旧貌换新颜，成为武钢、青山区、武汉市的亮点。

（2）在造型上有强烈的腾飞感，又似飘扬的旗帜；正立面上巨圆形如炼钢炉的观察孔，犹如冉冉升起的恒星，折射出源源不断的科研成果，给人以震撼感。

（3）大厦主体的平面和剖面分上部、下部两个中庭，中部却是双走道形式，这种形式较好地解决了功能安排、交通组织、建筑面积、建筑高度、消防要求、内部空

扁圆桶形报告厅夜景

间塑造、外部造型需要诸难题，在国内尚属少见。

（4）在结构上全部采用武钢自己研发、国际领先的耐火耐候钢 WGJ510C2，提高了强度，高耐火性，高耐潮性，建筑全部采用耐火耐候钢，这在全国还是首次。

（5）大厦在节能上采取了措施，外墙采用了双层 Low-e 中空钢化玻璃，外贴蜂窝铝板、内贴硅钙板。在武汉地区是第一座这样建造的建筑。

（6）大厦空调全部采用可变冷媒流量空调系统（简称"VRV 系统"）热泵型，节省了运行费用；使用了全热交换器，节约了能源。室外机全部装在屋面上、绿地中；室内机装在吊顶上，节省了机房面积，建筑全部采用 VRV 系统，这在武汉尚属首次。

（7）武汉技术中心系统工程园区尚有公共实验楼和设备供应生活楼，该二楼的消防水与水泵均与科技大厦合用，设于科技大厦地下室水泵房及屋顶，经减压等措施通向公共实验楼和设备供应生活楼，因此大大节省了两栋楼的消防设备投资。

（8）电气专业配合其他专业设计了楼宇自控系统，有计划地控制电能的使用和分配，增加了小范围的局部灵活控制。

上部中庭

扁圆桶形报告厅前厅

扁圆桶形报告厅

建设单位：武汉钢铁（集团）公司
设计单位：同济大学建筑设计研究院
　　　　　高新建筑技术设计研究所
建设地点：湖北武汉市青山区冶金大道
总建筑面积：45940 平方米
科技大厦；31462 平方米
公共实验楼：7481 平方米
设备供应生活楼：6997 平方米
设计人：戴复东、吴庐生
科技大厦：吴爱民、李国青、梁锋

公共实验楼：吴白
设备供应生活楼：贾斌
结构设计：（科技大厦、设备供应生活楼）王笑峰
　　　　　（公共实验楼）于贵景
暖通设计：戴茹
给排水：张竹、孙祥生
电气设计：（科技大厦）徐李平
　　　　　（公共实验楼、设备供应生活楼）丁
　　　　　红梅
摄影：王金樑、王磊

（原载《建筑学报》2007 年第 8 期 22-25 页）

21　南宁市昆仑关战役博物馆（2008 年）

戴复东　吴庐生

　　昆仑关是广西南宁著名关隘古战场。1939 年 12 月 4 日，日寇占领了南宁，并对昆仑关布防，妄图切断我国西南补给线。同年 12 月 17 日起，中国军队，包括第一支机械化部队和广西民众团结一致，奋起抗击日本侵略者，十多天浴血奋战攻克昆仑关，首创我国抗日战争攻坚战的胜利。昆仑关战役博物馆安置于战役旧址东南的领兵山南侧山脊，由低至高，高差 56 米，依山就势规划和单体设计。整个布点和流程安排如下：南入口广场及水池——山门——"之"字形梯级——牌坊——直立梯段——博物馆前广场——博物馆——松海涛林。使得自然环境与怀念教育气氛相融合。

　　博物馆外观形态采用简洁立方体块，外墙面使用当地出产的"昆仑花"石材。石材色质稳健庄重，有地方感。主入口上部红色花岗石刻横幅"昆仑关战役博物馆"金字。序厅顶为下大上小斜切四棱体，其平面旋转 45°，具有机械形态，建筑上体现独特标志性。主入口两侧设计四大块有民族风格的，巨型汉画像石风战争场景石刻。展厅柱列后墙有巨大 V 形窗，体现生命换来胜利。馆前右侧为"中华英烈，魂兮归来"黑色花岗石方尖碑列阵，110 只石碑，每碑二姓，纪念 220 姓氏的烈士。

　　博物馆平面按照功能分为：①展厅；②办公和多功能厅；③交通、辅助、设备用房；④临时展厅。展厅内安排有高大序厅布置坦克模型；巨型 125 度弧面的巨型陈列厅内，布置大规模战场全景；展厅内数处设有牺牲烈士芳名墙；临时展厅主要作军事知识普及和其他展览使用。博物馆剖面设计中多处采用顶窗采光、侧墙通风，达到了节能的效果。

　　建筑群体与群山有机结合、协调统一、表达与自然和历史交融呼应，体现铁血昆仑、威震华夏、不屈不挠的精神。博物馆建成后得到广西壮族自治区及南宁市领导、地方人民及海外华人、国际友人的一致好评。

整体夜景鸟瞰效果图

第一篇　建筑设计

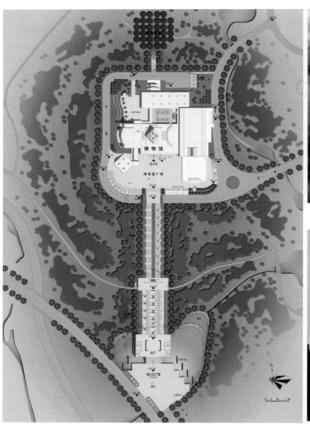

总平面图

南宁市昆仑关战役博物馆整体鸟瞰效果图

南宁市昆仑关战役博物馆整体模型

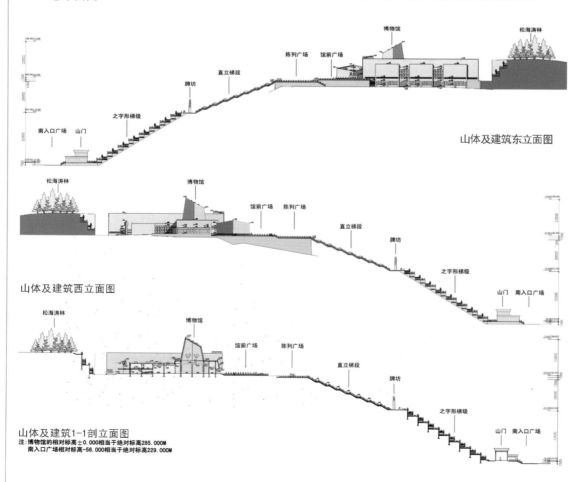

山体及建筑东立面图

山体及建筑西立面图

山体及建筑1-1剖立面图
注：博物馆的相对标高±0.000相当于绝对标高285.000M
南入口广场相对标高-56.000相当于绝对标高229.000M

博物馆北出口实景照片

南宁市昆仑关战役博物馆东侧实景照片

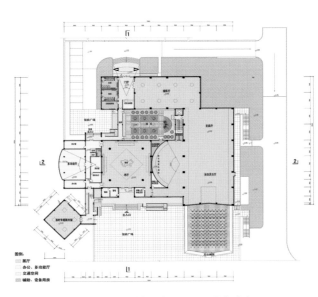

博物馆一层平面图（建筑面积：3554 平方米）

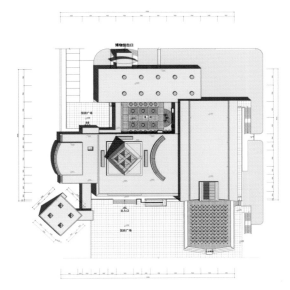

博物馆屋顶平面图

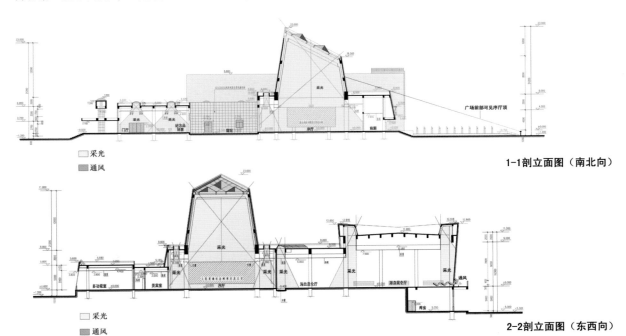

□ 采光
■ 通风

1-1剖立面图（南北向）

□ 采光
■ 通风

2-2剖立面图（东西向）

第一篇 建筑设计

南宁市昆仑关战役博物馆南外观实景照片

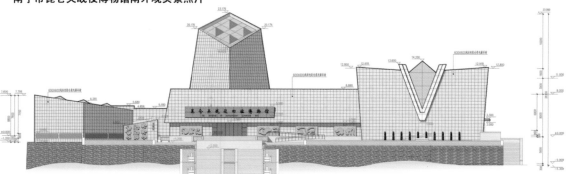

博物馆南立面图

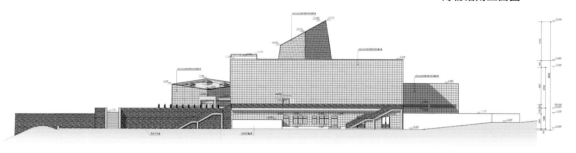

博物馆东立面图

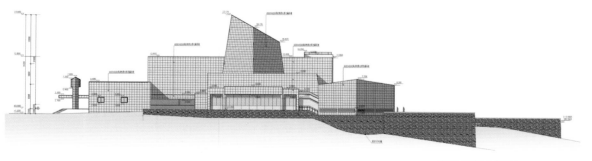

博物馆西立面图

南宁市昆仑关战役博物馆南外观实景照片

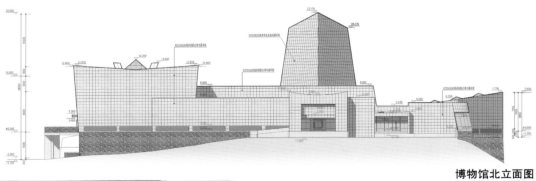

博物馆北立面图

序厅内坦克实物

巨型陈列厅内全面大规模战斗场景

展厅内牺牲烈士芳名墙

展厅内战地指挥部场景还原及戴安澜将军铜像

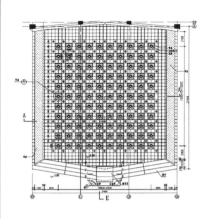

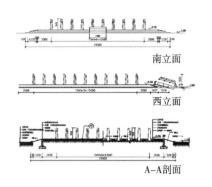

南立面

西立面

A-A剖面

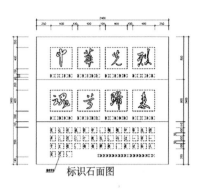

标识石面图

方尖碑施工详图

建造地点：南宁市昆仑关领兵山南侧山脊

基地面积：28800 平方米

总建筑面积：4154.5 平方米（博物馆、南山区、
北门区）
其中 博物馆地上面积：3101 平方米
半地下面积：452.5 平方米
南门区面积：300 平方米
北门区面积：301 平方米

建筑高度：23 米（从博物馆南广场开始计算）

分层面积及功能描述：博物馆首层 3101 平方米，
半地下层 452.5 平方米
（首层展厅、接待、半地
下层办公）

建筑层数：地上 1 层、半地下一层

建筑层高：序厅 8 米、浴血昆仑厅和支前厅 11
米、缅怀厅 6 米、办公部分 4.5 米

结构形式：钢筋混凝土框架结构

停车数量：地上 北广场 12 辆

货梯数量：1 台 1 吨货梯

容积率：14.4%

建筑密度：12.5%

绿化率：48.4%

设计单位：同济大学建筑设计研究院（集团）有
限公司高新建筑技术设计研究所

建设单位：南宁市昆仑关战役保护管理委员会

国内合作单位：布展由河北省石家庄雅虹装饰责
任有限公司负责

竣工时间：2008 年 12 月博物馆已竣工

获奖情况：上海市建筑学会第三届建筑创作奖优
秀奖

设计人：戴复东、吴庐生、彭杰、王艺平、王笑
峰等

（原载《戴复东论文集》162-167 页）

22 安徽芜湖弋矶山医院病房楼工程（含手术、医技）（2009 年）

戴复东 吴庐生

皖南医学院弋矶山医院 1888 年由美国基督教会在芜湖创立，成为美国基督教会早年在中国建设的四大医院之一（其他为北京协和、湖南湘雅、成都华西，而芜湖弋矶山是其中规模最小的一个）。

医院建造在芜湖赭山西路西端弋矶山上，山上树木茂密，西临烟波浩渺的长江，环境优美。原有的规模很小，而服务范围越来越大，弋矶山医院原有的总体布局和建筑单体已不符合需要，山下的门诊治疗和山上的住院高低相差 20 米，斜坡长度 500 米，上下全靠护理人员推拉病床控制，稍一不慎，即出安全事故，尤其是在冬季冰天雪地时期。仅靠国家每年有限投资，已无法改变现状，医院最后作出决心靠自身逐年积累投资，停止建造小打小闹的小楼，而在山下建造两栋集中的大楼，第一幢是在医院主进口南边造一幢门诊大楼，已由当地设计院设计并建成；第二幢是在医院主进口北边造一幢病房大楼（含病房、医技、手术）。山上原有建筑作为教学科研、行政办公、康复疗养用。

主楼东南面透视图

2003 年 7 月起，在基地范围北面红线尚难确定，原有建筑须要重新调整，功能要求又不断提高的情况下，当时的何国华副院长（女），在省外参加会议时，获知同济大学戴复东院士是研究医院建筑的专家，写过教材，发表过医院建筑论文，于是就请了当时同济大学建筑设计研究院的高新建筑技术设计研究所、所长戴复东领队带工程组前往实地考察，并作总体调整和单体住院大楼（含住院、医技、手术）设计方案。

前后共做了十个方案，提供了六个模型（包括医院调整后的总体布局 1/300 大模型）。并将有可能性的单体方案都做了出来。而每次送方案的模型到弋矶山医院，何国华副院长都要找全院有关医护人员讨论并提出意见。

可能是我们做到如此地步，尚未谈及合同和设计费，潜心研究和努力设计的诚意打动了何副院长，在当时尚无强制性招标规定，何况又是医院自投资金，于是在 2004 年 2 月何副院长代表医院和我院签订了建设工程设计合同。

合同签订后，又发生肿瘤治疗及住院是放在住院大楼内？还是另外单独建造？设计往返了三次，最后决定单独建造，又另外签订了合同，名为肿瘤中心（含旧直线加速器机房改造和增加新添 15MV 直线加速器机房设计），单栋建筑在山下，新旧两个机房在山上，增加了设计难度。

设计任务书包括如下内容：

1. 总平面（包括山下的门诊大楼和病房大楼的局部规划和整个院区的调整规划）。

2. 病房大楼

（1）原 1000 床（10 个外科、8 个内科）后增加到 1323 床，31 个科室护理单元。

（2）医技部［核医学、脑电、病理、血液净化、检验（含中心实验室）、输血、DSA（数字剪影血管造影）、MRI（核磁共振）、超声波、心电图］

（3）手术部［34 间（分 100 级、1000 级、10000 级）］

（4）设备用房、地下室（生活水泵、消防水泵、景观水泵、消防水池、变电所、锅炉房、热水机房、冷冻机房、空调机房、风机房、中心供氧、中心吸引、器械库……）

汽车库和人防设在正对医院主入口的大草坪下面。北部红线因有 122 家动迁户，经过四年磨合，才陆续迁走。东北角原希望征地作为员工居住区，全部设计包括总平面和单体房型均已完成，由于征地政策改变，作为居住区征地必须公开招标，成功率很低，方才作罢，但设计工作等于虚功。

在设计过程中，芮院长又要求工程组派人去医院现场调研并征求意见，工程组派了各工种共 8 人，在医院现场工作了五天，建筑征求了 41 个科室意见，暖通水电征求了 27 个科室意见，作为设计参考。

2005 年 11 月芮院长又召开了一次由副市长、皖南医学院院长（宋建国），省卫生厅、建委、计委、规划局长、省立医院筹备组等 60 余人参加的研讨会，听取了各方面的意见。工程组提出希望能尽快获得方案批准，进入实质性的设计阶段，不能一直停留在研讨上。

工程组调整规划的设计宗旨是：合理利用原有设施，拆除少量设施，实现功能置换、新旧结合、辅助建筑相对集中功能，将总平面功能分区重划（门诊大楼和病房大楼在山下，教学科研、康复疗养在山上）。彻底解决上下高差 20 米的致命规划。

工程组对单体病房大楼的设计宗旨是净、静、近、禁。院内病房大楼基地很小，四面受限，东临市区道路，西南是环山坡道，北面有 122 家动迁户，前后经四年磨合，才陆续迁走，南面是上山道路的起点；这是个四面楚歌的地块，基地上还有些小型旧建筑，这些自然增加了设计难度。

由于病房大楼功能繁杂，包括病房部、医技部和手术部三大内容，每个内容又有许多部门，这些内容既要相对独立，又要相互联系，所以每个部门要求本身清洁卫生、避免穿越干扰、相互联系便捷、确保安全疏散。

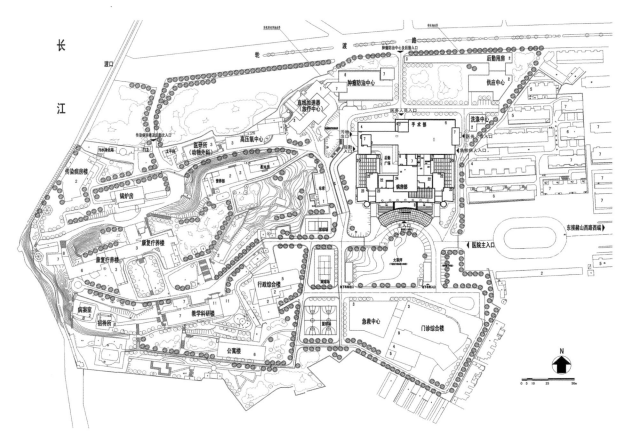

总平面图

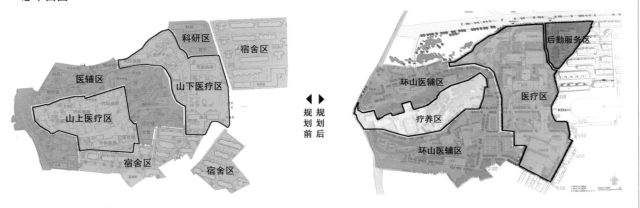

规划前 ◀ ▶ 规划后

园区规划前后示意图

　　主楼：病房部平面呈"山"字形，正面南北向 23 层，两侧东西向 20 层，东西向病房做成锯齿形外窗，弥补朝向不足。六层以上（含六层），每层基本为两个护理单元，护士站位于两转角，辅助用房都设在朝向较差位置。由于手术室在 6 层的裙房内，所以病区布置外科在下、内科在上，便于外科和手术室联系便捷。五层为设备层。主楼 1~4 层为出入院、办公、药房和主要医技部门。

　　"山"字中部设交通核，包括 12 台病房电梯（含消防电梯）、消防楼梯和公用男女厕所。

　　东西两端各设一台电梯和消防楼梯。裙房：六层裙房中，3~6 层为手术准备、手术室和上下两层手术室之间的设备转换层。2 层是重症病房。1 层为医技影像中心。

　　地下室：除布置各种设备用房和消防水池外，尚有中心吸引、中心供氧和器械库等。

　　由于在芜湖当地找不到称职合适（有水平、负责任）的驻工地代表，在施工过程中，结构工种去芜湖工地十余次，包括修改桩基（由于施工单位要求，将钻孔灌注桩改为人工挖孔桩）；各阶段结构验收；结构主体封顶前予验收；结构主体竣工验收等。

竣工前住建部工程组检查安徽省节能措施执行情况，经安徽省自审，认为同济的弋矶山医院工程节能设计和实施较完善，可以作为第一个供工作组检查的工程项目，我工作组派专人日夜配合检查，现场及时解答问题，并获得圆满通过。

安徽芜湖弋矶山医院是皖南医学院的教学实践医院，我们为教学实践医院作出了努力，但其中的酸、甜、苦、辣，只有工程组的人心知肚明，我们只希望能为祖国的医疗卫生事业作出一些有益的事。

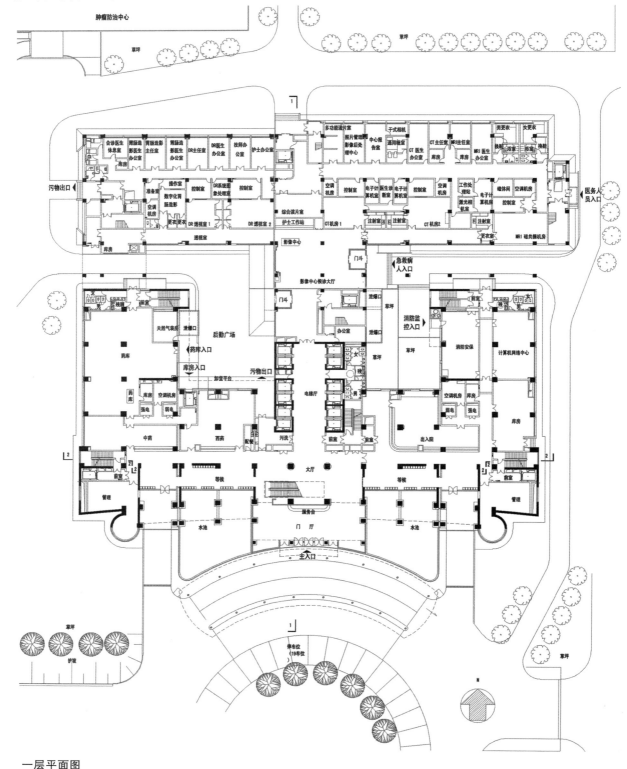

一层平面图

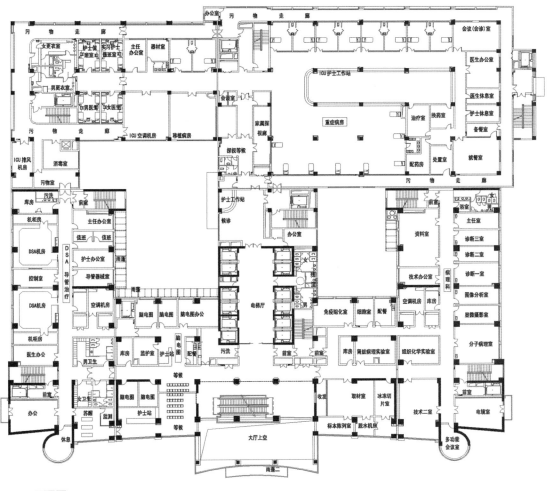

二层平面图

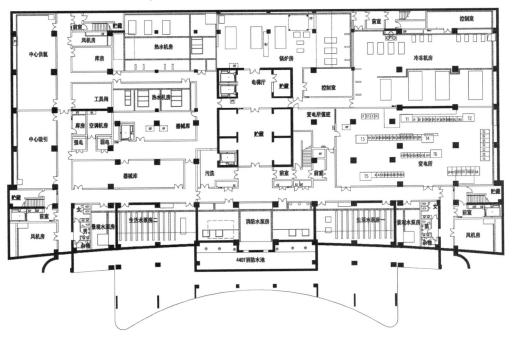

地下层平面图

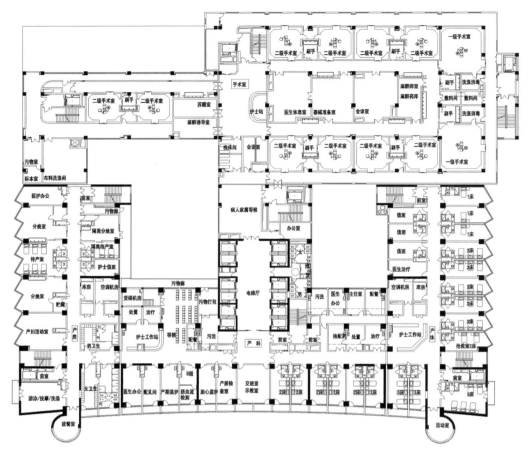

六层平面图

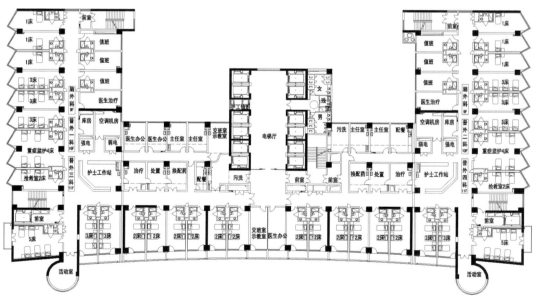

九至十一层平面图

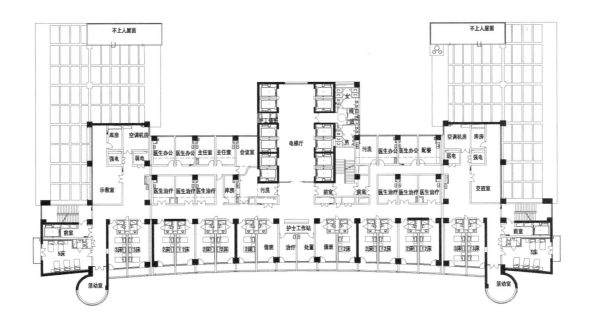

二十二层平面图

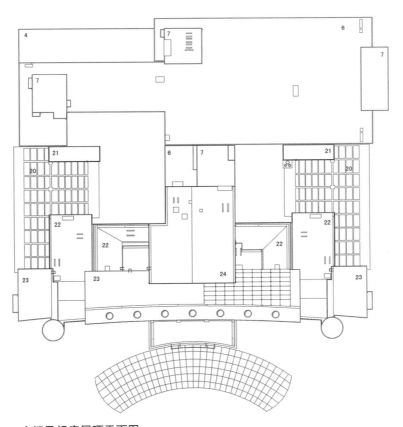

主楼及裙房屋顶平面图

主楼西北面透视图

　　一些迷惑：在设计中，我们考虑了每间病室都有一个阳台，1/3 长度外罩玻璃砖，晒衣裤用，2/3 让病人能很好地接近室外，以获得阳光，新鲜空气，接近自然，有利于病室的病人较快康复。但近几年来，由于极少量病人因病情恶化，思想混乱，走上了自杀的路，一方面对医院声誉有影响，同时病人家属对医院不能理解，于是现在的医院取消阳台，窗虽大但开缝小，使广大病人不能享有接近自然地条件。但究竟该怎么做？我们感到迷惑。

病房楼西南实景照片

病房楼南面实景照片

南立面图

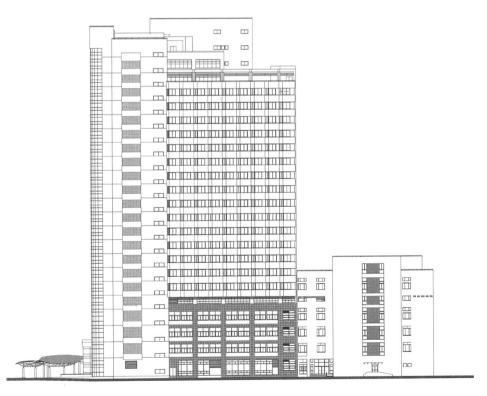

东立面图

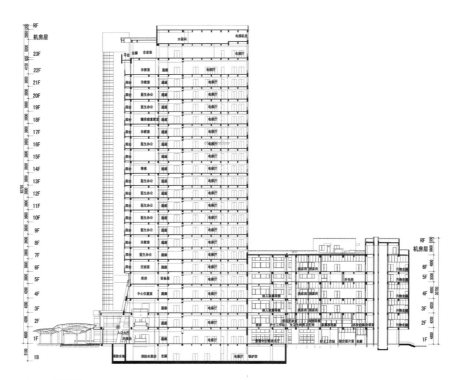

1-1 剖面图

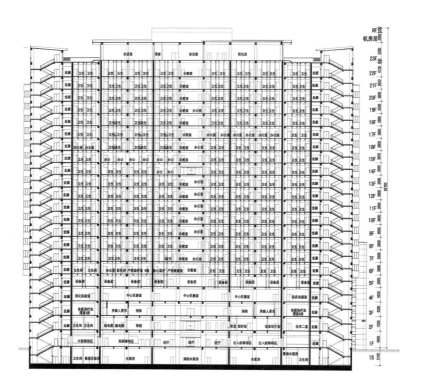

2-2 剖面图

设计单位：同济大学建筑设计研究院（集团）有限公司
　　　　　高新建筑技术设计研究所
主要设计人员：戴复东、吴庐生、孟昕、吴白、梁峰、王桢栋、胡映东

（原载《戴复东论文集》152—161 页）

23 武汉长江大桥桥头堡设计说明
（1955 年）

戴复东　吴庐生

1954 年，在全国征求武汉市长江大桥桥头堡设计方案，本方案获得三等奖。这是当时设计手稿。

1. 我们的设计思想

1954 年 2 月 6 日《人民日报》中刊登"努力修好武汉长江大桥"社论中指出："中国人民渴望已久的武汉长江大桥即将开始修建，这是我国社会主义工业化进程中的一件大事。"只有在中华人民共和国成立之后，人民的愿望才有实现的可能，修建武汉长江大桥，对我国经济建设有着重要的意义。如果大桥修建成功，则会促进全国的物资交流，同时也可以将武汉三镇连成一个整体。

莫斯科苏联交通部对武汉长江大桥的技术鉴定书上指出："大桥美术设计应解决一系列建筑美术的都市计划问题。"把武汉三镇连为一个整体，由于它的形体巨大，因此在市区全貌上来说起主导作用。

根据以上两篇重要文件，我们从政治和经济意义上看，大桥的修建，将大大有助于我国的社会主义工业化，而且可以把祖国南北联成一体，南北交通隔断的局面将被永远打开，同时，能显示出工农联盟又一次伟大胜利。

自江面往南端陆地看透视效果

从城市建筑艺术的角度看，大桥美术设计应把武汉三镇连成一个整体，并成为市区的主导建筑物。

基于以上这些要求，大桥的两端应当是对称的建筑物，这样可以使得桥梁具有完整的艺术形态。桥头建筑物的气魄、它的建筑艺术应当能配得上大桥的作用和重要性。所以它应当有相当的高度，从整个城市的侧影来考虑，大桥应有起伏和高低的轮廓线，所以我们建议在钢桥的尽头做一个牌楼，沿江大道靠近陆地引桥部分做两个高塔，塔和牌楼之间用廊子连接，在引桥的终点做两个亭子。

自汉口段看大桥透视效果

第一篇 建筑设计

由于这一桥梁将负担起繁重的运输任务，更是南北交通的枢纽，将来从桥上经过的人多半是或者绝大部分是祖国的建设者和保卫者，因此在他们进入大桥之前，首先高耸起的两个塔就象征着两条强有力的手臂，高举起两束鲜花。后面的牌楼采用圆法券，有些类似凯旋门，更能象征着胜利和凯旋，这一组形象表示热烈地欢迎这些过桥的人们，参加到祖国社会主义工业化的伟大行列中去，并预祝他们取得辉煌的胜利。

塔本身的底部是正方形，四角有四根柱形体，在柱形体的顶上放置着四个鼎，鼎内放置着南北盛产的农产品，如瓜、果、五谷等。用它们来表现我国富饶的物产。在柱形体中部为栏杆平台，这样可以打破柱形体和整个塔的瘦长感，同时在侧立面上把公路桥与引桥联系起来（但塔本身不宜用栏杆平台切断，否则在全桥立面上被切成上下两部分，不够有力和稳固）。塔身上部为小八角形（方型四角稍切去一点），塔顶为小八角形三重屋檐，檐角起翘得高，用黄鹤楼屋顶手法，造型活泼、愉快，有如花朵形象。

牌楼顶上立一组雕像，中间是红旗，两面是号召工人农民建设社会主义的形象，表示工人农民在党领导下沿着社会主义道路前进。

牌楼檐下，用我国古代建筑中常用的匾，表现此建筑的气魄，说明此建筑的作用，建议在南北两岸的每一个牌楼上，进桥出桥两面各写上"雄跨长江"和"贯通南北"几个大字。

塔和牌楼之间用廊子联结，使二者有联系，在功能上可以使人们在走过一千多公尺（1公尺＝1米）长的大桥之后有地方可以休息（在烈日或是阴雨的时候，这种需要更加迫切）。而且，人们可以在廊内欣赏江上及市区风景（大桥本身人行道较狭窄），廊前有花坛可以种植花草或小树，人们在离开地面很高的地方，仍可以接触到绿地。

塔的底座上突出一个基座，上面放置一组工农兵群像，工人自豪地用手指着大桥，因为这座桥是工人阶级用自己的手建造的，农民用手举着生产的粮食，用它来支援建设，而解放军战士则勇敢机警地守护着它，用这一组群像来象征工农联盟的伟大胜利，同时在基座上放置一块花岗石碑，上面由毛主席题字，内容用1954年2月6日人民日报社论"努力修好武汉长江大桥"中最后一段话中的最后一句："中国人民的智慧和力量是无穷无尽的"。（最后一段话是："毛泽东时代是一个把千万人的理想变成现实的时代，是一个千万人民创造奇迹的时代"，南北交通被长江隔断的历史很快就要结束，架设在武汉三镇上的长江大桥将再一次向全世界宣布：中国人民的智慧和力量是无穷无尽的。）

引桥部分的终点是两个亭子，一方面是为了整个大桥的轮廓线，另一方面它们也是桥头公园的一部分，不仅是路过大桥的人们能看到桥的形态，而且城市居民也可以坐在这里欣赏大桥的雄伟面貌。引桥上应当放置一组组的群像，这些群像应当表现出武汉的英雄城市、英雄人民，和今后武汉对我国社会主义工业化所起的作用。辛亥革命及第一次国内革命战争，武汉是重要的根据地，新中国成立后武汉人民在党的领导下战胜了百年未有的大洪水，创造了史无前例的奇迹。今后钢铁、拖拉机将源源不断地输送到祖国各地，而武汉将为祖国培养出无数优秀的建设者，群像就应当表现这些英雄的姿态。

在引桥和塔之间放置着一组少先队员的雕像，他们打着旗子，吹着嘹亮的喇叭，行着少先队队礼，向为着他们幸福的未来而建设的人们表示欢迎，少先队员们象征着祖国的希望和未来。

由于大桥公路面离沿江大道约有三十多公尺高，相当于十层楼，行人上下比较困难，如果使用一般的电梯，则管理不方便。我们认为应当采用像原苏联地下铁道中所使用的自动电梯，这样交通可以更加方便，减少人们上下的困难，从公路面起可以有转梯（直径较大）爬上塔顶，人们可以登高远眺。塔顶三重檐部分可以作警卫之用。

牌楼内可以安置电梯和楼梯，专供大桥管理局、铁路局及警卫同志使用，并且可以直接进入牌楼顶，在上面可以安置警卫保卫大桥。

这一桥梁在我国经济建设中占有很重要的地位，因此对它的保卫工作占有首要地位，我们建议在大桥内应有一些房间作警卫的宿舍、生活室、浴厕等，并有专用的楼梯和电梯，以求能方便迅速地行动。

莫斯科苏联交通部在鉴定中指出："大桥及桥头建筑物应成为一个孕育在谐和形态中的整体建筑物，由于各部分重量感觉不同，全部建筑应用强而有力的手法使之连成一个整体，并将各从属部分加以某种表现……这些美术组成部分应协调地、合乎比例地把桥的钢梁和两岸陆地，以及引桥互相联系起来……"这一指示是很重要的，我们采取的引桥方式是 16 米拱形方式，因为拱形比较有艺术性，所以引桥的拱、桥头堡下的拱，以及牌楼的拱都采用半圆拱，以求得形态上的统一，钢梁是米格式桁架。因此，我们在桥头堡铁路部分立面上做出斜方块花纹，中间用漏花窗的形式，适当地嵌玻璃花砖，在塔身再重复这种形状的图案，并在引桥上做小八角形的花饰，以求得在形态上、韵味上与钢梁形式相适应。

桥头堡下沿江大道部分本为二孔，各 20 米，但我们考虑到机动车与非机动车人行道，同在一桥洞下，不太方便，而且在建筑艺术的处理上也不太好看，如做成较扁法券与引桥不调和。因此，我们考虑改成三个孔，中为机动车道，较大一些，而两旁为非机动车道及人行道，较小一些，这样在使用上较好，而且在艺术造型上也较为美观和稳定。

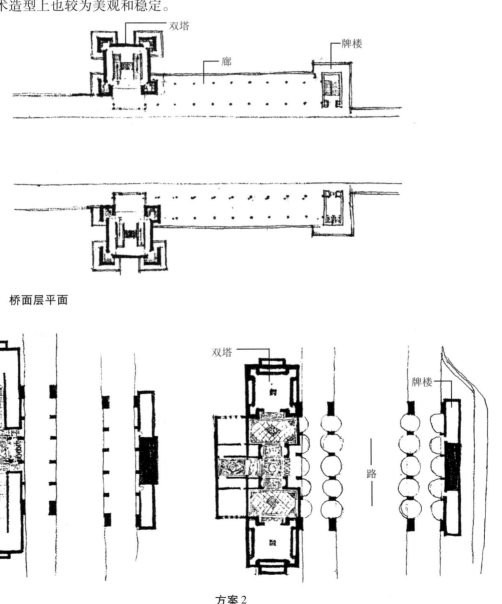

桥面层平面

方案 1

方案 2

桥底路面层平面

2. 总体布置

大桥桥头的绿化布置与整个大桥的艺术造型有着密不可分的关系，而且它应当更有助于大桥的艺术造型和城市的美观。

武汉三镇，尤以武昌名胜古迹较多，而大桥的路线刚好是首义公园的所在地，人民对城市的文化古迹是热爱的，因此我们建议把黄鹤楼、奥略楼、万碑亭、古碑廊、孔明灯……重建在大桥武昌部分的绿化区域内，使它们继续为人民服务，并使得文化古迹基本加以保存下来。

在汉阳部分的桥头绿地，靠近大桥工程局，为了丰富汉阳人民及工程局同志们的文化生活，我们建议在汉阳部分开辟更大的公园、运动场、俱乐部、展览馆、船坞……让人民充分地欣赏这雄伟的景色。

3. 结构形式，材料及装饰

（一）结构形式方面

桥头堡的结构形式我们建议采用钢筋混凝土框架，或是砖石结构，这要看钻探、地质的好坏及经济等具体情况来决定。

（二）建筑材料及装饰方面

屋顶部分用绿色琉璃瓦、黄色屋脊及镶边（武汉古建筑中用琉璃瓦者大抵如此），这样可以配合武汉地区的地方性，并且更可以使得屋顶部分较愉快活泼，屋角起翘用湖北特有的方式，角起翘高，顶端为活跃的鱼形，象征长江丰富的渔产，正吻用镰刀槌子，或其他图案，最好少用和平鸽，因为现在和平鸽用得太多，易一般化。

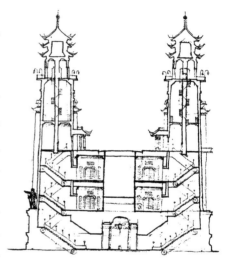

桥头堡剖面图

塔顶红星采用刹的形制，相轮改成花瓣形状，上面簇拥着五角星，这样既可以保留我国古代塔顶的优美轮廓及巧妙的处理手法，而且又使它具有新的内容。如果仅用一根杆子顶住红星，二者的联系就觉得勉强、生硬。

屋檐下及栏杆下的装饰，我们建议大部分采用武昌洪山宝塔的片状支承物，上面饰以稻穗，或我们民族（这里指多民族）的各种图案，使民族风格得到更进一步的发展。

建筑物墙面建议采用湖南麻石贴面，雕像用铜或石，栏杆用水泥板预制（颜色较淡）。

桥头堡建筑内部应多使用我国南方民间建筑中常见的壁画。题材应当表现武汉人民英勇的斗争历史。

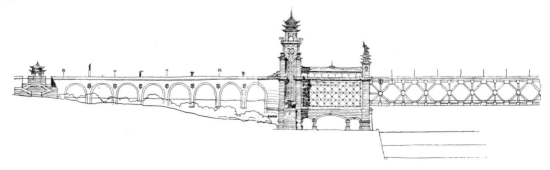

桥头堡侧立面图

（原载《追求·探索——戴复东的建筑创作印迹》15–17 页）

24　同济大学结构静力与动力试验室（1957、1979 年）

戴复东　吴庐生

　　1957 年，同济大学在全国的高等学校中最早建造了结构静力试验室。当时新中国成立不到十年，科学技术那时还处在落后的状态中，在国家欣欣向荣、整装待发之际，当时作为全国唯一的土木建筑大学——同济大学看到了我国即将掀起全国的大规模土木建筑建设高潮，这时也正好是批判建筑的复古主义思潮，因此首先建设结构静力试验室。于是就由结构系的朱伯龙同志和我们共同设计了这一试验室。我们做建筑，他做结构。

　　首先，结构方对这一建筑要求有一个试验大厅：15 米跨度，6 米柱距，7 个开间，42 米长度。大厅内要一台 5 吨吊车，轨顶高为 9 米，屋顶采用1.2 米高的薄壁梁结构，梁底标高 10.5 米。大厅内要设置一座试验台，高出地面 48 厘米，16.5 米长，9 米宽，有 7 条槽路，并在大厅西北安置一台 200 吨长柱试验机。整个大厅采用六角形预制混凝土块铺砌地面。大厅南面为 6 米开间小间，二层高，楼下为材料库、工具间、操作室、仪器工具储藏室，楼上全为科研、办公用房，二楼的公共走廊对大试验厅敞开，便于和试验大厅及试验

上海市同济大学静力与动力结构试验室

台联系，也便于研究人员在二楼观看试验台及试验机的操作情况。主要人员出入口就在东面 6 米开间的位置。入口左侧安置了一间 6.5 米宽，15 米长的万能试验机室，为了避免东西向日晒，除了开较窄的条带形窗通风外，顶上还装置了六个圆形小天窗采光，根据实际使用情况，房间的采光效果还是可以的。

　　实验室的入口门厅地面采用红石板拼砌，希望达到机械中求自然，整齐中有变化的效果。门厅内有五个主要交通方向：大小试验厅在门厅左右两侧，楼梯位于正中，将主梯及起始踏步合并一起，长度可以大些，使得左面的楼梯下部用作边门出口。

　　整个静力试验室外墙面采用红色清水砖墙与白色石灰粉刷墙，钢筋混凝土梁用水泥本色粉刷，利用了建筑材料本身的自然材料质感与色彩和试验室本身的空间体型、比例。西面二楼出口位置西端上部安置了一座消防梯，是由墙上外挑的疏散楼梯，采用结构受力，虽然材料较原始，但将整体组合成一座远离复古主义影响，有着强烈现代感，有强烈力度感、人性感的科技建筑形态。静力试验室共 1300 平方米。

　　1979 年，根据全国改革开放的大好形势，我们又设计了结构动力试验室。

　　由于受基地北部围墙与食堂附属用房的制约，我们将动力试验室置于静力试验室北面，二者并列放置。动力试验大厅大小还是 15 米跨度，6 米柱网八个开间，长 48 米，但这样布局，两座试验大厅东端应当与静力试验室平齐。同时两座大厅的间隔就只有 8 米，显得小了一些。我们画了一个剖面图出

第一篇　建筑设计

来，发觉二者之间的采光可能会互有影响，特别在动力试验室南窗及静力试验室北墙之间画了几根连线，又发现可以将动力试验室南墙上留一块实心墙面，同时涂上白色罩面，反而可以有助于将日光反射到静力试验台上去，有助于静力试验室采光，于是和朱伯龙同志一同高兴地作出了方案。

动力大厅跨度是 15 米，结构采用预应力钢筋混凝土组合桁架，桁架底 12.8 米高，行车轨顶 10.8 米高，试验大厅内有侧力试验台 9 米×16.5 米，高出地面 36.5 厘米，有 7 条槽路，测试仪表插头安置于试验台两侧，避免地上拉线，不影响车辆及人行，保证试验安全顺利进行。控制室位于试验大厅南部，占用四个开间，今后动力试验过程全部应用电子技术控制和数据处理分析，因此这部分按电子计算机房要求设计，但装置台式空调器，外设保护罩。地面全部采用活动地板，便于接线。控制室与试验大厅之间装大玻璃窗，便于观察。动力试验室大厅南部仅一层辅助用房。此外将大量办公、科研、研究生室、模型室等在试验大厅东北组合另一体段，由于受面积限制，于是将每间房间的窗做成钢筋混凝土立体框架，凸窗置于外部、内部窗台面可以较大，以利放置物件，这等于扩大了房间置物面积，而不算建筑面积。

动力试验室整体室外采用红色清水墙及白色石灰粉刷，沿口、过梁采用水泥砂浆沫灰，达到与静力试验室相互协调，而取得"姊妹楼"的效果。动力试验室建筑面积共 1700 平方米。

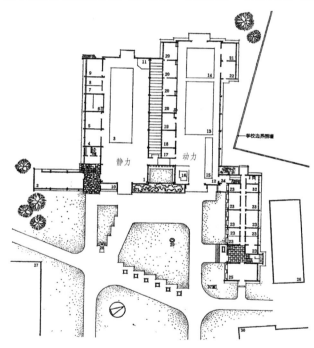

底层平面

1. 静力试验大厅；2. 万能试验机室；3. 静力试验台；4. 材料库；5. 工具间；6. 操作室；7. 仪器贮藏室；8. 千斤顶贮藏室；9. 机修间；10. 值班室；11. 长柱压力机；12. 动力试验大厅；13. 侧力试验台；14. 振动台；15. 50 吨疲劳试验机；16. 55 吨疲劳试验机；17. 准备室；18. 材料工具室；19. 材料试验室；20. 电子计标机房；21. 高压泵房；22. 控制室；23. 研究室；24. 门厅；25. 桥梁试验室；26. 学生食堂、仓库；27. 校印刷工厂；28. 路灯；29. 电源接线盒；30. 学生食堂；31. 弹性偏光仪；32. 配电间

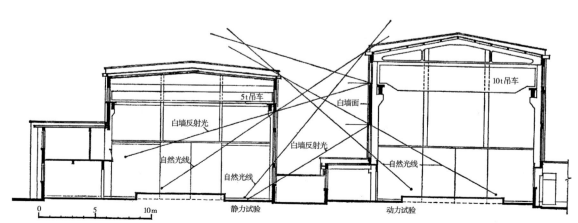

剖面

静力结构试验室东外观（刚建成时）

静力结构试验室西南外观

五米高木制大门

西山墙悬挑楼梯

姊妹楼外观

办公室入口外观

模拟地震振动台

室内凸窗（可扩大空间）

（原载《追求·探索——戴复东的建筑创作印迹》20-23页）

25　华沙英雄纪念物（1957年）

戴复东　吴庐生　吴殿生

　　1957年夏天，在吴景祥教授的领导下，我们参加了波兰国华沙英雄纪念物国际设计竞赛。一共提交了三个方案。作为一个整体，第一方案为吴景祥教授设计。征得波兰国官方同意，提交给该国有关评审委员会，这一方案三个设计共同获得了方案收买奖。

方案二

1. 总体布置

　　（1）位置：位于 Saxon 公园轴线上，目前无名士兵墓所在位置。建议将无名士兵墓迁移到 Saxon 公园西部尽端。

　　（2）布局：东面为大广场，面对南北大道，大道东面为外宾旅馆、部长会议办公楼。对客人、外宾、首长来此祭奠、游览较方便。纪念建筑前部布置较庄严、整齐，使有崇敬肃穆之感。纪念建筑后部围以廊及筑以水池，可以供客人游览休息，放松心态，且能与 Saxon 公园协调，原有树木基本保留。

纪念物模型正面外观

2. 建筑组合

　　主体为一纪念馆，馆高六层，地下一层，底层为进厅，顶层为休息、会议厅，中间四层为展览、陈列室，该建筑是纪念在第二次世界大战中英勇牺牲的华沙英雄们，用意为纪念死者、教育生者。以文字、图片、实物展出，给人们以形象教育，让华沙精神永存于世上和后人心中。

　　纪念馆前后墙面为竖向折叠板状，结构刚度较好，正、背面有飘扬旗帜感。正面左上角有华沙美人鱼城徽，表达了人民心目中战斗的华沙旗帜。

　　馆前有一男一女形象组合的大雕塑，女子手执火炬向前，男子手执冲锋枪，墙面上部用"华沙英雄永垂不朽"字样嵌入折叠板状面上。

　　纪念馆后为一长形水池，四周围廊将水池分成前后两池，前池两侧有透空围墙，后池后端为一实体围墙，围成一个封闭水池庭院，前后水池有一廊桥跨越水面，水池周边围有双折顶面的廊子。采用这种形式，一方面在结构上可省去梁，另一方面与建筑物墙面可以有呼应，并能给人以空间流动、连绵不断之感。

华沙英雄塑像

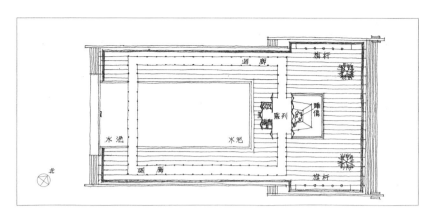
平面

模型西北鸟瞰

模型南鸟瞰

东立面（正立面）

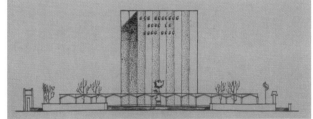
西立面

（原载《中国当代建筑师——戴复东·吴庐生》372–376 页）

方案三

1. 位置

位于 Saxon 公园轴线东面尽端，该地址西面为南北大道，北面为外宾旅馆，东面为维斯杜拉河。在这个位置上可以使得在 Saxon 公园内，在维斯杜拉河上以及河东市区均可看见纪念碑，有利城市面貌，并便于人们瞻仰、观赏。

2. 造型

采用卷曲状红旗（竖向）与低矮立方体（横向）相结合，歌颂华沙人民英勇不屈的斗争精神，红旗上部嵌有"华沙英雄永垂不朽"字样。旗后低矮立方体两侧为浮雕，一个面上表达犹太区起义，另一个面上表现 1944 年华沙起义，旗杆顶部为华沙美人鱼图案。在红旗前面平台上有一个石制平放花圈。

在平台东北角有一座母亲和孩子雕像，母亲抱着孩子，孩子手指红旗。

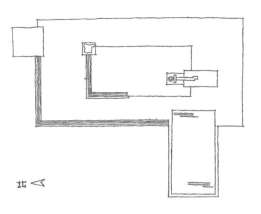

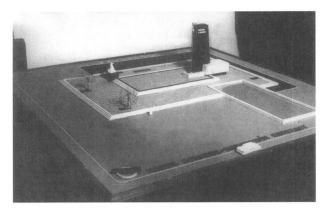

平面 　　　　　　　　　　模型照片（自西北主入口看）

碑身西面置一长形水池，可反映红旗石碑的倒影，扩大空间引申感。

3. 材料

旗面用红色整体玻璃、旗杆用整体乳白色玻璃。横立方体用白色大理石，母亲及孩子雕像用白色大理石，雕像底座用红色及乳白色石材玻璃贴面；平台地面用花岗石，部分用黑石镶边。

4. 照明

在周围用聚光灯照明，使夜间整个红旗放出红色光芒。

设计指导：吴景祥

设计者：戴复东　吴庐生　吴殿生

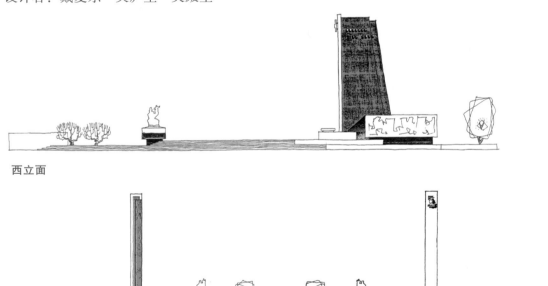

西立面

南立面　　　　　　　　北立面

（原载《当代中国建筑师——戴复东、吴庐生》372-376 页）
（原载《追求·探索——戴复东的建筑创作印迹》30-31 页）

26　五卅纪念碑设计方案（1964 年）

戴复东

五卅运动是中国近代革命史上的一项重要内容，是在中国共产党领导下的，以工人阶级为主力军的全民反帝运动。

由于 1964 年是五卅运动 40 周年，同济大学建筑系应上海市总工会的邀请，由我进行五卅纪念碑设计的探索。我想这一纪念碑应当反映运动的特点、气氛，采用人民可能喜闻乐见的形式，由于时间紧迫，我前后做了两个方案：

方案一：火炬

位置在上海南京路外滩的黄浦江边。如图所示，用红色石材设计成烈焰形态。在烈焰前有一座工人大半身白色雕塑，双手紧握锤，要砸烂旧世界。我填了一首词表达方案构思：

五卅运动反帝烈焰（调寄采桑子）

南京路上先贤血，惊似狂飙，胜似狂飙，席卷神州逐孽妖。

浦江人民逐魔焰，不断燃烧，永远燃烧，缀点江山无限娇。

由于这一方案未能得到有关主持工作人员的认可，我们又设计了另一方案。

方案二：碑

采用了传统碑的方式，建设地址同上，主题是一座宽碑，碑身前后两面用毛主席题词，采用凸出铜质镏金字。其下两面均为铜质浮雕，内容为：上部有一面高举大旗，迎风劲展，旗子下面为示威横幅，上书"打倒帝国主义""废除不平等条约""工人团结万岁""工会万岁""各界总示威"等口号，再下为参与运动的各阶层人民形象，安排了一组六人群雕：一男性中年工人立于高处振臂高呼，一女性青年工人、一男性老年店员、一男性青年店员及一男学生、一女学生围于四周。

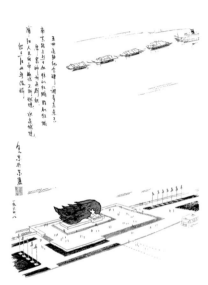

第一轮方案

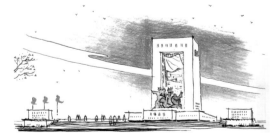

第二轮方案

碑身高 14.5 米，相当于汇中饭店三层楼，自南京路往东看时不显得低。碑的底部采用红色花岗石基座，碑身用淡米色花岗石。碑身有两重平台，以形成庄重气氛。在主碑四周安置四块小石碑，上刻反帝斗争语录，与主碑相呼应。总体上虽采用传统方式，但力争不一般化。

由于在外滩建纪念碑一事未能立案，所以设计工作中止。

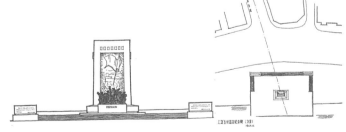

（原载《追求·探索——戴复东的建筑创作印迹》53—54 页）

第一篇　建筑设计

27 热爱自然，取自自然（1997 年）

——过去、现在与未来的石板与海草乡土建筑

戴复东

乡土建筑是由世界上普通的人民创造，是非建筑师的建筑师作品。无数的普通人，他们要吃饭、要穿衣，也需要防止日晒雨淋和保温隔热的庇护所。建造房屋是要钱的，可是他们只有很少的钱，甚至没有钱。怎么办？于是在他们的聪明、智慧的指导下，他们运用双手，创造了乡土建筑。千百年来乡土建筑呵护着他们的生活，保卫了他们的生存。

我是一个建筑师，我热爱着我们的人民，我感到他们自己在解决生活庇护所方面，因地制宜，就地取材要比建筑师聪明，永远是我学习的榜样。下面我向大家介绍两个可以用于当代并可以作为可持续性发展的乡土建筑实例。

1 石头与人——山区挖、取、填建屋体系

贵州省是我国云贵高原的一个组成部分，2012 年以前那里是无地震记录的地区，但山高、石多、土薄，气候条件不好，经济非常落后，过去对它的描述有三句话：天无三日晴，地无三里平，人无三分银。由于我 1941—1948 年在那儿读中学，在贵阳市到安顺市一带，特别对布依族地区穷苦人住的石板房很有感情。1983 年我才有第一次机会进行了一次调查研究，使我受到了很大教育。

在一次贵阳市城市规划论证会后的现场调研，到当时的未来科教区龙洞堡现场参观时，汽车停到路旁一幢孤零零小石板屋旁，这幢小石板房立即引起了我的注意。

它孤零零地站立在公路东面一个小的岩石坡坎边，一面墙还借用了这一坡坎。石板房前后有自家用石块围墙围住的前院和后院，前院是一块完整的岩床，石板房基地的东面和北面是他家的菜地。由于这幢房子是石板房，是我要研究的内容，跟随大队参观我不好耽误得太久，于是匆匆地勾画了平面草图，拍了几张照片就离开了（图 1 ~ 图 6）。

晚上我将图纸整理了出来，好几个问题立刻充满了我的脑海：

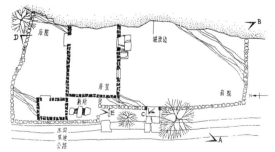

图 1 总体布局

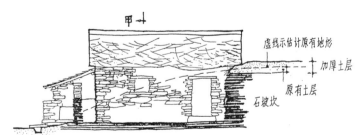

图 2 剖面

（1）为什么这幢石板房子孤零零地造在小高地坡坎边？而周围相当一段距离内却没有这种石板屋，它的材料是从哪里运来的？屋主是怎么考虑运输方法和费用的？

（2）宅基附近都是坡度平缓长满荒草的小坡，为什么这里有一块被开掘出的岩石坡坎？

（3）在我画平面草图时，看见一位衣衫褴褛的妇人从门里走出，好像经济很困难，他们如何负担昂贵的造屋费用的？

图 3　外景（入口）

图 4　外景（居室南立面）

图 5　前院（向东看）

图 6　后院（向北看）

经过一夜苦思，我悟出了答案：这石板房虽是一个极普通穷苦人家的住房，但它的建造却包含着深刻的哲理。

这里原是公路边一个贫瘠的荒地小坡，没钱没势的石板房主人运用他的大脑和双手，选中了这块地表可能部分被破坏的基地。首先他划了一个范围，一家人将岩石上较薄的表土移到所划定范围东面和北面，这样东、北两片薄土层的地就变成了厚土，成为他家可以种植蔬菜的用地，然后把表土下薄层石灰岩一层层地开掘掉，就开出了一个东西约 10 米，南北约 20 米的露出平整岩床的平地，这样，从没有宅基到有了宅基。而开下来的厚薄石灰页岩就是他家造房子用的，就地取来不费分文的主要建筑材料——石块、石板，用作屋顶、墙身、围墙（石砌墙直接垒筑即可，无需砂浆），不花什么钱做到了一箭三雕：宅基、菜地和建房材料。一切取之于地，取之于自然。

在布局上也很有特色，主体建筑南北向布置，主屋东面利用了坡坎，南北两面各有前后院。主屋与附屋之间位置很好，主屋西及附屋南设了个室外厕所，既便于过往行人使用，又帮助这户人家收集肥料……

看着这张整理出来的图纸，我赞佩不已，我想即使是一位很有经验和水平的建筑师也可能做不出这样的设计。这是一位多么高明的非建筑师的"建筑师"啊！我应当向他好好学习。

接下来，我又到附近不少地区去调研。这一带是山区，山上土层很薄，耕地少，居民造房子都利用坡地，在山坡上掘出一小块地，就地取石，再将山坡适当填平一部分（也有一部分用作牲口圈），这样就有了宅基、道路，并有了建筑材料，就可以建造房屋了（图 7、图 8）。同时令我高兴的是这些建造在起伏不平山地上的建筑物、建筑群、坡坎、踏步、石级、树木、绿化共同组成了无序有序、高低错落、参差有致的野居山村的秀丽景色。这的确让我深深感受到了中国唐朝大文学家王勃在其名篇《滕王阁序》中所描述的"穷岛屿之萦回，列岗峦之体势"里表达出的：人们顺应自然条件、自然地形去建造房屋，在空间布局上将岗峦的体势都排列出来了的动人面貌。

第一篇　建筑设计

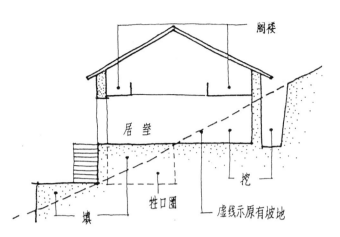

图7　实物　　　　　　　　　　　　图8　线条图

对这种挖山、取石填平的建屋方法，在1983年我将它命名为**挖、取、填**造屋体系。我认为这是一种很科学，有较大实用价值和很好经济效益的建屋体系，当然，这要在非地震区和很稳定的山体结构地段。它可以节约耕地、节约砖瓦和节约资金。当时我也呼吁要发展小型钢筋混凝土预制构件，代替木立贴构架、檩条与椽子，这样就可以更大发挥这种乡土建筑的优势。

但人们的认识往往是很曲折的，住在这一带的居民很多人认为这种房子很土，希望造砖瓦房、造"洋房"，甚至不惜花钱和汽油到外省市运来砖瓦。他们不知道石比砖瓦的耐久性好得多，同时人们也不知道在世界上很多大富豪的小别墅用的也是这种建筑材料。

1987年我受贵州省人民政府的邀请，为他们在贵阳市西面红枫湖（人工水库）地区，用这种建筑材料和这种建造方法设计了一座布依寨（图9～图13），由于经费没有着落，没有实现。

1991年，我受一位朋友的委托，在北京中华民族园规划设计并建成了一座布依寨（图14～图19）。

我认为这种乡土建筑今后仍会是有着顽强生命力的。

图9　"列岗峦之体势"（近景）　　　图10　"列岗峦之体势"（远景）

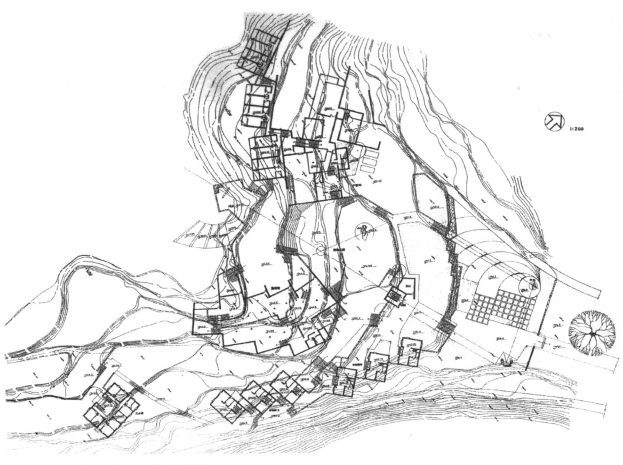

图 11　贵州红枫湖布依寨方案总平面图

图 12　贵州红枫湖布依寨模型（西面看）

图 13　贵州红枫湖布依寨模型（北面鸟瞰）

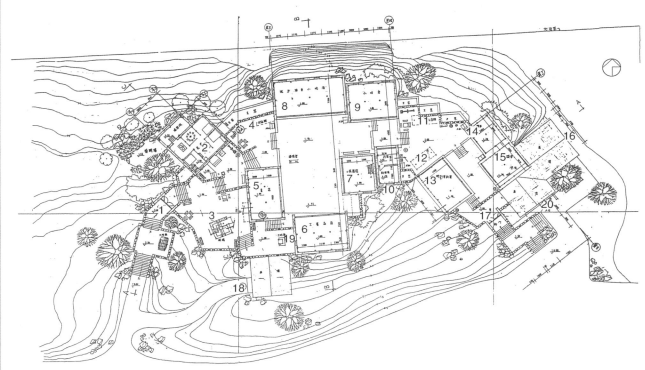

1. 西街门　2. 民居　3. 雕楼　4. 休息棚　5. 书店　6. 工艺品店　7. 二层商店　8. 地方特色小吃店　9. 小吃店
10. 药店配电室　11. 休息棚　12. 休息棚　13. 蜡染陈列室　14. 织布室　15. 蜡染漂洗室　16. 厕所　17. 东街门
18. 民族器物陈列室西入口　19. 土地祠　20. 民族器物陈列室东入口

图 14　北京中华民族园布依寨一条街平面图

图 15　北京中华民族园布依寨东南寨门近景

图 16　北京中华民族园布依寨西南寨门近景

图 17　北京中华民族园布依寨工艺品店外景

图 18　北京中华民族园布依寨特色小吃店内景

图 19　北京中华民族园布依寨广场东入口（内部小吃店东）

2 海草与人——海边地区海草石屋

在我国山东省胶东半岛最东端的滨海地区，有一种石墙坡度很陡的海草顶民居，我称它为海草石屋，它们被当地渔民、农民建造在沙滩边、山坡上、田野间，像地上长出来的一簇簇蘑菇似的，与大地有着密不可分的联系，有着浓厚的拙憨相，散发着浓郁的温馨气息。这是胶东人民的瑰宝，也是中国的国宝（图20）。

图20 海草石屋

海草是胶东地区附近浅海中的特产，只有这一地区才有。每当海浪扑向陆地，就将它们带上沙滩，所以取之不尽，用之不竭。它有四大优点：

(1) 就地取材。沙滩上俯拾皆是。

(2) 冬暖夏凉。这是草顶共有的特点。

(3) 寿命很长。可达70～100年。

(4) 不会燃烧。

这样它对保护生态，满足可持续性发展的需要有重要作用。

可是当胶东半岛地方的人民富裕起来之后，不少人认为这种海草石屋是破草房。实际上原有的海草石屋每户居住面积太小，无法满足今天生活的要求，同时有钱了，人们再不愿去拾海草，怕被人看不起，于是纷纷将草换成了寿命不及它长、保温性能不及它好的机平瓦。自1986年起，多年来我就一直呼吁保护和重新建造，我愿协助他们做规划、做设计。但是没有回音，背后还有人说我是个怪老头，不搞现代化，搞破草房。

1991年我有机会去山东荣成市，我勾画了一个小别墅的方案（图21），向市委书记和市长介绍，建议他们造一幢，我说：不好我负责。我的想法是：

用其材，不废其制，
尊其法，不囿其围，
重其形，更重其神。

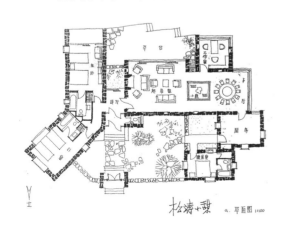

a. 平面图 1:100

b. 北立面 1:100

c. 南立面 1:100

图21 海草石屋别墅招待所

他们研究后，同意了我的意见并决定造7幢作招待所用。这真令我喜出望外。于是和他们共同选择了一个南面是海湾的山坡地，靠近崖边安排了7幢房屋。每幢平面布局不同，主要的房间都向南，可看海，互不遮挡。7幢房屋总平面布局的形态很像天上的北斗星，就将总体命名为北斗山庄，每一幢房子按相同于北斗星位置命名为天枢居、天玑居、天权居、天璇居、玉衡居、开阳居、瑶光居（图22）。等到全部施工图出来以后要施工了，却遇到了很大的阻力，一部分人坚决反对，不同意造"破草房"，要造现代化房屋，荣成市委召集了常委扩大会议，会上支持与反对意见争论非常激烈，难以统一。最后市委书记总结说："还是建造，让历史来作结论！"并指出："戴教授的图不得改动"（这些都是事后人们告诉我的）。

1. 门卫及山庄题词；2. 锅炉房；3. 车库及厨房；
4. 多用途厅；5. 俱乐部；6. 天枢居；7. 天璇居；
8. 天权居；9. 天玑居；10. 玉衡居；11. 开阳居；
12. 瑶光居

图22　北斗山庄总平面图

　　等一部分建筑接近封顶时，有一个韩国代表团去参观，很喜欢，提出十万美金买一幢下来，陪同的人很惊讶，认为这破草房怎么值这么多钱？反复询问，确认后才知道这样的房子很有价值，思想上有了认识起了变化，在这一点上我特别高兴，当然房子没卖。后来来了一个台湾代表团，提出15万美金买一幢，房子没卖，人们对这种乡土建筑的价值观树立起来了（图23、图24）。

图23　北斗山庄内景

图24　北斗山庄瑶光居内起居室

　　在这里我将现代的空间组合应用到这7幢建筑上，将乱石墙应用到室内，做了阁楼客房，应用大面积的玻璃窗和门。开始受到反对，但市委书记不许改动图纸的指示是一把尚方宝剑，使我的设想能够得以实现，后来这些都真正地受到了欢迎。

　　1992年我在规划设计北京中华民族园时将这一国宝应用于售票房及贵宾接待室（图25～图27），

受到很大的重视和欢迎。有人提出这是"化腐朽为神奇"，使我得到极大鼓励。

通过这两项乡土建筑的调查研究和学习实践，我感到有一些乡土建筑是多少年来无数人民用自己的生活和生命换来的他们与天地与自然共生的经验总结，他们顺应自然、利用自然、回归自然，因而有旺盛不衰的生命力。这样做了，既呵护了人民物质生活的要求，同时集居地、环境与建筑等就会自然而然地反映出这种地区、地形、材料、建造方法它们所应当具有的、与众不同的美丽动人的特殊面貌。这些是我作为建筑师应当好好向他们学习的内容。但另一方面，普通人民所创造的有阳光和泥土气息、脉搏跳动的乡土建筑，也有囿于所见、所闻、所知的方面，我们建筑师有责任帮助他们，运用我们的建筑学知识作不改变它优点的改进与提高，这也是我们对社会的一种责任。

图25　中华民族园售票房

图26　贵宾接待室主入口

图27　贵宾接待室小接待厅

（原载《追求·探索——戴复东的建筑创作印迹》118–121页及126–131页）

28 环抱大地 怡然自得（1995 年）

——广西壮族自治区人民大会堂设计创作心得

戴复东

创作心得

1995 年 5 月上旬，广西壮族自治区建委邀请我参加广西人民大会堂的设计竞赛，7 月 17 日交图，只有两个月的时间。虽然我早已决定不参加国内的设计竞赛，可是这次大会堂要建造在南宁，也就是先父 56 年前抗日战争时期，为民族负伤流血牺敌于其东郊昆仑关的地方，这对我和家族有着重要的意义；同时，从五年级到小学毕业，我在广西生活了两年多，正是我的"开窍"时期，我应当为这块滋养我的吾土吾民尽一份力。可是，这段时间各种活动安排得很紧，因此能够设计的时间太短，最后我决定不去澳大利亚（虽然已经缴了数目很大的一笔费用，又办好了签证）而参加这次设计竞赛。

广西人民大会堂内有六个主要部分：①1800 座席会场及 120 座主席台。②20 大间地市会议厅。③人大办公楼。④常委会议厅。⑤宴会厅。以上共 28000 平方米左右。⑥地下停车库及机房约 15000 平方米。

基地的特点是：南面是市中心的民族广场，北面为城市重要南北干道东葛路；整个基地东西狭长，中心部分南北向很短，前弧后斜。

设计竞赛任务书上规定了三项原则：①人民当家做主与民族团结的象征；②时代精神和先进技术的运用；③南国风光与民族传统的融合。

这样的内容，这样的条件，这样的要求，我该怎么做?

模型东南鸟瞰

模型西南全景

总体布局

将全部地上内容分成三大块安置：中间一块是大会堂本身；地市会议厅群在西端；东端沿东葛路放置人大办公楼，沿民族广场放置宴会厅，常委会议厅在三者之间。三个体块各间隔13米。在二层的南北两面各以过街廊相连。这样的布局对于低层大面积的建筑综合体能适应南宁的气候条件，对沉降、伸缩、抗震、防火、防灾、集散、管理等有利；对空调、照明、动力等方面操作运行方便，节约能源；同时三部分的每一个面直接对外，出入交通灵活便利并有利于消防车环通。

单体设计

会堂：由于基地中部进深太浅，按传统的门厅在前、后台在后布局，深度不够，观众厅舞台及后台因活动及容量要求不好改变纵深。压缩前门厅会使它与会堂身份不相称，难度比较大，于是我应用了与习惯做法不同的处理办法，取后台舞台在前，观众厅在中间，沿东葛路置休息厅，再将整个建筑物抬高一层。这样布局的优点是：

广西某民宅大门
上为弧形有独特风格，可作为母题

（1）可以做到前厅、舞台纵深重叠，大会堂位于中间而不局促。

（2）南面是开阔的民族广场，舞台面向广场可以有一个合乎逻辑和情理的高耸体量，比较理想。

（3）各种人员进出会堂可以从南北两个方向分开，减少拥挤和混乱。大会堂演出或外借时，不影响南面广场上市民的正常游憩休闲活动。

（4）广场举行大型活动时（如元旦、春节、中秋及其他节日），化妆室屋顶可以作为主席台。

（5）大会堂在东葛路仍可以有一个堂皇的大会堂正面，而不是万般无奈的背面。

地市会议厅群：以中部一个室外露天庭院为核心，周围环绕布置。南面二层、北面三层。西面设出入口，可单独对外使用。二楼有南北两过街楼与会堂联系。

人大办公厅、宴会厅、常委会议厅：办公厅有5层，置于东北角，一侧平行东葛路，形成内部平面为梯形的小中庭；宴会厅置于南部面临广场，厨房及职工餐厅位于楼下；办公厅与宴会厅之间设联系廊架空，二楼设常委会议厅。二楼有南北两过街楼与会议厅联系。

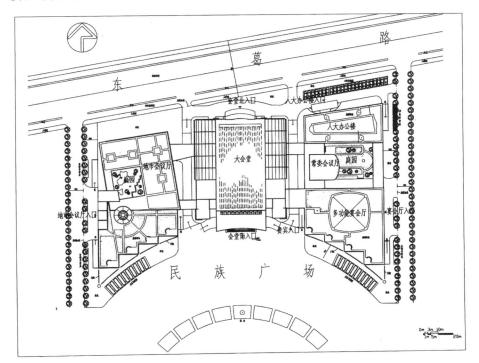

总平面

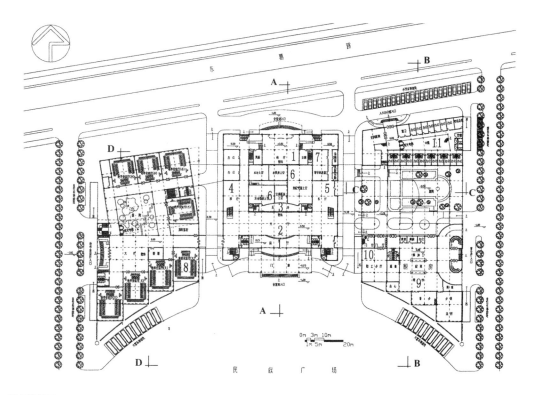

底层平面

1. 前厅 2. 大厅 3. 乐池 4. 西厅 5. 东厅 6. 设备用房 7. 休息室 8. 会议室 9. 厨房
10. 职工餐厅 11. 办公厅

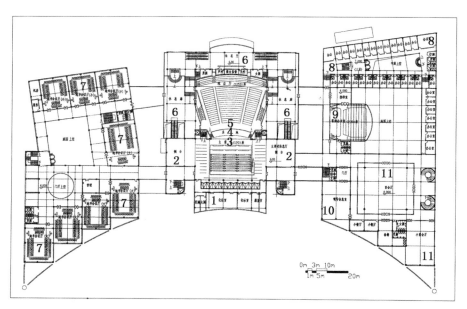

二层平面（办公二、三层平面）

1. 化妆室 2. 侧台 3. 主席台 4. 乐池 5. 观众厅 6. 休息厅 7. 会议厅 8. 办公厅 9. 常委会议室
10. 休息厅 11. 宴会厅

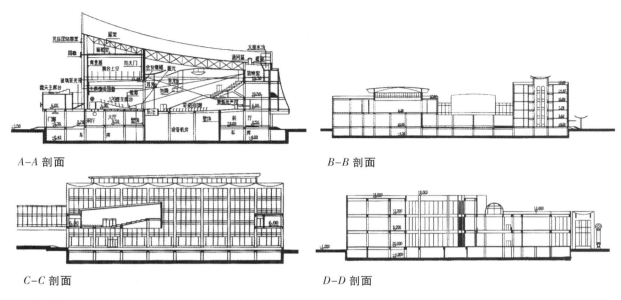

A-A 剖面   B-B 剖面

C-C 剖面   D-D 剖面

造型

这是这次设计竞赛的重点和难点。任务书的三条原则是必须要实现的目标。我对自己又提了一条要求——努力做到现代、南方、广西多民族的有机结合及融合。

素材与源：诗人陆游教导他的儿子说："尔果欲学诗，功夫在诗外。"这是很重要的。所以我想：素材与源既要来自传统的地方建筑本身，也可以并应该取自多民族生活的各个方面。

语言学家林语堂对中国传统建筑的特点提出了以下看法。

（1）"中国建筑的基本精神是和平与知足，它不像哥特式建筑的尖顶直指苍穹，而是环抱大地，自得其乐。"

（2）"比笔直的中轴线原则或许更为重要的，是弧形、波浪形或不规则线条的应用，与直线相对应……本质上总是由柱子的直线和屋顶的曲线组合对比而成。"

（3）"我们对于富有韵律的线条、曲线或断续线的喜爱。"

这些对我很有启示。

面对东葛路造型草图

面对民族广场造型草图

各民族的最大区别与各自的特点是缤纷的服饰，我综合一下认为。

色彩上：广西各民族绝大多数崇尚青黑色及白色，配以孔雀蓝、朱红、中黄等极为鲜艳的色彩。

饰物上：以银器为贵，制作图案精美的挂件及饰件。

我想就根据上述的特点和特殊语言，嫁接到建筑上来，在这次设计中应用，以"三弧、二色、一折、一银"来表达大会堂的民族、地方风格和现代精神。

首先，以两座广西民居的大门为"源"作母题，多次在各部分重复出现，尤以在中轴线上大会堂南北顶部加以应用（第二向弧），以表现广西地区轻巧舒展、奋飞向上的精神。

其次，在总体上将会堂作主体，两侧根据室内空间及柱网整齐的要求，结合地形，在南向平面上错落布置。由于广场弧形极为强烈，于是在错落平面外加立面为弧形反曲门架。在总体上形成一个大弧形（第一向弧），从而取得大会堂建筑群环抱大地、怡然自得的中国传统建筑神韵。

再次，建筑物外界面采用米白色墙体和深蓝黑色隐框玻璃窗；在一些部位饰以用不锈钢组成的，类似银挂件及银饰物的图案、花格、装饰件，以象征银器物，再在部分地方饰以鲜艳色彩，将广西12个民族服饰加以嫁接。

设计任务书上根据原广场规划竞赛中奖方案布局，要求在中轴线上旋转一个基底10米×10米、高45米的观赏及构景中心建筑，作为接待外国领导的礼仪点及民族广场活动时自治区政府领导出场及休息处。我认为在中心入口门前放这样一个建筑不好，于是将它做成双塔，置于舞台两侧边。然后，中部舞台大墙面采用12块折板，可以增加墙体刚度，避免沉闷单调，也隐喻少数民族的百褶裙；折板墙顶部与双塔顶部一同做成弧形曲线（第二向弧），折板墙上布置有壮族波形折纹图案，它形似广西12个民族手拉手紧密团结无间，再在每两个手形之间安置一个代表民族的图案；在波形折纹图案下悬置国徽，用中间一个小群体加上各单件的细致处理，加上两侧弧形门架，在整体上创造出庄重、活跃、团结、祥和、挺拔、民族、地方、具有现代化的气氛。

此外，大会堂北立面中部采用弧形做法（第二向弧），楼梯及雨篷结合整体曲面墙，上面做广西岩画风表现广西历史及今天的图案，以突出大会堂在东葛路上的重要性。

最后，为了避免舞台与观众厅顶部因高低不同而采用常见的踏步形做法，将二者顶部连成一体，形成一个完整的大弧形面（第三向弧）。

再加上32.4米宽、33米深、15米高的观众厅、两翼下跌至池座的挑台；高10米、宽17米台口，可以安排1800座观众席120座主席台，以及可以适应演出需要的舞台，极为宽阔开朗的前厅，两侧高敞明朗的休息厅……综合融化在一起，构成了这次广西人民大会堂的方案。

感谢评委会将这一方案评为一等奖，虽然不知何故采用另一方案加以建造，但对我说来，既是鼓励，又是鞭策。青锋怎忍存锈迹，伏枥仍怀万里心。这永远是我努力的方向！

设计参加者：赵巍岩、孙继伟、邓刚、杨宁。

（原载《当代中国建筑师——戴复东、吴庐生》350-357页）

（原载《追求·探索——戴复东的建筑创作印迹》153-159页）

29 江苏省无锡市马山江南大学分部
文化艺术中心（1996 年）

戴复东　吴庐生

江南大学分部的朋友们想在江苏省无锡市太湖附近的马山大佛所在位置附近、自己的校区内建造一座文化艺术中心，他们通过一些朋友的关系找到了我们，请我们帮他们设计。

学校在马山古竹路的东侧，在学校主干道的南面有一片场地，在资料室和办公楼的西面到校区古竹路边界，有两个大养鱼池，养鱼池的东面有一块空地，但在空地中部有 9 棵珍贵的大樟树，大樟树的直径从 0.25 米到 0.4 米不等。大樟树南面 30 米距离内，有两侧近边界的水池，真正可以利用的土地就这么一块。学校的南面是一个大茶园，以古竹路和茶园的交角，到著名的 88 米高灵山大佛仅有数百米之遥，但被弯曲的山体遮挡。校区内部东面的环境是大面积树木密集、苍翠欲滴的山峦，整个地势东高西低，有山有水，有树有林。

正面（西面）透视

这是一块很局促、很难对付的基地。在这里要安置一个有一定面积的文化艺术中心，对我们来说是一个考验，也是一个检验，看了这块基地之后，我们感到放在我们面前的首要任务是：重视与珍惜自然环境、保护生态、保存树木、保留水池。

文化艺术中心有 1000 座的观演厅，附加舞台、后台练习厅、各种设备用房；还有 214 席的学术报告厅、小会议室和一大间多功能厅。

北面透视

首先，由于观演部分由大厅、观众厅、舞台、后台练习厅及各种设备用房、辅助用房组成，形成一个很长的系列，看样子只能将观演厅搁置在基地的南面，这样就不会碰到大樟树。然后将学术报告厅放在樟树群的西面，一路向西，先设置一个中庭，再放一个近半圆形的多功能厅。这样，可以保留一个大的水池，再将这一水池顺着多功能厅的形态尽可能扩大，水池就做得比原有水池形态紧贴建筑空间，面积较大，有较好的倒影映像效果。

多功能厅及水池透视

剧场与学术报告厅之间是一条分成五个小台地的休息厅，采用顶部采光。观众厅南部休息廊上部为办公室，可以朝南，观看茶园景色，又可以观望太湖。

在建筑组合中用两个大的庭院将原有大樟树保留，建筑物与树木也维持一段距离，使基础不会严重损害树根。建筑物一部分采用柔和曲线，能与自然产生一种内在的包容与联系。

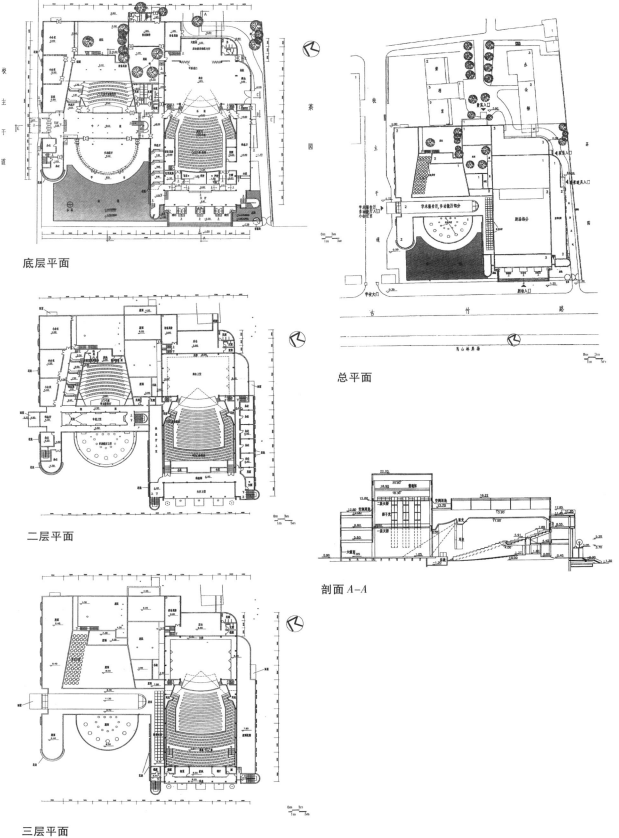

底层平面

总平面

二层平面

剖面 A-A

三层平面

参加设计人员：郑炜、纪晓海、段小星等

（原载《追求·探索——戴复东的建筑创作印迹》160-166 页）

30 交流 自然 文化 (1987、1997 年)

——上海同济大学建筑与城市规划学院院馆建筑创作

戴复东

1985 年初，学校（同济大学）决定投资建造建筑系系馆，位置在文远楼北面原校医务室用地上，建筑面积 7700 平方米。

在空间安排与组合上的想法是：①使建筑系内不同专业、不同年级、不同年龄、不同经历的教师之间、师生之间、学生之间，以及校内校外在这一环境中有尽可能多的机会交流、互通，实际也就是开放，因此设计了一定尺度的门厅、门厅后的内院、门厅上的敞廊、师生两部分联接体的敞廊、教师部分的多功能中庭、高低班在一起上课的大教室以及各个开放屋面层。②重视与自然结合。门厅后小院大片绿化，教师部分三楼南向凸窗采用日光室做法。

受基地面积小、经费少的制约，我们在两条教学用房之间安置系图书馆、阶梯教室，并利用图书馆顶面作交流用的大平台，再在两条教学用房之间架设桁架，用透明材料将顶罩盖起来，形成室内主要交流空间，设计做出方案，以备此后用创收积余建造。但后来这笔费用被冻结，于是两排教室用房之间就留下了一片空地，但陈保胜结构工程师已在用房的柱、基础上保留了这些荷载。

将垂直交通联系的元件——楼梯从主体中分离出来，使其可以通达屋面，作成整体体块的装饰件，并采用了与众不同的 1/4 圆的端部处理；入口做成部分弧面的大墙面，因为墙面的后面是陈列廊，采用顶窗采光，外墙面使用了由铁屑与陶土烧制成的面砖，色泽浑厚深邃，在整体上，表现出雄健飒爽的阳刚之气。

1996 年，为了迎接同济大学 90 周年校庆、学院 45 周年院庆，我们对系馆进行了扩建设计。

在布局上，将图书馆放在底层核心的位置，阶梯教室放在二层西端的位置，图书馆的南部作层迭式的后退，安置一座可以直达二层的大扶梯，图书馆顶部作成由东面三层楼面向西迭落至二层的 6 个台面的大阶台。由于图书馆顶部有高低差，下面做了一

建筑与城市规划学院入口

院馆主入口西南外观

个夹层工作室，阶梯教室下做规划设计室用房，整个大台阶顶上罩一个通风透光的大顶。底层地面种植麦冬草，希望四季常绿。

大台阶是整个学院的核心，可以用作各种用途、方式和规格的交流，对创造各种空间环境的学科来说，交流互通是最重要的，有交流才能不闭塞，才能知道得更多，这是一般正规课堂教学学不到的。因此在阶梯教室的西墙白色水泥拉条墙面上留出一个很大的平墙面，可以放幻灯、投影、电影等。大台阶的南北两侧做了可以小坐的迭落的白大理石花台，6 个绿地砖台面高低交接处做成高出上部台面的条形坐墙，尽量适应不同规模的交流休憩活动。钟是中国传统的信息工具，它的声音透心隽永，有较好的凝聚力，于是在第一层台面西北角设计了一个钟架。学校请路秉杰教授设计铜钟形法唐制，由贾瑞云教授倡议捐款，钟上将自建筑系至建筑城规学院以来的 45 年间教职员工名字铸于其上，以示不忘。给钟取名为"大同芳名钟"。"大同"有两个含义：其一，学院学术观点态度的核心是"兼收并蓄"，要做到这一点就得求大同；其次，搞各种环境规划与设计的人，追求的目标是世界大同。正对扶梯上来处的阶梯教室南入口声锁墙面上，由学院请中国第一代建筑师 96 岁高龄的陈植老教授写了端庄凝重的"钟庭"二字，该墙面左下角镌刻了记载钟庭建设事迹的"钟庭记"。在北入口声锁深灰绿色大理石墙面上，挑选了王羲之、米芾、智永和尚和孙过庭等历史上大书法家各一字组成了"兼收并蓄"横幅，学院请李德华教授译成英文，也铭刻于石墙上。

钟庭顶盖采用 V 形截面的空间桁架，由谢印新副教授计算后交苏州网架厂制作，屋面采用有夹丝的 U 形玻璃，这样就达到了钟庭室内室外难辨、空间通透明晰、四周围蔽豁然开朗的效果。在钟庭东墙面上由我设计并和黄英杰副教授共同捐赠了一帧壁饰，主题是两个由地砖贴面，有部分相连的眼睛，一个是黑眼珠，上面镶嵌了以铜条镀钛作爻的六十四卦圆方图，代表东方人的思维方式；另一个是蓝眼珠，里面镶嵌了铜条镀钛的达·芬奇的人体形象图，代表西方人的思维方式，并用四句话："东方重理（道），西方重人。交融互渗，文化昌兴"来表达我的愿望和预祝。

进厅内景

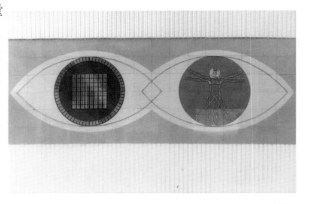

双睛图

钟庭西南俯视

阶梯教室兼会场前景

阶梯教室作为教室与会场二者兼用来设计。原拟放置 280 座位，根据王季卿教授作声学设计，建议后面各排升起较多，以利直达声传送，前面吊平顶根据计算机设计定出斜度。整个阶梯教室地面采用斯米克厂生产的法国蓝地砖，椅子为白色玻璃钢制作，正墙面批平白涂料，不设讲台，可以使作报告人与听众打成一片，侧墙用木条外涂玉灰涂料，吊顶为白色石膏板，悬吊了八盏球形灯，后墙用蓝墙毡，整个报告厅有一种清新脱俗、雍容华贵的气氛。整个设计建造过程由俞李妹副院长具体操作，协调配合，排忧解难。最终使院馆能较全面地反映出学校建筑的特征，有交流、自然的品质和文化的品位。

该院馆分 1987 年和 1997 年两期建成。建筑在四周界定很紧、条件苛刻的前提下，妥善地解决了交通道路和周围环境的关系。两期工程巧妙结合，充分利用室内外空间，使功能使用更加齐全完善，立面造型更加新颖美观，是一个低投入、高品位、高效益的院馆建筑。

自钟庭大楼梯往下看钟庭入口及绿化

其创新特色除采用新材料、新技术外，大台阶玻璃敞棚钟庭及其内部装修双睛图、兼收并蓄石壁、大同芳名钟和 300 座报告厅等设计均别具匠心、富有特色，获得校内外一致好评。

（原载《追求·探索——戴复东的建筑创作印迹》69-79 页）
（原载《当代中国建筑师——戴复东、吴庐生》61-80 页）

第一篇 建筑设计

31 上海市创业城国际设计邀请竞赛二等奖方案（无一等奖）（1996年）

戴复东　吴庐生

上海创业城是集孵化生产、软件开发、业务办公、培训交流、生活服务等多种功能于一体的公共设施建筑，是较完善的现代化科技与生产相结合的孵化生产基地，能体现现代科技文化气息环境的建筑综合体。位于上海市徐汇区漕河泾308号街坊。

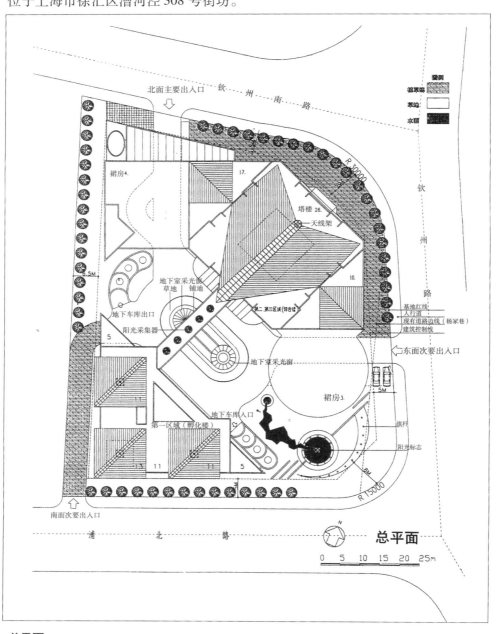

总平面

设计参加人：齐方，杨宁，张小满，范伯涛

基本构思

1. 原则

环境：从混沌中梳理出有序。

空间：从杂广中排列出章法。

氛围：从平凡中体现出高科。

2. 构思与安排

主口居北，次口南、东；分区两块，孵化、综用。

所需空间，全部包容；紧密联系，流线畅通。

方寸基地，核心敞空；庭园美化，上架长虹。

整体布局，高科技风；指标数据，完全在控。

正面透视图

布局

基地小，限制多，内容广，将三大区域布置得既相对独立，又互相贯通，人及物流交通组织清晰合理。

第一区为创业城核心部门——孵化生产基地孵化楼（10000 平方米），置于离主要出入口较远的西南角位置上，单独成一实体，与其他部分不交混，使有利于孵化部门的科研成果潜心试制成产品，便

第二、三区为软件开发、业务办公、培训交流、生活服务等综合功能（36870 平方米）的两区，既分又合，组成高层及两侧裙楼。

三个区各向基地控制线紧贴，使中间留出较宽敞空间——内庭院，形成空透的环境氛围。两大体段在 10 层上空由架空廊桥相连，交通联络方便，空间造型上成一整体。两大体段南低北高，对日照影响较小。

整个车行交通流线对内对外通顺流畅，同时不需要利用基地旁城市道路作回车，因此不增加城市交通负担，不影响城市交通。

庭院内开敞空间种植草皮鲜花，设日、月形态水池；圆形水池中部设一多面体圆球，四周 12 面追踪镜，反射阳光在一天内的色彩变化，组成阳光标柱（Solar Symbol）；基地东南角立有 12 根旗杆……这样使基地内及周围四季常青、水清花艳、彩帜飞扬，加上科技小品，在以建筑为主体的环境内体现出高科技与大自然交融互渗，相互衬托，相得益彰的科技文化氛围。

空间造型

（1）**高低错落、犄角对峙**：两大功能体块、一高一低，错落有致。既合又分，遥相呼应，朝向、景向俱佳。东南、东北两区道路交角口景观尤佳，对附近地块日照遮挡较小。

（2）**核心庭园、向阳绿化**：两大体块之间形成由东南向西北的核心庭园，并引申到两组建筑两端的架空底层，创造出内部**虽聚犹敞**，外部**虽密犹旷**的美好环境。

（3）**动态向心，相依相偎**：两组建筑的顶部均用向心、单面向上的顶盖，使有动态感，并隐含母体、子体孵化关系之意，加以高空廊桥相连，形成一组母与子相依相偎的建筑群体，既表达创业城含意，又渗透出一种温馨动人的情感。

（4）**寻常建筑，高科技风**：建筑物空间体态与内外功能布局紧密结合，不搞先定型后凑合，逻辑合理。整体轮廓方整简洁，高低适度；色彩上采用灰蓝玻璃、白色墙面用灰色条块；折板顶、廊桥、圆壳、网架、空廊，加上向阳绿化中日光标柱、廊桥阳光自动集光装置等小品，形成强烈高科技风格，并富有人与自然亲密对话的现代文化气质的环境氛围与建筑神采。

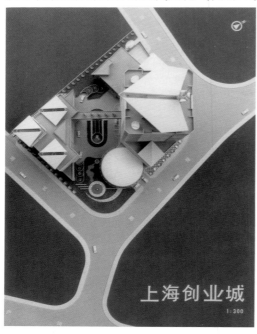

模型顶视

模型东南向鸟瞰

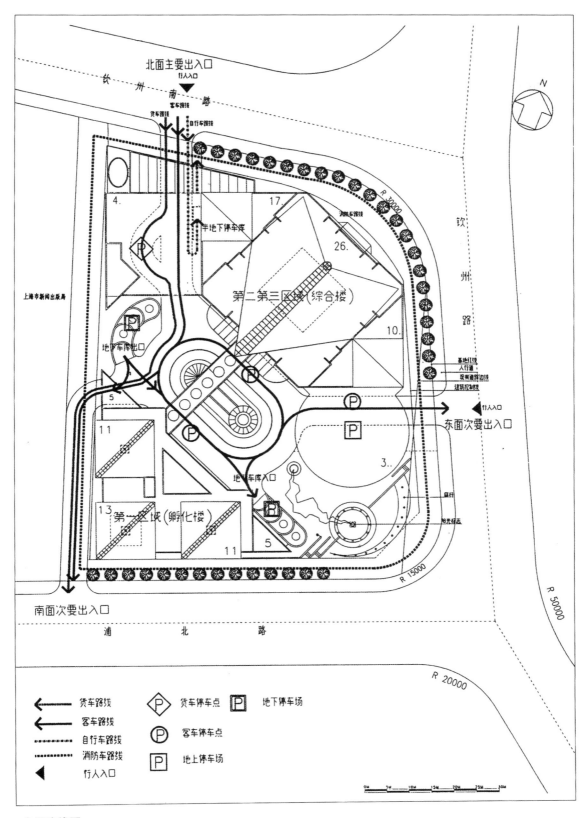

北面主要出入口
行入口

钦 州 南 路

货车路线
客车路线
自行车路线

N

4.

17

消防车路线

半地下停车库

第二第三图块(综合楼)

26.

10.

上海市新闻出版局

P

P

地下车库出入口

基地红线
人行道
城市道路边线
建筑控制线

行入口

5

P

P

东面次要出入口

P

11

3.

地下车库入口

P

13 第一区块(孵化楼)

庭行

阳光标志

11

5

R 15000

南面次要出入口

R 50000

浦 北 路

R 20000

货车路线   货车停车点   地下停车场
客车路线   客车停车点
自行车路线   地上停车场
消防车路线
行人入口

交通流线图

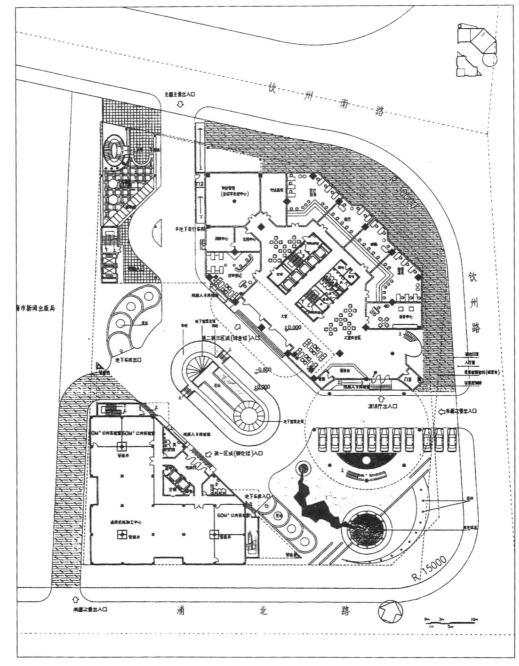

底层平面

（原载《当代中国建筑师——戴复东、吴庐生》306–316 页）

32 福建省厦门市丽心梦幻乐园（1996年）

戴复东

　　乐园基地位于厦门员当湖的湖滨东路西岸南湖，南湖公园内北部，总面积约10.1公顷，其中5.5公顷园内陆地及2.1公顷湖心岛，加上2.5公顷公园内湖面（10.1公顷＝5.5公顷＋2.1公顷＋2.5公顷）。乐园用地起伏变化有8米高差，乐园由室外游乐场、室内游乐场、水上游乐场、餐饮、娱乐综合服务配套设施组成；希望充分利用乐园220米临街面和山丘地下空间并开办夜场；室外游乐场将安排15～20台大中小型游乐机械等内容。业主要求"不求最大，但求最好"。

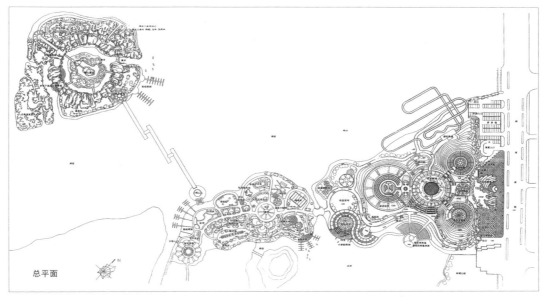

总平面

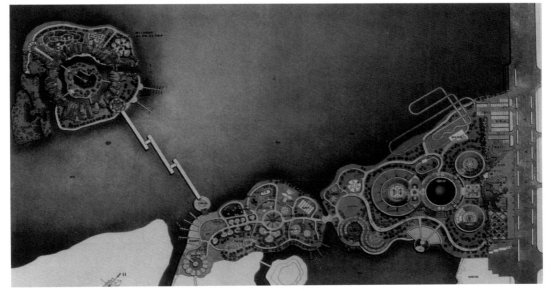

总平面彩图
参加者：周勤、郑炜
入口立面图绘制：刘克敏教授、阴佳讲师（现为教授）

接到任务书以后，有两个想法很清楚地展现在我面前：①用绿地，但不要占绿化；②南湖公园是厦门市最重要的城市核心公园，从城市的角度看，环湖路向湖一面的空间应全部向城市开敞，公园应当暴露在道路上，才能与城市融为一体。但现在南湖沿道路一边已有很多地方被建筑物占满，因此待建的梦幻乐园用地沿街220米会将公园与城市隔离。于是我们决定用这两点作为方案的基本出发点，并采取了以下措施。

（1）乐园门口沿街建筑不采用常见的建筑形象，而做成冈峦形态，设下沉式广场、雄浑大瀑布、窈窕小瀑布、大小众多洞穴（给内部建筑以透气透光条件），其中最大洞穴为主出入口；小洞穴口嵌以中外娱乐文化形象的众多雕塑；石壁犬牙交错，部分石壁面上刻有古今娱乐文化内涵浅浮雕；石壁顶端种有苍翠欲滴和枝繁叶茂的灌木丛、小乔木、羊齿植物、攀缘植物、树桩形售票及售物小屋，使整个道路街面形成景色秀丽的自然的绿化环境，将公园绿化直接推上街道边，与城市打成一片。在人工岗峦顶上放置娱乐装置，这样使欢声笑语、动态形象、自然与文化氛围直接显现在大门前，而不是常见的建造将公园与城市隔绝的人工建筑。

（2）冈峦实际是3层建筑，容纳了全部娱乐城。底层为室内娱乐、商店等，2层为餐饮中心，3层为舞厅及专业俱乐部，采用与城市道路成45°斜交的柱网，柱网为8米×8米。用三个圆形厅将全部娱乐城联系起来。观众进出游乐园要由主洞穴进入娱乐城再入游园，出园可以从原路出，也可以从两侧门出。贵宾进出另置专门通道。

（3）员当湖上小岛为二期工程，将来要作为白鹭栖息地，因此小岛上做成环形山体，娱乐设施全在山体内，形成水草丰茂、有山有水的天然景色，而不破坏自然生态，不影响白鹭群的栖居。

（4）首先，在设备装置、空间与平面的安排上采用圆形及弧形母题，有自然生态感，较软化，不生硬。在其大小、间隙、组合上做到比例匀称、舒适、悦目。其次，在设备装置高低大小关系上，使轮廓线从东、南、北三面城市道路上看，均有起承转合、高低起伏、错落有致之感。这样使整个乐园具有完整、有机和合乎逻辑的美丽形态。

通过这些，使乐园如同自原有公园地下长出，与大地休戚相关，紧密结合，而不是人为地将建筑物与乐园搁置在地上，占据绿化，与大地脱节。

停车场的位置非常重要，从城市车辆交通方向看，安置在最东北角处较为合理，这样车辆可方便、直接地从来的方向进入停车场，对主入口的干扰最小。

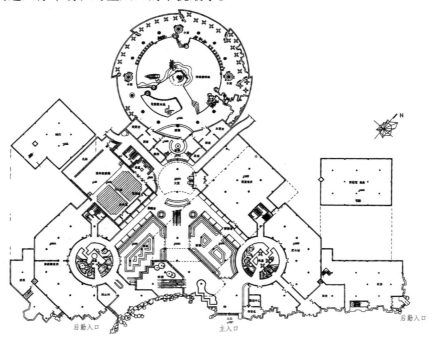

娱乐城一层平面

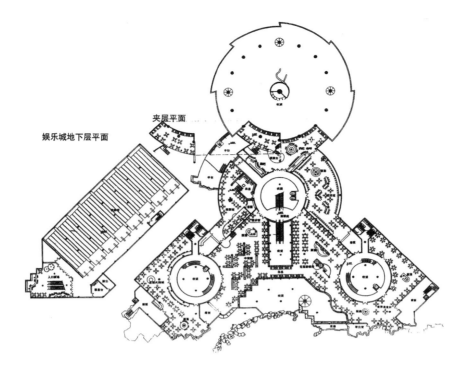

娱乐城地下层平面

夹层平面

娱乐城二层平面

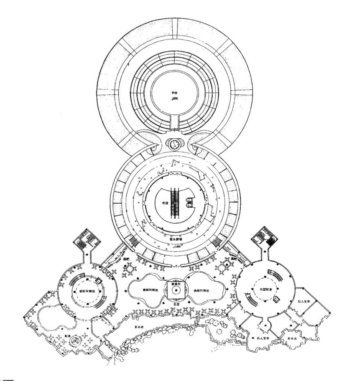

娱乐城三层平面

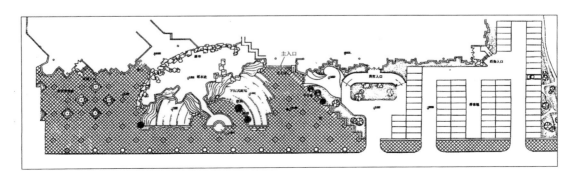

娱乐城入口广场平面

第一篇　建筑设计

茶室南透视图

梦幻乐园入口透视　　　作图：刘克敏教授　阴佳讲师（现为教授）

湖心岛灵界鸟瞰图

（原载《当代中国建筑师——戴复东、吴庐生》342-349 页）

33 现代家居的文化氛围（1998年）

——私人住宅

吴庐生　戴复东

　　1952年大学毕业，我俩服从分配到上海同济大学，"家"就安在同济新村。到1990年为止，我们一共搬过六次家，建筑面积从28平方米提高到86平方米。随着时光流逝和工作经历的积累，我俩的书籍和图纸也越来越多，占据了家的主要空间，妨碍了我俩的正常工作、生活和交往。大家都劝我俩将它们丢掉，可这些书籍和图纸大都伴着我们走过了大半生，丢掉实在舍不得。

　　当今已是物质文明与精神文明高度发展的时代，我们大半生为他人营建了不少"金窝""银窝"，自己却没有一个合适的"草窝"。我们酷爱书、图和工艺美术品，要想将它们从床下、橱上、角落里解放出来见见天日、亮亮相，就要有足够的建筑面积和陈列橱具，最后我俩决定将平日积蓄拿出来，购置工薪阶层的商品房，并将相邻的三室一厅和二室一厅打通，建筑面积有180平方米，够大了；开间都是3.6米，够宽了；4/5房间朝南，够好了；离学校步行只有15～20分钟，够近了。我们为此设计并绘制了12张A3的施工图。从图2可以看出新家改造前的平面。

图1　起居室和餐厅之间安置一座精致的白色石雕菩萨全身立像

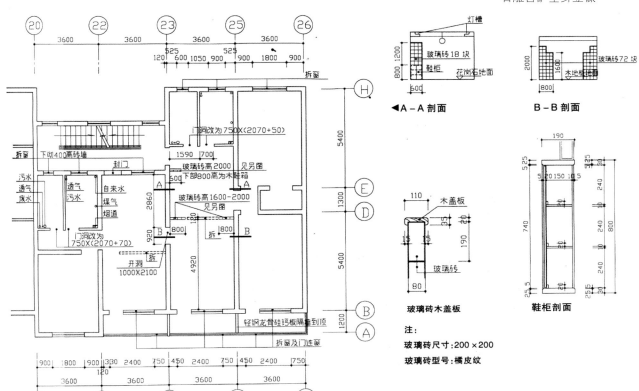

图2　改造平面（拆墙、拆窗、封门、开洞砌玻璃隔断、拆内外木门）

经过平面改造和室内设计，我们的新家有五大间：一间起居室加餐厅，两间书房，两间卧室，另有厨房、两套卫生间、两个贮藏室（一存图纸，一存生活杂物）。图3是新家改造后的平面和布置。

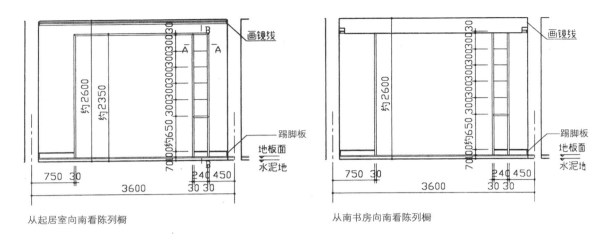

从起居室向南看陈列橱　　　　　　　　　从南书房向南看陈列橱

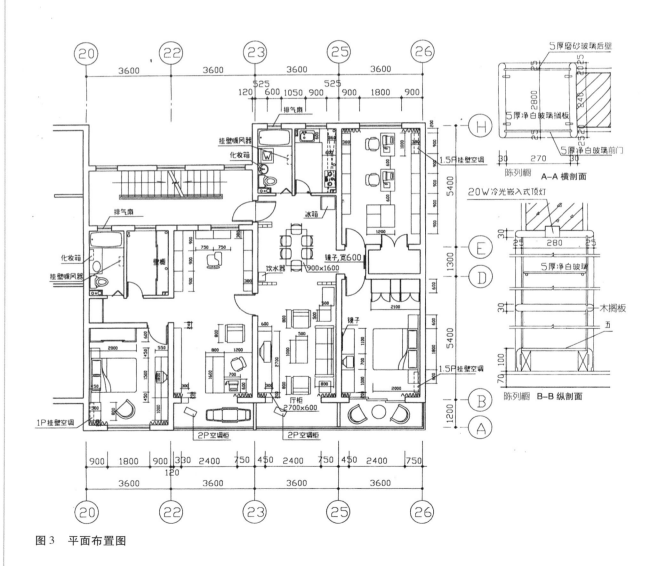

图3　平面布置图

我们的室内设计构思是：

（1）不追求豪华宾馆化的做法，不矫揉造作；

（2）选用材料视具体情况而定，不片面追求高档；

（3）整体和细部简洁统一，做工精细，尽量与使用功能结合；

（4）选购家具尺寸合适，式样、色彩与房间性质协调；

（5）部分橱柜设置与工作性质紧密联系；

（6）良好室内环境的塑造，是室内空间、面、线、点的处理，色彩、家具、照明、饰物、绿化的综合考虑，并具有现代中国家居的文化氛围。

举例如下：

（1）吊顶　新家未在吊顶上大做文章，未做许多"流线型"的吊顶。仅在餐厅上空和主人书房书桌上空做了吊顶，也是为了将一根下垂的小梁巧妙地遮盖掉，同时增加了餐厅的热闹气氛，营造了客人进门后就餐时的欢快气氛（正中球形玻璃吊灯及四周星状冷光嵌入式顶灯和电子日光槽灯，图7 餐厅、图13 主书房（南书房））。

（2）画镜线　墙上饰物的吊挂往往是个难题，我们将天花和墙面相交处的装饰线脚用自己设计的画镜线来代替，既能做阴脚线，又能方便吊挂镜框或饰物，是一项革新（见155页画镜线详图）。

（3）陈列橱　利用通向封闭阳台的门洞，一侧布置玻璃陈列窗，采用透明玻璃隔板，利用一盏顶灯照明，光束一通到底。既改变了墙面构图，又解决了艺术品陈列的问题（图4、图15及150页陈列橱详图）。

（4）灯具　在起居室选用了一盏丹麦球灯（图4），餐厅选用了一盏玻璃片组合的国产球灯（图7），走廊尽端仅选用了纸制球灯（图23），同样是球灯，但各有特色。书房均选用造型别致简洁的日光灯（图12），卧室则选用白色塑料罩的小型吊灯（图5、图9），厕所选用防水型吸顶灯（图19）。所有灯具采用白色基调，造型简洁明快，不选豪华烦琐的花灯。

（5）绿化　室内有了绿化就增加了活力和生气，我们选购了在室内环境成活率高、叶子大的绿色植物，如绿萝、龟背竹、斑马、银皇后、散尾葵等。吊挂植物如花叶常春藤试种后成活率太低，只好选购以假乱真的吊挂植物，效果不错（图7）。

（6）选材　我们的原则是不盲目选高档，该高则高，该低则低。经过分析，我们认为永久性很难更换的选好材料，可更换变动的选一般材料；清水的选好材料，浑水的选一般材料。例如清水浅色地板选白橡木（188元/米^2），墙面涂料则选一般的台湾海峡牌白色涂料（4元/米^{2}左右）；清水线脚选白桦（28~40元/米），浑水线脚则选水曲柳（8~12元/米）；厨房、卫生间墙面地面瓷砖选好的，厨房内厨具选中等，卫生间的洁具，一间选普通型，另一间较高档。总之，根据具体情况及经济情况量力选用。

虽说"新家"很舒适亮丽，但我俩也还留念"老家"的温馨，因为它毕竟伴随我俩走过一段酸、甜、苦、辣的历程。

图4

图5　主人卧室为白、蓝色调，明快舒适。白色家具、深蓝色软垫、浅蓝色窗帘，床头板软垫中间镶嵌着蓝色电话，两侧设夹子灯光照明，简单适用；三门大橱中间为整块镜面移门，式样有创新，照镜时面积大，形象完整

图6　餐厅在入口处也放置了一片玻璃砖隔断，中间选用了一套明式风又具现代感的酸枝木棕色餐桌椅，桌面用玻璃板保护，板上再放置玻璃转盘，餐桌上不锈钢烛台；墙壁上挂着著名画家韩美林绘制的五颜六色的"年年有余"——鱼的图案构成的麻织饰物，餐橱上的鹿拉车工艺品果盘，组合在一起富有温馨的生活气息

图4和图7起居室和餐厅之间用橘皮纹玻璃砖砌成两片跌落的透明隔断。起居室里选用了灰绿色三件套小型皮沙发和黑色木器。在沙发旁安置一座大型精致的白色石雕菩萨全身立像；在固定的玻璃陈列橱内放置了层叠的奖品和艺术品；两面墙上一边挂着韩美林创作的绿底浅色花图案的装饰布条幅，一边是灰白底绿色刘海戏金蟾图案的蜡染，在阔叶、细条叶和吊挂绿色植物烘托下，渗透着浓郁的文化和自然气息（另见图1）

图7

图6

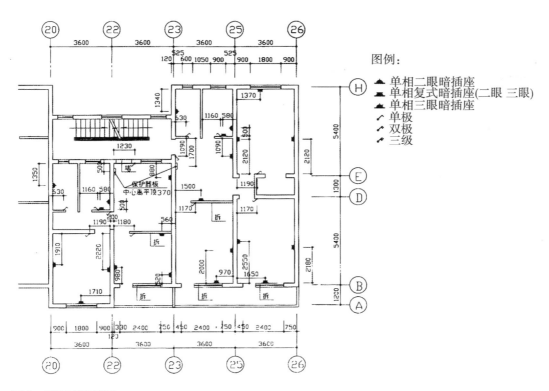

图 8　原平面配线图

图例：
单相二眼暗插座
单相复式暗插座(二眼 三眼)
单相三眼暗插座
单极
双极
三级

图 9

图 11　主书房朝北看

图 10　小主人卧室仍为白、蓝色调，温暖亲切富有生气。白色家具，织物件均为自己设计的白底蓝花蜡染，点缀着色彩鲜艳的饰物，床头墙上挂着蓝底色彩斑斓的风筝，寓意并祝愿"腾飞"。

图 12　主书房北侧

图 13　土红色三件套的丹麦现代形式书桌，后墙上挂着大幅男女主人在老屋书房里的近影和自话，成为视线焦点。
在书房的另一角是一只带书写板的轻便椅，静卧在众书橱之中，是男女主人"自得其乐"的阅览角

图例：
- 单相二眼暗插座
- 单相复式暗插座（二眼 三眼）
- 单相三眼暗插座
- 单极
- 双极
- 三极
- 电话出线盒
- 电话出线盒（副机）
- 楼宇访客系统
- 门铃按钮

图 14　主书房南侧

图 15　主书房朝南看

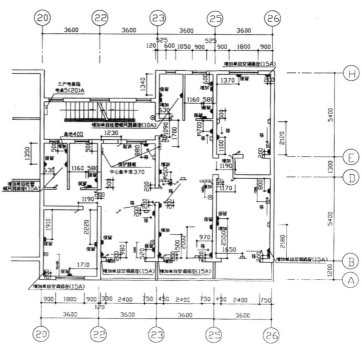

图 16　配线改动图

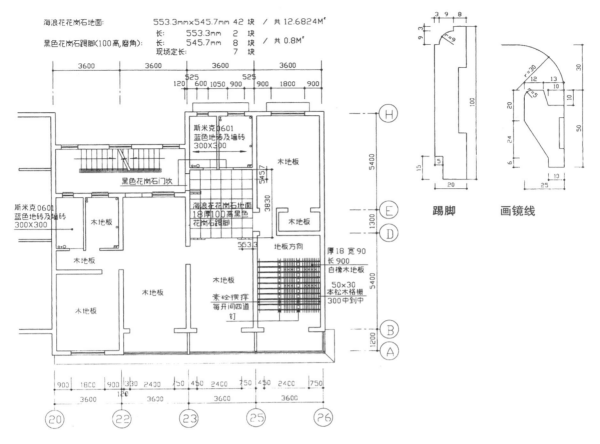

海浪花花岗石地面： 553.3mm×545.7mm 42 块 ／ 共 12.6824M²
                     长： 553.3mm 2 块
黑色花岗石踢脚(100高,磨角)： 长： 545.7mm 8 块 ／ 共 0.8M²
                     现场定长： 7 块

斯米克0601
蓝色地砖及墙砖
300×300

木地板

黑色花岗石门坎

斯米克0601
蓝色地砖及墙砖
300×300

木地板

木地板

木地板

木地板

海浪花花岗石地面
18厚100高黑色
花岗石踢脚

木地板

木地板

地板方向

553.3

厚18 宽90
长 900
白檬木地板

50×30
本松木格栅
300中到中

素砼横撑
每开间四道
钉

踢脚　　　画镜线

图 17　顶棚、墙面、地板

图 18　蓝色玻化瓷砖墙面和地面，衬托着白色橱具，加上蒙古黑的石台面和黑色把手，整洁醒目、格调高雅

图 19　蓝色玻化瓷砖墙面和地面，三件套的白色洁具，加上自己设计的白色盆柜，爵士白的石台面，典雅文静

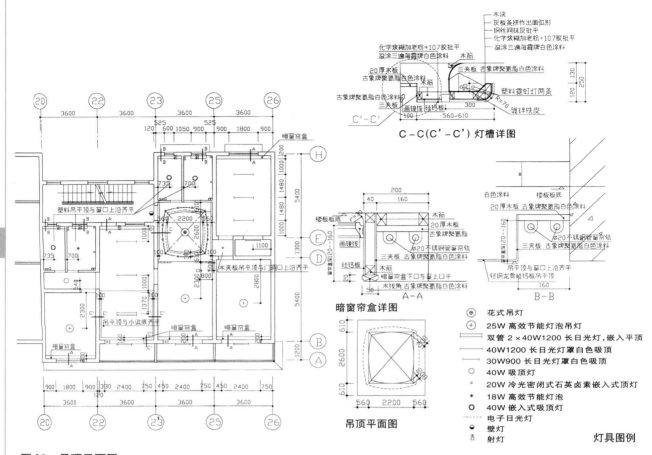

图 20　吊顶平面图

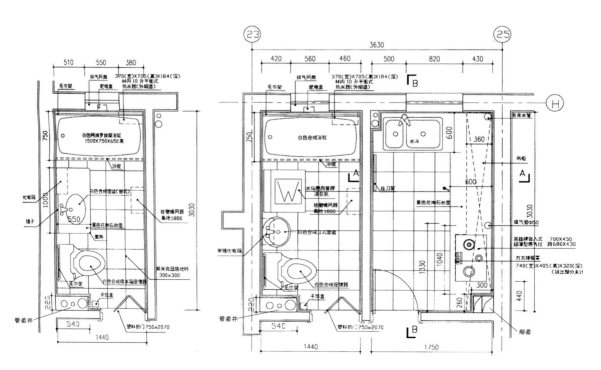

图 21　厨卫平面详图

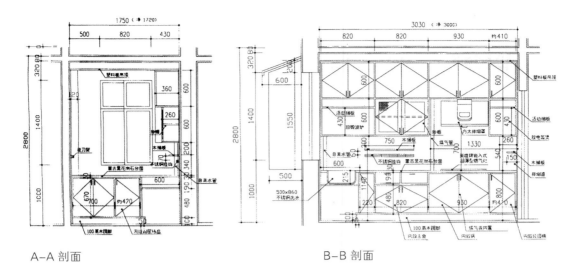

A–A 剖面   B–B 剖面

图 22　厨房剖立面图

图 23　走廊尽端一只纸制球形吊灯，以白
色壁橱作背衬，虽然简单，却很有味道

图 24　1999 年底搬入新宅后戴复东吴庐生夫
妇拍的第一张照片

（原载《室内设计与装修》1998 年增刊 16–23 页）

第一篇　建筑设计

34 北京中华民族园（1992）

戴复东

一、选址

按照北京市总体规划，基地在北中轴路西、四环路南、上城路北，是城市绿化保留用地，民族园定位于此符合城市规划用地要求。基地的东面是亚运中心和奥运中心、亚运村、炎黄艺术博物馆、体育博物馆等重要文体设施；南面是北京最早的古城——元大都城墙遗址公园和海棠花溪公园，并与中国科技馆遥相呼应，是一个有文化基础大环境的基地。因此，对于绿化首都、开发北部环境能起相当作用。

基地是一个相对狭长的曲尺形，东西短（208-250 米），南北长（1155 米），西北角向西伸出 170 米；基地中部从东往西正对亚运中心西大门有一条 40 米宽的道路从中穿越（现在的民族园路），总用地面积 29.52 公顷。这块基地是一块平地，在民族园路以北是一片水稻田，民族园路以南是部分水稻田、名宅、仓库及其他杂用房。

图1 贵宾接待室入口

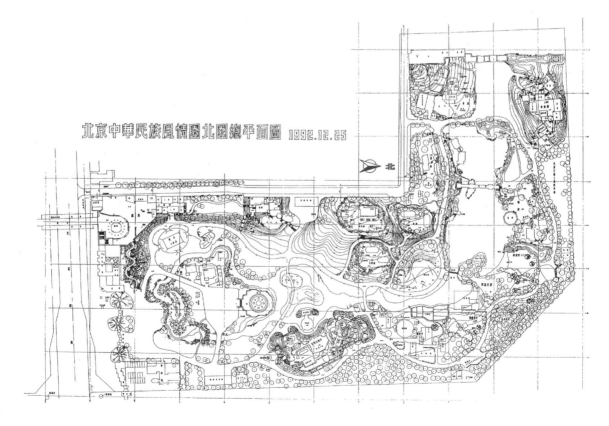

图2 北京中华民族园北园总平面

二、内容

民族园内主要硬件——建筑应以民间建筑为主，要源于生活，给观众以身临其境的真实感，因此不做微缩而要真实大小；要展示在建筑上和环境上是自己特色的民族生活氛围，强调民族生活建筑群体和环境整体而不是单幢房屋。这样，各民族的环境就以小村寨或街市的面貌出现；由于我国经济发展很快，人民生活迅速提高，一些地方、民族、民间的建筑单体、群体和原有环境都会由于人们认识不够，受到不同程度的改变，甚至破坏。因此，在首都建造中华民族园，就不仅是一处游乐场所，而应当是将各民族生活氛围集中，是源于生活的再现，并加以保护保存。这样，它应当是一座展示中华各民族特征的、露天的人文博物馆。

最后，选择了三十多个特征明显、形象突出的民族建筑群和若干个具有较大特色的景观；此外还准备设置一个展示 56 个民族文化、生活和风情的主馆和馆前雕塑广场；再设置为游客和管理服务的各项设施⋯⋯以此为依据来进行规划和设计。

三、规划

民族园就是在这块平坦基地上造山挖水，再在山上水边造村寨和街市，开路植树、营建景观。这块基地相对稍窄，主要沿北轴路和北四环路，西面是一些已建成的企事业单位，东北角将来要建造立交桥，因此是造一个都市中的乡村。这样，民族园的规划除去和一般的游园在功能上应当考虑交通流线、布置适宜景点、满足游客各种需要等要求之外，要突出做到三点，即：藏而微露、村野感受和地窄景宽。于是在基地周边尤以邻近西面与已建成企业事业单位的接壤部分置山，山上建寨，基地中部安排水体，这样能使园内有敞开感，同时游客在基地中部向周边环顾，看到高耸的山体和村寨，而遮蔽掉远近处已建成的建筑物，从而获得都市中乡村的感受。

由于投资和拆迁两方面的问题，决定全园分两期建造，先造北园（第一期工程），在规划上作了调整。

我虽有 40 年设计工作经验，可是对于国内各民族建筑、环境、氛围，掌握还是不够全面，故提出：设计和建造各民族建筑及环境必须要"原汁原味"，不能照猫画虎，迷己惑人。大的规划布局我提出方案，而各民族村寨及街市的具体安排及建筑设计，则要邀请并依靠各地方设计院内懂得该地区民族建筑的专家，以及各民族内有关人士及行家组成设计班子，共同研究修改。于是就邀请了中央美术学院雕塑研究所史超雄教授、中国新闻社郭无忌编导、姊妹彝学研究小组的巴嫫曲布硕士、东北建筑设计院黄元浦总建筑师、云南省设计院王翠兰总建筑师、贵州省设计院李多扶副总建筑师、吉林省延边自治州设计院张世军副院长以及北京市园林局设计院檀馨院长等参加，研讨后分工负责，台湾景区由台湾隔山画馆关兰女士及建筑师陈国禧先生负责；最后由总经理王平牵头，我总执笔，完成一期工程规划。

四、设计与施工

1. **原汁原味**：设计与建筑要"原味"，这除了规划与设计要邀请"内行"之外，施工一定要邀请民族的施工队伍及技工主持。因为很多的民族建筑和环境在具体作法上是靠技工们手把手师徒传教的，因此邀请各民族施工队及技工参加各民族建筑及环境的具体建筑施工工作。

2. **山上造村**：这是设计和建设上的大难题。一般堆土造山要有好几年的雨水冲刷浸淀，才能将土壤逐步压实，在上面造房子才能安全牢靠。但民族园建造的时间很紧迫，我提出：山体也做成建筑物，侧面及顶部堆土，山体建筑物可以用作管理、商业及餐饮。这样一来又等于扩大了建筑用地，而且山上造村寨街市，牢固与安全有了保障。

3. **大门处理**：一期北园有南门及西门两个出入口，用什么方式好呢？这不是一座普通的公园，而是表现我们 56 个民族团结友爱的家园，因此除了满足功能要求之外，应当气度不凡、形象独特。南门是主入口，采用了人工建造大榕树的作法，可以做到门非常门，似云冠盖，宛如天成。同时又可以达到门虽置而张，景虽蔽而敞的效果。西门的位置比较特殊，其一是既贴近四环路又不面对四环路，因此四环路上要清晰地看到身影；其二是门的南面紧贴彝族"山区"，门的北面紧贴布依"山寨"，如何将三者联系起来是个难题，后来王平与郭无忌受到四川西昌画册中土林雄浑气势的启迪，决定采用这一从未被人们应用过的土桥，根据图片白黄元浦作土林大门方案，内部布局作作艺术品陈列室空间，外部造型完全照抄土林外貌，做出模型，调整修正，据此建造。

图3　园名石

　　4. 藏区建设：藏区的建筑与环境氛围是全国各民族中非常有特色的景观之一，由郭无忌先生专程去西藏，和那儿的一位艺术家严力先生共同商定提出：选择大昭寺主入口、八廓街的局部和坛城，并拿出一个原始方案。依据此我作了藏区的规划和建筑方案，后来邀请布达拉宫维修办公室技术组长、西藏自治区建筑勘察设计院建筑师木雅·曲吉建才活佛来北京，对规划与建筑方案取得了认可，由他作施工图，我作校对和技术作法方面的审核。对于某些藏族建筑女儿墙上的红色，我以为是色彩粉刷，建才活佛告诉我，那是西藏的特产班麻草（灌木音译），砍下来后绑成束垒砌，茎的断面朝外，取得一种特殊肌理效果，施工图就按此绘制，并从西藏将班麻草运到北京，由藏族技工按传统做法施工建造。

图4　图腾柱及售票房

图5　大昭寺大门

图6　大昭寺大门廊内南壁画

图7　大昭寺大门入口

戴复东　吴庐生文集

160

图8　大昭寺大门廊内北壁画　　　　　　　　　　图9　坛城东门

图10　坛城南门　　　　　　　　　　　　图11　藏区前办公室

　　5. **布依寨笛**：抗日战争时期我在贵阳市花溪镇生活了七年，对布依族的石板建筑有着强烈的爱好和感情，20世纪80年代初，我又深入布依族聚居地区调研。写过《石头与人——贵州岩石建筑》一书；1987年又为贵州红枫湖风景区作过布依寨规划和建筑设计（后因经济调整未建造），这次布依寨街就自己设计了。我没有选定布依族某一具体村寨原封不动搬来照抄，而是在大量布依族村寨的基础上，源于生活进行再创作。规划与建筑的施工图纸我自己画，但要作详图大样，我感到难度还是很大，于是依靠布依族的木工师博和石工师傅，取得他们的认可，在他们完全领会了我的规划设计意图后，很多具体的节点都是由他们实现的。当这一组建筑群基本建成时，贵州省旅游局建设公司工程队新分来一位硕士生，她是布依族青年，到现场后高兴地呼叫起来"我到了自己的家了！"这给我极大的安慰。

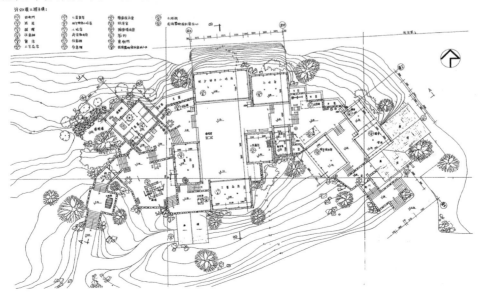

图12　布依寨平面

图 13　布依寨西入口

图 14　售票处正面

6. 花桥鼓楼：我们从很多现存花桥鼓楼实物照片中，选择了中间塔位偏移较大、不对称、较突出的花桥方式；鼓楼则选取了外轮廓线，曲度柔和，顶部宛如加有罩盖方式。由李多扶负责设计、依此而建成。

7. 傣族白塔：白塔是傣族具有强烈民族特色的建筑物。选择了体态丰满，端庄稳重，比例均匀，仪态大方的曼飞龙塔。由王翠兰负责设计，依此建成。

8. 海草石屋：由于我在山东荣成取得了初步经验，因此作为民族瑰宝，我将它应用到贵宾接待室及售票房。

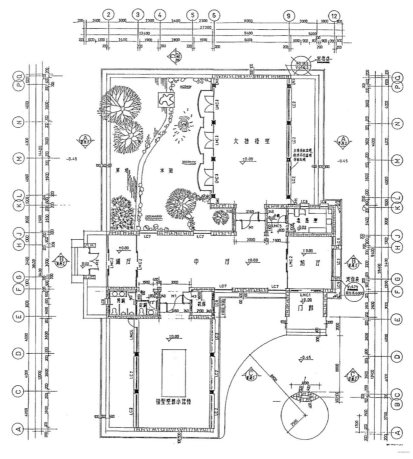

图 15　贵宾接待室平面图

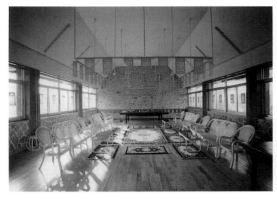

图16　模型室兼小接待室

图17　大接待室

图18　布依寨茶店内景

图19　布依寨东入口

9. **图腾双柱**：在民族园路通往北中轴路处我提出要安置一对民族园的标志物，要王平总经理拿出好的作品来，她决定采用她的一组陶制叠加面具作面以放大。由于南园尚未开始动迁，因此只有北面造了根图腾柱，直径3米，高20米，由中央美术学院雕塑家史超雄教授主持，用铸铁出面具外壳，再逐个叠加，内部固定，形成柱身。面具的放大工作由包炮先生率领中央美术学院的学生，根据王平的作品做出模子，由太原钢铁公司浇注而成。

10. **环境氛围**：民族园不是一般的公园，它的大面积、环境应当是表现各民族生活环境氛围的重要手段。在南入口藏族景区前布置朝圣路，拾级而上，巨石团团，层层重叠，图案绚美；藏区北部布置了转经筒路的林卡（花园）；而羌、哈尼、景颇、佤、苗、彝、布依等村寨附近，垒砌了梯田，不同季节种植麦子、玉米、向日葵、荞麦；侗族、傣族村寨附近置稻田，种植水稻；各村寨房前屋后种瓜点豆，栽菜植椒，培茶育果，牲畜满栏、鹅鸭满塘，创造出一派田园风味，给人以身临其境、原汁原味的环境氛围感。其他的村寨、景观由有关的专家和地方的民族技工共同努力合作完成。

第二篇 建筑理论

1 电子计算机房设计

吴庐生

一 电子计算机的发展、工艺流程及机室设计

今天电子计算机的功能已有了高度发展，并在各个领域中得到广泛应用。它可以模拟人的感觉和思维，把人们从大量的、繁重的、单调重复的劳动中解放出来，而且可以逾越人体机能的限制，在检测、计算、判断、控制等方面，完成人们难于承担的任务，为我们提供崭新的生产手段、有效的科学试验方法和组织管理方法。所以电子计算机已成为当代科学技术必不可少的计算与控制工具，它的出现是人类在发明内燃机以来最重大的事件。因此，它是实现四个现代化的重要物质技术基础，并成为衡量一个国家现代化的显著标志。

1. 电子计算机的应用及发展情况

电子计算机的应用一般可分为如下几方面。

（1）科学计算方面的应用

电子计算机在科技研究部门可以作为快速的、精确的设计和计算的工具，可以进行大量的数值计算和广泛的非数值计算的信息处理，能解决许多尖端科技问题，促进了现代科学技术的巨大发展。

（2）数据处理方面的应用

在企业管理、情报资料等部门，由于电子计算机能对大量复杂的数据信息资料，进行贮存记忆，又能随时取用查阅，进行统计分析，因此可利用电子计算机网络，查阅自己所需的技术情报、问讯电话或支付存款等。

（3）数控自动化方面的应用

在工厂生产部门自动控制方面，可利用工业控制机及数控机，对生产过程进行监视和控制，起电眼作用，减轻劳动强度，提高劳动生产率，是实现工业现代化的有力工具。

（4）家庭应用方面

由于微型电子计算机的大量生产，家用电子计算机已成为现实，它的出现代替了大量、繁杂的家务劳动，协助一个家庭处理每日的生活，使人们将精力更多地用在工作、学习、文化生活等方面。

（5）促进各行各业实现技术改造

国民经济各个部门广泛应用电子计算机，引起了各行各业巨大的变革。充分体现了科技的发展对经济发展的促进。

二十几年来，电子数字计算机经历了从第一代电子管到第四代大规模集成电路的发展过程，而从1946年产生第一台电子计算机至今只有三十多年的历史。电算速度越快、功能范围越广、内存容量越大、自动化程度越高、稳定性越可靠，体积则向微型和巨型两个方面发展，迄今已有3000多种类型。电子计算机主机的体积越来越小这是普遍的发展趋向，美国《幸福》杂志于1975年11月号上登载："世界上第一个微型电子计算机问世了，它是绰绰有余地装在一个硅晶体上，但运算能力不比装在一个大房间里的在1946年美国研制成功的埃尼阿克（ENIAC）差"。除了制造微型机外，人们还在努力制造超高速、大容量贮存的巨型机，用于尖端科学技术方面，便于进行庞杂的计算、遥控、回收数据处

理等。人类登月是一个很复杂的科学技术工作，登月飞船是由电子计算机指挥全过程，阿波罗号电子计算机房里有一万三千多台电子计算机同时工作，在阿波罗号本身上的集成电路小到可以穿过针孔，每一台计算机都联系到每一个零件，在这千千万万的零件中只要有一个小毛病，总指示钟就停止不动，要求极高，因此一般都使用两台或多台巨型机遥控，当一台发生故障时，另一台马上能代替它。除微型和巨型机以外，目前尚有大型机、中型机、小型机、超小型机等，除随身携带和桌上台式计算机以外，均须设置机房。目前电子计算机新技术的发展趋向是以下方向。

（1）从单通道到多通道

通道就是计算机中专门控制传输数据和信息的联系渠道工具，能管理和指挥输入输出设备工作。初期的计算机一般只有简单的输入输出设备，而且由于外围设备速度较慢，主机大量的时间处于等待。现有的计算机附有通道接口，可接几十个外围设备。每台外围设备与中央处理机构成一个通道，全部外围设备形成多通道由操作系统统一管理。由于实行分时操作，宏观上看，所有外围设备都可以同时工作，这大大提高了计算机的效率。由于外围设备的增多，而且随着计算机应用领域的不断扩大，一些专用外围设备陆续出现，为此，电子计算机房面积增大，见图1。

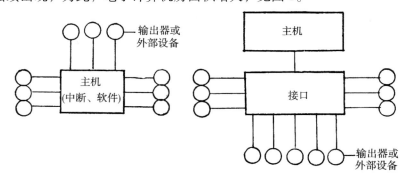

图1　多通道形式

（2）从一道程序到多道程序

可以在计算机内同时输入几道独立的程序，各自在部件之间穿插进行，最后输出各自的结果，可以几个人同时上机运算几个题目，若干个使用者可以同时分享贮存的资源。在60年代初出现的这种自动控制分享时间的操作系统，对计算机的使用是一个很大的突破，这大大提高了计算机的使用效果。多道运行的分时操作系统，同时管理若干终端设备，终端设备的出现使机房面积随之增大。

（3）从单机到联机（亦称计算机网络）

利用通信线路把分布在不同地点的计算机连接起来，建立联机系统，使用者可以突破地理条件的限制，使用任何一台计算机，可在任何一台存储器中查到所要的数据，并在所在终端显示出来，使网络中所有计算机的特长都能发挥出来，这是电子计算机技术的另一个大突破。这种网络在建筑上的反映是除中心电子计算机房外，在各部门尚须设置终端或部门计算机房，更可以建立各系统、各地区、全国性、世界性的联络网，见图2。

2. 电子计算机房设计的重要性

有人认为电子计算机内的电子元件应该做到适应性强、密封性好，这样对机房的要求就可以降低了，机房的设计就可以越来越简单，甚至用不着设计了。当然，在广泛使用计算机的基础上逐步提高计算机的质量，这个方向是值得肯定的，例如阿波罗号登月舱或指令舱内集成电路要求做到能防射线、防腐蚀、适应剧烈温度变化等。但随着硬件（构成计算机的部件和设备）质量的不断提高，计算机的环境处理质量更应注意，近代计算机速度越快、质量越高，计算机也就越敏感，更加容易受到外部环境条件的干扰，如电干扰、电波、温度变化、湿度变化、振动影响以及尘埃气体的影响等。另一方面电子计算机的应用，从简单的统计计算扩大到复杂的大规模的联机系统（如图书馆、情报资料）和过程控制等信息系统，范围大、领域多、类型杂，计算机的可靠性很大程度依赖于机房设计和环境处理，其中包括空调、设备、管道管线等都必须认真处理。例如，1976 年英国"诺加斯豪斯"（Norgas House）电子计算机房在能量保存方面取得了一些经验。它的双层墙身的外层，由可反射光和热的镜面玻璃制成，内层分透明的及不透明的两种材料，透明的是窗洞，不透明的是墙身，到了夜间点上了灯，窗与墙的划分就会显露出来，窗洞多少可以根据需要选择。双层墙中有 10 英寸（1 英寸 = 0. 0254 米）空腔，在夏季用风扇通过空腔间隙将热气排出，双层墙亦有声音绝缘作用，屏噪声于室外。该机房尚考虑留有扩充余地等。这些都说明了机房设计的重要性。至于在

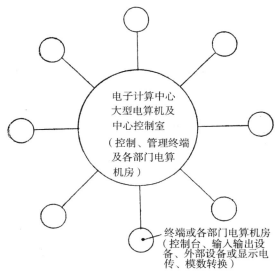

图 2　计算机网络

露天或船上精确度要求不高的情况下操作计算机，就不需要机房了。过去有些制造厂出售的电子计算机，在商标上宣传说能经受较高的温湿度，但事实上往往由于室内温湿度较高而失灵，这表示计算机的某些零件性能还不够稳定。因此，在今后较长的一段时间内，还需要用机房环境处理来保证计算机的可靠运转。

某工程指挥部高炉车间自动控制上料作业，机房设在高炉顶上 20 多米处，室内温度高、灰尘大、地动墙摇，机柜内的接插件常因受强烈震动而松落。在抗震、防尘、降温等方面均存在问题。由于条件很差，经常造成计算机出故障。

某厂的数控站引进了一台机床数控机，但因车间内部温度太高，电子元件发生故障，每到夏天数控机也就失灵不能工作。

某天文台原来建于山顶上的一幢电子计算机房，由于不符合防火要求，某次当观察人员发现一个新的星座时，正好电子计算机房发生了火警，大家忙于救火，失去了及时报道的时机，以致这项发现为外国先行发表。后在新建电子计算机房磁盘间时，为了防尘而用玻璃隔断与主机房隔开，且采取了抗震措施，系用有独立基础的 H 形柱，从地基直通到二层楼面，在柱顶上支承两台磁盘机。防火方面采用了玻璃钢空调管道，外包玻璃纤维做法，虽然造价较高，但这些都足以说明已注意到防尘、防震及防火问题。

以上各例足以说明机房设计的重要性，在使用计算机时会发现机房环境对计算机的影响，轻则影响使用、精确度，重则停机不能使用。当然一方面要提高计算机的质量，但另一方面也要有良好的机房环境处理质量，以保证精确、稳定地运算，少出故障、停机而造成工作上的损失。

电子计算机技术是我国新兴的、带头学科之一，电子计算机和控制机的制造正在迅速发展中，首先必须生产大量的计算机投入使用，很可能一时尚未觉察到机房设计的重要性，但在使用计算机的过程中，会逐步发现机房设计影响了计算机的使用。当然我们要不断提高计算机的质量，迅速赶上世界先进水平，但同样重要的也要用机房环境处理质量来保证计算机和控制机能精确稳定地进行工作。其中大型电子计算机对机房设计要求更高，应充分重视设计质量。

3. 中小型电子计算机房的简单工艺流程

（1）数字电子计算机系统

数字电子计算机好像一个自动化的数字加工厂，用数字做原料，经过加工、运算，得出数字或其

他形式的成品。一个可供使用的计算机系统通常由称为"硬件"与"软件"的两大部分组成。硬件，系指由电子线路、元器件和机械部件等构成的具体装置，一般包括运算器、控制器、内存储器、外存贮器、输入输出设备五大部分。前三部分合在一起称为计算机的主机或中央处理单元，放在主机房内，后两部分则被称为外部设备，放在控制室内。主机房和控制室合称计算机室，是计算机房建筑的核心部分。软件，泛指为了使用计算机所必需的各种各样的程序。如图3所示。

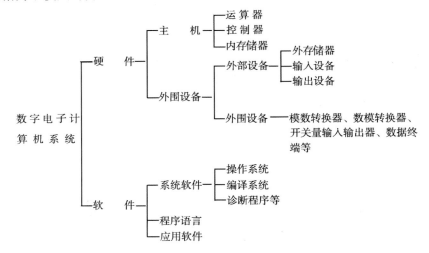

图3　计算机系统构成

（2）进行电算的工艺流程（图4）

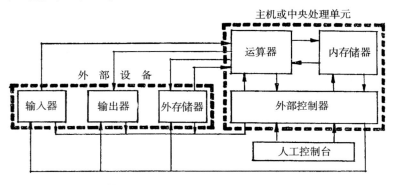

图4　计算机室工艺简图

电算工作要在计算机房内进行，工作人员在进入控制室之前，一般经过如下几道步骤：

①电算人员接收算题任务，建立数学模型，确定计算方法。

②电算人员用计算机的语言——算法语言，编写成一个文字的加工程序（又称源程序）。

③电算人员将源程序按计算机规定的编码，用穿孔机在纸带（或卡片）上穿孔，并进行校对。

④电算人员更衣换鞋后，携带穿好孔的纸带，在候机室静候上机计算。

以上工作分别在软设备（软件）办公室编好计算程序，在穿孔校验室里进行穿孔校对及修补工作，更衣换鞋后在候机室里静候上机，上机后遇到输出结果不正确，再修改穿孔，重新候机。这些都是上机计算前的工作步序，均在计算机室以外的房间进行的。由此可知软设备办公室需要安静，便于使用者思考问题。穿孔间噪声很大，需做吸声措施，并防止声音外泄；但与计算机室又要联系方便。候机室供候机人员休息，应与计算机室接近，需提供一定的休息条件，上机工作很紧张，一般定时定人排队上机，故常有因超时而引起前后上机者产生矛盾。计算机室的前室与候机室可结合，称缓冲休息室。附近尚需设值班室。

⑤电算人员在计算机室内进行电算工作。进入主机房后，首先将穿孔纸带盘装在光电输入机上，

在控制台上进行操作，由输出部分得出结果。

（3）电子计算机的组成部分

一般说来中小型电子计算机房的电子计算机由五个组成部分：

①输入器：一般是光电输入器，由于电子计算机是用二进制数来进行运算的，常用电的特征来表示数目，即利用光电管照在穿孔纸带上，用二进制的 0 表示不透光，1 表示透光，将信息转换成电脉冲输入机器的存储器中，每秒钟可产生几百万个、上千万个甚至上亿个电脉冲。输入器的种类除纸带输入器外，尚有电传打字机、卡片机、光电阅读机、光笔显示器等。

②存贮器：是存储原始数据、中间结果、最终结果和计算程序的仓库，有内外存储器之分。

a. 内存储器：是靠磁芯通电后的剩磁状态表示 0 及 1，磁芯体的单元是由许多个能表示二进制的元件串联而成，将磁芯体的单元人为地依次编号，称为单元地址。

b. 外存储器：外存虽也保存数据和程序，但一般须先调入内存，才能执行和参与运算。外存储器有磁鼓、浮动磁鼓、磁带、磁盘、磁泡各种形式，由外部主机柜来控制，磁鼓也是由许多单元组成，所有单元总数为计算机的外存容量，编号时须分别编出磁鼓台号和单元的地址。

③控制器：是计算机的控制部分，指挥计算机协调工作，使之按照程序要求，机器各部分进行连续动作。在人工控制台上面有很多开关、板链、按钮等。控制器按照程序的要求启动工作、停止运算、临时输入和输出数据以及改变单元内容或运算步骤等，指挥着全部工作。

④运算器（又称中央处理器）：是进行加减乘除四则运算和逻辑判断等运算的，由一些寄存器（触发器）和逻辑门电路组成，运算器在控制器的指挥下，对内存储器里的数据进行加工、运算。

⑤输出器：送出结果最常用的是打印机。有宽行打印机多于 80 行（160 行的打印机带有吸音罩），窄行打印机少于 80 行，激光打印输出设备（300 行/秒）。将计算机运算结果打印在输出纸上，输出结果有文字、绘图（各种绘图仪、切割仪、人机联做彩色绘图）、显示（荧光屏）、穿孔输出等，此外还可利用荧光屏指导某些设计工作，中途可修改，可重新输入再输出。

4. 计算机室设计

（1）计算机室设计要求

主要是计算机设备提出的要求

①主机柜：内存储器、运算器和外部控制器是主机柜部分。它们使用的是中频电源（400 周、1000 周……），不是一般的 50 周工频（国外计算机电源一般为 60 周）。电源从变电所专路引来（架空或埋地），送至中频发电机房变频后，再引至主机房内主机柜部分。中频发电机组有振动及噪声，计算机室与中频发电机房之间既要接近，又应考虑隔振和隔声。这些都应该在设计中加以重视。中频电源噪声对人的干扰也大，尤其是在夜间，嗡嗡声犹如催眠曲，使操作人员昏昏欲睡。

主机柜易受温湿度、灰尘的影响，须经常维修，调试维修人员经常与主机柜接触。该部分发热量较大，内存的电源柜驱动部件发热量最大，需要局部降温。所谓计算机室送风主要是对准该部分，故称机柜送风，必须注意不要将送风支管接在总送风道末梢，以致风量、风压不能保证，达不到机柜送风的目的，同时要注意和机柜工艺配合，以免送风口的设置妨碍插件板拆装。目前，利用活动地板下空间作为送风静压箱，在活动地板上开洞孔，将冷风直接送入机柜的方式较普遍，效果也较好。

最近发展了水冷却计算机装置，即将水冷却系统作为计算机部件安装在主机柜上。当室内湿度太大时（黄梅天湿度超过 80%），机柜后面尚须辅以去湿机。

空调主要应针对主机柜部分送风，如采用侧送侧回送风方式时，要避免送风直接射向输入器、控制台、输出器部分，防止先吹向运算的人，使人感到很冷，回风时再吹向主机柜，达不到机柜降温要求。

②外存储器：外存磁鼓最怕温度变化和振动，四周脚步震动对其有一定影响，也忌灰尘，因温度变化常引起磁头划破中间转动的鼓面。原提出磁鼓怕热，实践结果是磁鼓怕冷，骤冷时磁头与鼓面之间距离减少，其距离应保持在 2 丝（1 丝＝0.01 毫米）左右，输出靠二者感应，大于或小于 2 丝均影响信号的正确性。浮动磁鼓由于鼓面尚须上下浮动，对防振、防温度变化、防尘要求更高。外存磁带机，因装有电动机，发热量大，有送风要求，磁带表面也怕灰尘。磁盘机对防振、防尘、防温度变化要求更高。因此外存贮器部分常做防振基础，并做玻璃防尘罩，罩内送风须经二级过滤。

③输入输出器：输入器也有防尘问题。输出器当采用打印机时，噪声较大，室内须做吸声处理或装局部吸音罩。当采用荧光屏显示器时，须加遮光罩，以增加屏幕上图像明暗对比。

④控制台：控制台面有各种开关、板链、按钮，应注意天然采光和人工照明在台面上不要形成反光和眩光，影响上机人员操作。

此外，计算机室应注意窗洞朝向、面积大小和保温隔热问题。计算机室如设在最高层，除墙身须保温隔热外，屋顶也须有较好的保温隔热措施。机室内应尽量利用空间设置橱、壁柜。机室附近应设库房，以存放打印纸、穿孔纸带、绘图纸、纸带盘、废纸等。外存使用磁带磁盘时，须设磁带磁盘库。

很明显，如果事先能将计算机各组成部分的性能、工艺流线和它对机室的要求正确地反映在机室设计中，必将能满足使用要求，这就是我们研究工艺的目的。仅仅依靠机房工作人员和计算机制造厂提出的要求往往是不够的，例如某些计算机制造厂对机室建筑要求很低，因为计算机仅在厂内调试，合格后即可出厂，由于在厂内运转时间很短，计算机有很多性能未能充分显示出来，以致到使用单位长期运转后，机室设计不能满足使用要求的问题就暴露无遗，计算机经常停机待修，造成更多的损失。目前，我国有些计算机制造厂给购买计算机的单位提供了"某某型机房布局参考方案"，国外计算机制造厂往往给使用单位提供了一个机房基建"手册"，对建筑、设备等均提出详细要求，这些都可作为电子计算机房设计的依据和参考。

（2）计算机室净高

一般为 3 米左右（2.6～3.6 米），新建的大都采用 3 米或 3 米以下。除去特殊设备之外，室内净高不是根据计算机的高度而确定的，应该主要是为了空调，保持良好的气流分布，保证操作人员的工作舒适并节约造价而决定的，一般都不应低于 2.6 米。

（3）计算机室平面大小和布置

①计算机室平面大小

主要是根据计算机的类型和外部设备的配置及数量来决定，可参考各电子计算机厂对使用单位提供的《各种机型机房布局参考方案和工艺布局要求》，再根据地形、环境、朝向等确定。列举一些目前国内常用机型机室的面积：TQ-6 机，从机房平面布置示例中得出机室面积约为 14.4 米×24 米＝346 平方米（一般最大机室面积小于 370 平方米）；DJS-200/20 机，从机房布局参考方案中得出机室面积约为 14 米×11 米＝154 平方米；CJ-719 机及 TQ-16 机，机室面积约 90～100 平方米；控制机室面积约为 60～70 平方米。一般说来，计算机及其附属设备的机件底面积为机室总面积的 20%～25%，还应留出总面积的 25% 为将来扩充面积，即活动面积/机件面积＝4/1～5/1，另加 1/4 扩充。一些引进的电子计算机都附有基地装置和准备手册，它在细节上详细地叙述了条件、面积、动力要求等。

计算机室内部最好无柱，大中型计算机室如必须设柱时，柱网尺寸建议开间采用 6 米，进深 6～10 米，柱网间距大，隔墙灵活，能适应工艺改变。总之，在大空间的外壳内，根据需要能灵活隔用，是较理想的，这就是"灵活室内设计"的方式。

②计算机室平面布置

机室内机组布置应当使整个机组操作符合信息处理过程，并发挥最大效率，上机人员使用操作方便，维修技术人员检修便利，管线短捷。计算机组布置由建设单位负责电子计算机管理操作的技术人员提出工艺布置，有时也可以由电子计算机厂协助布置。但建筑设计人员应当直接参加共同研究，将工艺要求与建筑设计紧密结合起来。

一般机组布置是成行成列，分组分块。除计算机组外，机室内应当设置橱和壁柜。中小型计算机室平面布置示例（CJ-709 机及 DJS-200/20 机）见图 5 及图 6，大型计算机室平面布置示例（TQ-6 机）见图 7。

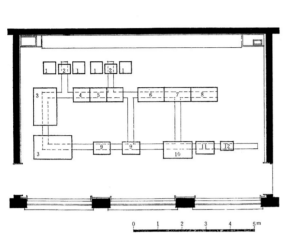

图 5　中小型机室（CJ-709 机）平面布置示例

1. 磁鼓；2. 磁鼓控制器；3. XY 记录仪；4. 磁带控制柜；5. 磁带机；6. 外部控制器；7. 运算器（中央处理器）8. 内存储器；9. 打印机；10. 控制台；11. 电传打印机；12. 光电输入机

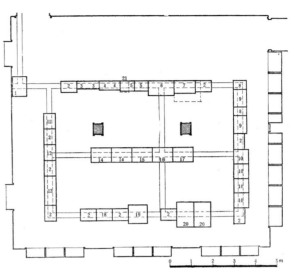

图 6　中小型机室（DJS-200/20 机）平面布置示例

1. 总电源柜；2. 二号柜控制器；3. 快速穿孔；4. 光电输入器；5. 控打；6. 控制台；7. 显示；8. 电气；9. 宽行打印机；10. 磁带机；11. 剖面；12. 数字磁带；13. 模数转换；14. 电源（主机）；15. 只读；16. 内存储器；17. 中央处理器（运算器）；18. 陈列；19. XY 记录仪；20. 磁鼓；21. 控制器

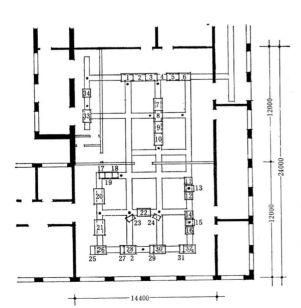

图 7　大型机室（TQ-6 机）平面布置示例

1. 磁盘控制器；2、3、5、6. 内存储器；4. 联调箱；7. 主控制器；8. 运算器；9. 交换器；10. 交换存储器；11、12、14、15. 磁带；13、16. 带控；17、18. 光电；19. 光控；20、21. XY 仪；22. 操作台兼开关通道；23、24. 控打；26、28、30、32. 宽打；25、27、29、31. 宽打电源；33. 磁盘存储器；34. 磁盘存储器电源

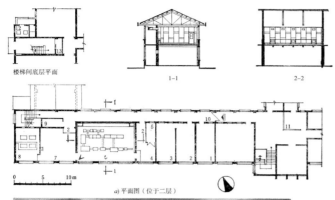

但应注意的是电子计算机机件本身不断发展，同时外围设备也不断增加、更新，因此这种布置的位置是相对固定的，要考虑改变的可能性，在设计和构造措施上应当为布置灵活性创造条件。

图 8 为 CJ-709 型电子计算机房实例（改建），图 9 为 DJS-200/20 型电子计算机房实例（改建）。

楼梯间底层平面　　　　1—1　　　　2—2

a) 平面图（位于二层）　　　0　　10 m

图 8　计算机房（709 型机）平、剖面及内景

（上海同济大学计算机房改建工程）

1. 软设备；2. 会议接待室；3. 办公室资料；4. 缓冲休息；

5. 值班室；6. 电子计算机室；7. 调试室；8. 空调机房；

9. 内部穿孔；10. 换鞋处；11. 外部穿孔；12. 水泵房；

13. 中频发电机房

小楼底层平面　　小楼二层平面

二层平面　　　0　　5　　10 m

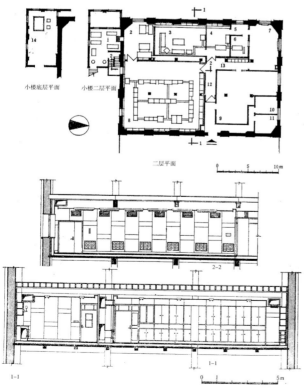

图 9　计算机房（DJS-200/20 型）平、剖面

（某海洋地质调查队电子计算机房改建工程）

1. 冷冻机及中频发电机房；2. 空调机房；

3. PRE/SEIS 机房；4. 脱机剖面仪；5. 过道；

6. 干暗室；7. 湿暗室，清洗、烘干；

8. DJS-200/20 机室；9. 模拟机房；10. 男厕；

11. 女厕；12. 换鞋处；13. 缓冲休息室；14. 水

泵房

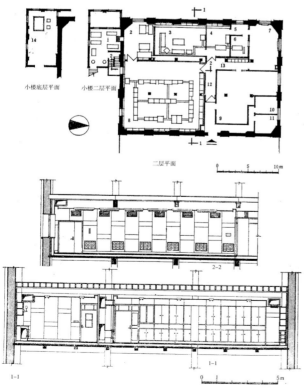

1—1　　　0　1　　5 m

戴复东　吴庐生　文集

（4）计算机室的楼面荷载

计算机室地板所需强度，应视机组系统及其设备的重量和布置情况，与运行管理人员共同讨论决定。办公室的地板活荷载按建筑标准为 300 千克/平方米，在大多数情况下完全可以承载计算机的重量，对特别重的设备可以布置在梁上或柱支承附近，对特别重的计算机设备，还应考虑提高楼面荷载，如 500～1000 千克/平方米。活动地板由地板和支架两部分组成，其地板分块有 600×600、600×225、600×450 等尺寸，分基本单元、出线口单元和加荷单元三种类型，以适应不同需要。地面均布荷载为 400 千克/平方米或集中荷载 700 千克/平方米，当地板局部范围内超载时，应在该范围内使用加荷单元，相应的基层地坪或楼板也应采取加强措施。除计算机室外，文具贮藏、设备用房荷载都很重，应考虑较大的楼面荷载。

二 电子计算机房设计发展的两大趋向——"人机分离"与"灵活室内设计"

1. "人机分离"的计算机室设计

依据电子计算机房工艺的要求，看来计算机室应当走"人机分离"的设计道路，即参加运算的人（控制台、输入、输出及其他外围设备所在部门）和主机（中央处理单元）可用玻璃隔断（或部分透明隔断，部分不透明隔断）隔开，而参观者则在参观廊内活动，不干扰运算者工作和主机运行。采取这种设计方案的理由是：

（1）主机柜部分是维修人员活动的场所，输入、人工控制台、输出则是运算人员活动场所，趋势是同时参加运算的人越来越多，教学单位计算机房人机更须分开。

（2）两部分对空调要求不同，主机柜对恒温恒湿要求高，人工控制台部分则可利用余冷余热。

（3）对防尘的要求不同，主机柜和外存对防尘要求高，送风要求过滤。

（4）对照明的要求不同，人工控制台部分对照明要求高，照度要均匀。主机柜部分要求在维修时能有局部照明。

（5）对防振要求不同，外存部分防振要求高，与主机柜部分可用玻璃隔断分开，除满足防尘要求较主机柜高外，更便于做单独防振措施。

人机分开后，主机柜部分由于发热量大，着火后人不易察觉，可设自动报警装置，如蜂鸣器等，并能自动切断火源，以代替人的嗅感察觉。此外还须加强管理。人机分开后，主机柜与人工控制台距离不宜过远，仍应尽量符合布线要求。

上述人机分离的设计方案，在旧房改建中往往难以实现，有些要求亦因受种种条件限制较难满足。所以，搞好改建机房的设计任务也就更艰巨些。以下为几个"人机分离"机房设计的实例。图 10 为南京紫金山天文台实验室机房，该设计将参加运算的人和主机柜、磁盘间用玻璃隔断分开，但未设参观廊。图 11 为南海地质调查指挥部电子计算机房，在机房三面设有参观廊，使参观者不干扰机房内部活动，但参加运算的人和主机柜仍在同一空间内（此参观廊尚起保温隔热作用）。以上二例仅是"人机分离"设计方案的开始，说明通过一个阶段实践以后设计方案的倾向，它们都还可以更进一步趋于完善。图 12 为气象局海洋气象台气象科学研究所电子计算机房设计方案"机型 184 及机型 260"，除将控制室、主机房和磁盘磁鼓室用玻璃隔断分开外，尚设有参观廊，比较理想。

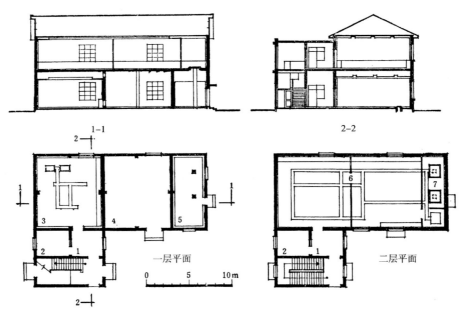

图 10　南京紫金山天文台实验室电子计算机房

1. 换鞋；2. 值班；3. 小机房；4. 空调机房；5. 底片库；6. 大机房；7. 磁盘

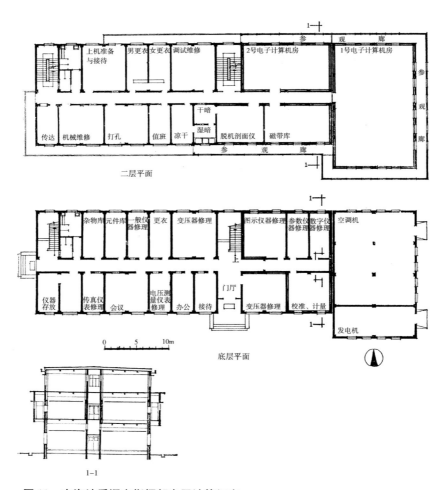

图 11　南海地质调查指挥部电子计算机房

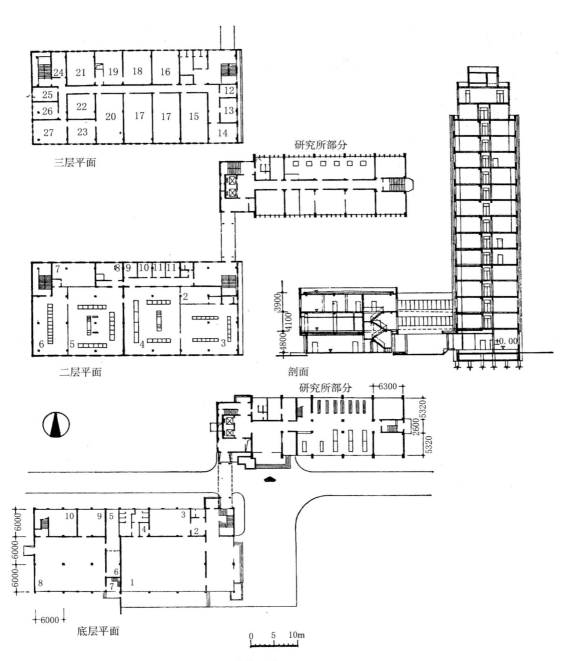

图 12　气象局海洋气象台气象科学研究所计算机房

底层平面：1. 学术报告厅；2. 衣帽间；3. 外宾接待室；4. 茶水室；5. 蓄电室；6. 夹层放映室；7. 休息室；8. 空调机房；9. 配电；10. 中频

二、三层平面：1. 贮藏室；2.260 机磁盘磁鼓室；3.260 主机房；4.260 控制室；5.184 控制室；6.184 主机房；7.184 机磁盘室；8. 机修室；9. 数值上机员室；10. 上机员室；11. 更衣室；12. 计算机管理接待室；13. 计算机办公室；14. 通信办公室；15. 通信业务室；16. 计算机穿孔室；17. 计算机机修室；18. 元件库；19. 计算机测试室；20. 程序控制室；21. 磁带室；22. 计算机仓库；23. 纸带卡片室；24. 技术资料室；25. 通信消耗品室；26. 通信器材库；27. 计算机业务室

图 13 为日本东京大学电子计算机房新馆二层计算机室，即采用"人机分离"方式，将控制室用玻璃隔断与主机房分开，但缺少参观廊。

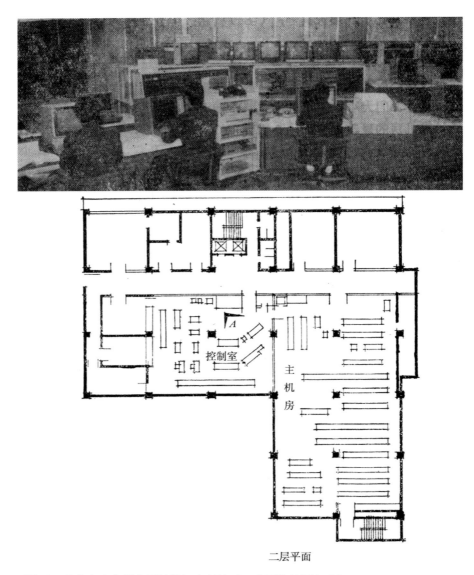

图 13　日本东京大学电子计算机房新馆（A 为照片拍摄角度）

2. 灵活室内设计

电子计算机的型号总是在不断发展更新，计算效率也在不断提高，目前我国已研制成功 200 万次/秒、500 万次/秒的电子计算机，而 1000 万次/秒、2000 万次/秒、5000 万次/秒的研制正在计划中。世界上最高的是运算一亿五千万次每秒，每秒运算十亿次甚至一百亿次的巨型电子计算机已在研制中。此外，为各种专业需要配置的外部设备，也有多有少、大小不一。例如上海某造船厂大型数控绘图机板面达 1.8 米×5.5 米。某些计算机加上阵列处理以后，效率更可提高若干倍，并可带动若干外部专用设备。由此可见机房面积大小、布局方式、地沟管线配置等，应有一定灵活性，以适应发展变动扩展的需要；如按机型分类做机房定型设计也是行不通的。且电子计算机房在保温、隔热、防尘、防振、消声、屏蔽等方面都有一定要求，构造施工与一般建筑也不同，如做固定尺度的室内空间或装修，非但耗费大量建筑材料、施工难度大，且日后改动也困难。因此为了避免改动困难和经常要求重建机房之虞，必须走"灵活室内设计"的道路，即采用标准的活动地板、顶棚、墙面、隔断单元等，按模数预制加工，成批生产，在建筑物外壳内按需要的尺度和形状，迅速拼装，以适应广泛使用计算机大量快速建造机房的需要，又能适合扩展变动的需要。更可避免由于手工业方式的机房设计和施工，进度慢赶不上计算机的交货日期，并防止计算机由于无合适的贮藏场所以致变质报废的问题产生。关于灵活室内设计的构造细部见本文最后一部分内容。

三　电子计算机房设计

1. 电子计算机房的选点

由于电子元件对温湿度、防潮、防尘、防振、防电磁干扰、防腐蚀等都有特定要求，所以在新建机房选点时必须注意以下几点。

（1）地点与位置的选择：应考虑便于与业务上有关的部门联系。

（2）供电和上下水情况：电源、电频、电压、停电、供水、排水、水压等。

（3）四周环境条件有无以下干扰：①振动；②尘埃，特别是水泥粉灰、金属粉等硬质微尘；③腐蚀性气体及潮湿空气；④高频电场；⑤磁场；⑥电干扰；⑦电压、频率变化、波形失真等；⑧雷击；⑨地坪标高、浸水；⑩邻近易爆物、引燃物；⑪噪声干扰。

（4）扩建的可能性：如果是旧建筑改建，应对原建筑的结构荷载、建筑层高和顶棚高度、防火等级、计算机设备入口（电梯尺寸、门大小）、水电供应、空调方式的可能性等进行调查校核。

2. 电子计算机房的建筑内容和组合方式

（1）电子计算机房的建筑内容

一个大的计算中心包括三部分房间。

　　①计算机室和协助它的辅助用房：除电子计算机室、磁盘磁鼓间外，为电子计算机室服务的辅助用房包括更衣换鞋室、缓冲室、休息候机室、值班室（硬件、软件、预处理机）、穿孔及穿孔维修、数据室（磁盘、磁带、纸带库等）、仪器间及其检修间、元件库、消耗品库（卡片、纸张贮藏）、废纸间、计算机各组成部分维护室、调试维修室、程序编制、观察廊、终端、脱机室、复印室、调制解调器室等。

　　②研究室、行政办公室：包括软件研究室、硬件研究室、图书资料室、办公室、会议室、接待室、调度室、干湿暗室、机修间、进口、男女厕所等。

　　③设备用房：包括空调机房、冷冻机房、中频发电机房、发电机室、水泵房、变压器间、配电间、蓄电池室、空调电源值班室等。

这三部分房间，其中计算机室面积应不小于总面积的 1/5。必须注意将来扩充时，这三部分的面积应该是成比例的增长。电子计算机房面积见本节所附国外资料：《国外电子计算机房完整装置的用房要求表》可供设计参考。

对协助计算机室工作的辅助用房的要求分述如下：

　　①磁带、磁盘贮存间：磁带、磁盘和其他磁性用具，应避免受直射阳光及磁场的影响；避免开窗；不应有强大电流的缆线、电梯、机器、开关装置、变压器、交流电动机、避雷装置等通过或接近这一区域。温湿度要求与计算机室相同，内部须安置一定数量的贮存架，门的尺度应便于手推车进出。

　　②数据准备室：为输入作准备，放置穿孔机及卡片阅读器等，须做吸声处理，并防止声音外泄。

　　③卡片、纸张、纸带贮藏：文具纸张贮存在搁物架上，允许手推车方便地进出。贮藏室的空调与计算机室同，或纸张在使用前在这里适应气候条件至少 24 小时，以避免翘曲。要考虑防火问题及地面承受荷载问题。由于纸张有时供应不上，国外建议要能装容三个月卡片和纸张的供应。各种推车和盘、纸、带贮存架见图 14。

　　④废纸贮存：废纸量的增长是迅速的，必须有贮藏位置，应注意防火问题，并允许手推车进门。

　　⑤程序编制室：为程序编制人员工作使用，可附有小的穿孔机室及资料参考室。

　　⑥调制解调器室（Modem Room）：为使一个中央机组能为若干个远处使用者服务，而建立计算

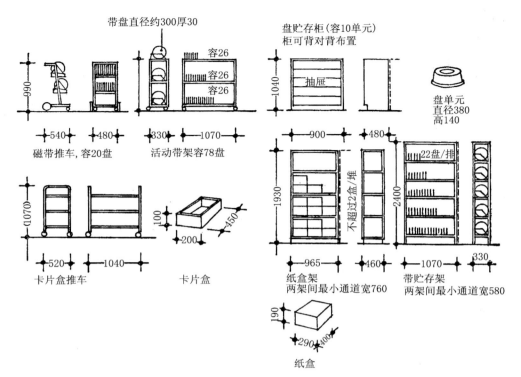

图14　各种推车与盘、纸、带贮存架

机网络，并设有终端。中央机组与终端联系方法，可用直线联系，或利用电话系统，为使电话信号和电码信号并线传送，使用了"调制解调器"装置。在中心计算机房内或另辟一室放调制解调器装置，设有几个终端时，小型计算机室内铁架上就须放置几台调制解调器装置，每一个远处终端也相应放一台，以便联系控制。室内须通风良好以利散热。并将计算机室的架空地板系统延伸一部分进入该区，以便调制解调器装置与计算机之间管道联系。放调制解调器的铁架须锚固在地板结构上，以免倾覆，使用时须将调制解调器装置抽出，见图15。

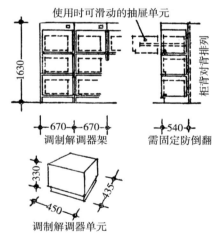

图15　调制解调器（Modem）设备架

⑦数据联系终端站和电话总机间：用于计算机网络系统。终端站一般设有显示器（荧光屏）、计算机和打字机。电话也用电子计算机传递。

⑧空气锁：在通往恒温恒湿房间的进口处，应设有空气锁，起气闸的作用。其长度须能容纳一人推手推车。

⑨观察廊：用玻璃隔断与计算机室隔开，地面可略抬高以保证视线。须便于参观者参观计算机类型及操作情况，既不干扰操作者的工作，又不干扰机器设备的运行，保证计算机安全运转。

⑩调试维修场：容纳从计算机室内用手推车拿来的部分维修设备、备用品的存放及电子测试仪表的贮藏。内部需要设柜，至少容一部推车和一个示波器，并设有工作台。须有较好的照明，设一些动力点，通常将计算机室架空地板引申至该区，空调要求与计算机室接近。

⑪脱机室：程序由另一套设备执行，它的操作不直接与计算机中央处理器联系（注：联机则与中央处理器联系，并由其控制），各项要求与计算机室同。

附国外资料

此资料摘自英国工商部（DTI）出版的《计算机装置：用房与防火》一书。不同规模的计算机装置，提供了 A、B、C、D 四区域之间的面积比例资料如下：

一个计算机装置应包括四部分面积：

A 区域：由计算机室，它的周围设备，以及有关的服务辅助设施组成。对这一区域而言，列出了五种不同装置的例子。

B 区域：与该计算机中心数据准备的数量多少有关，取决于计算的任务情况。

C 区域：分配给程序人员及文具贮藏，由于工作性质不同，也可能变化很大。

D 区域：往往不够重视，特别是在夜间使用计算机的情况下。

国外电子计算机房完整装置的用房要求表

类　　别	面积（米²）	类　　别	面积（米²）
区域 A（1） 表中面积提供小型处理机装置，包括两台磁带机或磁盘机，一台打印机和穿孔卡片或纸带输入机和输出机		动力室（如需要） 空调机房	12 ~ 40 70 ~ 115
计算机和外围设备	25 ~ 70	**区域 A（4）** 表中面积提供具有 10 ~ 25 台磁带机，数台磁盘机，两台高速打印机和数台卡片或纸带阅读器，穿孔机和通信设备等设施	
维修室	10 ~ 18		
磁带或磁盘贮藏	大到 18		
动力室（如需要）	大到 12	计算机和外围设备	200 ~ 575
空调机房	大到 40	维修室	35 ~ 60
区域 A（2） 表中面积提供具有 3 ~ 6 台磁带机或磁盘机，一台高速打印机和穿孔卡片或纸带输入机和输出机等设备		磁带和磁盘贮藏	55 ~ 75
		动力室	25 ~ 50
		空调机房	100 ~ 150
计算机和外围设备	70 ~ 150	**区域 A（5）** 表中面积适用于具有很大功效一台处理机的典型装置，或多于一台处理机，大的数据存储，数台输入外围设备和打印机，并有远处终端控制	
维修室	18 ~ 35		
磁带贮藏和磁盘贮藏	大到 40		
动力室（如需要）	12 ~ 20		
空调机房	35 ~ 75	计算机房和外围设备	400 ~ 450 或更多 该面积可包括单独设置的数据存储或打印机室
区域 A（3） 表中面积提供具有 6 ~ 14 台磁带机或磁盘机，1 或 2 台高速打印机，和可能两台卡片或纸带阅读器和穿孔机等设备			
计算机和外围设备	140 ~ 240	维修室	35 ~ 80 该面积可分成工厂、办公和贮藏面积，或在两制造厂之间平分
维修室	24 ~ 40		
磁带和磁盘贮藏	35 ~ 60		

第二篇　建筑理论

类　　别	面　积（米^2）	类　　别	面　积（米^2）
磁带和磁盘贮藏	60～100	区域 C	
可能要求贮藏邻近管理者的某些项目		主管人办公用房、程序工作人员和主要文具贮存	约为区域 A 的 50%～80%
动力室（当需要时）	25～30	区域 D	
空调机房	200～600	走廊、福利用房，清洁工作人员及杂物室	约为区域 A 的 1/2
区域 B	区域 A 的 1～1$\frac{1}{2}$倍	注：1. 少量磁带和磁盘可以贮存在计算机室上锁的防火柜里	
输入数据准备，输入集中，脱机及输出发送机，任何辅助书写工作，纸带、卡片和其他文具的工作贮存室		2. 可能需要单独设置的室外冷却塔或需要冷凝器	

（2）电子计算机房的组合方式

①平面组合

电子计算机房建筑平面功能关系图解见图16。国外计算中心、中小型计算机房的平面功能关系举例见图17、图18。

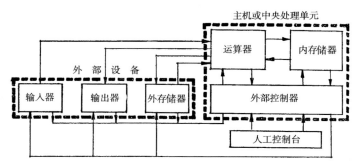

图16　计算机房建筑平面功能关系图解

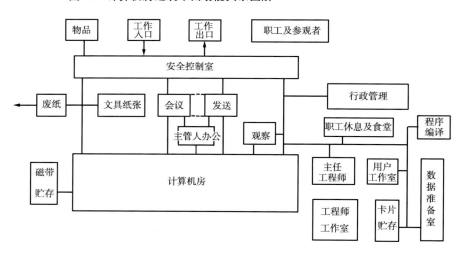

图17　英国计算中心平面功能关系图解

图18　国外中小型电算机房平面功能关系图解

②空间组合

机房空间组合的方式一般有三种：

  a. 机房放在主楼内，占用主楼的某层，适合中小型电子计算机房，大型的则占用全部主楼。

  b. 机房和主楼前后组合，机房往往在主楼后面做1~2层，则计算机房空间安排可不受主楼结构限制。

  c. 机房为1~2层大空间，周围为1~2层辅助性房间，有利空调、防尘。周围辅助房间可二面、三面、四面包围。

  3. 电子计算机房的规模和层数

（1）电子计算机房的规模可分为：

①大型的计算所和计算中心：

将整幢建筑或建筑群设计得能安置计算机房、辅助管理部门及为计算机服务的部门。计算机装容量大、计算速度快。例如图7，及上海的华东计算技术研究所〔机型655型（TQ-6），计算速度100万次/秒及机型905型，计算速度500万次/秒〕，见图19。

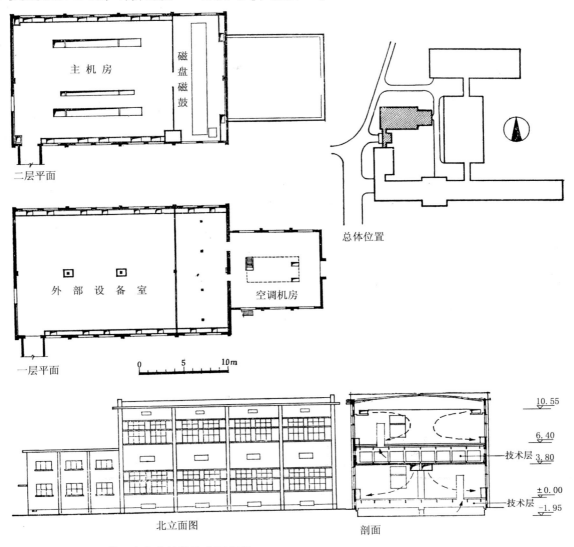

图19　大型电子计算机房华东计算技术研究所

②中小型电子计算机房和计算机单位（或计算站）：

在专用建筑物或综合性建筑物内安置一些能放置计算机设备的面积，但其他部分的活动不能妨碍计算机进行工作。或者独立设置电子计算机房，但规模较小。计算机装容量较少，计算速度较慢。例如杭州的浙江省计算所机型（TQ-16型12万次/秒），见图20；南京紫金山天文台实验室电子计算机房机型［X-2型2.5万次/秒、655型（TQ-6）100万次/秒］，见图10。上属几例均属新建，计算机房均附于实验室（平房或楼房）之后，而将研究室、办公用房及部分辅助用房设于实验室内。

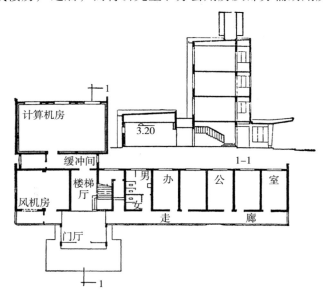

图20　中小型电子计算机房浙江省计算所底层平面

上海各设计院及各大学内电子计算机房均属改建，即占用某建筑物的一部分。如上海工业建筑设计院（机型TQ-16型12万次/秒），见图21。同济大学（机型CJ-709型12万次/秒），见图8。

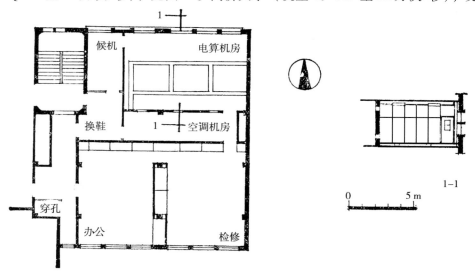

图21　中小型电子计算机房上海工业建筑设计院改建平面

上海计算所（机型731型20～30万次/秒），独立设置机房但规模较小，见图22。

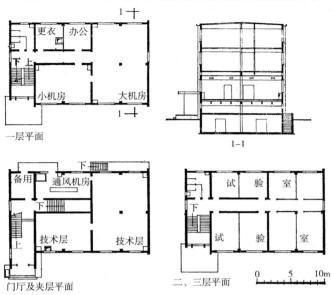

图22　中小型电子计算机房上海计算所

③各种控制室和数控站：

建立独立的控制室或在车间内设数控站，例如南京炼油厂控制室（机型DJS-K₁工业控制机）、南京梅山指挥部煤气压送站控制室、上海金山腈纶厂乙烯及对二甲苯控制室等均是。南京炼油厂控制室是座二层建筑，楼上为电子计算机房，楼下为控制室，内有控制台及大型的中央生产控制机，能显示炼油各道工序，控制生产现场，见图23。

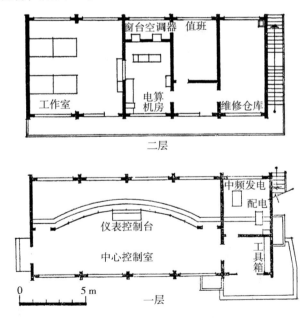

图23　南京炼油厂控制室平面

（2）电子计算机房的层数

机房做一层、二层及多层均可，更可高低层结合设计。新建的一层联系方便，但占地多，不经济。改建的可利用主楼的某层，其设备用房和局部辅助用房可不同层。二层的多将设备、辅助用房放在底层，主机与外部设备放在二层，有利于防尘；若将主机与外部设备分置二层则联系不便。多层机房在建造大型、多机组机房时有利于节约用地，是发展方向。计算机室宜在楼层，避免在顶层，如必须在顶层，要注意屋顶保温隔热问题。多层计算机房实例（西德爱尔兰根市研究试验计算中心）见图24。高低层结合计算机房实例（美国旧金山国际商用机械公司散塔试验室计算中心与程序编制楼）见图25。

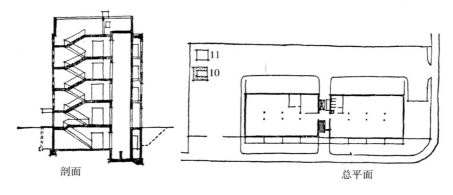

剖面　　　　　　　　　　　　　　　　总平面

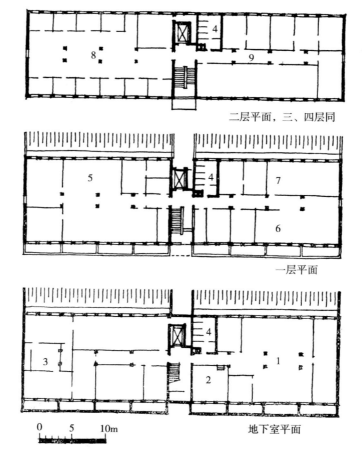

二层平面，三、四层同

一层平面

0　　5　　10m　　　　　地下室平面

图24　多层电子计算机房（西德爱尔兰根市研究试验计算中心）

1. 数据处理；2. 锅炉房；3. 空调机房；4. 厕所；5. 计算中心；6. 研究室；7. 顾客服务室；8. 数据处理、硬件研究、软件研究、程序工程学等（各层）；9. 资料、办公室；10. 垃圾堆放室；11. 变压器室

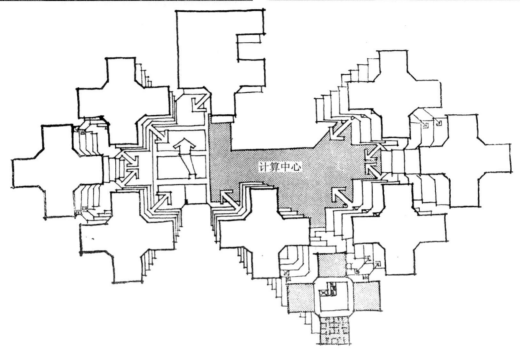

图 25　高低层结合的计算机房（美国散塔试验室计算中心与程序编制楼外景及俯视平面示意）

4. 设计进度与扩展

（1）设计进度与计划

由于电子计算机需要在一定环境条件下运转，如果计算机订货过早到达，事实上是不可能贮藏得很满意而不变质的，所以电子计算机房的建成要尽可能赶在计算机交货之前。因此须将建屋工作和计算机交货时间配合好，在计算机交货时，房屋设备要准备好，打扫清洁，可供使用的空调和动力设备能启动运转。计算机在订货时，购置单位、建筑师、建筑施工单位、计算机制造厂之间应充分交换情况，在设备布置上；任何一个重要的构造细部上，以及为提交设备的特殊要求方面均须达成一致的意见，以避免建成后不适用、或返工浪费。

在计算机生产厂家和计算机类型比较稳定的情况下，必须向有关方面索取电子计算机基地装置和准备手册，各种机型机房布局参考方案和工艺要求，提供计算机装置的用房和管理意见等，作为设计依据。这样在计算机及附属设备交货后，就能立即安置在适当的计算机房内，而毫不浪费运算的时间。入口门须设计得能搬进最大的设备，有时可留窗洞或墙洞，待设备移入后，再装窗补洞。

但有些正在谈判中的引进电算设备，来源尚未确定，或者有些电算设备的新产品，尚在设计研制中，这样在设计计算机房时就会缺乏依据，增加了设计上的困难。在这种情况下最好是采用"灵活室内设计"的方式，至少采用活动地板，以便适应电缆、风口任意布置的可能；隔墙最好采用轻质隔断，以便适应工艺布置变化而改动位置；门窗、电梯、楼梯尺度也要考虑电算设备的搬运方便。

第二篇　建筑理论

（2）扩展

在设计任何一个计算机房时，一开始就要考虑扩展。当电子元件和电子技术变得更尖端高级时，它们的倾向在尺度上是减小了，但矛盾的是当使用者要求性能越广，容量越大时，设备却变得日益庞大。因此对计算机装置的未来发展和变化，必须留有余地，在绝大多数情况下，当时的设计对计算机及其辅助装置使用是宽裕的，但过了几年以后，由于设备更新、报废，或外部设备的改动和增加，直至设备和服务供应方面都达到了极限，就无法适应扩展情况了。在国外对这一问题的解答，往往是在邻近老机房处建造一个新计算机室及其服务设施，以装置新计算机，当这一点实现后，老计算机房就停止使用，由新计算机房取而代之。

采用灵活室内设计，只要有适当的柱距和开间，在建筑物外壳内，可根据发展情况灵活调整。与计算机配套的许多建筑构件，使用模数设计可便于扩展，如地板单元、顶棚单元、隔墙单元等，这些构件应迅速定型化起来，成批生产，以适应扩展变动的需要。

同时应使计算机房三部分用房成比例增长（指计算机室和协助它的辅助用房、研究室行政办公、设备用房三部分），特别是大型计算中心，没有相应的空调和动力设备支持，要想扩充计算机房的面积是不可能的。

一般常采用专建的中心空调机房，这种机房在发展时不破坏原有安排是不容易的。如欲为扩展部分增加空调机，而对已在运行部分不产生干扰，可以采用"组装式"室内空调机，本身带有冷却装置，故不须另设冷冻机房，对计算机房扩展是适合的。这些"组装式"空调机应位于计算机组的一侧，设一"走道"式机房，采用地板下强制送风方式为计算机组服务。上海金山县电子设备厂和六机部第九设计院设计制造的"装配式洁净室"，其内容包括送风单元、回风单元（兼作余压排风）、回风机单元、电气控制箱、风淋室和 KD3/1 型恒温恒湿设备等。其中有些单元可应用于计算室的扩充、调整和变化，电是一种有利的方式。

新建变电站配电装置倾向于适当放大一些，以满足计算机房将来的扩建。

四 电子计算机房建筑设计和其他各工种的关系

1. 空调方面

空调是电子计算机房设计的关键问题之一，许多机房由于空调效果不好，影响使用甚至停机，特别在夏季影响更大，往往造成严重损失。首先在朝向方面，开窗应避免东、西向，南向窗面积宜小，除北向窗外，均要考虑设置遮阳，整个机房窗面积宜小。屋顶、墙面（尤其是外墙）须注意保温隔热；在全部空调控制的条件下，也可用辅助建筑将机房包围起来，形成无窗建筑，对空调、屏蔽处理都较方便。但我国对这种常年不见天日的无窗建筑，从操作人员的心理上到生理上往往都不太欢迎，另外在夏季当空调失灵时，无法打开窗户借助自然通风继续进行工作。此外对这种无窗建筑，室内应有杀菌措施，如设置紫外线灯等。

计算机房一般设有它自己独立的空气调节系统，可专门另设空调机房，也可在室内设空调机。计算机房空调要求，一般不需要很高的精确度，但空调系统须可靠、稳定，并须有备用机组。某些计算机可直接进风冷却，其空调标准，与室内送风要求不同。

（1）电子计算机房空调的特点和要求对建筑的影响

①由于计算机须全天 24 小时甚至要求全年安全连续运行，中间停机时间是很短的，故要求有较高的可靠性，而空调系统出事故和检修是难免的，因而要考虑备用。备用量多少要根据具体情况决定，但空调机房应留有备用机组面积。有时可将机房空调系统并入建筑群总空调系统中，必要时可关闭某些非必要的空调分支，来保证计算机房的安全运转。

②保证计算机在规定的空调环境下（一定的温湿度、清洁度）稳定运行，以保证电子计算机的使用寿命。计算机主机柜设备发热量最大，本身大部分带有风冷装置，也可采取机柜送风方式，从地板下空间送入机柜。清洁度要求较高的设备，除本身带有空气过滤器外，更可局部采用玻璃罩密封、送

入过滤空气的方式。机房内应设有自动温湿度报警装置，例如设置干湿球温度控制器，使其与空调机组有关部件联系，可自动调节温湿。这种控制仪表多装设在回风口附近，应考虑其设置位置。

③为了适应计算机设备的改进和增加，要求空调系统有一定的灵活性，以适应较大的变动。气流组织应能较方便地适应改变而从系统上不做大的改动。建筑空间布局亦应有相应的灵活性。

④对上机人员可提供一定的舒适空调环境，但温湿要求比对计算机低，过去多用全室性空调方式，主机柜舱内温度达不到要求，操作人员也不舒服，空调负荷大、效果差、不经济。采用"人机分离"方式，即将主机柜与操作人员用玻璃隔断分开，则操作人员可利用机房内余冷余热，既经济，效果又好。

对计算机配套的辅助房间，如卡片库、纸带库、磁带库、磁盘库、插备件库、插备件维修间等亦应提供必要的空调条件，以保证计算机可靠运行。

⑤空调设备、发电机房、水泵房等均有振动和噪声，而电子计算机尤其是磁鼓等最忌振动，机器设备和空调噪声对上机人员神经系统危害性较大。因此在平面布局上应考虑远离，既要管线联系短捷，又要能隔振防噪，同时要加上减振、消音措施，以保证结构安全，计算机能安全运转，长期上机工作人员身心健康。

⑥高速大型系统计算机对空调的要求较高。小型机房可采用简单空调装置，例如采用窗式空调器的做法，就不必另设空调机房，见图26。

以上特点和要求均应在建筑设计中予以注意配合。

（2）机室空调的气流组织和送风方式对建筑的影响

保持机室有均匀稳定的温湿度、清洁度、正压、气流速度，采用何种气流组织和送风方式与计算机机型及特点有关，计算机室常用的全室性送风气流组织形式和送风方式。

图26　窗式空调器

当采用侧送侧回送风方式时，房屋跨度小于7米可单侧送回，否则要采用双侧送回或增加顶出风口。见图27海洋地质调查队改建电子计算机房的送风方式和风口布置。

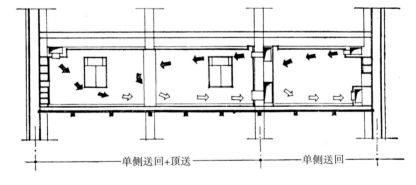

単侧送回+顶送　　　　単侧送回

图27　侧送侧回送风方式

当采用顶送下回孔板送风方式时，利用上部空间为静压箱，内做吸音或密封性材料。利用孔洞向下送风，要注意与计算机发热设备自然流向是上升气流以及吸声效果的配合问题。可部分顶棚做孔板送风，部分做吸声材料，见图28上海电力设计院改建电子计算机房的送风方式。

以上送风方式，均属全室性送风，用全室温度来降低机器温度，增大空调负荷，效果不理想，也不经济，仅适用于小型计算机室。对计算机发热设备须另组织机柜送风，利用送风管直接与机柜相通，施工较复杂，且须注意地板下风管与线槽布置冲突的问题，故较少采用。

　　当采用下送上回的活动地板送风方式时，利用活动地板下空间为送风静压室，在活动地板上开洞，直接对机柜送风，活动地板下空间应做好保温、防潮、防尘等处理。排至顶棚内回风静压夹层或设置于顶棚内的回风管道，顶棚可设局部回风口，并结合灯具布置，回风可将照明余热带走一部分，这种送风方式对大中小型计算机室均适宜，便于布线，便于空调，便于改建，符合热设备气流自然流向，有利于热设备冷却，对消除计算机设备发出的热量较灵活、较有效和较经济。但要防止地板拼缝过大而大量漏风，并注意

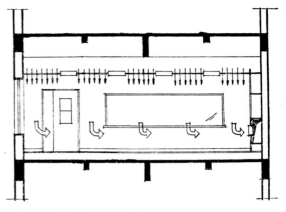

图28　顶送下回送风方式

使地板下静压小室内静压高于计算机室内的静压，以保证把送风压入室内，避免室内污物尘埃倒流入夹层。地面应选择不积尘及不产生静电作用的材料，避免灰尘吹入计算机设备内。见图29某工程计算机室送风方式。

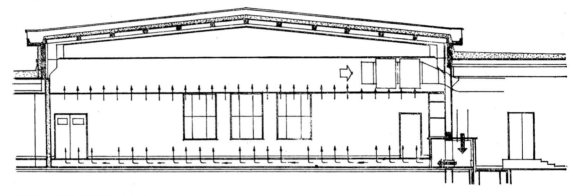

图29　下送上回送风方式

　　计算机室采用的气流组织形式和送风方式多种多样，从运行效果看，大部分能满足使用要求，只是效果有差别而已。气流组织的选择也要因地制宜，具体情况具体分析，不能硬性规定。

　　（3）建筑与空调方面的配合

　　建筑必须与空调紧密配合，否则达不到控制空调环境的要求，计算机室体量过大（一般机室面积小于370平方米），空调不易控制。从合理的组织气流和选择送风方式着眼，结合结构情况和建筑室内设计，决定了以主机房为主的建筑平面布局和剖面形式，安排送回风管道系统所需的空间，决定送回风口的形式、位置和数量。为了达到空调效果，对主机房墙面、顶棚、地面、门窗应做一系列的构造选择和措施。从建筑平、剖面布局到构造细部处理都应考虑与空调及其他的工种配合的问题。如主机房进门处设缓冲间，防止主机房的温度、湿度、尘埃直接受室外空气或邻室空气的影响。主机房的余压，可通过缓冲间向外排出。为避免工作人员进主机房时带入灰尘，须设置更衣、换鞋间。室内装修亦用不起尘的材料，采取不易积尘的措施，采用紧闭门窗，以防风沙侵入等。计算机室一般需要补充一定的新风量，使造成余压，计算机室内保持适量的余压，可减少外部空气的侵入，对消除尘埃、有害气体也有一定功效。但如设在主机房门下的隙缝或出风百叶排风不够，则造成余压过高，向外开的室门关不上，拉门费力等情况，设计施工时必须加以注意。空调设计应主动考虑风道、风口的设置对建筑室内整齐和美观的影响。

2. 噪声隔绝方面（噪声源、噪声控制）

噪声影响长期在机房内工作人员的工作效率与身体健康，这个问题引起了有关方面的注意。在电子计算机房人们感觉到的噪声来自以下几方面：①人们在机房的操作与活动引起的噪声为本底噪声（现场噪声）；②电子计算机组在工作时发出的噪声，如内存喇叭、设备顶部或底部风扇噪声；③穿孔机、输入机转动、输出行式打印机、打字机的噪声；④空调系统中产生的噪声；⑤中频发电机组工作时产生的噪声，及中频电源噪声；⑥户外噪声——交通噪声和工业噪声。以上噪声分为连续噪声和间歇噪声两种。

兹将1976年5月同济大学声学研究室对该校74年改建电子计算机房所做的声学测定结果，绘成图表，见图30。

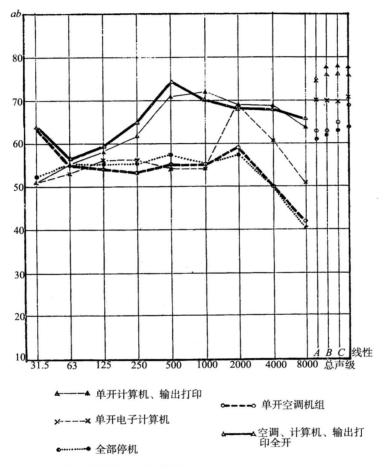

图30 同济大学计算机室声学测定表

计算机室内是本身产生噪声的场所，其室内噪声控制应通盘考虑，综合处理，而空调噪声只要控制在计算机设备产生的噪声级别之下即可。根据目前国产计算机设备噪声的情况，计算机房总噪声级别建议控制在65分贝以内。从发展趋向看来，计算机设备的噪声级以后还会不断降低。

当噪声级低于本底噪声级10分贝，并且频率分布又大致相同时，由于被本底噪声盖没，人耳也觉察不到，对人没有影响。从声学测定中可以看到，以计算机室中直接发出的噪声——输出打印机与计算机组的中高频噪声对人们的影响最大，而空调系统中产生的低频噪声及夜间从中频发电机房传来变频后的电流噪声，影响也很大。

控制噪声最合理的措施，是控制噪声源。如在输出打印机上加一隔声罩（内贴吸声材料），做成封闭式的输出打印机，这对输出打印机噪声的隔绝是十分有利的，目前国内外都有实例，见图31。

第二篇 建筑理论

图 31　输出打印机加隔声罩（图右上）

对于计算机组，在前面已经提到，建议将主机柜与控制台分置在玻璃隔断的两侧，即所谓"人机分离"方式，根据有关实测资料，噪声用单层厚玻璃窗密闭时，平均隔声量（从 125 周到 4000 周的平均值）达 30 分贝左右，至少低于本底噪声 10 分贝，这样就达到了隔声的要求。

利用吸声处理来降低噪声，也是一种途径，它可以作为采用上述措施后的一种辅助措施，可以降低混响声。这里有三部分的内容需要考虑。一是吸声材料的选择，由于输出打印机与计算机组的噪声频谱属于中高频范围，可以选择对中高频吸声效果最大的材料，一般为多孔的材料。二是吸声材料的面积，吸声单位的数量增加十倍，相当于噪声降低 10 分贝（这对扩散声场是正确的）。三是将吸声材料布置在顶棚上，为了使各界面间的吸声性能相差不悬殊，在台度以上的一段墙面可考虑做吸声处理。如顶棚处理结合回风静压箱，下做穿孔板，内贴吸声材料，也是一种有效的方法。

对中频发电机组、冷冻机及穿孔机室的噪声控制（前二者尚有振动问题），这些在平面布置上应尽量远离计算机室，须做隔声隔振措施，房间内壁及顶棚应作吸声处理，同时要注意门窗缝的处理，不使噪声外传。此外当穿孔室内噪声较高时，有条件的可铺置地毯，以获得较高的吸声效果。在主机房内听到中频电源噪声，这是由于电流、电压不稳，中频发电机频率有变化、不稳定而发声，由电线管传至主机柜。此时电线管应加软接头或接线盒，避免声音沿电线管传递。主机房与中频发电机房既须离开一定距离，又要接近，这是由于既要考虑噪声影响，又要考虑防止电压损耗。

户外噪声牵涉到机房选址问题，例如浙江省科技局电子计算机房，虽然位于环城干道附近，但前面有办公大楼与绿化地带作屏障及隔声带，与街道远离，起一定隔噪作用。

关于空调系统中的噪声控制，应采取相应的处理，勿使空调噪声成为主要噪声源，可作有效的消音措施，如加消音器等，并切断噪声及振动沿材料传递的途径。在空调机下应设减振措施。

将噪声控制在一定水平，才能保证计算机上机人员长期有效地工作。而噪声控制是许多工种采取措施的综合效果，包括计算机制造工艺、土建、空调等工种，仅靠单一工种往往收效不大。

3. 隔振方面

振动有一定的危害性，共振危害更大，应设法消除振动或减少振动。外界干扰力的频率与振动系统（振体和它相连接的弹性部分的组合体）的固有频率相差越大，减振效果越好，越接近则会产生共振。因此我们常提高干扰力的频率，降低振动系统的固有频率来实现消减振动，如提高某些机器转速、改变振动系统的结构刚度（采取减振措施，减少与建筑结构接触面的刚度）、改变振动系统的质量（增加设备基础底板的重量）来达到减振的目的。

电子计算机房内的外存，如磁鼓、浮动磁鼓、磁盘等最怕振动，除在选址时，应尽量远离主要交通干道及有强烈振动的工厂，避免外界振源外，在不可避免时，可采用室内或室外避振沟、抗振缝等措施，与振源脱开。用砂土、木屑、空隙、弹性材料等作为沟内或缝内衰减振动的介质。

在电子计算机房的设计中，最主要的振源是冷冻机房、发电机房、水泵房，其次是空调机房。在平面布局时，应使主机房（尤其是磁鼓、磁盘等）尽量远离这些振源，如布置在不同层上，或隔开一定距离。但也应考虑管线布置经济合理、联系短捷方便。当干扰源无法排除时，为使振源不再扩大或传布，可在振源下垫砂、玻璃纤维、软木、橡胶、泡沫塑料、泡沫橡胶、弹簧、减振器等弹性材料，可根据振动的大小和特点而选用，例如在空调机组下常垫一定厚度的橡胶。冷冻机、中频发电机组下由于振动较大，常采用减振器。在选用中频发电机组时，要考虑振动较小的型号。设备重心宜低，以减少颤动。空调管道与机组接头处做一定长度的柔性接头，如帆布软管。水泵亦应考虑用软接管与通向室内的水管相接。风管支承应与顶棚分开，墙上风管支承处应加软垫，避免振动沿材料传递。浮动磁鼓、磁盘等防振要求高的计算机设备，可考虑做单独的隔振措施，例如在基座平板下垫弹性材料，四周设防振缝，缝内夹弹性材料，避免受振源影响，见图32。南京紫金山天文台新建机房，即将两台磁盘机支承在独立柱基上，与房屋结构基础完全脱开，可免受振动影响。见图33。

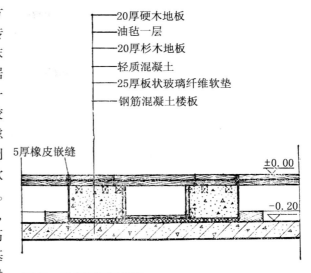

图32　设备下隔振措施

4. 屏蔽与接地

电子计算机房选点时，要调查附近有无强电磁场和强磁场等干扰源。机房位置的选择得远离干扰源，可以有效地减弱干扰源场强的影响。例如上海某电子计算机制造厂，因受附近电视塔发射电波干扰，影响了电子计算机的调试。后来换到另一远离电视塔的地方，调试时就不再受影响了。一般电子计算机内部易受干扰的部件在制造和装配过程中，都已采取局部屏蔽处理，并且都装置在金属箱柜内，如果再采取合适的接地措施，只要接地性能良好，就能达到有效的屏蔽目的。现代电子计算机采用了大规模集成电路元件，主机体积趋向小型化，对采用局部屏蔽方式更为有利。因此，如非有某种特殊要求，采用整个电子计算机房的全室屏蔽方式是不必要的。某些型号的计算机，根据它本身的要求，须在供电线路上加滤波器。

电子计算机房除要求恒温、防潮、通风和洁净等外，还须避免产生静电感应。防止静电感应，将机组金属外壳接地是常用的方法之一。控制相对湿度的方法也很有效。当相对湿度在40%以下时，容易产生静电；相对湿度在50% ~60%之间时，可大大减少静电的产生；当相对湿度在65%以上时，几乎不产生静电。

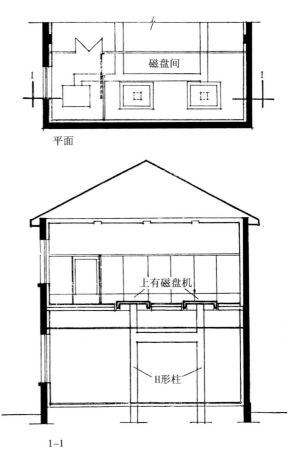

图33　南京紫金山天文台磁盘机抗振措施

另一方面，有选择地采用地板面层材料，在接近计算机组的地方，放置静电处理过的垫子（能经常掉换的），也有助于减少因静电作用而产生的灰尘和污物。

电子计算机的接地主要是消除电干扰，使计算机机柜内的元件和线路能正常工作。计算机接地方式有浮动接地和直接接地两种。浮动接地是将机组的金属外壳与敷设在地板下面的金属网格或金属板相连接，而金属网格或金属板又与大地保持良好的绝缘。浮动接地具有可靠的屏蔽效果。金属网格或金属板一般采用磷铜片，使它具有较小的接地电阻和较好的机械强度，不易损坏和腐蚀。但因它是敷设在地板下面的（用磁夹夹在地板下），要求与大地绝缘，因此常采用厚度为 0.3~0.5 毫米的磷铜片。将磷铜片宽度为 200~300 毫米作成 1~2 米方格状和制成整片磷铜板，其屏蔽效果是相同的，但后者费用较高。采用浮动接地时，各机组分别与金属网格或金属板直接用铜绞线就近焊接即可。在使用活动地板时，可利用面板下的金属板和金属支座整体联系起来，但支座下须与大地绝缘。它的缺点是当有外部电源与机器的金属外壳接触时，由于外部电源电压的作用，而使机器的金属外壳带电，当电压高时还会引起触电事故和烧毁机内元件。例如用 220 伏交流电烙铁进行机内元件的检修焊接时，万一电烙铁漏电，就有出现上述事故的可能，所以采用浮动接地时，电烙铁要断去电源后才能上机操作。直接接地是将电子计算机的各个机组用金属导体互相连接，然后接到一组接地极上，使机组的金属外壳与接地极构成一完整的接地系统。直接接地的接地电阻要求越小越好，一般不大于 3 欧姆（0.5~3欧姆）。电子计算机直接接地的整个系统要与其他接地系统保持 10 米以上的距离，以免其他接地系统对它产生电磁感应而影响其屏蔽效果。这种接地的接地极可采用 50×50×4 角钢或相等截面的钢管，连接金属则可采用铜排或扁钢。连接点则必须电焊。电子计算机两种不同的接地方式，见图 34。

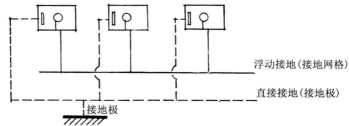

图 34　电子计算机两种不同的接地方式

5. 安全与防火

（1）计算机房安全要点、使用的建筑材料、安全制度

计算机设备价值昂贵，应当保证安全运转；贮存在卡片、纸带和圆盘上的记录常有很大价值，所以特别要注意安全与防火。首先计算机装置要选择适当防火等级的房屋和难燃的建筑材料，并禁止在邻近堆积易燃物。新建机房最好采用砖和混凝土等耐火材料为承重结构，例如采用夹缝砖墙的构造形式，内表面做抹灰油漆，夹缝内放保温材料，这种方式比木质装修墙面耐火性能好，而且造价经济。重要数据存放应采用耐火结构的贮藏室，或装在金属容器及耐火材料容器内，不存放在计算机室内，或与其隔离，避免相互间受火灾波及危险。不要靠近可燃性建筑物。

在平面布局上，要控制计算机组的出入口的位置和数目，有时可设法使运算和维修管理人员进出方便，并设有安全检查室，加强管理。一般大、中型电子计算机房是不允许随便进入的，国外常配有特制的穿孔卡片钥匙，只有这种钥匙才能开启计算机室门锁，以保证安全。

（2）消防器材、安全措施

特别重要的是，要慎重考虑烟火探测设备和敏感元件（常对烟和温度敏感）的设置，保护设备免遭火灾危险，并在重要位置上设报警器如蜂鸣器等。设置直通专用电话，能自动机敏地通知当地消防站，并自动关闭对计算机能源的供应。早期报警设备，能很快地采取局部的消防行动，使损失最小。考虑自动灭火系统，必须考虑不损伤设备，不要采用高压水喷雾、二氧化碳喷射等损害设备的方式，如采用卤化物灭火剂全面喷涌系统，贮藏和使用虽方便，但产生有害气体可能危害职工健康。国外认为最有效的是溴氯二：氟甲烷（BCF）和溴三氯甲烷（BTM），这两种灭火剂已被美国消防警官委员会（FOC）承认，如使用淋水以及淋二氧化碳的自动灭火系统，必须通过联锁装置，切断计算机的所有电源，并关闭空调系统和冷冻系统，再淋水或淋二氧化碳。

国内将防火涂料涂于铝板、纤维板上，可提高建筑防火性能；喷射干粉灭火剂，对设备损伤小。

总之使用灭火剂时，要考虑对设备损伤小，容易清扫。

对管理计算机的人员来说，安全运转是一个重要的问题，经常停机维修调试，对计算工作是一个损失，也浪费了宝贵的时间。因此为了电子计算机能安全运转，不受外界干扰，一般不欢迎客人频繁地参观装置，也不愿意详细地介绍布局细部。大型计算机中心，更严格控制参观者，有时为了某种原因，谢绝参观。设置观察廊是一项安全措施，参观者隔玻璃观察计算机组的内部活动，既不干扰运算者的工作，也不影响设备的气候环境。

动力供应控制部门应防止未经许可的闯入，以免发生意外，计算机室与数据存放室必须设置火灾报警装置。

在计算机房和空调气流中，应安装传感装置，传感装置应位于送风和回风管路，另外还应安装在地板下空间（此空间可能用于送风）。这些装置应对燃烧有较机敏的反应，在看不到烟但温度已超过正常标准时能预先报警。计算机房空调系统中应使用难燃烧或非燃烧材料（包括管道、保温材料、吸音材料、滤料等）。空调系统空气过滤器、消音器所用材料在过热状态下不应该产生很多烟，防止对设备构成损害。例如某天文台电子计算机房空调管道采用玻璃钢，管道保温采用玻璃纤维。空调系统进出计算机室的管道内应设防火闸门，以利切断气流，防止火势随风管蔓延，特别是从其他房间蔓延到计算机室。

为了安全起见，除了装置计算机的分支电路断路器以外，还应在计算机组的主要进口和消防员、操作人员易于寻找辨认的地方，设置手动或自动控制开关，以便直接切断计算机电源、空调机电源、动力供应，以及切断计算机机房内的电气设备用电。但是安全灯的电路不设切断开关，并防止不熟练的操作人员误关紧急电源，造成事故。此外尚应考虑烟的引出系统。

计算机室与其他有火灾危险的房间应设防火门，以便火灾时切断火路。大型电子计算机房应考虑安全门，设紧急通道，以利疏散。

6. 水、电设备，管道管线（照明、供电、维修用电源插座布置、防雷、上下水、防潮）

（1）照明

计算机房的照明，光质宜均匀柔和，以不耀眼为原则。国外一般采用照度为 400～500 勒克斯（Lux）者居多，国内目前建议为 150～250 勒克斯。光源采用日光灯，以减少发热量。计算机带有显示设备时，如照度超过 500 勒克斯，则屏幕画面会显得昏暗不清，主机柜附近应有局部照明，以便利维修。而在显示装置附近，照明亮度要适当降低。按照日本国家标准（JISZ9110）的推荐，进行计算和穿孔作业的房间，离地面 85 厘米处的标准照度为 1000 勒克斯，照度范围应为 700～1500 勒克斯。这可以用增加局部照明的方式来解决。

在无窗或少窗的计算机室内，可设紫外线光源。在无人上机的间隙时间内，开启紫外线灯，可起消毒杀菌作用。

（2）供电

电子计算机房的供电电源，一般取自交流 380/220 伏低压电网。为了避免受其他用电设备引起电压波动的影响，提高计算机运转的可靠性，对计算机室供电应采用专线。供电容量在几十千瓦到几百千瓦之间，依计算机组的多少及容量大小而定，必要时可设置专用变配电装置。为了保证电子计算机正常运转，不受停电影响，常需设有备用电源。机组中既有使用 380 伏电源的，也有使用 220 伏电源的，所以应采用三相四线制供电。对供电技术性能主要要求频率稳定和电压稳定。此外，照明、动力及各机组供电应设分开关控制，以便动力或机组出现电气故障而须切断电源时，不影响照明供电。为了人身安全和保护各种电气设备正常工作，所有不带电的金属外壳都须采取保护接地或保护接零措施。

电子计算机某些机组需用直流电源，某些机组需用中频电源，这种电源一般采用中频发电机组供电。中频频率一般为 400 周或 1000 周。直流部分是将中频交流经整流后获得。中频发电机组应尽可能靠近主机房，但须考虑防振和防噪声干扰。图 35 为中频交流供电方块图。据美国加州理工学院喷射研究所介绍，该所机房供电，正常时由专设发电机组供电，外电切断时就先由备用蓄电池组供电，约 10 秒钟内，地下室的紧急电源发电机就可启动供电。

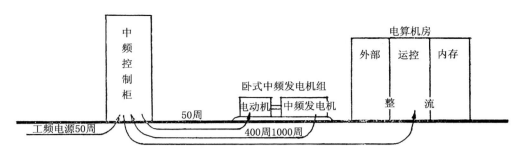

图35 中频交流供电框图

工频电源（50周）→中频控制柜→电动机→中频发电机（400周、1000周）→中频控制柜→电子计算机房主机柜整流后供运控、内存、外部。

（3）维修用电源插座

在计算机室内，为了某些机组有移动使用的需要和检修时使用电钻和电烙铁等电气工具方便，常在机室内的地沟中设置单相和三相安全插座，每隔4~5米距离设一个。地沟中主要是各种信号线，联系着计算机的各个设备。

（4）防雷

（5）计算机房的上下水

电子计算机房的用水部分包括以下几个方面：

①为空调用的冷冻水；②为冷凝制冷剂用的冷却水；③为满足工艺要求的用水，如设有湿暗室时，则须对暗室提供冲洗照片用水；④为提供生活需要的用水等。

提供空调使用的冷冻水，是水流过蒸发器，由于蒸发器内的制冷剂蒸发吸热，使水温降低成冷冻水。将冷冻水用水泵送往空调机的空气处理部分，使空气变成冷风而送往计算机室等需要冷风的地方。冷冻水是循环水，一般只须补充上水用水量。但在制冷装置的冷凝器内，由于制冷剂冷凝放出热量，为了排走这部分热量，就需要冷却水冷却，根据冷却水量的多少及该地区水源多寡，而决定是否采用冷却塔、回水池装置，以达到节约用水的目的。对这种循环冷却水，也只须补充上水。但在冷却水量不多时，有时可将升温的水直接排至下水道，这样就得随时补充较多的上水。

对于空调机组内的凝结水，须用托盘或低矮围堰方式，将其送至雨水管内排出，否则将引起空调机房室内地面潮湿积水的情况。见图36及图37。

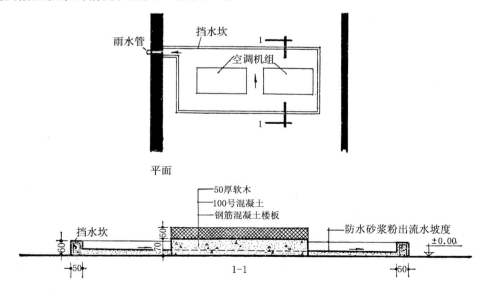

图36 空调机组下凝结水的处理（一）

（6）防潮

计算机室地板面的标高，应注意以不受水浸为主。最好放在二层，如必须设在底层时，应作防潮

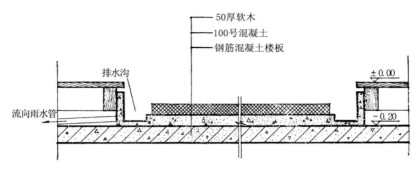

図 37　空調機组下凝结水的处理（二）

或架空处理，并做好排水措施。

五　构造和细部

1. 地板

通常除小型计算机房外，为了在计算机室敷设信号电缆和供电电缆，计算机室地板应采用架空地板，对于某些大型电子计算机室来说，需要采用水冷方式来冷却其中央运算装置，也需要采用架空地板方式。当采用下送上回送风方式时，也可利用架空地板下空间作为送风静压箱。一般地板构造有以下几种：

（1）护罩式：当电缆线数量很少，可以结扎成束，并可作明线配线时，为防止碰坏电线，可在电线上加一层护罩，保护罩高度以不妨碍机柜门扇开关为宜。

（2）地沟式：仅在电缆通过的地板下做沟，沟的尺寸一般净宽 250 毫米，深 150 毫米即可，沟盖板划块后做成活动盖板，安上少数铝制平面拉手，以便开启。国外用吸盘设备开启，见图 38。电缆引出处，沟盖板上须开洞孔。这种方式在工艺比较固定且简单的情况下可采用，由于电缆线布置受电缆沟制约，如欲改变工艺而变动机器位置，则很不方便。如做于楼面上时，地表可先做防潮处理，再做木基层，见图 39。

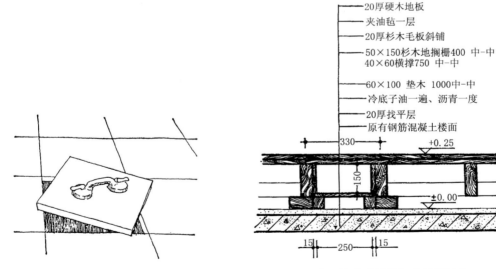

图 38　开启活动地板的吸盘

图 39　上海同济大学计算机室地板地沟

（3）活动地板式：在建筑物室内地面按照活动地板尺寸放置金属支座，带螺栓支架可调节高度，支座上安置金属小梁，其上安置活动地板，可任意开启，电缆可在活动地板下空间内任意布置。在国外，活动地板有专利权，但相互间的板块可互换，仅用料、构造细部有所不同，见图 40 ～ 图 43。

第二篇　建筑理论

消声与地板垫片（可选择）

广泛选择的地板面层

塑料边框

钢面板

铸铝头

搁栅固定螺钉（可选择）

搁栅夹片（可选择）

槽钢

压实板芯

钢底板

铝搁栅（可选择）

管状柱

固定环

自锁螺钉

钢螺旋支座

铸铝基座

带有可选择的刚性
接头搁栅组合件

墙面材料（可选择）

与活动地板配合的其它地面层

活动地板

活动地板

铝搁栅

固定搁栅配件

支座组合配件

灰浆

地面线

图40 R型支座活动地板（美国）

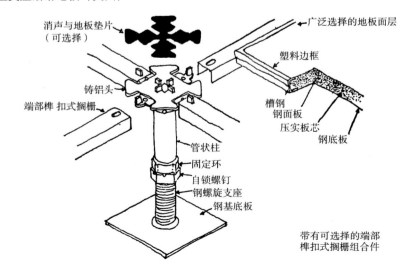

消声与地板垫片（可选择）

广泛选择的地板面层

塑料边框

铸铝头

端部榫扣式搁栅

槽钢

钢面板

压实板芯

钢底板

管状柱

固定环

自锁螺钉

钢螺旋支座

钢基底板

带有可选择的端部
榫扣式搁栅组合件

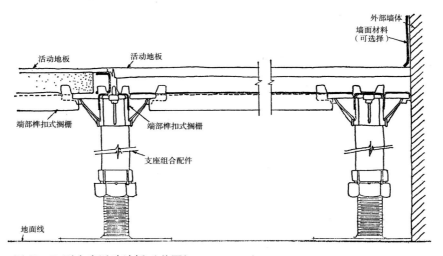

图41 D型支座活动地板（美国）

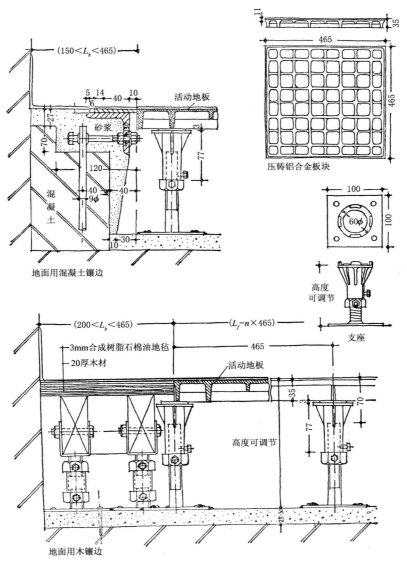

图42 压铸铝合金活动地板（日本）（四角支点，不用搁栅）

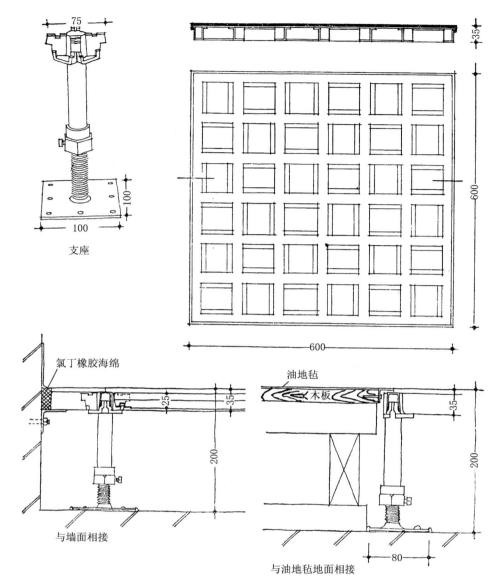

支座

氯丁橡胶海绵

与墙面相接

油地毡

木板

与油地毡地面相接

图43 冲压钢板活动地板（日本）（四角支点，不用搁栅）

这种活动地板具有三大优点：

（1）工艺灵活，可任意配置、增设和改变计算机工艺。

（2）空调方便，架空地板下空间可作为空调通道，在作为送风静压箱时，要注意保温。水泥基层地面下须做好防潮处理，地面可做磨石子打蜡，也可在水泥地面上油漆，以保持清洁无尘。

（3）管线布置方便。地面下空间可安置信号电缆、电源线或电源插座及给排水管道（应有保温层）。

此外，屏蔽、接地、防静电、清洁卫生也方便。

活动地板下空间高度如仅考虑电缆，则以150毫米为宜，如考虑其他情况则应考虑200～300毫米或更高。

地板表面材料要考虑易于清洁，不易产生静电作用，除一般在木质地扳上做清水腊克外，也可用装饰塑料板贴面。为防止板块接缝漏风，最好在板块缝内放橡皮条。物探局计算中心在这方面取得了一定的经验。上海市川沙县黄楼公社栏杆电子设备厂生产的活动地板，在活动地板四周，金属小梁上和金属支座下均贴有橡皮，以提高活动地板的密封性能和防震性能，在细部处理上也有所改进，承重可达 1000 千克/平方米。

电缆引出口的切口要经过平滑处理，以免损伤电缆。地板施工时应注意不留虫鼠可侵入的空隙或开口，以免虫鼠损伤计算机。

活动地板四周可做固定木地板镶边，周边可使用金属支座，也可使用其他支承方式，见图 44 及图 45。

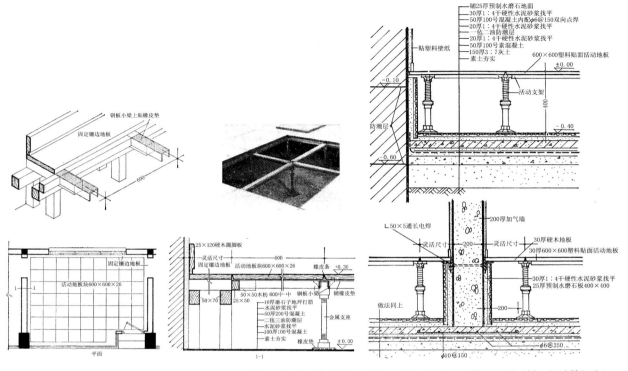

图 44　活动地板周边做法实例（上海同济大学动力试验室控制室）　　图 45　活动地板周边做法实例（某工程计算机房）

当活动地板上有活动轻质隔墙时，要考虑活动地板和活动隔墙的衔接。见图 46。

计算机室内无设备布置的地区，以及在防振要求较高的设备下可以不用活动地板。

在楼面或地面上（楼面在荷载允许下），架空搁置钢梁，上铺预制水磨石板，也可起活动地板的作用。

2. 墙面

当墙身采用夹缝保温砖墙构造时，外墙墙身防潮问题一般在墙外层内表面涂热沥青二道。夹缝内常填充较便宜的轻质保温材料，如矿棉、珍珠岩等。随砌墙身随涂防潮材料及填加保温材料（保温材料可散装或为预制块），室内墙面一般常做抹灰，表面加浅色油漆或涂料。当贴塑料墙纸时，抹灰层最好用混合砂浆打底，使墙面硬而平整，再胶贴墙纸，效果较好。夹缝保温墙构造见图 47。

当墙身采用实砌砖墙时，可在实砌砖墙内表面做热沥青、木丝板、钢丝网抹灰，表面处理同上，见图 48。

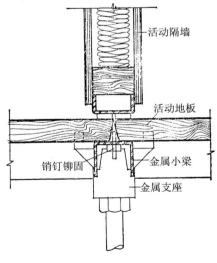

图 46　活动地板和活动隔墙的衔接

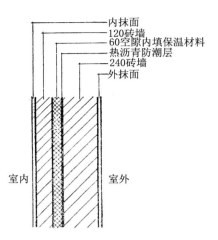

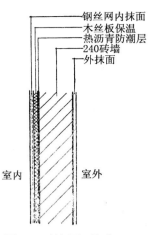

<table>
<tr><td>图 47　夹缝保温砖墙构造</td><td>图 48　砖墙保温构造</td></tr>
</table>

当在实砌砖墙内表面做木装修保温墙面时，一般除先在砖墙内表面涂贴防潮层外（外墙防潮保温要求比内墙高），再根据饰面材料长宽规格立贴墙木筋，木筋间填满保温材料，一般保温材料采用防火性能好、价钱较便宜，施工方便的成型玻璃纤维板（2.5 厘米或 5 厘米厚根据热工计算需要而定），最后再贴上饰面材料如三夹板、五夹板或硬质纤维板等，表面做浅色腊克、油漆或塑料贴面板等，见图 49。拼缝可采用凹缝、V 形缝，或加盖木料、塑料、金属盖缝条等。

以上这种固定在墙面上的保温饰面材料，一般均采用手工业的施工方法，在工艺变动情况下很难原封不动重复使用，造成浪费。因此建议采用成批生产的活动保温挂墙板，即采用铝合金与木料结合的边框（小断面）表面有塑料贴面五夹板，后有保温轻质材料的挂墙板。这样只要在作过防潮处理的砖墙或混凝土墙上适当距离安置一些钉头（可用射钉枪打入），将钉头伸入挂墙板背后凸形洞内即可，可随时调整脱卸。见图 50。

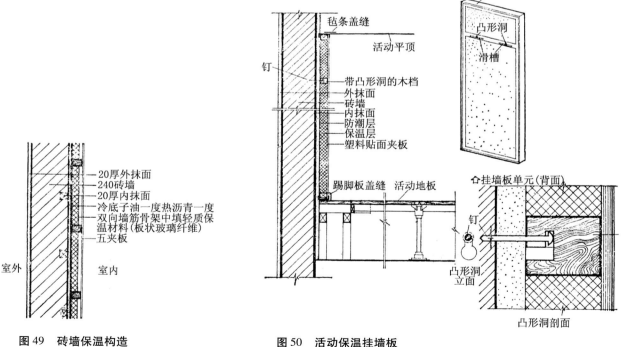

图 49　砖墙保温构造　　　　图 50　活动保温挂墙板

3. 隔墙

隔墙一般有保温要求，有时尚有隔声要求。除固定隔墙以外，计算机室由于增设和改变机器类型等原因，经常不得不在短期内进行改造，最好采用灵活隔断。

（1）固定式

①双面保温的见图51；有隔声要求的见图52。

②单面保温的见图53；有隔声要求的见图54。

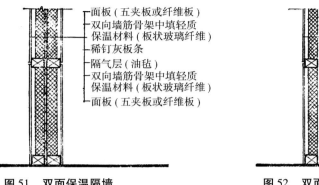

面板（五夹板或纤维板）
双向墙筋骨架中填轻质
保温材料（板状玻璃纤维）
稀钉灰板条
隔气层（油毡）
双向墙筋骨架中填轻质
保温材料（板状玻璃纤维）
面板（五夹板或纤维板）

图51　双面保温隔墙

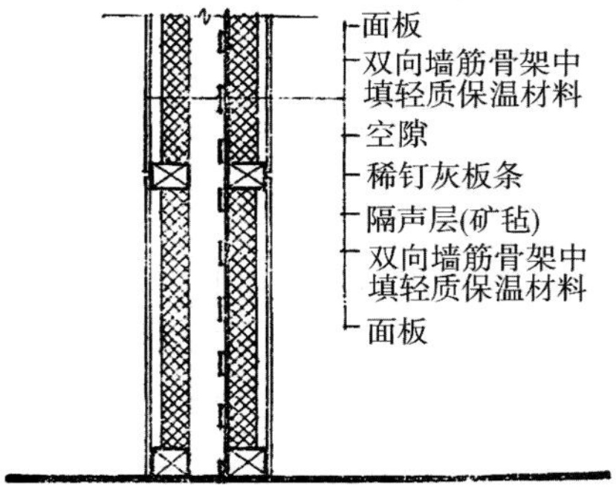

面板
双向墙筋骨架中
填轻质保温材料
空隙
稀钉灰板条
隔声层（矿毡）
双向墙筋骨架中
填轻质保温材料
面板

图52　双面保温隔声隔墙

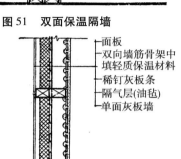

面板
双向墙筋骨架中
填轻质保温材料
稀钉灰板条
隔气层（油毡）
单面灰板墙

图53　单面保温隔墙

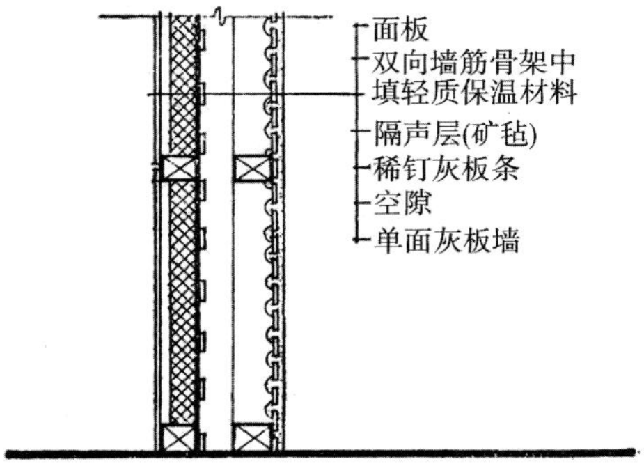

面板
双向墙筋骨架中
填轻质保温材料
隔声层（矿毡）
稀钉灰板条
空隙
单面灰板墙

图54　单面保温隔声隔墙

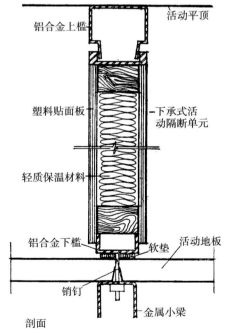

铝合金上槛
塑料贴面板
轻质保温材料
铝合金下槛
销钉
剖面

活动平顶
下承式活动隔断单元
软垫　活动地板
金属小梁

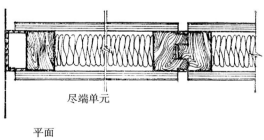

尽端单元

平面

图55　下承式活动隔断

201

第二篇　建筑理论

2. 活动式

（1）下承式：在活动地板上需要设置活动隔墙处设下槛支承（槛下销钉可通过活动地板伸入钢板小梁销孔内），上端设铝合金上槛一个，作为活动隔断上端碰头，见图55。支承在一般地面上的活动隔断见图56。

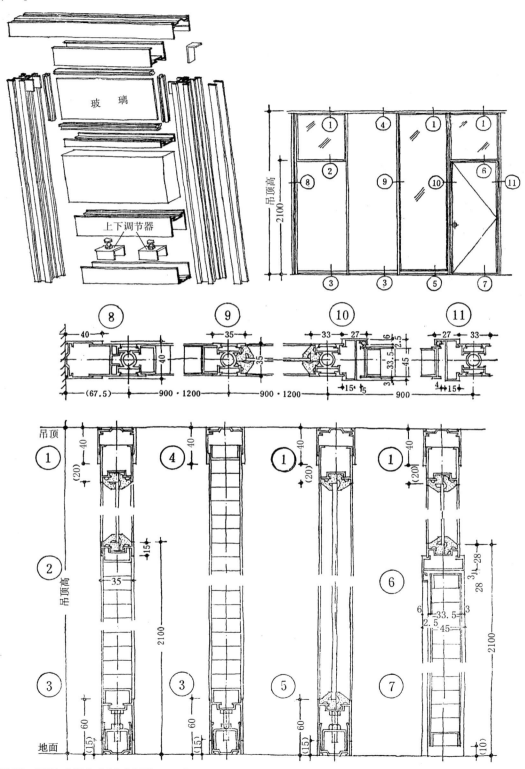

图56 下承式铝合金活动隔墙（日本）

（2）上承式：在梁架下部设隔墙时，可利用梁架作为上端支承，吊住灵活隔断，下端仅设置局部碰头即可，见图57。

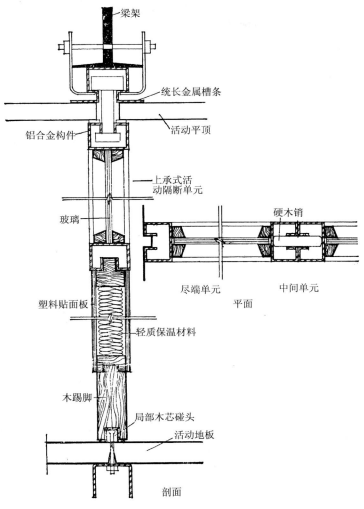

图 57　上承式活动隔断

4. 顶棚

顶棚一般有保温要求，有时尚有吸声要求。除固定顶棚外，为了灵活性尚可做轻便的活动顶棚，并将吸顶灯具组织在内。

（1）固定式

①三夹板保温顶棚见图58。

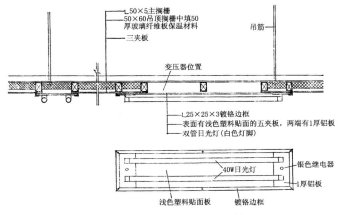

图 58　三夹板保温顶棚（上海同济大学计算机室）

②装饰吸音板顶棚见图59。

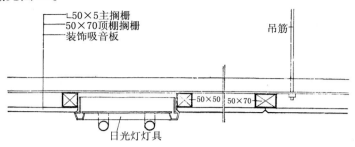

图59 装饰吸音板顶棚（某海洋地质调查队计算机室）

（2）活动式

利用铝合金做顶棚骨架，搁置轻质顶棚板，见图60及图61。

当利用顶棚内空间做送风静压箱时，采用孔板送风方式，其构造见图62。

当利用顶棚内空间做回风静压室时，采用胶合板穿孔回风方式，其构造见图63，此时该室活动地板下空间作为送风静压室。

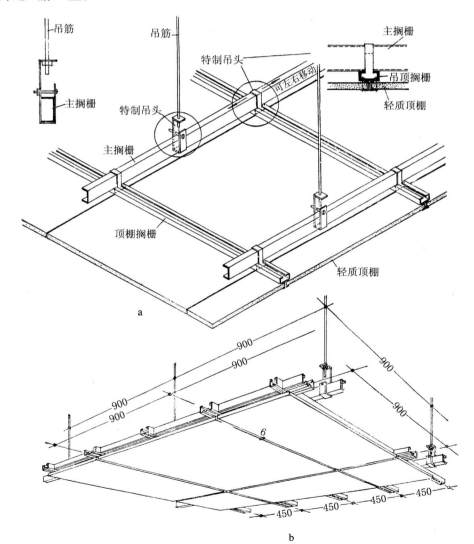

a. 单向顶棚搁栅；b. 双向顶棚搁栅

图60 铝合金骨架活动顶棚

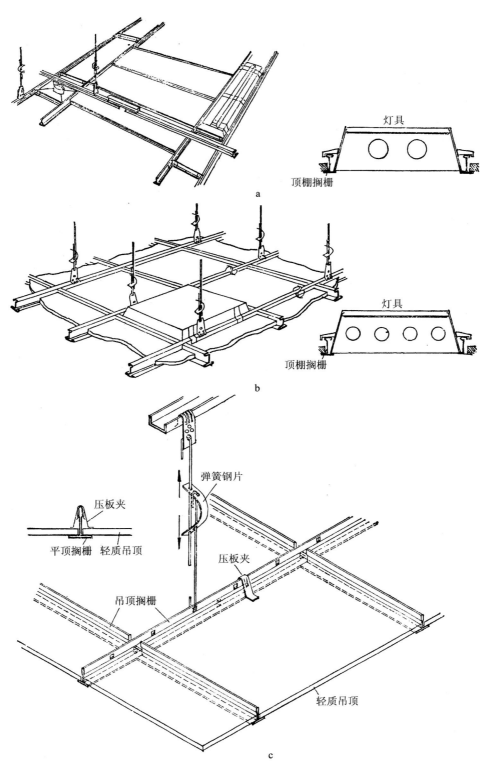

灯具

顶棚搁栅

a

灯具

顶棚搁栅

b

弹簧钢片

压板夹

压板夹

平顶搁栅   轻质吊顶

吊顶搁栅

轻质吊顶

c

a. 单向吊顶搁栅和灯具；b. 双向吊顶搁栅和灯具；c. 另一种双向吊顶搁栅

图 61　铝合金骨架活动顶棚

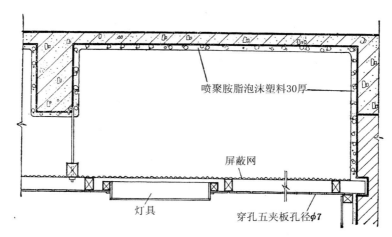

图62 顶棚内做送风静压箱（上海电力设计院电算机房）

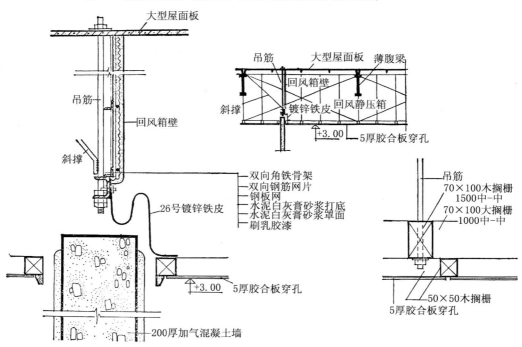

图63 顶棚内做回风静压箱（某工程电算机房）

六 建筑实例

实例1：西德达特蒙市德国计算中心，见图64、图65。

a   b   c

图64 西德达特蒙市德国计算中心外景
a. 南立面；b. 内院；c. 由计算机室向顾客大厅看

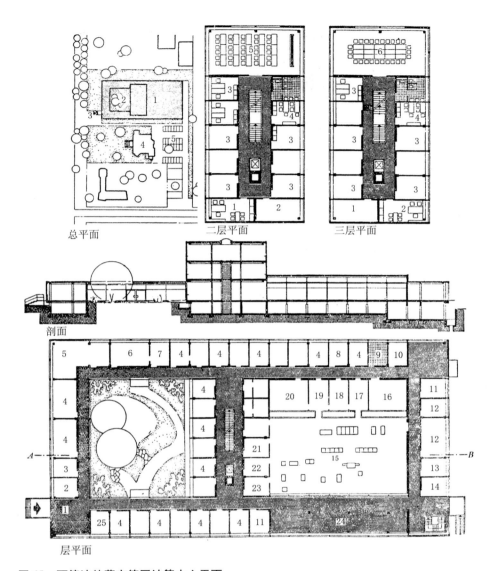

总平面   二层平面   三层平面

剖面

层平面

图65 西德达特蒙市德国计算中心平面

总平面：1. 德国计算中心；2. 内院；3. 入口；4. 原有别墅；5. 停车场
二、三层平面：1. 部长室；2. 秘书室；3. 研究室；4. 休息室；5. 讲堂；6. 会议室、讨
论室一层平面：1. 门厅；2. 门卫；3. 电传打字机；4. 研究室、使用顾客室；
5. 图书室；6. 所长室；7. 秘书室；8. 程序图书室目录；9. 锅炉间；10. 小卖部；
11. 穿孔员室；12. 整备技术员室；13. 清洁用具室；14. 服务主任室；15. 计算机室；
16. 图表绘制室；17. 穿孔卡片收纳室；18. 程序图书室；19. 磁带库；
20. 穿孔卡片库；21. 程序交付室；22. 发送室；23. 程序归还室；21. 使用顾客大厅；
25. 服务部门秘书室

    该计算中心为西德所有大学附属研究所及独立研究所计划内的课题所使用。

    计算机及附属装置在500平方米的大厅内——与操作室、使用顾客室有紧密联系。由于要使计算机能力处于最大最适当的满足状态，因此须在结构与细部方面能使全部计算机在短期内调换。

    为便于研究工作、经营、管理、维护，附属装置、电子计算机房及对外使用用房设计为单层；研究、办公、讲堂、会议设计为三层。

    建筑物采用钢筋混凝土结构，灰色墙面与黑色钢窗在色彩上产生鲜明对比。

    实例2：西德慕尼黑西门子公司计算中心，见图66及图67。

a b c

图66　西德慕尼黑西门子公司计算中心外景
a. 侧立面；b. 北入口；c. 北联系廊

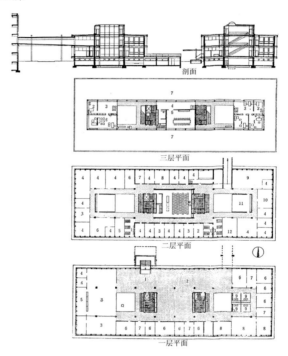

图67　西德慕尼黑西门子公司计算中心平剖面
三层平面：1. 所长室；2. 所员室；3. 秘书室；
　　　　　4. 前室；5. 会议室；6. 办公室；
　　　　　7. 屋面
二层平面：1. 存衣柜室；2. 调整室；3. 前室；
　　　　　4. 研究室；5. 陈列室；6. 决算室；
　　　　　7. 文献室；8. 情报室；9. 会计室；
　　　　　10. 价格表室；11. 自动操作；12. 检
　　　　　验员室
一层平面：1. 门厅；2. 陈列空间；3. 计算机室；
　　　　　4. 值班员室；5. 磁带室；6. 研究室；
　　　　　7. 前室；8. 小卖部；9. 商谈室

建筑物采用密实条形体段，共四层，其中地下室一层、地上三层。计算机室及数据处理室位于底层，进厅较大，用于陈列展览。

二层为办公、文献、研究室及80座位讲堂。三层仅中间芯部升高，作为所长、秘书办公室及会议室。

整个建筑物空间组合比较紧凑简洁。

实例3：美国旧金山国际商用机械公司散塔试验室计算中心与程序编制楼，见图25。

美国国际商用机械公司（IBM）的散塔试验室（Santa Teresa Laboratory），位于美国旧金山的圣约瑟镇。试验室有2000名左右从事编制程序系统与应用的工作人员，有一个计算中心。该计算中心为该公司通用产品部的西海岸数据处理网络及一切现场计算服务。

为了创造一个对2000名程序编制员说来能有便利的个人工作地位，同时又便于程序编制小组集中与重新编组的要求，又要与计算机室、图书馆及食品服务部联系方便，整个建筑群以计算室为中心，分别设计几组程序人员的工作楼。

对于这种布局方式，国际商用机械公司给予很高评价。

（原载《实验室建筑设计》第二章32-88页）

中国建筑工业出版社（1981年）

2 计算机房建筑发展的新趋向——人机分离

吴庐生

我国越来越多的高等学校、科研机构、生产企业建立了规模不同的计算中心或计算站，随着这类新型建筑的大量出现，设计水平也逐步提高，在平面和空间布局、节约能源等方面都作出了可喜的努力。"人机分离"就是计算机房设计的一种新趋向。

"人机分离"是指参加运算的人（即控制台、输入、输出及其他外围设备所在部门）和主机（中央处理单元）、外存贮器（磁盘、磁带、磁鼓）用玻璃隔断隔开，而参观者则在参观廊内活动。这样，管理方便，经济，并能延长价值昂贵的计算机的使用年限。

有些计算站仅允许少数操作员进主机房上机运算，用户只能进入终端或某些外围设备部门。有些科研部门上机运算的人不多，但一般也应该将上机运算人所接触的部门与主机、外存贮器分隔开，而参观者在任何情况下都只能在参观廊内或主机房外面参观。有些教学单位，师生上机的人次多，对机房室内小气候影响大，就更要人机分离。

人机分离的理由如下。

（1）功能要求不同。主机部分是维修人员活动的场所，外存贮器部分是存贮数据和程序的仓库，输入、人工控制台、输出及其他外围设备则是运算人员活动的场所。自从计算机实现分享时间的操作系统和网络化以来，对计算机的使用是一个很大的突破，所有的外围设备可以同时工作、分享时间，同一时间上机的人多了，对主机所处的气候条件影响也越大了，人机就更须分开。

（2）对空调要求不同。主机室和外存贮器室对温湿度的要求严格，一般要求温度20℃±2℃；相对湿度55%±10%（当温度小于15℃或大于32℃；湿度小于20%或大于80%时则须停机）。最好采取机柜送风方式，将送风口设在机柜下面，向上对准机柜送风。控制室、输出设备室、终端室等则可利用余冷余热，采用侧送、顶送的方式，对人体较适合。如人机同在一个空间之内，则人感到过冷，影响长期上机人员的健康。进门缓冲部分也可利用余冷余热过渡，避免由于室内外温差悬殊而感不适。

（3）对防尘要求不同。主机室及外存贮器室对清洁度的要求高，其中外存贮器室要求更高。因为外存贮器室的磁性设备（磁鼓、磁盘、磁带等）受到一粒径5~10微米尘粒吸附后易腐蚀损坏，影响运行和保存，所以要求高效过滤微尘。可以将磁性外存设备室的空调单独成系统循环。但主机室仅考虑中效过滤即可。

引进计算机设备要求活动地板中微正压2毫米汞柱；主机房、数据载体房、绘图机等也要求微正压。中效过滤的空调系统，可将冷热送风组成主机房→控制室及输出设备室→走廊的循环，使室内始终保持微正压，可大大减少尘粒进入室内的可能性。

（4）对照明要求不用。人工控制台、输出设备等与操作控制人员接触的部门，照度要有200~300勒克司。而主机柜部分则要求在维修时能局部照明，平时只要能透过控制室的玻璃看清主机运行情况就行了。在显示装置及讯号灯等处照度要求适当减弱，或加装遮光板。

（5）对防振要求不同。主机房按如下要求考虑：

频率为5赫~50赫时，振幅不大于0.025毫米。

频率为50赫~500赫时，振幅不大于0.25毫米。

冲击负载按2克计算，每次冲击的延续时间不能大于11毫秒，冲击间隔时间不小于10秒。

外存贮器设备对防振要求更高，单独分开后便于设置防振措施，避免操作人员走动时产生的振动损坏磁设备元件。

（6）对噪声隔绝要求不同。为避免产生差错，提高工作效率，控制室要求：

频率小于400赫时，噪声小于75分贝；

频率大于400赫时，噪声小于65分贝。

计算机房噪声源中，最响的是打印机和纸输出设备，噪声级都在75分贝以上，因此除控制室考虑吸音措施或设备本身有吸音罩外，将这些噪声最响的设备再用玻璃隔断分开，也是一个有效的方法，但要考虑信息能通过隔断上的缝隙方便的传递。

"人机分离"的实例有：

1. 上海同济大学计算站。正施工中，目前机型7536，将来7551，建筑面积1543平方米（图1）。

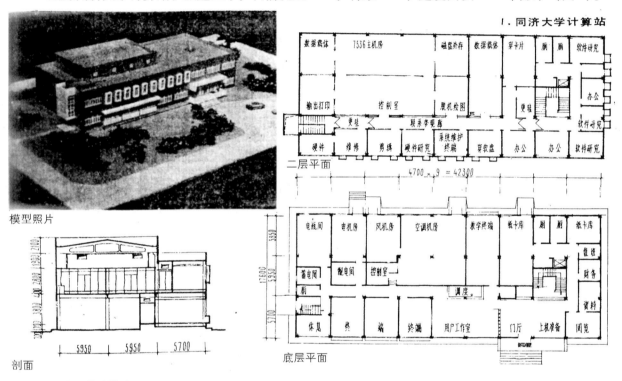

模型照片

剖面

图1 同济大学计算站

该设计用户只能进入终端等外围设备用房，仅少量载体员、操作员、维修人员能进入主机房区。主机室、控制室、输出打印、磁盘外存等均用玻璃隔断分开，空间流通而又互不干扰，磁盘外存着重防尘净化，输出打印着重噪声隔绝。参观者只能在参观廊内活动。设备、物品、信息另有吊井及小吊笼流线。

空调设计采用两个送风系统，第一系统送主机房，采用下送上回方式，余量送给控制室及输出打印等，再通过门上百叶送给参观廊。磁盘外存另设一分支。在平顶内设送风静压箱，采用自净器顶送风口，达到高效过滤效果。第二系统送终端、穿卡、穿软盘、数据载体等房间，采用侧送侧回方式，回风口设在公共走廊内。

该设计在平、剖面空间安排及结构选型上给空调和电源管线提供了简捷的路径。设备用房设在底层，二层为主机房区，沿北墙设条孔及集中空井。屋顶采用空腹屋架及设备夹层，楼层设架空地板。这个设计还考虑到扩建和工艺改变的可能性。（建筑设计：吴庐生 李顺满）

2. 上海复旦大学计算站。目前机型：753和119，将来4341和719，建筑面积3200平方米。已建成投入使用。设计流线分明，分用户上机流线、操作员流线和物品流线（图2）。

该设计将设备用房放在主体建筑之后，用管廊联系，解决噪音与振动问题；设备夹层安装风道及电线管道。调度室与主机房之间有电动小吊笼，传输数据信息。（建筑设计：张德良等）

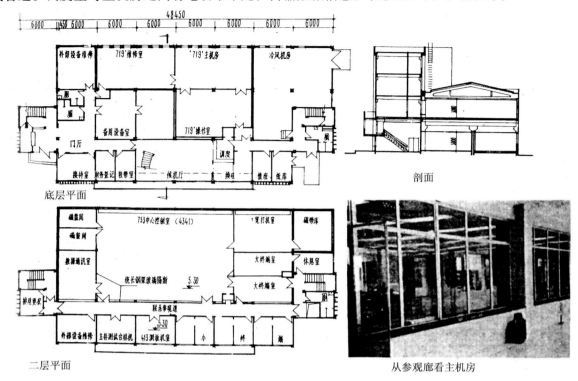

图 2　上海复旦大学计算站

3. 南海地质调查指挥部计算机房。已建成（图 3）。机房三面设有参观廊，此廊尚起保温隔热作用。（建筑设计：何孟章）

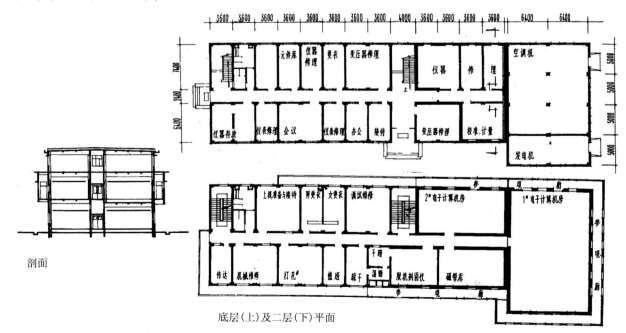

图 3　南海地质调查指挥部计算机房

4. 上海气象局海洋气象台气象科学研究所计算机房。正建造中。机型 260 及 184（图 4）。除将控制室、主机房和磁盘磁鼓室用玻璃隔断分开外，尚设有参观廊。（建筑设计：许祥华　朱新民）

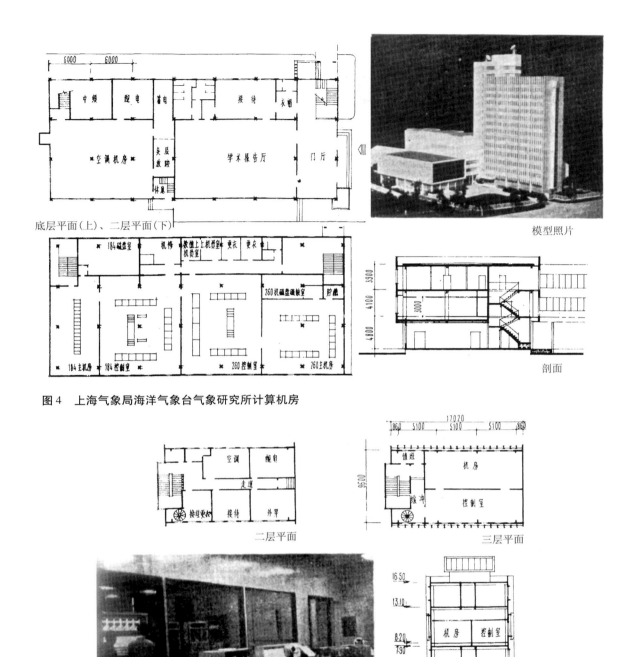

底层平面(上)、二层平面(下)

模型照片

剖面

图4 上海气象局海洋气象台气象研究所计算机房

二层平面

三层平面

从控制室看主机房

剖面

图5 上海轻工业设计院计算机房

5. 上海轻工业设计院计算机房。已建成投入使用。机型719（图5）。主机房及控制室之间用玻璃隔断分开，操作人员透过大玻璃观察主机运行情况。如能在楼梯间走廊近主机房和控制室的一侧开几个玻璃窗口，则能起参观廊作用。目前参观者仅能透过控制室门上玻璃观察内部活动，视野范围有限。（建筑设计：关汉兴）

本文插图由李顺满同志绘制，作者谨向提供资料的同志表示谢意。

（原载《建筑学报》1982年第11期70-73页）

3 建筑结构静力、动力试验室设计

戴复东

一 建筑结构静力、动力试验任务与内容

1. 建筑结构静力、动力试验任务

"建筑结构试验"是建筑结构科学的一个重要方面，它在建筑结构科学的发展中起着重大作用。它的任务是对结构物、结构组合件、结构单个构件或整体、单件模型等试验对象，使用仪器仪表设备及特定的试验技术。在荷载作用下，量测与结构工作性能有关的大量参数，从强度、刚度及抗裂性等方面的特点，来判明建筑结构的实际工作性能、估计结构物的承载能力、确定该类结构对使用要求的符合程度，并用以检验和发展结构和构件的计算理论。

随着科学技术的高速发展，城乡建筑物日新月异，多层建筑、大型建筑综合体、高层建筑、大跨建筑等得到蓬勃发展。随之而来，必须要研究地震的破坏、风力的影响、大型机器设备运转所产生的振动与冲击、以及国防建设方面的抗爆问题等，来确保人民生命财产的安全与保障社会主义建设事业的顺利发展。

这些问题比较复杂，设计时在进行理论计算分析研究之前，通常都要进行振动试验。有些实际参数如材料恢复力等动力特性，一定要通过试验才能得到，并在此基础上抽象得出力学模型来进行理论研究。而理论分析结果是否正确，最后还得通过振动试验和工程实践的检验。所以，结构的动载试验与振动测试研究工作是目前解决建筑工程中抗震与振动问题的重要方法之一。

为了发展建筑结构科学，还需要进行大量科学研究性试验。它的目的是检验结构设计计算理论，验证各种科学假定的正确性。这类试验应当在专门的结构试验室内进行，因为这里具备各种试验条件，能减少或消除周围环境对试验结果的影响，并能突出研究的主要方向，排除对结构实际工作有影响的次要因素。结构试验的应用日益广泛，现在几乎每一个重要的新结构都经过规模或大或小的试验才投入使用；建筑结构理论的发展也愈益与试验研究紧密联系，所以对结构试验工作提出更高要求。

由此可见，建筑结构静、动力试验的任务是：进行静力和动力试验，以及在试验基础上的科学研究。建筑结构静、动力试验室就应当为完成上述任务而创造必要的条件。

2. 建筑结构静力、动力试验内容

（1）结构静力试验

分结构检验与结构试验两项内容。

①结构检验：检验结构的质量，说明工程的可靠性；判断具体结构的实际承载能力，为工程提供数据资料；处理工程事故，提供技术数据。

②结构试验。用以研究结构及对新结构整体或局部进行探索性试验。

以上这些试验和检验除必须在生产或施工现场进行外，一般都在结构试验室内进行，如梁、板、柱、桁架、墙体、拱、壳体、折板、网架、索结构等各种结构的实物（真型）或模型试验（图1、图2）。

（2）结构动力试验

结构动力试验是测定振动作用或振源的特性；结构及其部件的动力特性；结构在动载作用下的

反应。

结构模型的动载试验：对于抗震结构试验可以在抗侧力试验台座上进行，也可在模拟地震台上试验，这时对结构模型所施加的动荷载要求模拟地震振动的运动规律（图3）。对于承受风载为主的结构，可以在风洞内进行模拟试验（图4）。

图1　结构实物静力试验

图2　结构模型试验

图3　结构模型模拟地震的动力试验

图4　建筑模型在风洞内的模拟试验

结构构件的疲劳试验：测定结构的疲劳特性。承受特殊动载作用的结构，在冲击波或模拟撞击荷载作用下进行试验，有的可在特制的模爆器内进行。

二　建筑结构试验过程

1. 进行结构试验的规划与组织工作

2. 结构试验前的准备工作

包括设备及仪表附件的加工；试验场地的清理，试件的制作、养护与安装；试件检查；设置各种型钢制作的仪表支架、交通过道支架及安全支架（图5）；准备荷载；安装和校正加荷设备；准备仪表；校正并安装仪表；对试验人员进行训练。

结构试件的安装一般与实际安装条件相同，同时要方便测读仪表与观察检查。仪表支架要求有一定的刚度，必须与安全架、脚手架分开，以保证试验过程中能够较好地测得结构变形的数据。这样，在试验台上进行多组试验时，各需要不同大小的空间与范围，地位也不固定，因此试验台座就应当为安置、准备、运输等活动的灵活性创造条件。

在构件准备工作中，一部分构件由预制构件加工厂、工程工地或由委托试验的单位用交通工具运送前来。

另一部分构件，如上述各种类型的小型、特殊构件或砖石墙体则是在试验室内制作。这样就要在试验室进行铆、焊、切割、钢筋制作、扎接、搅拌混凝土、浇筑混凝土、养护、现场砌筑砖石砌体、木料加工制作等活动。

在采用模型试验时，一般用细石混凝土作为构件模型材料，此外也用钢、石膏、有机玻璃、硬质聚氯乙烯等材料制作，这样试验室内就应当设有制作这种材料模型相应的工具和设备。

构件制作时要在构件内设置应变片等传感器（图6）。钢筋混凝土构件为了便于观察和记录裂缝，试验前应将试件表面刷白分格。这样，除去正式的试验台外，还应有足够的室内操作空间。

图5　在试验台上设置支架　　　　　图6　工作人员在贴应变片

3. 建筑结构正式试验

一般按预定的时间、加卸荷载的次序与数量、预定量测观察的顺序来进行。

（1）结构试验的加载方式

①静力试验。重力直接加载方法：结构固定在试验台座上，将重物荷载直接堆放于结构表面，如金属块、砖、石、砂和水等。由于荷载是一定数量的散置物，因此加载的搬卸方式及周围临时堆放场地要加以考虑、安排，但在试验室里这种方法较少采用。

液压加载方法：是一种较好的加载方法，利用液压加载器（千斤顶）产生较大荷载。有单个千斤顶和同步液压加载系统（图7）。

图7　同步液压加载系统

a. 液压千斤顶；b. 同步液压千斤顶在加载中

在现代化的结构试验中一般都采用这种方法。千斤顶有各种规格，具有不同大小的压力，一般从几吨到数百吨。在试验室内一般有相当数量的千斤顶，因此要设有存放和维修这些设备的地位或房间。

此外还有试验机加载方法，如长柱试验机，万能试验机等，这些是将金属支架与加载设备组合在一起的机械（图8、图9）。

图8　长柱试验机　　　　　　　　　　图9　万能试验机

②动力试验：动力荷载的规律比较复杂，有固定荷载、移动荷载和特殊荷载三种，比较简单的方法有：

张拉突卸法：用钢丝绳系于结构物上，开动绞盘，用钢丝绳牵拉结构物，使其产生一个初始静位移，当拉力达足够大时钢丝绳断开，突然卸荷，结构便开始作自由振动。

突加撞击法：是用重物（例如金属块）下落或横向运动，使结构在瞬间受到冲击，产生一个初速度，然后做自由衰减振动。

采用以上两种加载方法时，周围须留有足够空间，一方面便于安置绞盘或提升、移动重物，同时在绳索突然拉断或重物撞击时，不致对人与物的安全产生影响。此外还可以使用机械式偏心起振机、电磁激振器、液压疲劳试验机等。

电液伺服起振机是近代抗震工程研究的一种现代化起振设备，它有一个平台作为惯性质量，装置在低摩擦力的滚动导轨或连杆上，平台上安放试件。利用伺服阀控制激振器，使试验的结构物产生振动，特别适用于模拟地震波加载，可参见图17、图19。

目前国外有的试验采用大吨位大型结构试验机进行柱、墙以及桁架的荷载试验，有的甚至可达数千吨。在利用台座进行加水平荷载试验时，台座上应设有推力墙或反力架（图17）。推力墙刚度大，变形小，同时在试件破坏时可以起安全防护作用，但位置固定不够灵活。

（2）结构试验的试验对象和手段

在研究结构弹性阶段的工作，多采用小比例模型试验，模型材料以塑料为主，其他尚有变色塑料、石膏及有机玻璃等，测试手段用电测法、光弹法、全息摄影及声学试验等。

在研究结构的非弹性工作状况，多采用大比例模型试验，主要材料用细石混凝土和砂浆，如国外曾做过反应堆高压容器的 1/5 比例的细石混凝土模型试验，内压力有 45 个大气压；以及跨度 45.5 米预应力大梁的 1/25 比例的细石混凝土模型试验。

为适应整体结构的科学研究，例如研究多层房屋在水平荷载作用下的工作机理，在现场难以进行，则在试验室内做多层房屋足尺真型试验。例如有些国家能进行五层楼足尺大小房屋的大型试验。

因此在条件许可时，试验大厅最好能有较大空间，可以随着科学技术和生产的发展，根据需要进行大型、尖端建筑结构试验。

（3）结构试验的测试技术

为了取得建筑结构试验的量测项目，在试验中需要应用各种仪器、仪表，有机械式、电讯式、光学、声学及复合式等仪器、仪表（图10），它们是人们手与感官的延伸。测试过程可以分成以下几个步骤：

①结构受外力后所产生的内部应力和材料变化转换为可测物理量，用数字或图像表达。如使用倾角仪、千分表、百分表、裂缝观察仪、应变片、静态电阻应变仪、示波器等等。

②记录并存贮记忆上述物理量。如使用函数记录仪、磁带记录器、自动数字记录仪等等。

③将上述物理量的数字或图像进行分析、处理，给出必要的结论性数字或图像。

④必要时用得出的结论性数字或图像再指挥结构试验。

图10　部分测试仪器仪表

在测试中使用的仪表分携带式与固定式两种，前者需要有专门存贮和维修的房间，后者固定装置于专门观察与控制测试的房间中。

在各种仪表中，须将非电量转化为电量的要设置电源。

随着现代工业和科学技术的发展，特别是电子技术的进步，目前电测技术已越来越广泛地得到应用。测试仪器发展的方向是：仪器高精度、小型化，测试手段多样化、自动化。此外还可以利用电子计算机进行数据自动化分析处理，可用电子计算机控制数据采集器，由控制器编制程序，选择操作方法，如标准度改变，非线性修正，越线报警，测点越线转移等。

所以，上述试验测试步骤今后发展的方向是：逐步并最终全部实现自动化操作。如果实现自动化或大部分自动化，则测试过程将大量使用数控及模拟计算机和测试仪表。这些精密的机件仪表都在使用和维护上有较高要求，应设置专门的控制室与试验大厅分开，这些控制室实际就是电子计算机室。

4. 测试的最后工作

目前，建筑结构静、动力试验结束后，还有两项重要的工作要做。一个是测试资料的整理分析研究；另一个是试验后的构件处理。测试资料的整理分析研究，目前一般由工作人员用手工或电子计算机对采集数据专门进行整理分析和研究，这一工作可以在试验室内也可以不在试验室内。但以在试验室内进行适时数据处理较好，如有需要还可以在试验现场核对试验结果。试验后的构件处理，是将构件或模型，从试验台座上拆卸下，运出试验室加以保存、处理，或粉碎销毁作为垃圾处理。因此，这些试件和模型的搬运工具、垃圾清除场地、道路都应妥善设置。

三　建筑结构试验的主要设备

1. 静力及侧力试验台座

主要用于液压加载方法，是整个加载系统中的一个机架组成部分（机架除台座外还有加载架），它是一般建筑结构试验室最基本的设备。

（1）静力试验台与试验室地坪关系

①与地面相平（图11）

目前国内绝大多数试验室采用这种方式，它的优点是：可以充分利用试验室地坪面积，台座大小可以富有灵活性；对水平方向物件的搬运比较方便；台座区与非台座区水平运行交通有利。它的缺点是：台座结构本身埋于地下，对型钢防潮不利；槽路内垃圾清除不方便；各种电测仪表接线拖于地面上，不够安全；测试活动易受影响。

②高出地坪（图12）

这种方式的优点是：试验区划分比较明确，不受周边活动及水平交通穿行的影响；台座结构高出地面，施工较方便；型钢防潮较好；电测仪表接线插头可装置于台座侧边，使用方便。在高等学校中采用这种方式，便于向学生进行讲解示范教学。但它的缺点是：灵活性受一定的限制；水平方向构件的搬运不够方便；台座区与非台座区水平运行交通不太方便。

图 11　试验台与地面相平　　　　图 12　试验台高出地坪

以上两种方式各有利弊，都是可行的方式。

一般说来试验台的长度可以从十米到数十米，宽度也可达到十余米。台座的承载能力一般在20～50吨/平方米，应能同时进行好几个结构的试验。静力试验台能用于作垂直方向或水平方向的加载试验。试验台的面积大小与承载能力主要取决于试验室的规模与试验任务的要求。

（2）静力试验台构造

静力试验台按构造一般可以分成下列几种。

①槽式试验台

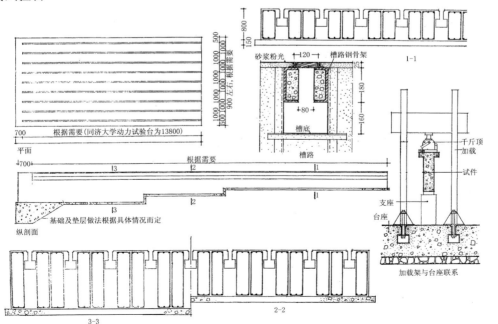

图 13　槽式试验台平、剖面

这是目前国内用得较多的一种试验台座，它沿台座纵向全长布置几条槽路，一般为 1 米中距，该槽路是用型钢制成的纵向框架式结构，埋置在台座的混凝土内（图 13、图 14a）。槽路的作用在于锚固加载支架，用以平衡结构物上的荷载所产生的反力，如果加载架立柱为圆钢制成者，可直接用两个螺帽固定于槽内。如加载架立柱用型钢制成，则在其底部设计成钢结构柱脚的构造，用底部螺丝固定在槽内（图 14b）。在试验加载时，立柱受向上拉力，所以要求槽路的构造应当和台座的混凝土部分有很好的联结，不致被拔出。

这种台座的特点是：加载点位置可沿台座的纵向任意变动，不受限制，以适应试验结构加载位置的需要，但横向间距固定。

图 14　槽式试验台实物
a. 槽路端部；b. 支架固定在槽路内

②底脚螺丝式试验台

这种台座的特点是：在台面上每隔一定间距设置一个底脚螺丝，螺丝下端锚固在台座内，其顶端伸出于台座表面特制的圆形孔穴中（但略低于台座表面标高）。使用时用套筒螺母与加载架立柱连接，平时可用圆形盖板将孔穴盖住，保护螺丝端部并防止脏物落入孔穴。这种台座的优点是：可以设计成普通预应力钢筋混凝土整体结构，节省材料。但缺点是螺丝受损后维修较困难。

③箱形试验台座（图 39c）

这种台座的规模较大，箱形基础本身构成台座，在箱形结构顶部的上层板上纵横方向按一定间距留出贯穿洞孔，以便螺栓穿过洞孔来锚固在台座上的加载架立柱。台座结构本身也就是试验室的地下室，工作人员也可以在箱形结构内部进行控制操作。

以上这三种试验台座各有其优缺点，在建筑设计时应当结合试验要求，根据具体情况加以选用。

2. 动力试验台

结构动力试验要对材料和结构作高周疲劳和低周疲劳试验。

（1）高周疲劳试验机

用于试验材料或结构长时间在外界荷载影响下的疲劳强度试验，如行车梁等。这种试验需反复加荷，试验时间长，在试验室内连续三班进行，可能需达数月之久。这种试验多数在疲劳试验机上进行（图 15）。

疲劳试验机有的有独立基座，有的放置于槽路中。

（2）模拟地震振动台

用于进行低周疲劳试验，地震对材料及结构的影响属于低周疲劳。水平推力的低周疲劳试验可以在槽式侧力试验台上进行。属地震型低周疲劳试验在模拟地震振动台上进行。

模拟地震振动台工作框图如下（图 16）。

 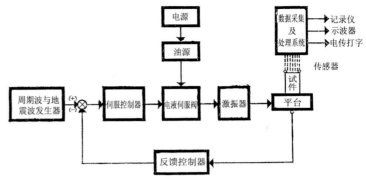

図 15　疲劳试验机　　　　　　　图 16　模拟地震振动台工作框图

　　模拟地震振动台为一平板（可用钢制、混凝土制或铝合金制），承载于既可作水平移动又可作垂直移动的静压导轨或连杆之上，带有电液伺服阀激振器。输入信号（周期波、地震波）控制电液伺服阀流向激振器的流量大小和方向，从而带动振动台作水平和垂直方向运动。振动台装有传感器，将台子的运动参数反馈输入到伺服阀的控制器中，以形成闭环系统。

　　振动台必须安装在质量很大的基础上，其重量一般为激振力（有的用试件荷重）的 10～30 倍左右。基础底部及四周要采取隔振措施，如设防振沟、砂垫层、装置橡胶或金属弹簧等等。

　　振动台有单向运动（水平或垂直）、双向运动（水平—水平、水平—垂直），也可以有三向运动。国外目前盛行的有单向和双向运动。日本鹿岛建设技术研究所建造的振动台就是水平垂直同时加振式振动台（图 17）。

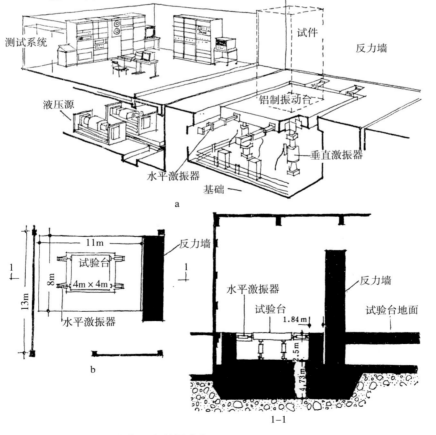

图 17　日本鹿岛建设技术研究所振动台

a. 系统透视；b. 振动试验台平面

它在大型试验室内占用 11 米×8 米范围，装置一个 4 米×4 米的铝制振动试验台，重 8.5 吨，试件最大重 20 吨。

试验台的支撑采用四个各 20 吨推力的垂直复式激振器和四个各 10 吨推力的水平激振器。由于水平方向有 40 吨、垂直方向有 80 吨激振力，当试件较大、重心位置较高时，可以充分抵抗试件和平台的倾覆。液压动力为 210 千克/厘米^2，416 转/分×2。

最大位移：水平±150 毫米，垂直±75 毫米。

最大加速度：水平 1.2g，垂直 2g。

倾覆力矩：110 吨·米。

频率范围：0～30 赫。

模拟控制：闭环伺服控制。

数字控制与数据采集：

PDP-11/45 型数字计算机

$$\begin{array}{lll}
\text{A/D 转换器脉冲调制 20kHz} & \times 80\text{CH （通道）} \\
\phantom{\text{A/D 转换器脉冲调制 }}200\text{kHz} & \times 2\text{CH} \\
\text{D/A 转换器} & \times 4\text{CH}
\end{array}$$

测量检测系统：加速计（伺服型）　　×42CH

动力应变计　　　　　×40CH

位移计（伺服型）　　×20CH

光学观察计（水平、垂直）　×1CH

×102CH

它的工作原理如图 18 所示。

振动台邻接大型结构试验室，与操作室用玻璃隔断隔开，并附有研究室。振动台旁为反力墙，反力墙作为水平推力反力支架之用。台座下为箱形基座，与反力墙基础地下试验室部分反力地坪连接在一起，有极大的刚度及质量。振动台基础重约 3000 吨，而全部地下室重约 4000 吨，共重约 7000 吨。

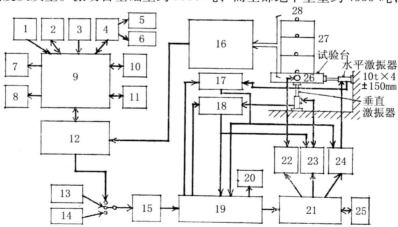

图 18　日本鹿岛建设技术研究所振动台工作原理框图

1. 电传打字机；2. 纸带阅读及穿孔；3. 卡片阅读；4. 频率分析系统；5. 示波仪；6. I/O 接口：A/D 2CH、D/A 2CH；7. 打印描图机；8. 彩色示波管屏幕；9. 数控系统：PDP 11/45 32kW（16bits）、PDP 11/40 24kW（16bits）、浮点处理机、实时时钟；10. 盒式磁盘记忆装置；11. 磁带；12. I/O 接口：A/D 80CH、D/A 4CH；13. 函数发生器；14. 数据记录器；15. 程序选择；16. 振动测定系统：加速计 42CH、动力应变计 40CH、位移计 20CH、滤波器、电磁录波仪、示波仪；17. 水平控制器；18. 垂直控制器；19. 控制台；20. 示波仪；21. 液压动力源 416 转/分×2；22. 液压轴承控制器；23. 垂直伺服控制器；24. 水平伺服控制器；25. 冷却器；26. 液压轴承；27. 试件，最大重 20t；28. 传感器

此外，美国加利福尼亚大学李奇蒙考察站的振动台为 6 米×6 米（图 19），可试验一亿磅重结构荷载。振动台为钢筋混凝土与预应力混凝土制作，厚 30 厘米，台面中部有十字形交叉肋，下部突出台板底约 50 厘米，宽 30 厘米，另有对角交叉肋，突出板底 10 厘米，宽 30 厘米。采用钢筋混凝土振动台面的优点是：造价省，有较高的阻尼。

振动台采用液压激振器。水平方向由三个各 5000 万磅液压激振器起振，各有 10′-6″（3.15 米）长，与台座的一根纵向肋相联系，位移±15 厘米，共 30 厘米。垂直方向由四个各 2500 万磅液压激振器起振，各有 8′-8″（2.42 米）长，与台座四根对角交叉肋联系，位移±5 厘米，共 10 厘米。在试验时能保证水平方向位置。两组激振器中水平方向用流速 25 英寸/秒的 200GPM 的伺服阀，垂直方向用流速 15 英寸/秒的 90GPM 的伺服阀。

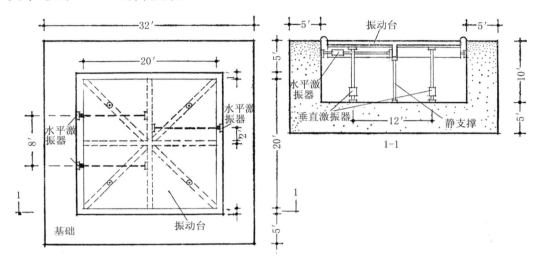

图 19　美国加利福尼亚大学李奇蒙考察站振动台平、剖面

该振动台的特点是：台与基础边用 60 厘米宽覆有尼龙织物的乙烯带将箱形基础密封，内有较大空气压力，台面及试件静载由台内外空气压力差抵消。箱形基础内入口有两个空气闭锁小间。平衡静载空气压力差为 1.55 磅每平方英寸，最大压力不超过 4 磅每平方英寸，因此垂直方向激振器只支承振动台的加速力。

最大加速度：水平 1.5g，垂直 1g。

全部操作用电子系统控制。

目前，世界上最大的地震振动台是日本国家灾害防治研究中心（科学技术社）的地震振动台，台面大小为 15 米×15 米，最大荷载 500 吨，台面为焊接钢结构（图 3）。

四　试验室内容

1. 试验大厅

可以根据不同的试验内容分别设立若干个试验大厅，也可以在一个大厅内进行各种试验。一般说来试验大厅应当是一个较大的空间，平面尺度能够安置试验台座，及其他有关的结构试验机械，如压力机、长柱压力机、疲劳试验机、振动台等，能够进行各种一般或专门的结构试验，并应当有足够的辅助操作活动用地、交通运输通道、堆放杂物场所，以及试件破坏时周围安全防护地带。它的高度应当满足台座上计划最大的结构试件在试验时的高度要求。由于各种试验用构件的尺度及重量较大，各种金属加载支架的重量及尺度也较大，因此在大厅内为了便于搬运、装卸，需装备有起重运输机械，如吊车等。这样，大厅平面除特殊需要采用圆形或其他形式外，通常采用单层工业厂房的形式。

在静力试验台座采用箱形基础的情况下，控制室及部分附属用房可以安置在箱形基础内。如有振动台则应考虑设置台座基础、液压设备、泵房及管道，对试验大厅地下部分应细心设计。

第二篇　建筑理论

试验大厅也可以根据试验内容的不同分设几个试验厅，如将静力试验与动力试验分开。此外，如风洞或其他试验也可以单独设室。

风洞装置需要较大空间，它是由一台风扇（鼓风机）在一个直条形或环状管道内吹风，管道工作断面一般为 2 米×2 米左右。根据需要可以在内部装置屏幕、围墙，形成所需要的气流及风速。在管道内底面适当的位置上装置转动试验台，上面放置建筑物或结构模型。将试验台转动，以试验风力从不同角度对结构的动力影响。风洞装置示例见图 4、图 20。

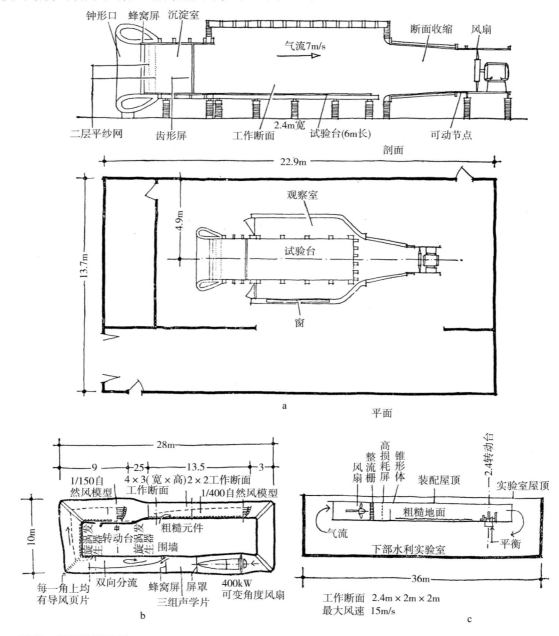

图 20　风洞装置示例

a. 英国国家物理研究所风洞（1964 年建）；b. 澳大利亚莫纳希大学 400kW 风洞平面；c. 澳大利亚悉尼大学土木系风洞

由于各种试件进出试验大厅运输的需要，大厅的大门要有较大的尺度。为启闭方便，可采用水平推拉的大门，承重滑轮及轨道位于大门下部；也可采用钢卷门（图 21）。

a   b

图21 试验大厅大门

a. 木制水平推拉门；b. 钢卷门

    大厅地面一般均采用混凝土整浇地面。但是为了适应试验项目、内容、设备发展的可能性，也可以采用预制拼装地面，一般可采用六角形或方形混凝土预制块，当需要时地面可以拆移而不造成损失，由于一般预制构件精度不高，采用六角形往往比方形容易收到整齐美观的效果。

    试验大厅应当有足够的采光面积，但最好阳光不要直接照射至试验台上，以免影响试验工作。此外大厅应当有良好的通风条件。

    2. 辅助用房

    （1）仪表控制操作室

    操作室装置有多种电子仪表，试验台座上各构件加载后所受应力情况可以通过线路连接至操作室内，在控制台上读出数据（图22）。

    仪表操作室与试验大厅内的试验台应有紧密联系，目前有两种联系方式，一种是操作室位于大厅一侧，室内地坪与试验台高度相平，操作室与试验大厅之间装置大玻璃窗（图15、图23），以便使操作人员可以从操作室内无阻碍地观察试验台上试验进行情况，以及试验大厅内活动的情况。

    这种仪表操作室室内应按电子计算机房要求进行设计，可详见本书电子计算机房章节。

    另一种方式是采用箱形台座，利用台座下空间作为操作室，它的优点是台座上各种电测仪表接线直接从上至下，连接方便，不互相干扰，虽然操作人员不能直接观看试验台座上的试验情况，但可以装置闭路电视，达到监控的要求。

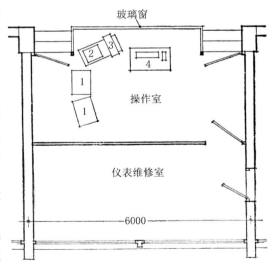

图22 同济大学结构试验室试验操作室室内布置

1. ZP100-3 自动平衡转换箱；2. 614-A 1KVA 型电子交流稳压器；3. SB-14 示波器；4. YJS-8 静态数字应变仪操作台

225

第二篇 建筑理论

（2）泵房

在试验时，液压加载设备简便、作用力大、加载卸载安全可靠。目前一般可以采用简易变荷同步液压加荷试验设备，它是由电动高压油泵、千斤顶、高压油管及测力装置等部件组成，整个系统是：高压油泵将油通过内径为 6 毫米钢丝缠绕高压胶管，打入加荷千斤顶，施加荷载，在校验千斤顶处装置有荷重传感器，通过电子秤直接读出加荷吨位数（图 24）。高压油泵装置在泵房内。由于泵操作时有噪声及振动，因此泵本身应有防振隔声基座，泵房内最好有吸声或隔声装置。

（3）贮藏室

由于试验中千斤顶、仪表及其他工具很多，此外接线、临时支撑等也很多，因此需要面积较大的贮藏室，这些贮藏室可以分开设置，如：

①仪表贮藏室：机械仪表一般较小，可放置于仪表架上或橱中，分门别类保管。电讯仪表则应考虑防潮、防晒、防尘、防振、安全等要求。电讯仪表贮藏室可以放置于楼上，但应考虑上下搬运仪表方便。

②设备贮藏室：由于试验台上可以同时进行各种试验，因此需要数量较大的千斤顶和各种加载或机械设备，在不用时应有专室贮藏。一般重的可放置在地面上，轻的可放置于架子上，以充分利用空间。

③工具、材料贮藏室：在做试验安装时，为安全和紧固，需要一系列零配件、紧固件，如型钢、垫板、螺钉、螺帽，此外各种测试仪表临时所需接线、插头，以及安全保护工具材料等也需贮藏。

图 23　操作室观察窗

图 24　简易变荷同步液压加荷试验设备

（4）机修间

为各种机械设备、仪器的修理、零件制作，应当有简单的机具，如车床、钻床、钳工操作台，并应装置有电焊机等。

（5）仪表修理室

修理电工仪表，应紧邻仪表贮藏室。室内放置各种调试仪表，及各种修理工具、材料等。

（6）标准振动台室

放置标准振动台，标准振动台是动力试验室的计量装置，发生标准振动，以标定拾振器等各种动测传感器，对较大型的动力试验室应当具备这一设施，本室要求防振。

（7）配电间

在动力试验室内，高压油泵需要很大的动力驱动，有时可达数百乃至数千千瓦，因此要设置单独的配电间。

3. 工作人员研究室及图书资料室

为了工作人员试验及研究方便，研究室最好能分隔成小间，可以安静，利于试验及研究专题分组。图书资料室根据规模大小可以将阅览与图书资料存放分开或合并安置。

五　建筑组合

建筑结构静力、动力试验室以分别设置较宜，在组合上以各试验大厅为主体，其他附属用房、工作人员研究办公用房等一般贴附各试验大厅布置，对一个试验大厅而言，它的具体组合方式有以下几种（图25）：

1. 单边邻贴方式（图25a）

附属用房、工作人员研究办公用房等房间紧贴试验大厅一侧，根据用房多少，可以布置为单层，也可以布置为多层，大厅主体一般为南北朝向，附属等用房可以朝南，但应从剖面上考虑试验大厅有足够的采光通风。

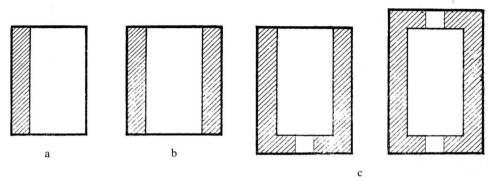

a. 单面邻贴组合；b. 两面围蔽组合；c. 三面或四面围蔽组合

图25　单个试验大厅的组合方式

2. 两面围蔽方式（图25b）

附属等用房可以安置在试验大厅的两侧边或一侧边一端边，但端边房屋开口应考虑试验大厅大门高度与宽度不被遮挡。

3. 三面或四面围蔽方式（图25c）

附属等用房安置在试验大厅三面或四周，但端边试验大厅大门不应受遮挡。

当附属等用房面积较大时，可以布置成多层，楼层用房在没有特殊寂静要求的情况下，靠试验大厅一侧墙体可以改用栏杆，以便于参观试验情况（图26）。

研究用房因为要便于工作人员进行研究工作，因此要避免试验大厅及其他用房的噪声干扰，所以最好能与试验大厅分开设置，但又应互相紧邻，既便于分隔，又便于联系。

如果有多个试验厅，则应考虑各试验厅本身在交通流线、通风、采光、日照、振动等各方面互相

图26　楼上观察廊

联系与排斥的要求，并结合各试验厅附属用房地位安置的需要与可能，安排各互相位置，使其成组、成群，实体与空间互相交织、衬托，或参差，或整齐，以使整个建筑群能够组成一个完整统一的有机体。

六　建筑实例

1. 同济大学建筑结构静力、动力试验室

（1）静力试验室

静力试验室于1957年建成，内容有试验大厅、万能试验机室、库房、办公室、试验室等（图27、图28）。

试验大厅跨度 15 米，6 米开间，共七个开间。采用 1.2 米高薄壁梁结构，大厅吊车轨顶高 9 米，薄壁梁底高 10.5 米。有一台 5 吨地面操纵行车（图 29）。

大厅内试验台座尺寸为 9 米×16.5 米，高出地面 48 厘米，有七条槽路。

控制室位于试验台一侧（图 23），为后来所改建。

大厅地面采用六角形混凝土预制块，以后，在大厅西北角添置了一台 200 吨长柱验机，地面仅将必要部分的预制块搬移，不影响其他部分，比较方便。

大厅南面附属用房楼上走廊采用开畅式，便于楼上房间与试验大厅及试验台联系，同时也可以在走廊上观看试验情况。

a 结构试验室、静力试验大厅

b 动力试验大厅及二层研究楼

c 静力试验大厅南立面

图 27　同济大学结构静力、动力试验室主立面外景

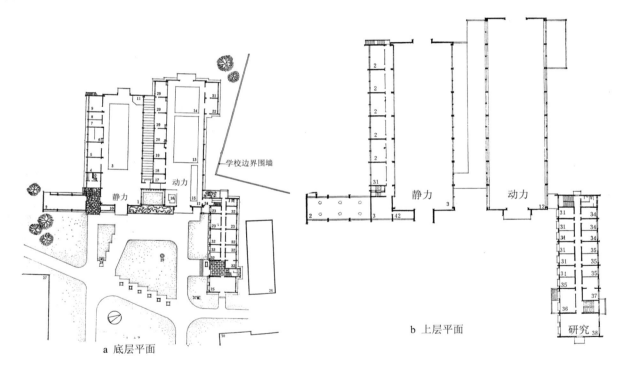

a 底层平面

b 上层平面

图 28　同济大学结构静力、动力试验室平面

1. 静力试验大厅；2. 万能试验机室；3. 静力试验台；4. 材料库；5. 工具间；6. 操作室；7. 仪器贮藏；8. 千斤顶贮藏；9. 机修间；10. 值班室；11. 长柱压力机；12. 动力试验大厅；13. 侧力试验台；14. 振动台；15.50 吨疲劳试验机；16.55 吨疲劳试验机；17. 准备室；18. 材料工具室；19. 材料试验室；20. 控制室；21. 高压泵房；22. 配电室；23. 研究室；24. 门厅；25. 桥梁试验室；26. 学生食堂、仓库；27. 校印刷工厂；28. 路灯；29. 电源接线盒；30. 学生食堂；31. 科研办公；32. 弹性偏光仪；33. 配电间；34. 仪表室；35. 研究生室；36. 仪表调试室；37. 激光测试室；38. 教学模型室

图 29　同济大学结构静力试验室试验大厅内景

　　试验大厅大门高 5 米，宽 5.5 米。采用两扇木门，经过二十年使用实践证明：大门很轻，效果较好。

　　万能试验机室与静力试验大厅垂直布置，为避免东西晒，仅开两条通风窗，顶上装置圆形小天窗六个。根据实际使用情况看，效果尚佳。

　　试验室门厅有五个主要交通方向。大、小试验厅在门厅两侧，楼梯位于当中，由于起始踏步与主梯段垂直，梯下用作边门出口，因此采用三折楼梯。地面采用红石板拼砌，以期达到整齐中有变化，机械中求自然的目的（图30）。

a　　　　　　　　　　　　　　　b

图 30　门厅
　　a. 厅内向外看；b. 楼梯

　　试验室外墙采用红清水砖墙与白色石灰粉刷混水墙，钢筋混凝土梁用水泥粉刷，利用建筑材料自然色彩、质感，根据试验室本身空间体型比例，组成富有试验室特性的建筑外观。

　　静力试验室建筑面积共 1300 平方米。

　　2. 动力试验室

　　1979 年建成。

由于基地北面围墙与食堂附属用房的制约，将动力试验室置于静力试验室北部，并列放置。但这样布局，两座试验大厅距离较近，为消除动力试验室对静力试验室采光的遮挡，建筑处理上在动力试验室南墙中部设白色粉刷砖墙，一方面可以使南面日光不致太多地射入动力试验大厅内，同时白色墙面又可以对静力试验室形成较大的反光面，从建成后的实际情况来看达到了这一要求（图31）。

动力试验室试验大厅南部仅一层辅助用房，而将研究室与试验大厅脱开（图27b）。

试验大厅跨度也是15米，结构采用预应力钢筋混凝土组合桁架，6米开间，共八个开间。行车轨顶10.8米高，桁架底12.8米高。

试验大厅内有侧力试验台，9米×16.5米，高出地面36.5厘米，有七条

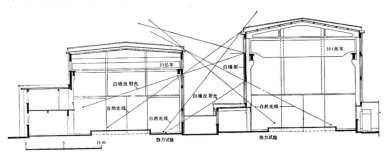

图31 两试验厅剖面

槽路，做法与静力试验大厅内的静力试验台相似，但测试仪表所用接线插头装置于试验台两侧（图32）。这样可以避免在地上拉很多电线，不影响车辆及人员走动，保证安全顺利地进行试验。

振动台具体做法须按设备安装要求确定。

控制室位于试验大厅南部，占用四个开间，因为今后动力试验过程全部应用电子技术控制和数据处理分析，因此，控制室按电子计算机房要求设计，装置窗台式空调器，外设保护罩，不另设空调机房。地面全部采用活动地板，便于接线。控制室与试验大厅之间装大玻璃窗，便于观察（图33）。

图32 置于试验台两侧接线插头

图33 控制室与试验台

动力试验室外墙采用白色石灰粉刷、红色清水墙，沿口过梁采用水泥抹灰，与静力试验室相协调，但又略有区别，以形成"姊妹"楼（图34）。研究室、资料室及工作室采用凸窗，3毫米厚蓝色遮光隔热玻璃，一方面避免阳光直接射入小研究室内，另一方面可以扩大研究室空间而不增加面积，取得一定效果（图35）。

动力试验室建筑面积共1700平方米。

图34 同济大学结构动力、静力试验室"姊妹"楼

　　　　　　　a　　　　　　　　　　　　　　　　　b

图35　凸窗
a. 外观；b. 内景

2. 中国建筑科学研究院结构研究所结构试验室（图36）

　　内容有试验大厅，可进行动力与静力试验，以及十多个小试验室。试验大厅内有六组试验台座，其中有一个锚孔动力台，一个带7米高反力墙的水平推力台。

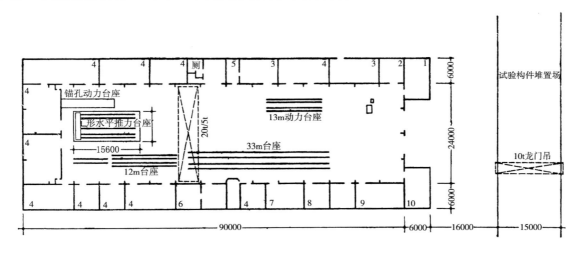

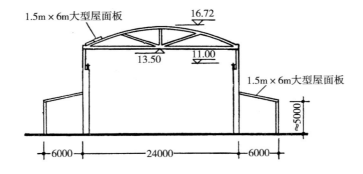

图36　中国建筑科学研究院结构研究所结构试验室平、剖面
1. 机加工室；2. 办公室；3. 预应力试验室；4. 试验室；5. 值班室；6. 仪器室；7. 非破损试验室；
8. 加荷试验室；9. 松弛试验室

试验大厅跨度 24 米，采用钢筋混凝土拱形屋架，有一台 20 吨吊车。吊车梁顶高 11 米。整个试验室采用四面围蔽方式。

3. 上海建筑科学研究所结构试验室（图 37）

实验室于 1979 年建成，有可供静力与动力疲劳试验的大厅及各种辅助用房，采用两面围蔽的组合方式。

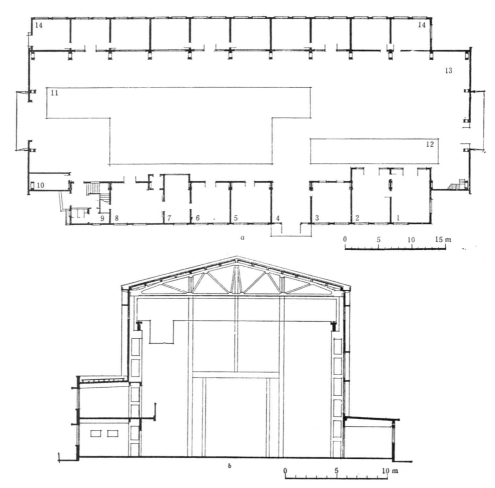

a. 平面；b. 剖面；c. 内景

1. 动态仪表保管室；2. 动态仪表操作室；3. 小五金库；
4. 门斗；5. 操作间；6. 静态仪器保管室；7. 200 点静态应变仪室；8. 模型试验室；9. 男厕；10. 配电室；
11. 静力试验台；12. 疲劳试验台；13. 试验大厅；
14. 备用房间（待建）

图 37　上海建筑科学研究所建筑结构试验室

试验大厅跨度 21 米，采用预应力钢筋混凝土屋架，有两台吊车，一台 20 吨，一台 5 吨。吊车梁顶高 15 米。采用槽式试验台，与地面平。大厅大门 6 米宽，8 米高，为电动钢卷门。建筑面积 2000 平方米。

4. 日本大阪府吹田市日本建筑综合研究所（图 38）

研究设施有：耐火防火试验设备；大型结构试验设备；结构材料强度试验机；钢筋、水泥、混凝土及一般建筑材料用试验设备；建筑物检查用机械；搬运机械。

有两个试验大厅，一个是大型试验厅，有试验台座；另一个是钢筋混凝土作业室，此外还有研究室等，于 1967 年 11 月建成。辅助用房紧贴试验大厅一边，共二层，在二层走廊处仅用栏杆与大厅分隔，可以与大厅取得直接联系。

整个试验室建筑面积共 3300 平方米。

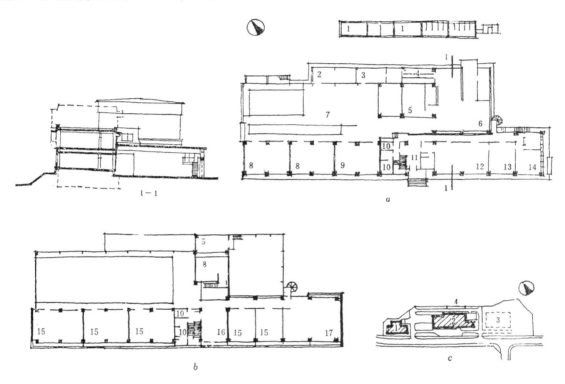

图 38 日本大阪日本建筑综合研究所平、剖面

a. 底层平面；b. 二层平面；c. 总平面

总平面：1. 耐火试验场；2. 建筑综合研究所；3. 发展；4. 地下仓库

平面：1. 地下仓库；2. 工作室；3. 更衣室；4. 水槽；5. 空调机；6. 钢筋混凝土作业；7. 大型试验室；8. 实验室；9. 控制室；10. 厕所；11. 门厅；12. 办公室；13. 接待会议室；14. 所长室；15. 研究室；16. 陈列室；17. 图书室

5. 丹麦哥本哈根丹麦技术大学建筑结构研究试验室（图 39）

试验大厅 14 米宽、60 米长（每开间 6 米），行车梁底高 7 米，屋面板底 9.7 米大厅内设吊车。

试验台为钢筋混凝土箱形基础，全高 4.2 米，大台 12.3 米宽、31 米长，小台 9 米宽、11.5 米长。

试验台地面厚 1 米，在平面两个方向上每隔 1 米位置内预埋钢管，以固定试验支架，做法如图 40。

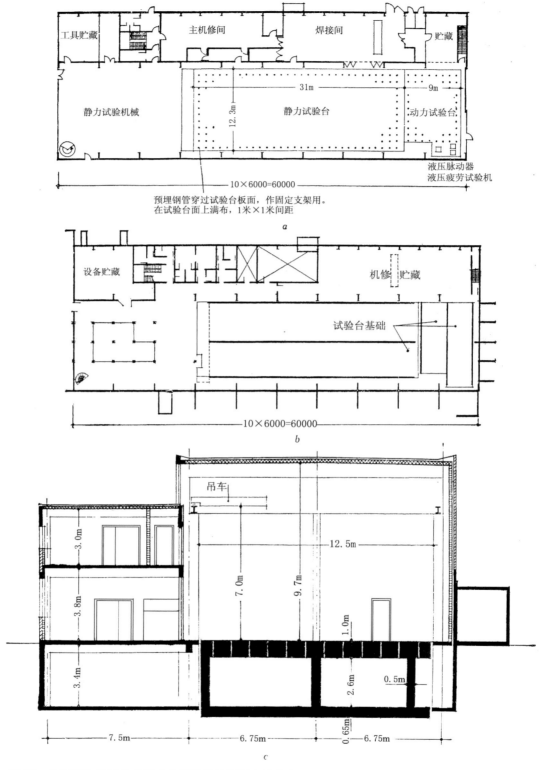

图 39 丹麦哥本哈根丹麦技术大学建筑结构研究试验室
a. 平面；b. 地下室平面；c. 剖面

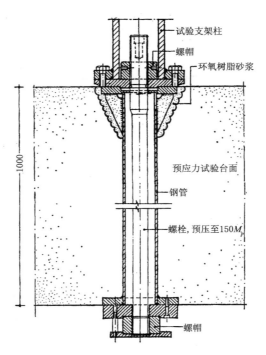

图40 丹麦技术大学建筑结构研究试验室试验
支架的固定

在试验大厅一侧布置三层附属用房，其中有一层地下室，底层为工具贮藏室、主要工作车间、焊接间、贮藏室等。二层为木工间、工作车间及工作车间贮藏室。

6. 意大利米兰模型与结构试验研究所（ISMES）

该所于1945年建立，有永久性设施，为大型钢筋混凝土结构及大尺度模型试验使用。

试验所总平面如图41所示，试验所分布于道路两侧，有地道相通。

研究所进行静力与动力试验。静力试验厅由两座大型钢筋混凝土建筑组成，一座为二层高长方形大厅（图42a），另一座为四层大厅，均设大型吊车（图42b）。

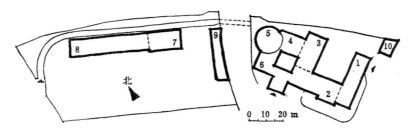

图41 意大利米兰模型与结构试验研究所总平面

1. 模型与结构构件试验大厅；2. 2000吨压力机及动力试验设备；3. 测试堤坝模型箱室；4. 小模型控制与砂浆成型浇注；5. 大模型试验室；6. 底层：模型装配准备室、机械工厂、泵房，二层：会议室、经理室、办公室；7. 底层：土壤机械、化验室、小木制模型室，二层：化学、电子与土壤力学试验室，三层：光弹试验室、纹样仪器室、客房；8. 小模型木工车间；9. 贮藏室

图 42　静力试验大厅内景

a. 结构构件试验大厅；b. 塔形试验大厅

　　另一大厅装置有动力试验设备，可以对大坝模型及各种结构单件进行不同类型的地震试验（图43a）。在这一大厅内还装置有 2000 吨压力试验机（图43b），适用于大型结构构件与模型。

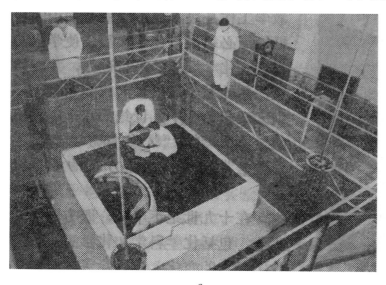

图 43　动力试验大厅

a. 动力试验设备（正进行堤坝试验）；b. 2000 吨压力试验机

　　材料试验室，装置有万能试验机及压力试验机。此外还有物理试验室，化学试验室及电学试验室，为研究新产品及新试验设备之用。

　　再有光弹试验室、土壤试验机、木模以及对应变与挠度的精密测量等。

　　加载设备采用不同直径的液压千斤顶及不同容量的弹簧动力计。

（原载《实验室建筑设计》第七章271–301 页）

中国建筑工业出版社（1981 年）

4 关于高校校园规划的几点想法

吴庐生

遵照国家教委基建局的指示精神，高等院校建筑设计研究院应该重视学校建筑设计，尤其要重视高等院校总体和单体设计。根据教委建议，早在 1985 年，我在"现代化的文教建筑"的研究课题中增加了高等学校总体规划和单体设计内容，而且在实践中重视高等院校设计任务。

经过一段时间的实践以后，对于高等院校校园规划和单体设计方面，有几点想法和体会，提出来供大家研讨。

（1）在新老大学用地范围和规模上，感到老大学用地均以千亩计算，而新大学则往往以百亩计算；老大学的规模大，学生数一般大于 5000 人，而新大学的规模一般较小，学生数小于 5000 人，有时可称之为微型大学，用地在 100 亩[1]左右，学生数小于 2000 人。按国家规定，一般高等院校用地面积定额为 57～68 平方米/人，但新大学则往往只有 30～40 平方米/人。大学走读生的出现，教工生活区纳入城市居住区，对定额指标都有影响，我们迫切需要更符合实际情况的用地指标。例如，1985 年我们为上海国际商业学院进行规划设计，它的用地为 94 亩，学生数 2000 人，31.3 平方米/人。而 1987 年开始规划设计的兰州大学文科小区，用地为 192.5 亩，学生数 4000 人，32.05 平方米/人。通过以上两个高校的规划方案实践，我们认识到高校规划要因地制宜，因校而异。规模小，用地少，应当也可以做出一定的水平。唐代大文学家刘禹锡在他的《陋室铭》一文中说，"山不在高有仙则名，水不在深有龙则灵"，我认为我们应当做到"楼不在高有神则名，域不在宽有景则灵"。

（2）规划设计人员必须具备单体建筑的基本功，在做总体的同时也做单体，而且符合实际，才能使规划设计不致落空。要有一做到底的决心，使规划和单体一脉相承。规划设计决不是摆方块、凑图案，要重视分期分批建设的可行性和完整性。

规划不单纯是建筑，而是工程，除功能分区、建筑单体外，还要做道路广场、绿化、管网设计，尤其要做好水、电、热综合管网设计和配套设备用房。不要只顾地面上的建筑布局，不管地面下的管网地沟和日后维修，造成日后"烂摊子"的局面。

（3）校园规划在满足定额指标、功能布局、日照通风、消防安全的前提下，不宜过分强调高层高密度，我们认为低层（3～5 层）也能做出高密度，这更符合国情。例如"口"字形或梳子形的平面不宜建造高层，但也能做出好的规划，要给建筑师充分发挥的余地。

大集中的建筑单体分期建设困难，我们并不排除大集中的建筑形式，但要在肯定有一次投资建造的可能性，功能工艺资料非常成熟完整的前提下，才有现实意义。否则硬性拼凑的大集中单体，各部门之间相互干扰，形成自己制造矛盾、又要解决矛盾的尴尬局面。

规划领导部门对高校校园规划的审批过程，往往手续烦琐，时间冗长，没有统一的法规，有时用个别人员对政策规范的理解水平来代替统一的规划法规，我们只好称之为"土政策"。校园规划在与当地城市规划基本协调的情况下，地方规划部门是否不必管得太细太死，否则校园规划的好坏，不是取决于设计水平高低，而主要是取决于规划领导部门的意见，使设计人员有苦难言。

（4）近年来在高校校园规划中出现了一些新的建筑内容，以适应近代科技发展趋势，提高建筑使用、管理效率，它们是：

---

[1] 1 亩 = 666.667 平方米

①讲堂群的出现，将 150 人以上的阶梯教室统一建造、使用和管理。

②信息资料中心，将图书馆、计算中心和电教中心集中规划设计。

③将校馆、系馆院落式地集中建造，便于联系和寻找，位置又要与普通教室接近。

④以院系为单位，将院系行政楼、教室、实验室集中建造，便于联系管理。

⑤学生公寓的出现，并采用出租的方式，在满足 6 平方米/人建筑面积定额的前提下，出现了单元式、宿舍式、分段式等各种学生公寓建筑形式，大家在学生公寓设计经济效益不高的情况下（2.2 元/米²），仍能精心设计，目的是为了更好地满足学生学习、生活各种功能的要求，并有利学校管理。

（5）要重视解决高校自行车停放的问题，由于自行车的数量在高校内大幅度增加，自行车任意停放，不仅有碍观瞻，且防碍交通畅通和建筑使用。例如，某著名大学新建教学大楼主要入口前，自行车停放成灾，以致行路要左碰右撞才能到达主要入口，平时如此，如发生非常事故，疏散更成问题，因此充分利用人防地下室、阶梯教室下、大平台下，或与绿化巧妙结合的停车棚等停车较有利。

在道路设计方面，必须做到人车分流，除主要车道和消防车道外，要重视人行道的设计，至少在路旁设单侧或双侧人行道，如能做到分层设置，使人车彻底分流则更理想。

至于对老大学的改建扩建，比新大学规划更困难，灵活性更强，碰到的问题也多。在有历史、文化、纪念性建筑物的老校园内，如何修整、保护、改造和拆除，在一般老校园内可进行见缝插针式的扩建，也可将老建筑加层或加长，做新旧连体建筑物。如无隙地可建，则可建立新区、卫星区，甚至建立分校。

在有老建筑的校园内进行改、扩建，必然会碰到新老建筑的协调问题，保留和拆除的程度问题，历史、文化、纪念性的建筑理应保留，是全部保留，还是局部或细部保留？这就大有文章了。例如将局部门窗细部保留，移植到新建筑物上；或将少数柱础、雕像保留，作为庭园小品，这些建筑细部本身即带有某个历史时期的标志，不但能作为点缀，而且在做工精致方面也可为后代参考借鉴。至于新老协调问题，不必照搬或全部复旧，在材料上、色彩上、形式上、比例上有所呼应即可，我们尊重传统，但更应开拓创新。

大家也提到老建筑院校的总体规划，往往因为校内建筑高手多，学校领导无所适从，因而很可能造成"八仙过海，各显神通"的局面，表现了不同的风格、色彩、材料，很难统一。校园内出现了不同时代、历史背景、风格迥异的建筑，也并非坏事，应当可作为建筑历史和流派的活教材。而非建筑院校在校园规划时，可以邀请个别专家能人统一规划、谨慎行事，则往往在风格、形式、色彩上比较统一，给人以完整协调感。

总之，要想提高校园规划水平，除提高设计人员建筑素质外，也要对高校主管基建的负责同志及有关同志举办一些短训班，讲解高校校园规划的基本知识，分析一些较典型的国内外高校校园规划实例，提高艺术修养和建筑素质，使历届校长在领导校园规划中能领导、理解、提高校园规划水平，使我国高校校园规划设计工作更上一层楼。

（原载《高等学校基建研究》1990 年第 1 期（总第五期）68-69 页）

5 对获得理想的室内设计之管见

吴庐生

室内设计是一项貌似简单而实为艰难的工作。它从具形到细部需要有一个循序渐进的合理程序，从构思主题，到处理细部，应当无时不在反复推敲和琢磨之中。每一位从事室内设计的同志都希望获得理想的室内设计，但这是一个难题，非三言二语可以说清，我愿和大家共同探讨，并建议是否按下列程序进行：

首先，须作出空间构思。建筑空间组合的依据是各类建筑的功能。以宾馆为例，它是由旅客住房部分、餐厅部分、公共活动部分、行政办公部分和设备用房部分组成，合理组织并安排这几个部分的空间和平面，满足复杂的功能要求是建筑师的首要任务。但仅仅满足了功能要求是不够的，因为同样的内容、同样满足功能要求，却可以手法各异，高下不同。平庸的设计是一种稳妥的做法，它让人品不出好坏，留不下回忆，不能给人以一种精神上深刻的感受。具有个性的设计是不容易做到的，如果在满足基本功能以外，利用空间的体态、界面的形状、部件的特点，以及总的组合及色彩、肌理效果，能在建筑造型和室内设计中体现该建筑的主题思想、某种意境和情趣，则会在大家的记忆中长久存在，并能一语道出其特征。例如，北京国际饭店外形为简洁实体，内外色彩简单明快，中庭采用圆形母题，给人现代"雕塑型"感觉，雄浑有力（图1）。西安金花饭店外形水晶透明，采用了现代的玻璃与铝合金技术，室内则在现代气息中配合古都西安的特点，具有适当的民族色彩（图2）。巴黎阿拉伯研究中心。建筑内外均具强烈的"工业化"标示，但在南窗上结合遮阳，采用光电自控的、具有阿拉伯风格图案的窗格，将现代科技阿拉伯化（图3）。

其次，在空间形成后，每个界面的设计和安排都要有助于主题思想的发挥。而不是冲淡或减轻，更不是喧宾夺主，摒弃建筑师原有的构思，别具一格，弄得非驴非马。同时六个面的风格要统一、协调、连贯，切忌各显神通，不顾大局。

由于我国目前室内设计和装修多由装饰公司完成，这样建筑和室内设计就不是由同一个人完成，其后果可能有两种：一是具有相当水平和素养的室内设计师能在建筑师所创作的空间基础上扬长避短，进一步发挥和完善其构思；另一种是自以为是、蹩脚的室内设计师，推翻建筑师的构思和意图，自搞一套，于是出现了满贴金银的"暴发户"，粗制滥造的"假古董"和千篇一律的"老面孔"。不难看出两师之间存在一个"知音"和"理解"问题。我们迫切希望耳目一新的形式出现，希望多一些高格调、优雅型、民族味、地方性的优秀室内设计出现。

最后，谈到细部处理，包括面与面之间的交线，面与面之间的衔接贯通，不同材料、不同质感的面如何过渡，门窗设计等，如分格线、窗帘盒、挂镜线、台度线、压条线、踢脚线、门头线等，当然还得包括窗帘、地毯、家具设备。除建筑本身的细部外，尚有结合水、电、空调设施出现的大量装修细部，如各式灯槽、天花藻井、送回风口形式和布置、灯具选择、各式开关、插座、设备箱盒的安置等，都需精心设计、选用、安排，由于这些东西很多，室内设计师对它们必须胸有成竹、全局在心，希望这些细部互相配合协调，相得益彰，能起到锦上添花的作用，而不要各行其是，以致破坏全局。

总之，从室内设计理想的构思，到装修细部具体的处理，施工单位得力的配合，建设单位充分的支持，领导单位完全的信任，都是获得理想的室内设计不可缺少的因素。

（原载《室内》1988年第3期（总第7期）12页及封底彩图）

第二篇 建筑理论

图 1　北京国际饭店　　　　　　　　造型

图 2　西安金花饭店　　　　　　　　造型

图 3　巴黎阿拉伯研究中心　　　　　　造型

图 1　北京国际饭店　　　　　　　　室内

图 2　西安金花饭店　　　　　　　　室内

图 3　巴黎阿拉伯研究中心　　　　　　室内

（原载《室内》1988 年第 3 期（总第 7 期）12 页及封底彩图）

6 我的室内设计观

吴庐生

一个建筑师，如果条件许可的话，他希望从建筑单体到室内设计能够"一竿子到底"。从宏观上讲，他更希望从建筑规划、周围环境到室外小品都能出自同一人之手，这样更能充分体现自己的设计意图。因此室内设计并非孤立，而是与整体建筑息息相关，是建筑设计中一个重要的环节。

多年来的工作经历，使我对室内设计有如下体会，写出来供大家参考和评议。

一　现代化和民族性

简言之，就是看起来该室内设计是在中国的土地上，由中国建筑师设计的现代室内设计；即使在世界各地进行设计，也要留下中国建筑师特有的痕迹。

自20世纪50年代到现在，中国建筑造型和室内设计出现过两种迥然不同的风格走向。50年代是复"中国古典建筑"之古，任何建筑都套上大屋顶、斗拱、雕梁画栋之类的装修。后来这种风格愈演愈烈，毫无意义的烦琐装饰，耗费了国家大量资金，引起了广大人民的不满，经过"反复古主义"运动，这种风格才偃旗息鼓。可是到了90年代又刮起了复"西洋古典建筑"之风，也是愈刮愈烈，任何性质和规模的建筑，都喜欢点缀三段式分隔、西洋古典柱式、雕像图案细部，而且照猫画虎，不伦不类的，都做"烂"了。在好多地方满街都是璃璃幕墙，或者假洋古董，同样也是浪费，看来也应该反。日本建筑来源于中国，但有自己的创新，因此日本建筑在任何地方都令人感到有一种"日本味"，这就是民族性在建筑上的表现。

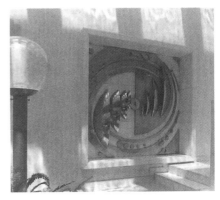

图1　不锈钢浮雕——理性的　　图2　不锈钢浮雕——理性的力量　　图3　不锈钢浮雕——理性的力量
　　　力量之一，宏观　　　　　　　　之二，中观　　　　　　　　　　　之三，微观

我们面对各种建筑风格都应该虚心，博采众长，但不要盲目抄袭，不能重弹老调，更不能完全复古，而应在吸取精华的基础上"跃"上一步。要根据现代新型建筑材料发展的趋势，21世纪人的艺术观，根据建筑物的具体性质和特点，做出既有时代感，又有中国韵味的室内设计。

二　功能性和形式化

不同类型和性质的建筑都有自己的要求和特点，切忌千篇一律、不分彼此。我认为室内设计应该表里基本一致，不矫揉造作，不故弄玄虚，不牵强附会。例如，文教建筑要体现"文化"气质，办公建筑要体现"效率"和"速度"，商业建筑要体现"吸引"魅力，居住建筑要体现"宜人"气氛，观演建筑要体现"科学"和"艺术"等。如果将学校建筑设计成全玻璃幕墙建筑，又无其他陪衬，则该建筑既不适用，又令人感到枯燥无味，更难有文化可谈。所以依据功能性质，首先要抓住该类建筑所要表现的特征，采用能表现该特征的手法，去烘托建筑物的功能性质，才有可能获得较好的室内设计效果。

图4　同济大学逸夫楼南北向中庭，向北看拱穹外景　　　图5　贵宾室，透过纱帘隐约可见"同舟共济"
　　　　　　　　　　　　　　　　　　　　　　　　　　　标志背面，右墙上为邵逸夫先生像

三　简练和烦琐

我认为室内设计宜手法简练，层次丰富，表现明快，当前不算"新"，过时不嫌"老"，经得住时间考验，富时代感，但又有中国风韵。

室内空间处理是室内设计的关键，空间处理上乘，细部再下工夫，室内设计容易成功；反之，则仅能收到事倍功半之果。在空间处理上要善于运用"小中见大""大不见大""多功能""多变化""多层次"等各种灵活手法。室内设计要做到远看轮廓、近看细部均好，才算结果圆满。

在装修上不追求豪华，避免披花戴彩、挂银贴金的庸俗和暴发户式做法，重视材质、材色，崇尚自然，协调和谐，低材高用，突出重点，致力于创造与建筑物身份相称的、朴实典雅的、高层次、高格调风格。

图6　上海白厦宾馆明清厅之一（特色小餐厅）　　　　图7　上海白厦宾馆日本厅之一（特色小餐厅）

图 8　福州元洪大厦东北立面

图 9　福州元洪大厦三层高的大堂夜景

图 10　上海白厦宾馆四川北路东北立面

图 11　上海白厦宾馆台湾餐厅的壁饰和家具

图 12　上海白厦宾馆欧式餐厅的壁饰和家具

7　创造宜人的微观环境
——室内设计漫谈

戴复东

　　随着社会的进步、科学技术的发展，人们的观念与认识也随之发生巨大变化。过去，人们仅满足于追求一定的空间作为栖息之地，而现在期望得到的是适宜于生存和行为的"场"——各种环境。

　　环境——场，有自然环境和人为环境，今天我们要创造带有自然化的人为环境和具有人工智慧的自然环境。环境有大小之别，即宏观环境、中观环境和微观环境，室内设计属于微观环境范畴的创造活动。室内这一微观环境的优劣对人的生存与行为的质量有着至关重要的影响，同时也明确地体现了人的存在价值。这样，在今天，室内设计也就越来越受到人们的重视。

　　室内设计的目的是什么？它是通过设计来研究和确定如何保证与提高室内这一微观环境的质量，它可能会有贴墙纸、铺地面、装吊灯和摆沙发的内容，但仅有这些并不能代表室内设计。简言之，室内设计就是室内环境的创造。

　　什么是室内的环境呢？我认为室内环境有两种：硬环境——室内的空间尺度、形象特点、界面处理、部件配置等由物质手段所组织安排成的物理环境；软环境——通过硬环境所形成的。不仅对人们生存与行为中的生理需求产生影响，而且对人们的心理，以及更高层次上的精神意念产生影响。所以室内环境就是硬软环境的结合渗透。室内环境质量的高低，就在于二者结合渗透程度。而如何结合渗透则需室内设计来完成。用什么来进行室内设计工作呢？我以为有两方面的物质手段可以加以运用。硬件——室内的空间、界面、部件及它们可以并且应当使用的材料，包括自然界的物质，如绿化、水、小动物等；软件——光、色、声、温、湿、味等各种物理因素。室内设计师运用这些物质手段，可以在室内这块方寸之地，得心应手地创造出某一或某些满足人们物质功能的要求，具有相应静态或动态的意境、情趣、气氛的微观环境。这也正是室内设计所要达到的目的。

　　室内设计是一项貌似简单，但要取得创造性成果却非常困难的工作。首先，它受到时间、地点、条件影响，受到需要与可能之间辩证关系的制约，在这里，设计者往往处于被动位置；其次，室内设计的范围相对说来是方寸之地，形成室内空间的各个界面和部件，与在其中生存和活动的人们是那样的近，人们无时不触及，感受到它们，所以很难"藏拙遮丑"；再次，可用来作为创作手段的项目虽然不多，但各种项目的内容和变化却是那样的多，且层出不穷，令人眼花缭乱，要能既适用又经济的妥当选用，这的确是一件很不容易的事。而真正选择时，却又感到可供选择的是那样少。

　　怎样才能搞好室内设计工作，不是三言两语所能解决，也不存在一种万应灵丹，我以为具备以下几点是比较重要的。首先，认识室内设计的重要性和它的目的、实质。其次，室内设计虽古已有之，但只是在近现代才发展成一门学科，除了室内设计这一门主课之外，还有很多相关的辅助课程，这是我们搞室内设计的同志们应当认真努力去学习和钻研的，如人体工程学、工效学、环境色彩学、环境光学、环境声学、环境温度学、工程力学、材料学、古今中外的建筑史与室内设计史和美术史等。此外还要培养和提高形象思维与用手表现存在与想象中事物的能力。再次，室内设计是属于广义的建筑设计范略，它既是科学技术，又是艺术。所以，提高文化艺术素养，培养对美的鉴赏能力，这是非常重要的，而且是最难的一点。有一些同志在看到某一室内实例或做完一个室内设计时，会满怀激情地告诉别人说，这个室内有地毯，用了花岗石，墙上贴了面砖或硬木台度，柱子用了大理石，顶棚用了大吊灯，不胜赞美和高兴。其实这是将某些材料、部件的有无和室内环境的质量高低混为一谈。这正如一两年前人们常赞叹：某处有假山、有水池、有亭子，以为这就是搞了园林绿化，而到现场一看，却令人啼笑皆非。我国明代学者李渔早就说过："土木之事最忌奢靡。匪特庶民之家当崇俭朴，即王公贵人亦当从此为尚。盖居室之制，贵精不贵丽；贵新奇大雅，不贵纤巧烂漫。凡企好富丽者，非好富丽，因其不能创异标新，舍富丽无所见长。"这段话在今天依然具有重要的现实意义。

在艺术鉴赏力中有一个很重要的内容，即整体的把握和组织能力。从很多失败的例子中我们可以知道有两种情况：一种是设计者本身缺乏基本的文化艺术素质和美的鉴赏力，所以他的作品缺少起码的质量；还有一种是将室内各种部件或各部分分解出来看都还是可以的，但放在一起就显得不协调或对立了。这后一种情况就是缺少整体美的鉴赏力。

在谈到美的鉴赏力时，另一个问题是对"多"与"少"的看法，也就是对"丰富"与"简洁"的看法，这二者以何为好，在国外就有"Less is more"与"Less is bore"之争。其实此处的"多"与"少"都是相对的，没有绝对的数量和概念标准，它们都能表达一定的意境、情趣和气氛，只是侧重点不同而已，应该根据室内本身的性质、使用对象、周围环境、投资及材料供应可能，设计者本身的能力和素质等视各方面条件而确定。此外，在艺术上有一种"逆反律"，即在大量是"多"的环境中有少许"少"，或大量是"少"的环境中有少许"多"，都可能出现令人意想不到的效果，"万绿丛中一点红"即是一例。但无论"多"也好，"少"也好，本身却都应具有一定的艺术水平，如果多得杂乱无章，俗不可耐，少得空洞无物，萧索凄凉，则无论是彼"多"，还是此"少"，都不会受欢迎。

今天，室内设计工作在国家经济建设发展的激励下蓬勃发展，这对搞室内设计的同志们来说，挑战与机会并存，我们要认真努力地学习，开动脑筋，认识室内设计创作中的制约和自由，去充分发挥有利条件，化不利为有利，避免和减少不必要的失误，为人民创造出宜人的生存行为环境。

（原载《室内》1988年第3期（总第7期））

第二篇 建筑理论

8　现代骨、传统魂、自然衣
——建筑与室内创作探索小记

戴复东

1983—1984 年，我作为访问学者去美国，开了眼界，有了感受。在之后的创作实践中，逐渐对建筑创作思想的认识和态度形成了几个概念。

第一，人们存在于两种环境之中：一种是**人为环境**，一种是**自然环境**。对于更好更高地满足人们生存与行为的要求来说，应当尽可能在人为环境中引入**自然因素**，而在自然环境中努力去体现**人类智慧**。

第二，建筑（广义）是一种人们生存和行为的人为环境，根据其规模和范围，可以分成**宏观环境**（区域、城镇、地区、自然地带等）、**中观环境**（建筑群、村落、建筑物、园林等）和**微观环境**（室内、庭院、国内国外的家具、摆设、小景、小品等）。人们接触最多、时间最长、影响最大的是微观环境，因此要重视微观环境的设计和创造。当然，各种环境都要全面规划、设计和创造好，但是一定要重视各种环境相互之间**有机、互动的匹配**。

第三，我有两只手，一只要紧紧抓住**世界上出现的先进的东西**，使我不落后；另一只要紧紧抓住**本土生长的有生命力的东西**，使我有根。还要抓住机会，或创造条件，将两只手上的东西紧紧地**结合起来，去创造出新的东西**。

十多年来，这些已成为我在建筑（广义）设计和创作中的主导思想和指针。首先，我着意于设计和创造室内和室外的微观环境，并重视与中、微观环境的匹配；其次，抓住机会，依据我的认识和水平，将两只手上的好东西结合起来。我将这一种认识和方法归纳为九个字："**现代骨、传统魂、自然衣**"。重要的是对它们不应当仅仅从"形"及"式"上去理解，而应当是全面、综合、互渗地加以对待。

骨：一般来说，骨是根本，是宏、中、微观物质存在的基础与依据，是这一物质环境今天得以实现的最主要成因。它是为生活在今天的人服务的，因此，骨必须是现代的。

魂：相对说来，现代的骨必然地会带来现代的魂，也就是具有现代精神的魂。可是文化是积淀的，情感也是积淀的，甚至一部分生活也是积淀的，因此这一些积淀中有生命力的内容应当也可以进入并反映在现代的骨骼之中，并且是传统的精魂。有了这一种精魂，就会使我们这个土地上的使用者觉得心有所托，灵有所依。

衣：人总是生活在自然之中，被自然所孕育，因此，对我的宏、中、微观环境来说，尤以微观环境为衣，应当是绿、水、气，无所不在，无所不包，无所不容。

下面我用三个实例来说明我的所思所作所为。

1. 浙江省绍兴市震元大厦 　（参阅《建筑学报》1996 年 11 期 10–12 页）

震元堂是一个始建于清乾隆十七年（1752 年）的老药店，老店的前店早已被拆除，在市中心转角极小的基地内建造新楼。我采用了办公在后药房在前的做法，办公 12 层，药店 3 层，并用"震元"二字来做文章。震元堂位于道路转角，平面用圆形以示"元"，三层药房有一小中庭，从剖面看即为震卦爻形☷。考虑到易、医、药三者同源，底层地面在中心部位设计了圆方六十四卦图，圆代表时间运行，周而复始，却又无始无终。方代表空间定位。这一图案是一种高度时空统一的象征。由于基地太小，在两端迭落山墙上做花池，使绿化与生命进入高空。入口两侧做汉画像石风石刻，由同济大学陈行（女）教授设计，南面内容为中药发展史，东面内容为震元堂史，入口两侧设计并应用了球形树灯，白天钢花怒放，夜间火树银花。

震元堂大厦东南外观

树灯及东面石雕（震元堂的历史）

树灯及南面石雕（中药的历史）

小中庭俯视

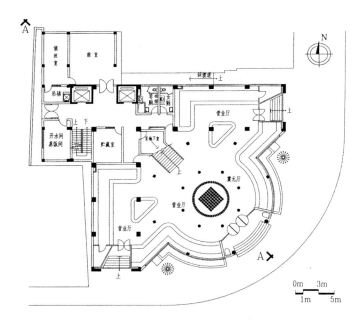

小中庭仰视　　　　　　　　　　　　震元堂及震元大厦底层平面

2. 同济大学建筑与城市规划学院院馆　　（参阅《时代建筑》1998 年 1 期 62-64 页）

院馆分两期建造。一期于 1987 年建成，有一个浓荫满罩的庭院；二期于 1997 年建成，有钟庭、图书阅览室及大阶梯教室。图书阅览室在两排教室之间，利用图书阅览室顶部做成大的踏步形平台，其上用 V 字形截面球节点钢管桁架置 U 形夹丝玻璃顶盖，作为中庭，成为整个学院活动的中心。在平台前部北端立一钟架，悬挂一口铜钟，铸学院 45 年来全体教职工芳名于其上，以志永远，称"大同芳名钟"。钟声钟形可以传达模糊及清晰信息，有相当凝聚力，故中庭命名为"钟庭"。学院请我国第一代建筑师，时为 96 高龄的陈植老教授，手书"钟庭"二字，镌刻于石壁上。钟庭前端西北角刻同济学风特色"兼收并蓄"四字，从我国古代书法家王羲之、智永和尚、孙过庭、米芾四人书法中各取一字组合而成，倒也浑然一体，亦寓兼收并蓄之意。钟庭东端壁面上我设计了一幅"文化双睛图"，黑睛内置圆方六十四卦图，蓝睛内置达·芬奇所绘人体图，用"东方重理（道），西方重人，交融互渗，文化昌兴"四句话强调东西文化交流的重要性。

庭院俯视　　　　　　　　　　　　钟庭由后往前看（由东往西）

钟庭题字壁面及二楼层南入口　　　　　　　　二层至钟庭北入口、大同芳名钟、钟架

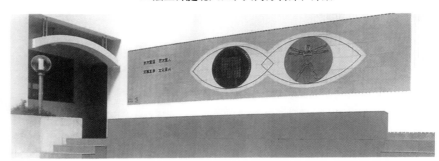

"兼收并蓄"题字刻石　　　　　　　钟庭东端双睛图、字及三层至钟庭入口

3. 河北省遵化市国际饭店　（参阅《建筑学报》1998 年 8 期 36—39 页）

　　该宾馆占地 24000 平方米，建筑面积 11800 平方米，主楼地上 8 层，地下 1 层。客房主楼摒弃了中间廊两边房的惯用模式，将客房向前后两侧呈弧线形分开，中部形成一两侧为曲面的中庭，使旅客有开敞的活动空间，以适应遵化市秋末至春初之间气候较冷，人们多居室内活动的需要。主楼南面是一个面积较大的花园，挖土为池，积土堆丘；北面的入口广场上设计了一个黑睛白眼的"中华智慧眼"图案，黑睛内为金色圆方六十四卦图案；主楼入口西侧一片大墙面上用岩画风石刻，表现主人热烈迎宾及准备食宴的场面；主楼入口门斗地面用原始太极图案，但又极具有新意。由于经费所限，室内墙面几乎全用白色涂料，客房地面用蓝色地毯，现代蓝色蜡染布制窗帘、床罩、椅垫、床头垫等，用喜鹊登梅图案（寓意喜上眉梢）。小餐厅、会议室、多用途厅用水泥拉条白涂料，墙上挂蜡染剪纸。中庭观光电梯顶及底座为红色，两边墙面用水泥拉条血牙红色涂料；中庭地面芝麻白花岗石，法国蓝同质地砖条带，蓝条带接头处为深蓝加白色地砖；中庭东端设计安置了 6 把白铝合金伞骨，伞布用鹊梅图案蓝色蜡染风布，安 8 盏白色灯柱，放 10 组藤条白色桌椅；中庭东端地面高起一片，上置水景池、日晷、喷水兽、时光生命柱，隐含"时光生命中庭"之名；中庭底层南侧休息厅内东西两墙面上各悬挂一幅土红、深蓝色白线条八十七神仙卷（局部）大型蜡染，由贵州安顺民间蜡染艺术家制作；中庭两侧走廊栏板上有小花池，内置常春藤或金鱼草。在建造主楼之前，我建议业主先造花房暖棚，以满足宾馆大面积绿化之需要，他们采纳了我的意见，才使开业之时已处处飘绿，一片生机盎然。

　　以上这些是我创作中留下的小小的步履维艰的足迹，希望得到大家的指正。同时要感谢以上这些项目的业主和操办人，由于他们的理解、支持，才走出这小小的一步。

249

国际饭店外立面。风乍起，吹皱一池春水

中庭底层地面，自八层南面走廊向下俯视

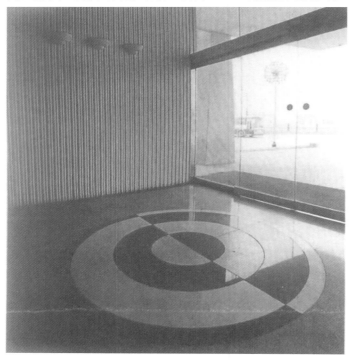

入口门斗内部，墙面水泥拉条白涂料，地面为原始太极图

中庭内球形树灯及周围环境

蜡染全景深蓝色八十七神仙卷

套间外间看内室

（原载《室内设计与装修》1998 年第 6 期双月刊 36–40 页）

9　山重水复愁无路，柳暗花明觅新村

戴复东

我国的经济有了较大的发展以后，人们的衣、食、住、行四项基本活动也都在史无前例地发生着巨大的改变。人们生存和生活环境，也在发生着巨大变化。不但中国如此，全世界，特别是太平洋西岸、拉丁美洲以及非洲都在不同程度上有了重大的发展。

1992 年，世界各国首脑在里约热内卢会议上正式提出了"可持续性发展"的问题，这一问题在我国从政府到技术人员逐渐受到重视，并成为一种国策。

为了保护耕地，"九五"期间全国和上海市已明确提出，禁止使用黏土砖，同时不再鼓励生产黏土多孔砖及三孔砖，并要求新型墙体有良好的热工性能，在节约能源的基础上改善室内温度环境，在这种情况下墙体改革不得不进行。

为了保护耕地，全国对国土做了清理，征收土地特别是郊区农田来建造房屋基本冻结。这样势必在城市内要进行旧区改造，而旧区改造牵涉到居民太密集，搬迁有困难。因为动迁到城市边缘地区去，具有生活全面配合设施的居住小区数量不多，居民不愿搬迁，此外动迁费用很大，政府拿不出钱，外国开发商不愿前来，很多国内开发商也拿不起钱。而城市内旧区改造时，房屋一拆和一建花费时间很长，银行贷款利息可观，绝大多数投资商望而却步……

在前两年房地产热中，有一些缺乏房地产知识和经济操作知识的人，为了赚钱，盲目地搞了不少不符合实际和不符合今天要求的房地产开发，不少房屋的售价很高，有的甚至达到惊人的数字，有的房型很差，广大的市民买不起也不愿买。以至于今天大量住宅和办公楼面积积压空置，而广大的百姓无法改善自己的居住条件……

在市场经济为主的情况下，目前住宅只能在旧区内拆旧屋建新房，这样一来原来的钢筋混凝土结构与砖石结构就很难适应现状，怎么办？

居住建筑要在建造体系上作改革看来是必行之路。我有一位朋友，是北蔡防水材料厂的厂长叫李鑫全，他自己经过六年探索思考，并投资实验，提出了一种有意义的探索性的设想：

（1）主体承受荷载用钢结构，工厂预制，现场一次装配四层框架，作为垂直结构；

（2）楼板用钢压型板作模板，于其上浇筑钢筋混凝土，成为共同受力的水平结构；

（3）外墙用铝板或塑料面层，加泡沫塑料，内墙用极为经济的绿色纤维板（用稻草制作）（防火、防水、防霉、防蛀）上贴石膏板、墙上可钉钉子，墙体保温隔声性能优越于传统砌体好几倍；

（4）卫生间用盒子式装置；

（5）大部分构件、配件都采用工厂预制，只是在工地上装配。除现浇楼地板外没有湿作业。这样，这种居住建筑的体系与以前的做法截然不同。

这样做的结果是：建筑物很轻，18 层高可以不打桩，不用一块砖，既节约了土建投资，又大大缩短了建设工期，而总投资造价不高，符合可持续性发展的要求，于生态环境有利；此外他又提出了一种对居民有很大好处的开发办法，得到了居民、基层和上海市有关机构的肯定。

第二篇　建筑理论

这位朋友找我帮助他进一步用这种方法做出设计（事实上他也做了基本设计）。开始我不敢相信，但我看了他的一些实物之后，我觉得他的思路是对的，精神是可嘉的，结果是符合实际的。我决定协助他做好这次设计和开发工作，但是这条路接下来还是不平坦的，它的真正结果还有待设计的深入和实践的检验。目前上海有好几个地区拟用这种方法建造，为了出图纸，同时，为了使有关部门的负责人和技术人员能理解这种构思，我们先在同济大学内造一幢这种体系的两层建筑物。我必须全力以赴，所以我很抱歉不能亲自参加这次会议，请大家原谅、理解。

新体系在低层中的应用尝试

设计说明

（1）重建家园样板房位于同济大学校园内，南侧为新落成的商学院，北临干训南楼并与之共用一条入口道路，东西两侧为空地，东面隔一条马路与校医院相望。

（2）该建筑为两层住宅楼，作为抗洪救灾，重建家园的样板房。建筑面积160平方米，室内布局合理，设施配备齐全。

（3）样板房采用轻钢轻板结构体系，建筑结构构件为工厂生产的标准化预制构件，现场装配施工。建造方法简捷，进程迅速，适用于重建家园所提出的在短时间内建造大量住宅的要求。

（4）建筑施工采用干作业，无建筑垃圾，施工噪音小，大大减轻了环境污染。建筑材料采用高新技术的绿色建材，主墙体材料稻草板具有良好的保温防火隔声性能，并具有较高的强度，实现了对资源的二次利用，并从根本上解决了砖木结构所导致的水土流失问题，保护了生态环境。

（5）新型结构体系，绿色建材，快速施工的重建家园样板房造价低廉，它的推广将会减轻灾民迁入新居的经济负担。

（6）样板房体量轻盈，立面简洁，色彩清新明快，具有亲切的乡土风格。外墙材料提供了多种色彩选择组合的可能性，赋予灾后重建村镇以崭新面貌。

重建家园样板房的意义远未止于此，它的快速，低价，绿色概念来自于住宅产业化工程。居住问题是目前我国所面临的首要问题，住宅产业化是解决这一问题的最好出路：新型结构体系，高新绿色建材，建筑结构构件的工厂化生产，装配式施工不仅为居民提供了高质量的舒适的住宅，

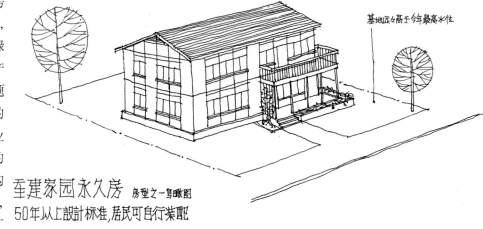

更为重要的是住宅产业化大大降低了建筑售价，能够真正实现居者有其屋，并充分体现了对城市环境的保护。另一方面，住宅产业化带动了相关工业的发展，对整个国民经济发展将会起到巨大的推进作用。

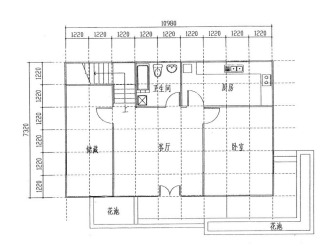

大型住宅底层平面 1:100

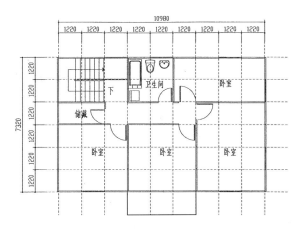

大型住宅二层平面 1:100

试验住房（钢柱钢梁、预制屋盖、楼板、墙板）在同济大学校区内。1998
年湖南大水，由上海科委赠送给澧县 20 幢

试验住房入口及上部阳台

（此文为 1997 年第三次建筑论坛研讨会《现状出路》论文）

第二篇　建筑理论

10　地尽其用、地善其用、地为人用

戴复东

从 20 世纪 70 年代中期，中央制定了改革开放的伟大方针政策以后，我国的社会主义建设克服了重重困难，战胜了多少自然灾害，取得了蓬勃发展。从那时到现在，我们广袤的国土上，城市化进程有了快速的进步，而且会越来越好。

城市化在物质层面上说，就是将原来非城市的土地转化成城市的土地而建设城市。为什么会这样呢？因为政治、经济、工业、财贸、科技、文化、教育、卫生、企事业等的主要载体就是城市。以上事业发展了，城市就会发展。城市化就是城市规模和数量的扩大和质量的提高。我国大量原有城市的扩、改建，和很多新城市的出现，体现出我国社会主义建设城市化取得的伟大成就，并展现了我国城市欣欣向荣、繁荣昌盛的新姿美态。让我们深深感到改革开放为我们带来的幸福生活和新面貌，而且城市化规模还会不断发展壮大。

我国的城市化有很多问题需要注意、研究和探讨，作为一个业者，"愚者千虑，盼能一得"。所以我不辞孤陋寡闻，根据标题的范围，把我点滴不成熟、不完整的看法向大家汇报。

我国是一个人口很多用地较少的大国，国土是不会再生和增大的。而城市化就要逐步将非城市用地转化成城市用地，因此节约用地和善用土地就非常重要了。对于领导者和规划工作者以及其他与用地有关业者有直接责任，但也应当引起我们土建技术人员和广大人民的重视。

1　合理、妥善、惜地如金地安排建设项目用地

对新的城市和开发地区首先要惜地如金，但真正要认识到并做到这点还有很长的路要走，特别是在具体操作的层面上，这需要站得高、看得远，有热爱祖国、反对冒进、珍惜土地的情结才行。然后再要认真妥善地进行规划设计，这些应当成为大家的共识，也将会成为大家的共识。但识后又如何能做好，这将有赖于在具体的操作实践中认真、努力地去动脑筋想办法把规划设计做好，这应当成为一个主导思想。首先，城市中需不需要有某一个部门，它应不应该在城市中占有或申请用地？其次，用地范围的大小是否适当？用途是否对位？因为很多部门都会有一己之见，在城市中占有一席之地，范围尽量大些，然后申请较多的占地，却建造与这个部门关系不大的项目。此外，有的部门申请用地动辄百亩、千亩……这些现象应当认真鉴定并由有关部门严格把关，看来有不少问题值得我们注意。2008 年 1 月 3 日国务院发出 3 号文件《国务院关于促进节约集约用地的通知》，要求根据中国国情修订节约集约城市用地指标，加强对城市用地的监管，建立节约集约的用地制度，给我们指出方向。同时，2007 年 3 月 18 日中共中央办公厅下发了《关于进一步严格控制机关办公楼等楼馆堂所建设问题的通知》。因此，除了建筑物、交通设施的用地之外，最好多留一些市民和游人的室外休闲活动空间，让市民和游人可达、可用、可赏，而不是与人无关。这也应当是惜地如金和善用土地的一种表现。建议规划部门能根据我国不同地区的情况，研究在该地区的城市性质和人口发展的基础上，制定每千人或万人的中长期用地指标，以及整个城市的容积率范围，宁可紧些，不要松些，用这个办法控制用地。

我们希望和要求具体操作的城市规划大师和建筑师：对待城市土地的这块料子，做出合身、适用、

舒适、美观、经济的服装来，就要像服装大师那样："巧安排、会剪裁"。

2 在条件许可、合理的情况下，用地上的建筑物可以适当向高处发展

因为地少人多的国情，我们不得不采用地少楼高这样的对策。在不太大的土地上，安排更多的人和活动。在我国，高层建筑的定义根据《高层民用建筑设计防火规范》（GB50049—95）规定：10层及以上居住建筑和建筑高度超过24米的多层公共建筑（单层不在内——笔者注）属于高层建筑。当建筑高度超过250米时，由国家消防主管部门专题讨论防火措施。依据国际惯例，100米以上的建筑就作为超高层建筑。

在城市中，建筑物以造多高比较妥当呢？对每一个具体的城市而言，城市规划中对不同地区的地块建筑高度规定有不同的标准，这是设计的依据，可以达到极限，也可以低于极限。从投资者的愿望看，最好能做到限高，以获得最大性价比。但从城市整体角度看，在一个大的区域内建筑物高度太一致会给人以单调、刻板的感觉。在城市整体形态上，应当高低大小错落有致，面貌才会有起伏变化。在城市中不同的位置上看出去会有"远近高低各不同"的效果，使人在观感上感到舒适、愉快，从而形成城市的亮点。这个说说是容易的，但操作起来却并不简单。因为设计城市和城市设计不是一个短期固定的活动和行为，而是一个时间跨度较大、牵涉部门很多、内容复杂、程序蔓延、操作者与决策者可能有较多交替的事情。如果是投资量大，规划面广，短期建成会好些。否则项目建设及设计会是随机的，不一定或不易是有机的。当然在很多情况下，随机的成果也不坏，因为江山代有才人出，后人的智慧会胜过前人。

具体操作上，根据我们的作业程序，首先对城市地区又或地块制定规划要求的任务书。邀请或指定数个或一个高水平的专业队伍，进行方案设计征集和竞赛；然后组织专家进行评审，选择出一或两个方案供领导决策。这其间有两个可能存在的问题：其一是真理有时在少数人一边，因而最好的方案未能中选；其二是有些评审本身存在"猫腻"。但最终，新区和建筑的环境总会建设起来的，也就成为了建设的成就。对多数的设计团队来说就有"成则为仙，败则为奴"的情况。对未取得胜利的团队，面对现实只能是既来之，则安之，要"大肚能容，容天下难容之事"，去笑对惊涛骇浪。如果承受不了，不愿意为"中奖而折腰"，那就"归田园居"，到另一领域，争取小康，享天伦之乐。但从另一个角度来看，既然进入建筑师、规划师的行列，竞争是必然的。那就要努力学习做一个斗士，力争胜利，即使是屡战屡败，也要有屡败屡战的信心和决心，相信定会有胜利的一天。而竞赛和方案征集中的不良现象，随着法制建设的逐步完善，也定会得到逐步改进的。

高层建筑在某种意义上来说是舶来品，它发展至今已有百余年的历史，在我国，较大规模的建设只有十多年的历史，因此有必要对它作一个简单的介绍。

世界上任何一种事物的出现，必然是需要与可能的有机结合，高层建筑的出现也是按照这一规律。有三点结合：其一，城市化是社会活动多样化、人口集中的结果，建筑面积要多，但用地很贵，因此建筑只能往高发展；其二，钢铁能够大量生产，钢结构受力性能好、施工便利，可以造高；其三，要往高发展，必须有可以上下通行的人造交通工具——电梯。在19世纪的下半叶，只有美国具备这三个条件，而1885年芝加哥大火和纽约国际地位的提升，提供了高层建筑广阔的发展空间。这也是新的人类生活环境和人类利用自然和科技产生的一种新的文化。

高层建筑出现不久后，因为是从未见过的事物，就出现了质疑和反对的声音。1908年11月28日《美国建筑师与建造新闻》上有人提出："所谓'摩天楼'过分高的高层建筑的继续建造，构成对公共卫生、安全和防护的威胁，应当被禁止。"但在城市内高层、超高层建筑持续不断地建造，又出现了另

255

第二篇 建筑理论

一种赞同的声音，1929 年美国《摩天楼的历史》一书作者写道："在摩天楼后面站立着国家的领导部门……那些鼓吹取消它们的人不会取得成功。"到了 20 世纪 70 年代，在美国的大城市中，"城市的天空有一片一片被吃去的危险！""城市和房屋的阳光有越来越多被剥夺的悲哀！"的抱怨声源源不断。于是有人提出："摩天楼是可怕的，应当在人类集居地宣布为非法！"而持续建造的现实又使得很多人认为："摩天楼是伟大的，应当成为未来的潮流！"2001 年 9 月 11 日，恐怖分子用飞机撞毁了纽约世贸中心双塔，"太可怕了，应当停建！"成为更多人的呼声。几年下来，事过境迁，经济发展、城市繁荣的推力又将"是伟大的"意见推到台前。

由于结构安全是第一位的问题，所以在早期，高层超高层建筑在形体、高度、层数、层高等方向基本上都是由结构工程师和力学专家估算决定，建筑师只能在屋顶、沿口、门窗、上下窗间墙、底层入口等位置，采用些古典建筑符号加以点缀。20 世纪 60 年代电子计算机的应用和软件的开发，结构计算工作一下子找到了挥天利剑。到了 80 年代，各种先进程序的出现，使得建筑采用任何形式似乎都有可能。随着电子计算机在建筑开发诸方面的应用，形态、功能、造价比较容易统一。自此，除直角相交的塔楼外，出现了空间与形态有各种变化的高层、超高层建筑。

到了近代，非欧几何的运用、非线性原理与方法的运用、计算机的应用与软件发展、信息科学的发展推动了很多学科的发展、扩大，并影响到建筑领域。先在低层建筑中应用，取得了一些成果。很快地，非线性的方法也被应用到高层、超高层建筑中去，一时间，多维曲线的退拔形态、扭曲形态、偏斜形态纷纷出现，这一下又引起了两种意见：一种认为是科学领域内的探索，应当认可；另一种认为是形态上偏离了线性建筑中的稳定面貌，不能接受；于是又发生"可怕的"与"伟大的"新一轮矛盾斗争。最近在意大利米兰国际展览中心建造的一座鞠躬形态的高层办公楼，遭到了意大利总理的恶毒开骂，而设计者也毫不客气地予以还击。

高层、超高层建筑是耗资、体大、耗时的高技术工程。从世界公认自 1885 年第一幢以钢铁架为主体架构、砖石自承重外墙、10 层高芝加哥家庭保险公司大楼建成到现在不过是 113 年的时间，当时称为摩天楼。人类的知识和成就非常巨大，但后面可能有更大的进步。长时间的实践和探索后，人类认识到在较高处工作生活，会受到风灾、地震、火灾、倒塌、风动位移等安全与舒适的挑战，同时在工作、生活、通风、空调、照明、用水、排污、通信、自控等与非高层建筑不同。它是在一块面积不太大的基地上竖向叠加起来的小社区或小城市，有与众不同和与前不同的新需要。最近若干年来，地球上和国内发生的自然灾害告诉我们，人类对生活环境关心的首要问题是安全防灾，其次是健康卫生和方便舒适美好。所以，采用高层非高层建筑还会是在理论上和实践上不断争论与竞争的问题。而我们的后来人应当一方面重视科学技术问题大步向前，做好高层、超高层建筑的规划设计工作。同时另一方面也要重视结合国情跻身国际，与社会发展齐步。这些有待于老、中、青几辈人共同努力创造。

3　在城市建设上，是否可以力争用地而不占地？

在规划上，在城市或地区中有一些公共交通用地，包括机动、非机动车、人行道路。还有一些广场、公园和各种绿化用地，以及居住区内各种供人休闲活动场地，这些是很好的，也是非常合乎人性要求的。但往往在一些城市的核心地区，土地非常珍贵。而土地一旦划归某一机构后，土地的使用就是名花有主闲人莫入了。商业用地是欢迎一般市民游人进入的。否则在长长的街道范围内，用地划地为界，人行道仅仅是作为行人必须渡过的冗长和狭长的空间，既乏力又乏味，而且会产生我与城市隔了一道围墙或门窗，从而被抛在城市核心地区之外的感受。因此要设法使市民和游人的行踪能突破地界，进入"用地"之中。

纽约是世界上最繁华的大都市之一，那里在19世纪下半叶就根据当时社会、经济、财贸、交通等情况制定了规划。特别是道路的位置大小，都作出了有"远见"的预留，但随着纽约国际地位的逐步提高，规划上也适当作一些调整，有几项给我以深刻的印象。

　　据说在纽约一座基地上的建筑从建成之日起，可以只有25年的寿命，即到时可以拆去另造新建筑，所以纽约在很大范围内已经有了几次拆建，面貌就有了逐步更新，当然也可以保留不拆。有一些质量高的、有政治、历史或科技意义的，或经过政府或企业或社会的支持，可以或应当得以保留，这样既保持了城市的历史足迹，又显现与时俱进。好的东西可以层出不穷。举一个例子：在纽约曼哈顿地区花园大道旁有一幢利华大厦（Lever House），是1952年利华肥皂公司建造的公司总部大厦，由SOM公司设计，80年代初已满了25年。因此整个地盘出售，准备拆去新建，这一信息传出之后，立刻在纽约的建筑界引起很大反应，由著名建筑师菲利浦·约翰森、贝聿铭等十余名资深建筑师公开呼吁，作为现代建筑中重要里程碑项目应予以保留，得到纽约市政当局的认可。这幢建筑有几个特点。

　　（1）用地稍大，二面沿街，主楼24层，在基地北部，南面是二层群房建筑，中间有一个天井院，整个群房部分的底层下面架空。市民、游人可以自由进出、休息，也可在此举办各种展览。这一点对纽约的用地来说是一个改进，建筑不是满铺，把部分用地还给市民游人，即用地而不占地。

　　（2）主楼建造时，受联合国大厦的现代主义设计的影响，联合国大厦平面为扁长形，立面上两个短端用实墙，长端墙为玻璃幕窗，这是当时的一种传统手法，而利华大厦也是扁长形平面，但两端也采用了幕墙，是全幕墙而不是两端实墙，整体通透清秀，有些变化，不呆板。

　　另一项是IBM总公司，占地较大，在西南角做了一层大玻璃厅，里面种了一丛一丛的竹子，很雅致，游人可以出入休息，允许做一些吸引市民的活动。例如，有一次我就看见了里面有几位艺术家，在室内对一根长长的大木条加工，做成北美印第安人风格的图腾柱，操作过程吸引了市民游人驻足观看。

　　再一项是在70年代下半叶，有些投资商有一块地后，为了多获利，想建筑再突破一些限高，城市规划与管理部门同意他们这样做，但要他们将底层向公共开放，作为对市民补偿交换的条件，而且在冷热天供应空调。这样就可以还地于民、地为人用、用地而不占地。在冷天和热天我也曾到这些建筑物的底层去游览，感到很舒适，我觉得这是一种值得学习和推广的好办法。否则城市的土地被一块一块地吃去，而市民与游人的活动范围逐渐缩小是很可惜的，也是很可悲的。

　　此外，纽约的花旗银行总部、波士顿的联邦储蓄银行的总部，以及很多大公司、大企业的底层都是对外开放的，并经常举行小型音乐演奏，吸引市民和游人。其中如纽约著名的豪华住宅——传普大厦，下面三层日夜对外开放，游人如织，取得了很好的社会效益。建议我们是否可以根据我国自己的情况学习借鉴一些有益的做法，做到地为人用。

　　以上管见，敬请批评指正。

11　高层、超高层建筑的产生、发展及今后趋向预计

戴复东

1　高层、超高层建筑的界定

1. 性质的界定

由于人类的往高欲望，一代一代人努力地发挥了当时的聪明才智，建造了数量巨大的高的建筑物，如纪功石碑、灯塔、教堂、修道院塔楼、伊斯兰邦克楼、中国的楼塔、欧洲城堡、电视塔等，这些只能称之为高的建筑、高耸建筑。只有那些有相当高度，层数很多，专门为人们在其内部工作、生活需要而建造的建筑物，才能称为高层、超高层建筑。

2. 高度的界定

从历史的发展看，在人类技术水平低下的时候，相对于一层高的建筑而言，有三四层高的建筑物就可以算是"高楼"了；而当材料和工程技术有了发展，10 层以上的建筑物可以建成时，三四层高的建筑物就只能算是低层建筑了；同样地，20 多层高的建筑物与 10 层高的建筑物相比，就会有鹤立鸡群之感，成为名副其实的高层建筑；如果再高，高过了离地面 100 米以上高度的建筑物，目前我国及很多国家就称之为超高层建筑。

从整体环境上看，在美国城市中有相当数量的建筑物超过 100 米高度，高层建筑云集，他们将 70～80 层或以上的建筑物界定为超高层建筑。

对于建筑物来说，设计时绝对高度有着重要的意义。因为稍高一些的建筑物就承受着侧向风力；随着建筑物的增高，侧向风力就成倍地增加，自重和活荷载也就随之加大，主体和基础的处理就不一样。因此，高度较大的建筑物采用什么材料和工程技术才能将它建成？并保证安全牢固？用什么样的空间组合方式和设备装置才能满足人们在内的生活、工作和各种步行活动要求？是利用人自身的体力还是必须具备垂直运载交通工具才能满足人与物的内部运作要求？采用什么样的内部交通和气流组织才能妥善地保证建筑物内部人员的生命安全？包括抗震、防火、防烟、防灾及逃生等。在上述方面，多层建筑、高层建筑、超高层建筑会有着很大的差异，因此从工程技术的层次，管理工作的层次，防火安全的层次，都需要或必须对它们作出明确或比较明确的界定。

欧洲不少国家从城市组织的早期开始，虽然采用砖石结构，建筑可以造得高些，但对住宅来说，居民受到易于爬楼梯和火灾时易出逃等体能的限制，一般建筑物的高度就被控制在 22～25 米，也就是住宅在 7～8 层左右，这一限定反映了普通人日常生活中往上攀登体能的限制界定。

对于什么是高层建筑的概念，1972 年，在美国宾夕法尼亚州伯利恒市里海大学（Lehigh University）召开的国际高层建筑会议，将高层建筑界定为四类：9～16 层（高度在 50 米以下）；17～25 层（高度在 75 米以下）；26～40 层（高度在 100 米以下）；40 层以上（高度在 100 米以上）。

由于高层建筑建造得很多很快，数量大增，这个于 27 年前制定的标准，9～16 层的第一类高层建筑，在我国已被谑称为"小高层"了。现在看来当时规定的实际意义较大的是：规定了一个高层建筑的最低起始点，提出的 9 层标准是突出 8 层以上才作为高层建筑的一种笼统的概念，但是在世界上各个国家根据自己的具体情况对高层建筑的起始点虽有不同的规定，但是大体上相距不远。二是以 100 米高度作为一条分界线，100 米高度以下的属高层建筑，100 米以上的为超高层建筑。100 米高度是防火要求对建筑垂直方向布局的制约点，即超过 100 米高的建筑物与 100 米高以下的建筑物，在防火抗灾方面，在建筑平面空间布局以及设施装置上，有着不同的要求，具有不同的规范，必须严格按照规

范执行。而在我国 250 米以上的高度在超高层建筑上又是一条分界线。

我国关于高层建筑与多层建筑的分界的标准是，既不单纯按照层数的数字来决定，也不单纯依据建筑高度来划分，而是采取了两者结合的方式。因为只按层数决定会因各层层高不同，层数相同，则高度差别很大，缺乏合理性；如果仅按建筑高度决定，则住宅建筑由于层高为 3 米左右，则会出现数量过多的高层建筑。因此将层数与高度结合起来。

根据我国《高层民用建筑设计防火规范》（GB 50049—95）的规定，高层建筑含义为："本规范适用下列新建、扩建和改建的高层建筑及其裙房，即 10 层及 10 层以上的居住建筑（包括首层设置商业服务网点的住宅）；建筑高度超过 24 米的公共建筑。"

"本规范不适用于单层主体建筑高度超过 24 米的体育馆、会堂、剧院等公共建筑以及高层建筑中的人民防空地下室。"

"建筑高度指建筑物室外地面到其檐口或屋面面层的高度；屋顶上的水箱间、电梯机房、排烟机房和楼梯出口小间等不计入建筑高度。"

"当高层建筑的建筑高度超过 250 米时，建筑设计采取的特殊的防火措施，应提交国家消防主管部门组织专题研究论证。"

确定高层建筑的起始点基本上是受防火防灾中以下条件的制约：

（1）登高消防器材。我国目前不少城市中尚无消防登高车，从火灾扑救实践来看，消防登高车扑救 24 米左右高度以下的建筑火灾最为有效。此外我国城市中使用的消防车，直接吸水扑救火灾的最大高度约为 24 米左右。

（2）较好的防火分隔要求。住宅约占全部高层建筑的 40%～50%，定为 10 层及 10 层以上，是因为每个单元间防火分区面积不大，可以使火灾的蔓延扩大受到一定的限制。

（3）住宅首层设置商业服务网点。必须符合规定的服务网点，如超出规定或第二层也设服务网点，应视为商住楼而不是服务网点，可不提高这部分住宅的防火标准。

2　高层、超高层建筑的产生与发展

世界上任何一种人造物的得以实现都是需要与可能的结合，没有可能，需要仅是一种空想；没有需要，可能就找不到实现的对象。高层与超高层建筑也完全不可能违背这一规律。

人类从古以来就有要高、登高和居高的愿望和需要。从心理需要看，高的人造物能表示一种崇敬感，人们就需要用高的人造物体表达对超乎一般人力的崇敬，例如对神祇的崇敬，对有权力的统治者的崇敬；高的人造物，可以象征着力量，这种力量是金钱、权力、能力、地位等的表现。

从物质需要看，登得高可以看得远，从高处远眺和俯视，视野可以非常开阔辽远，令人神清气爽，"白日依山尽，黄河入海流。欲穷千里目，更上一层楼。"王之涣明确地表达出了这种需要。

与天接近的愿望和需要，如唐代诗人顾况的"玉楼天半起笙歌，风送宫嫔笑语和。月殿影开闻夜漏，水晶帘卷近秋河"。住在天"一半高"的玉楼上，水晶帘一卷银河近在眼前的美丽幻想，不是也描绘出了人对玉楼之高及居高的物质欲望吗？

在高处可预报信息使较远距离的人们能够知晓，如烽火台、灯塔等。

可能，最根本的是政治与经济的可能，但物质上的可能是事物实现的物质依据。

1. 产生

高层建筑从需要变成现实，只能在人类掌握相当程度的科学技术，建材和建造方法有了相当发展的时候，可能才向需要靠拢。因此，时代与时机是前提，其中有三项基本制约因素：

（1）由于产业革命的结果，19 世纪末到 20 世纪初，生产力大发展，经济大繁荣，使城市化进程大大加快，人口高度集中，用地有限，地价昂贵，生活、生产贸易功能突增，在美国，开发商购买不大的城市用地建造出面积较大的建筑，因此将建筑往高发展，这是经济的驱动，社会的需求，形势迫切需要的必由之路。

（2）钢铁工业的发展，使人们找到了一种新的、力学性能好、安全度很高、自重较轻的钢建筑材料，且施工便捷，从而逐步取代了 19 世纪末在美国城市中还普遍应用的砖石结构承重体系。

1885年，威廉·勒·巴容·杰尼（William Le Baron Jenny）工程师在芝加哥设计并建造了一座以钢及铁框架为主体的架构，用砖石自承重外墙建造了10层高的家庭保险公司大楼，这是目前国际上较普遍承认的世界上第一座在结构上有真正意义的高层建筑（图1）。

（3）往高发展必须解决垂直交通运输问题。1859年，美国人爱利沙·格雷夫斯·奥蒂斯（Elisha Graves Otis）发明了安全的载人液压制动电梯。直到1870年纽约恒生保险公司大楼（图2），第一个使用了用电力控制的安全电梯，当然这还是较原始的，与今日的电梯不可同日而语。但有了电梯，高层建筑才得以实现。

图1　芝加哥家庭保险公司大楼　　　　图2　纽约恒生保险公司大楼

这说明了，城市、钢铁、电梯是促成高层建筑产生的条件，而高层建筑的产生地，当时只有美国才同时具备上述三项条件。此外，电灯的成熟，用于面积较大的人工照明；空调的出现，用于人工气候；给排水的发展，消防有了保证，卫生设施得以完善；通信设备的进步与多样化，使信息得以畅通；建筑材料的翻新，使室内外环境得以宜人；钢筋混凝土结构的进步，使其在高层建筑的应用中发挥了重要作用。这些使高层建筑从原始落后的状态能全面快速地朝向现代化的方向大步前进。

2. 发展

高层建筑出现以后，有两项重要的社会现象：

（1）建造高层建筑与反对高层建筑的争议。可以举两个很早的例子：1908年11月18日在《美国建筑师与建造新闻》上，戴维·尼克波克·波伊德（David Knickerbocker Boyd）写道："除从所有美学的顾虑之外，所谓'摩天楼'过分高的高层建筑的继续建造，构成对公众卫生、安全和一种防护的威胁，应当被禁止"。另一方面，1929年《摩天楼的历史》一书的作者弗兰西斯科·穆基卡（Francisco Mujica）写道："在摩天楼后面站立着国家的领导部门……那些鼓吹取消它们的人不会取得成功。"虽然今天情况有所不同，但过度集中和设计、布置得不好的高层建筑都会带来如近一个世纪前人们所担忧和顾虑的那些问题。在20世纪70年代时，美国人对高层建筑的反映仍是对立的，一种认为高层建筑是可怕的，应当在人类集居地宣布为非法；另一种则认为，高层建筑是这样的伟大，表现出成为未来的潮流。说明在相当长的一段时间中，社会对于高层建筑仍然不外乎"既是伟大的，又是可怕的"两种认识。

（2）往高建造，高些、再高些。早在1906年时，纽约的营造商塞尔多·斯塔瑞特（Theodore Starrett）就设想建造一座庞大的、扁盒状的100层高楼。他将工业部分放在底部，办公放在另一部分，住宅在它们的上面，再往上是旅馆，用包括剧院和商场的公共空间将各部分分隔开，顶部是一个娱乐公园的屋顶花园与游泳池。但是当时在技术上如何实现塞尔多的构想，无论是建筑师或是工程师们都还没有这样的把握。在 1908 年，纽约建成了近 110 米高的超高层建筑胜家大厦（图 3）；1913 年，在纽约建成了 240 米、54 层高的超高层建筑沃尔沃斯大厦（图 4）。

图 3　纽约胜家大厦　　　　　　　　图 4　纽约沃尔沃斯大厦

　　1926 年，一位纽约的建筑师兼工程师约翰·拉金（John Larkin）宣称有一个计划，在曼哈顿岛上建造一座 110 层、366 米高，超过巴黎埃菲尔铁塔，居世界第一的超高层建筑。当时他就考虑用双层电梯以减少电梯数量，但设计中电梯的数量太大，占据平面空间很多，将导致出租面积不足，因此方案未能实现（图 5）。

　　1930 年，在纽约 42 街和列辛顿大道转角处由威廉姆·凡·阿兰（William Van Alan）设计的 317.5 米、77 层的克莱斯勒大厦（Chrysler Building）建成，当时是世界第一高楼的超高层建筑，但他原设计的建筑只有 280 米高，因他以前的合作者 H. 克雷格·塞维若安斯（H. Craig Severance）和同伙在华尔街 40 号设计了一座 66 层、280.9 米高的曼哈顿公司银行总部（Headquarters of the Bank of Manhattan Company），超过他一丁点儿。凡·阿兰决定摘取世界第一桂冠，他增加了一个螺形冠顶，偷偷地在克莱斯勒大厦内安装，当塔建成后将它抬升就位，就将曼哈顿公司银行总部远远抛在后面（图 6）。

图 5　纽约拉金大厦　　　　　　　　图 6　纽约克莱斯勒大厦

当克莱斯勒大厦还未封顶之前，另一个由许锐夫·兰班和哈尔蒙（Shreve Lamband and Harmon）设计的，102层、378.87米高的超高层建筑帝国大厦，就正在纽约第5大道35街老沃多夫—阿斯托尼亚（Waldorf-Astoria）旅馆的基地上进行施工。1935年建成，它就成为建成的世界第一高楼并雄踞此位置达37年之久（图7）。

由于帝国大厦落成的时间正值美国经济大萧条时期的中期，很多年内它的内部用房出租得很慢，于是人们称它为"空置国大厦"（Empty State Building）。

1932年至1940年，纽约开始建造洛克菲勒中心（Rockefeller Center），首先位于第5大道与美国大道之间的7个街区中，它开创了一个超高层和高层建筑群体的新概念，最早采用了地下交通道及地下商业街，在下面形成了一个大众可以在地下享受城市生活活动的繁华空间（图8）。

图7　纽约帝国大厦

图8　洛克菲勒中心

1972年建成了由纽约与新泽西港务局投资建造，由美国建筑师山崎实（Minoro Yamasaki）设计的世界贸易中心一号楼（北楼），1973年又完成了南楼。二者是超高层建筑双塔楼，各有476141.6平方米，共852283.2平方米，高110层、417.1米，它打破了帝国大厦保持了37年之久的世界最高建筑的桂冠（图9）。

1974年在芝加哥建成了由美国SOM建筑设计事务所设计的110层、高442米的超高层建筑西尔斯大厦，超过世界贸易中心（图10）。

1998年在马来西亚吉隆坡市，第一次于美国之外，由美国建筑师西萨·佩里（Cesar Pelli）设计的超高层建筑佩重纳斯双塔建成，建筑高88层、452米，超过了西尔斯大厦的高度，取得了世界第一第二高楼的美誉（对这一高度尚存在争议，但目前已被公认）。

紧接着在中国上海的浦东，在日本森大厦中心主持下，美国KPF事务所设计的95层高、459.9米环球金融中心（图11）开工建造，后因受经济影响而暂停。

图9　原纽约世界贸易中心

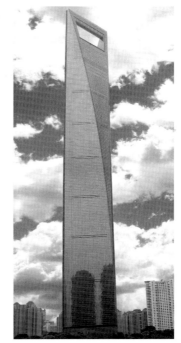

图 10　芝加哥西尔斯大厦　　　　　图 11　　上海环球金融中心

此外，在美国、日本、韩国等地，不少企业、组织早已策划建造超过现在最高建筑物的超高层建筑，并做出很多吸引人与有创见的方案，拟向着更高的高度冲刺。

3. 高层、超高层建筑本身的内外磨合探索

高层和超高层建筑是人类创造的较新建筑类型，如何使它的形态能既符合建造技术对它的制约，又能满足它的功能和审美要求，是高层建筑出现以后一直受到重视并克服重重困难加以研究和探讨的问题。一般说来它经过了以下四个阶段。

第一阶段为从 19 世纪末叶到 20 世纪初的初始摸索阶段。当时用金属构架，外墙用砖石结构自承重体系，这种双层的结构体系严重地制约了高层建筑往高发展，于是走向墙体荷载由金属框架支承。为了减轻这部分围护和隔断部件的荷载，外观上表现立柱并采用长条形横向大窗，减低上下楼层之间和柱间的窗间墙做法取得了认可，特别在建筑师路易斯·沙里文（Louis Sullivan）的设计作品中较频繁地出现，并逐渐形成了芝加哥学派风格（图 12）。由于在初始阶段，高层建筑能够安全地建造出来是主要问题，于是结构工程师主宰了建筑设计工作中的灵魂，建筑师较多地是在建筑物的屋顶檐部、上下窗间墙、底层入口等处采用一些古典建筑符号加以点缀。

第二阶段为从 20 世纪初到第二次世界大战前的纵深探索阶段。这个阶段由于工程技术学科与技术的进步，建筑界受到新旧思潮的碰撞冲击，表现在高层建筑上的变化也大。由于初始阶段高层建筑在工程技术的制约下，以立方体块为主的较多，让建筑界和广大的社会阶层感到满意的作品不多。于是促使建筑师从传统的建筑风格中去寻找素材。首先是威尼斯圣马可广场上的钟楼被直接借鉴在 1909 年由拿波里翁·勒布隆父子（Napoleon Lebrunand and Sons）设计的纽约都市生活塔楼（图 13）上。很自然地，哥特式建筑风格就得到首选，其中突出的优秀实例是 1913 年由卡斯·吉尔伯特（Cass Gilbert）设计并建造在纽约的沃尔渥斯大厦。

1925 年芝加哥论坛报大厦的国际设计竞赛，在高层和超高层建筑的历史上是一件有着较大意义的活动，它有一点像世界摩天楼设计展览会，5 万美元的奖金，能在芝加哥城中心建造一个主要塔楼的机会，世界上有 260 名建筑师参与。最后是约翰·麦德·荷威尔斯与雷蒙·胡德（John Mead Howellsand and Raymond Hood）的哥特风格的顶冠与飞扶壁方案中奖，建筑在芝加哥的北密歇根大道的基地上（图 14）。

图 12　芝加哥学派风格的高楼

图 13　纽约都市生活塔楼（右图为圣马可广场钟楼）

此后有受早期新建筑运动影响的克莱斯勒大厦、帝国大厦，使得高层、超高层建筑朝着既受工程技术和经济的制约，又能发挥建筑师聪明才智创新的道路上迈出了一大步。

第三阶段为现代主义。美国的大萧条与第二次世界大战时期没有建造有重大意义的东西，二战后建筑处在十字路口。战前从欧洲开始的新建筑运动在美国取得了社会和学术界的认可，在整个 20 世纪 30 年代是哥特式、希腊、罗马古典式的再现；到二战后，它们的实践者或退休或去世或改弦易辙投入了现代主义运动，到 1950 年包括装饰艺术（Art Deco）以及在 20 年代末到 30 年代早期流线型装饰都退出了历史舞台。整个 40 年代晚期与 50 年代早期是实用主义的时代，大规模建设的经济中，不再有很多手工艺匠人可以制作精致的装饰。同时高层、超高层建筑物结构设计的计算还只是结构工程师或力学专家的一种估算，而且过程非常复杂，为了满足大量的建设需要，以结构工程师为主决定高层、超高层建筑体形与平面的情况下，建筑师又大部分转而倾向于现代主义运动，追求新材料与简单的形式，简朴的无装饰的界面，建筑变得更为机械化制作。20 世纪 50 年代以后现代主义在美国和欧洲繁荣起来，不仅是为了理性主义，也是一种经济的需要。不管是几室几厅的住宅还是几十层的摩天楼，现代主义的建筑较为便宜。这一段时期的开始，真正的革新不是商业建筑而是 20 世纪 50 年代初在纽约建成的联合国大厦，它由包括法国的勒·柯布西耶（Le Corbusier）和巴西的奥斯卡·聂玛亚（Oscar Niemeyer）在内的国际建筑师组合设计，它是两面玻璃幕墙的立方体与低层扁平曲线体相结合的建筑综合体，它的出现起了一个重要的开创性的作用。而后由 SOM 事务所（Skidmore，Owings and Merrill）在 1952 年设计建成的纽约利华大厦（图 15），1952 年密斯设计建成的芝加哥的湖滨大道双塔公寓（图 16），1958 年在纽约由密斯·凡·德·罗（Mies Van der Rohe）与菲利普·约翰森（Philip Johnson）设计的西格兰姆大厦（图 17），它们起了较大的启发示范作用，使高层建筑的形态走上了与以前完全不同的现代主义道路。

图 14　芝加哥论坛报大厦　　　　图 15　纽约利华大厦

图 16　芝加哥湖滨大道双塔公寓　　　　　　图 17　纽约西格兰姆大厦

　　20 世纪 60 年代，高层、超高层建筑又是一个探索和酝酿的时期，因为高层建筑要真正科学地站起来，能很方便地上下，空调、管道、电力和通信要完善地为人服务，而且要保证人们的安全，在灾害发生时易于逃出，符合房地产市场条件，就要求企业、生产厂商、专家、技术工人、法规制定者、结构工程师、设备工程师和建筑师等必须作深入的探索和研究。特别是 1948 年恒生储蓄与贷款大楼（Equitable Saving and Loan Building）是第一个被建造成环境全封闭的建筑。这时，从过去依靠自然采光、通风时从外窗到核心墙距离的 8 米，可以增加到从外窗到核心墙距离为 15 米，从而大进深的高层办公楼才得以普遍化。

　　电子计算机在结构工程上的运用，使得工程师们繁重、冗长、困难、大致估计的计算工作一下子找到了改变面貌的挥天利剑。20 世纪 50—60 年代，建筑师一定要将自己的高层建筑构想去请教结构工程师，看是否可能。如果结构工程师说不行，则建筑师必须回到图板上进行修改，以得到结构工程师的认可，最后结构工程师已疲于回答，只得亲自参与设计。例如，SOM 事务所设计芝加哥汉考克大楼时，计算机还没有参与计算工作，工程师决定了建筑物的形式。到了 20 世纪 80 年代初，有了多种高层、超高层结构计算的程序，同时培养了能熟练操作的年轻一代结构工程师。任何形式几乎都是可能的，关键是造价。如果一位工程师对建筑师说这种方式不可能，建筑师就去找会做的结构工程师。随着计算机在结构工程、建设管理等方面的应用，甚至开发商的财务策略也都随之加以应用，结果很可能与结构逻辑及完整性相反，但有可能达到真正接近实现较理想的完整建筑形态及功能与造价的统一。在这样的情况下，高层、超高层建筑的面貌就发生了显著的变化。由于高层、超高层建筑是一项巨大的投资活动，因此业主的要求优先于建筑师的口味与幻想，各种错综复杂的条件既推动又限制着高层、超高层建筑的实现。

　　第四阶段为从 20 世纪 70 年代末 80 年代初到现在。由于结构力学的发展、计算机的运用，一个直统统的、直角相交的塔楼基本上不再出现了，平面是多角形的、绵延起伏的、多皱褶的，多个平台的、曲折的、中间或边上蚀掉的形状已成为可能。环境已经成为发展和决定平面立体形态的重要因素，高层、超高层建筑要增加景色，捕获阳光，高层内享有一定高度的绿化空间，增加具有双向视野转角办公室，玻璃花房内庭，零售商场在室内可以复活街道生活，建筑的顶冠走向多种变化。逐步又代替了单纯"表现结构"，为了引导出情感上的联想和寄托，在一些建筑上又重新使用在过去世纪里留下来的传统语汇。

第二篇　建筑理论

20 世纪 70 年代末到 90 年代末的 20 年中，事实上是一个大整合的时期，钢筋混凝土结构有了巨大的发展，与钢结构共同作用，各取所长，这段时间内是混合和完善现有结构体系，而不是发明和发现新东西的时候。高层与超高层建筑的主要受力是侧向风力，一些很有经验的结构工程师曾指出，在 50 层以上的超高层建筑方案是否浪费，差别就在风力工程的独创性上。但在大多数情况下，他们必须要顾虑并根据业主与建筑师需要的形态来优化结构。

到目前为止，虽已有了一个世纪的发展，但高层特别是超高层建筑仍然有很多问题和方面是人类所不认识的，必须要依靠风洞试验。

这一时期，人们对高层与超高层建筑的注意力逐步从单体转向与城市的关系，在城市法规中对一定的地区、地块有一定的层数、高度、容积率、占地面积等要求，在国外一些建筑物将底层奉献给城市作为市民、旅游者休息用，做到用地而不占地，以换取建筑物的高度。为在城市地面上活动的人们带来好处，街道部分地扩大，改变了面貌内涵，增加城市可亲近性；但对城市的天空增加了负担。有得有失，孰是孰非，有待时间的检验。

4. 世界范围发展情况

在欧洲，过去不允许商业建筑将阴影投落在教堂和公共建筑物上，所以第二次世界大战以前欧洲不知道有商业高层建筑。同时整个欧洲地区很长时间内法规限制了建筑物的高度。

在中国，到了 20 世纪 20 年代，上海 1921 年建成了 10 层的字林西报大楼以后，10 层的沙逊大厦（1923 年）、1923 年 13 层的华懋饭店（今日的锦江饭店）、1929 年 22 层的百老汇大厦（上海大厦）、24 层的国际饭店（1931 年）等，才陆续建造起来。但这些高层建筑绝大多数都是由外国人投资，外国洋行的外国建筑师设计。我国只是在 20 世纪 20 年代后期，才有学建筑的留学生回国组织了中国建筑师协会，建立了执业建筑师制度，高层中国银行大楼 1936 年才能是政府投资，由公和洋行和陆谦受建筑师共同设计。

1949 年，中华人民共和国成立，在首都北京建造了一些高层建筑。1976 年，由于国际贸易的发展，在广州建造了我国第一座 33 层、114.95 米高的超高层建筑白云宾馆。随着我国改革开放的政策的执行，经济有了巨大发展，城市化在全国普遍展开，于是高层建筑在全国得到大规模的建设，目前已建成约 2000 多幢超高层建筑。

近 20 年来，由于亚洲特别是环太平洋两岸地区经济的发展，很多城市普遍地进行更新与改造，因此大量的高层、超高层建筑也就应运而生，同时它又变成集中的试验基地，也是新的摩天大厦五彩缤纷的橱窗。在这些橱窗中，上海的浦东新区是最新、最辉煌和引人注目的一个，如东方明珠电视塔等。到 1999 年中，仅浦东陆家嘴在建的高层、超高层建筑就有 409 幢，12550000 平方米；建成的有 242 幢，5500000 平方米。在这里最具有标志性的有两幢：88 层、420.5 米高目前世界第四高楼——金茂大厦和已经开工的 95 层、459.9 米高即将成为世界第一高楼的环球金融中心。其他如北京、深圳、厦门、海口、广州等地的国内外投资者都建成了大量的高层超高层建筑。

我国的香港由于过去城市范围与规模较小，建筑很早就往高建造，近二三十年来由于特殊的地理与政治地位，经济有了巨大发展，新建了大量高层住宅、办公楼等高层、超高层建筑，成为世界上高层、超高层建筑最集中地区之一。此外，中国台湾虽然没有全面发展高层建筑，但也在台北建成了 224 米、世界排名第 63 位的新光大厦和排名世界第 10 位的 85 层、347 米高的高雄长谷大厦。

在其他的橱窗中，马来西亚很有特色，他们雄心勃勃地要在 2005 年进入第二世界的行列。1998 年他们由自己的建筑师设计与建造了排名世界第 63 位、244 米高的五月银行总部，前不久建成了 88 层、452 米高的目前世界第一、第二高楼即佩重纳斯双塔楼。

新加坡在高层建筑方面做了很大努力，也很有特色。在商业高层摩天大厦方面有 4 座世界排名 100 位以内的高楼，但更重要的是在高层住宅上的成就。由于国土很小，人口 300 多万，为了保留较好的生态环境，住宅往高层发展就成为基本国策。

日本在亚洲属于第一世界，20 世纪 70 年代后期突破了地震的限制，开始建造高层建筑。几十年来，在一些大城市中设计和建造了内外环境、设备、服务设施、建筑材料、家具装备和施工等各方面质量很优越的高层建筑，处于世界前列。他们还克服了地震频率较高、烈度较大的困难，设计和建成了高质量的全球排名第 23 位高 296 米的横滨里程碑大厦（Landmark Tower）、第 63 位高 243 米的东京都厅舍、第 53 位高 254 米的大阪城门大厦和第 54 位高 252 米的世界贸易中心。

韩国在汉城商业高层较突出的有占世界第 57 位高 249 米的韩国生命保险公司大厦和第 94 位高 228 米的韩国世界贸易中心。

此外，印度尼西亚、泰国、菲律宾等国也在高层建筑方面取得不少成绩。

在 100 幢已建的世界最高大厦名单中，这一地区就占 28 个席位，随着经济的发展，这一地区在高层建筑领域内定会有更辉煌的成就。

3 高层、超高层建筑今后发展预计

（1）高层、超高层建筑的建造是一项重大的金融投资，投资者无论是私人还是政府，一般都希望达到一定的经济效益，并能早日将投资回收。而现在在全世界很多地方，建成和在建的高层及超高层数量已超过需要量较多，根据美国 20 世纪 90 年代初的统计，全美达到了 20% 的空房率，纽约中心商务区办公建筑的空房率曾达到 24%～27%；洛杉矶也有相类似的情况。早在一个世纪以前著名的美国建筑师路易斯·沙里文（Louis Sullivan）就告诉人们："摩天大楼是经济力量合乎逻辑的结果。"事实证明了他的看法是正确的。在美国，不久前出版的一本《摩天楼建筑》（Skyscraper）的序中，著名建筑师菲利普·约翰森说，美国"再也不造摩天大厦了，到处都没有经济上的需要去造摩天大厦，当然与投资费用有关，在这些建筑物的造价与效益之间从来没有关系……我必须说，摩天大厦是结束了。为什么我，一个很多高层建筑的建造者要如此地来说这样的事呢？因为它们没有经济的需要……它们将永远是昂贵的，它们永远是额外的"。不久前在全世界经济衰退的压力下，高层、超高层建筑的建造受到很大影响，我国也不例外。今后要有一个相当长的恢复期，当世界上某一地区或某一国家或某一城市的经济有了很大的发展，而且有这方面的需要时，才可能出现高层、超高层建筑建造的机会。

（2）往上建造，高些、再高些，对于人类来说永远具有强大的吸引力，但高层特别是超高层建筑是一个科学技术含量很高，须满足人类社会各种生活要求，与城市休戚相关并有极大综合性的容器。人类经过一个多世纪的努力，它已经达到相当的水平、目的和成就，但还远远不能满足人类物质、精神和科学技术探索的需要。今后它会在以人为本、可持续发展、满足生态与环境要求的方针和精神指导下向前进步。

（3）高、好与美之间虽然有着某种微妙的关系，但是并不能直接画上等号。因为具体到某一个高层、超高层建筑上，虽然它是高了，但仍有高低之分，好坏之差，美丑之别，因此设计不能仅着眼于高，而要既高又好又美，仍应作深入细致的研究与探索工作。

（4）建筑往高发展，高层、超高层建筑的安全性、耐久性方面还有很多可以深入探讨和研究的问题。结构力学与结构工程的理论方面还有相当篇章等待开发；人们也可能探索比钢、比钢筋混凝土还要优越的材料来建造高层及超高层建筑。

（5）高层、超高层建筑可以在较小的基地内容纳很大很多的建筑空间，满足数量很大的人群在其间居住、生活、工作、活动，等于一个高度密集的"城市"或"社区"，因此在建筑中必然要高度的智能化，才能提高人们在这种环境中生活的素质和水平。

（6）高层、超高层建筑在某种意义上可以说是一个"蜂房"，对于其内部居住、生活、工作、活动的人们每人所占有的空间和面积数量很小，对人的身心健康要求是不够和不利的，因此从以人为本、重视人的角度看，每人占有空间和面积应当扩大，并应将自然引入。1997 年，英国建筑师诺曼·福斯特（Norman Foster）在德国法兰克福设计的商业银行总部就是一座具有生态环境特色和有 100000 平方米、53 层、高 300 米的欧洲最高的超高层建筑；马来西亚的建筑师杨经文（Kenneth Yang）也设计出多幢符合湿热地区生态环境的高层建筑。看来这会成为一种大趋势，未来的高层、超高层建筑必然会

从"蜂房"逐渐向"鱼缸"演进，使人在其中如鱼得水，和自然共生。

（7）仿生学在人们日常生活中的运用，一定会对高层、超高层建筑产生深远的影响。当人们看到在空中飞来飞去的蜜蜂，它们的运行交通方式就比现代人先进得多。如果供人用的小运载工具也能像蜜蜂那样自由自在、安全、迅速、有效、互不碰撞地飞来飞去，我们的城市、道路和建筑物就将会发生非常巨大的变化，作为高层、超高层建筑，人们的交通工具可以直接到达并停靠在他们所在的那一层房前……这将会使高层、超高层建筑有哪些变化？今天我们还很难预料。

（8）高层、超高层建筑给城市增加了光辉的生命力和巨大的活力，经过100年的实践之后，它们合理的布点、疏密、高度，在经过各种类型的专家深入分析研究之后逐渐得出较为正确的结论，对已存在的和过于密集的高层、超高层楼群的负面影响会逐步得到纠正，其中包括政府和社会的作用，对少许负面影响较大的建筑物会予以拆除。

图18　东京湾千禧年塔

（9）高层、超高层建筑本身虽然有登高远望的优势，但其一，过高之后对在其中长期生活的人们在安全感上的恐高心理会有什么影响？如何减少这种影响？其二，人们长期远离地面居住、生活、活动有哪些优势？又会有什么负面影响？特别是中国人，强调"人要接地气"，人地远隔之后可能会有什么后果？当然这些不是短期就能看出的，但一定会受到社会的关注，成为生物学界、医学界、建筑学界和社会学界认真研究的课题。

（10）超高层只有下限，在我国是100米高，会不会有上限？看来在一定的情况下会有一定的上限，关键仍是一个需要与可能结合的问题。日本大林组清水惠藏（Keizu Shimizu）结构工程师和英国建筑师诺曼·福斯特（Norman Foster）在20世纪80年代末就已经构想和设计了日本东京湾的千禧年塔（图18），细尖锥体，860米高，抗地震性能好，风力作用下超稳定，但无人敢投资。再有从高度攀比上来看，高层、超高层建筑会受到人造卫星和太空试验站的挑战。因此从使用和安全的角度来看可能有一个上限，但数字却不能轻易确定。

建筑空间、建筑艺术、建筑创作对建筑师来说是一个有着刻骨铭心情感的主题，也是社会关注的热点。对投资者来说，也是关心的热点。建筑师是为投资者和全社会服务的，如何能取得投资者的信任，能得到高层、超高层建筑的设计任务？得到设计任务之后又如何能发挥个人和整个设计集体的才能，创造出符合客观规律，符合城市各种规范及要求，符合以人为本的精神，符合生态要求和可持续发展，从差强人意到优秀精彩的高层、超高层的建筑物来？这里最主要是机遇问题，其次是投资者对建筑师的尊重和依赖问题，再次是建筑师本人水平和集体水平问题。但后人一定能在前人基础上，踏着前人的肩膀往上登高一大步，将人类一个多世纪以前创造出的高层、超高层建筑推向新的水平和高度。

（插图采用《中国工程科学》1998年第8期）

（原载《戴复东论文集》404-420页）

12 建筑材料好，建筑才能好
——高性能耐火耐候建筑用钢的出现及应用

戴复东　吴庐生

从远古到现代以至于未来，由人类创造出来的建筑物（广义的），是由空间及实体巧妙地组合而构成的。这一构成物质基础就是建造用的原料——建筑材料。所以也可以说：建筑材料就是构成建筑物躯干及肌体，并赋予建筑物生命的原料。从宏观方面来说，从木材、泥土、石材、钢铁、水泥、铝材、玻璃等到人工合成材料，包括饰面、保护、保温、隔热、隔声、吸声、防水、防火等材料都在其中。这些仅仅是粗略的分类。实际上在每一个大类中，都由于各种材料内部成分组成物质的差异或加工制作过程和方法的不同，而各自具有不同的性能。用各种不同性能的材料来构建建筑物（广义），就会赋予建筑物不同的强弱肌体和不同盛衰的生命力。由于对自然逐步深刻的认识和科学技术的不断发展，以及经济水平的不断提高，这样，自然而然地，人类就学会了越来越多地应用一些性能较好的建筑材料，去适应和满足建筑物对人的呵护，不断强壮建筑物的肌体，使建筑物具有更兴旺的生命力。

2000 年伊始，中国残疾人联合会准备在上海建造一座上海中国残疾人体育艺术培训基地——诺宝中心，委托我们进行设计。为残疾人设计这样一组建筑，我们经历过一个认识的过程，因为在一般人（包括我们自己）的眼中，曾有过残疾人要比正常人差一些，甚至低人一等的想法。但是我们两次看了残疾人的演出，从头到尾，我们的眼睛都没有干过。因为他们有着和正常人一样的聪明才智，还具有特别坚韧不拔的毅力。他们的表演应当让绝大多数正常人感动和愧疚。因此我们感到，这一项设计任务必须要设计成"残疾人殿堂、残健可共享"。

虽然在 1959 年，我们在武汉东湖的梅岭工程中，在经济及现代建材匮乏的情况下，为毛主席的使用需要，我们设计过一个较有特色的室内游泳池。但现在到了 21 世纪，我们的设计也应当与时俱进。因此在不设观众席，仅供训练用的室内游泳池设计上，我们想要做出新意。因为这是一个不带跳水的训练用池，业主提出的要求是：游泳池长度为 50 米，8 泳道。根据国际标准，泳池内部大小为 50 米长，21 米宽。根据这样的条件，外面的建筑壳罩该怎么做，我们想，空间体量不宜过大，因为建成以后，国家不再承担经营管理开支，一切费用全部由诺宝中心自己解决，在冬、夏两季采用空调的情况下，空调大小影响节能的问题应当放在很重要的地位，这样室内空间不能大。但是仅用矩形空间内部层高较扁的办法来解决，这样室内较低，会比较压抑，而且白天室内的采光与室外空间通透感较弱。我们该如何突破常规，才能往前走一步？

首先我们先定下来，这个室内泳池建筑物的平面基本尺寸约为 33 米宽，66 米长，如果建筑物采用 10 米的高度，除去结构及内部吊顶，则净高约为 7.6 米，室内会显得太矮。如果建筑物采用 12 米高度，则净高为 9.6 米，仍旧会感到压抑，怎么办？一段时间思索以后，我们产生了一个想法：将矩形两端各斜切去一块三角形，将它们放到泳池中部的上面，体积与原有矩形相似，另外在横剖面上，由南北两侧内边，各向上斜切一刀，这样，游泳馆的空间就得出了一个正面、背面为长拱形，剖面为有变化的上小下大梯形，两侧形成两个弧形大玻璃面，中间高，两端低，两侧通透，类似花篮状，出

第二篇　建筑理论

现罕见的内外空间形态，内部空间体积反而比矩形空间体积小，但中部就会变得高敞起来，从而令人感到爽朗、舒畅。这种体形对游泳比赛馆来说体积小、节能，既经济又美观。我们具体计算了一下：

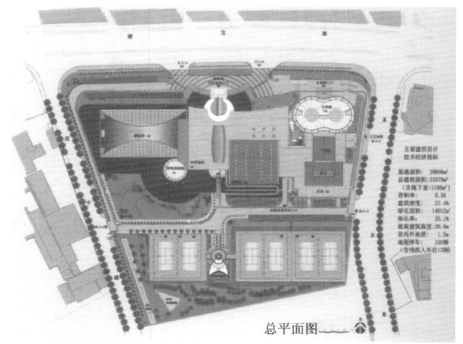

总平面图

漕宝路上北面整体外观

游泳池屋顶网架结构建成情况

南面花园室内游泳池及智残训练池南外观

屋顶桁架起吊情况

室内游泳池花篮状立方体与矩形立方体空间及容量比较

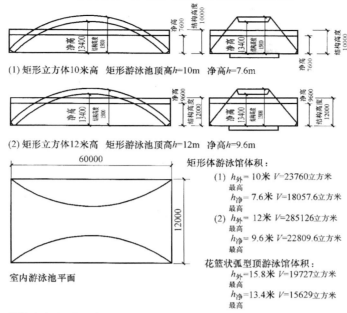

(1) 矩形立方体10米高　矩形游泳池顶高h=10m　净高h=7.6m

(2) 矩形立方体12米高　矩形游泳池顶高h=12m　净高h=9.6m

60000

12000

室内游泳池平面

矩形体游泳馆体积：
(1) $h_{外}$=10米　V=23760立方米
　　最高
　　$h_{净}$=7.6米　V=18057.6立方米
　　最高
(2) $h_{外}$=12米　V=285126立方米
　　最高
　　$h_{净}$=9.6米　V=22809.6立方米
　　最高

花篮状弧型顶游泳馆体积：
　　$h_{外}$=15.8米　V=19727立方米
　　最高
　　$h_{净}$=13.4米　V=15629立方米
　　最高

结论：(一) 采用花篮状拱顶游泳馆室内高敞明亮，矩形空间较低矮较压抑。
　　　(二) 采用花篮状拱顶游泳馆室内空间比10米高矩形空间：(18057.6-15629)立方米=2428.6立方米
　　　　　 采用花篮状拱顶游泳馆室内空间比12米高矩形空间：(22809.6-15629)立方米=7180.6立方米
　　　(三) 采用花篮状拱顶游泳馆室内空间节约空间体积节约空调费用。

空间及容量比较图

（1）采用 10 米高度时，总体积 V = 23780 米^3，室内 7.6 米净高的矩形空间 V（7.6）= 18057.6 米^3。

（2）采用 12 米高度时，总体积 V = 28512 米^3，室内 9.6 米净高的矩形空间 V（9.6）= 22809.6 米^3。

（3）采用花篮状形态，最高点为 15.8 米时，总体积 V = 19727 米^3。

室内最高点 13.4 米净高的总体积 V（13.4）= 15629 米^3。

从以上三项数据可以看出，花篮状空间体积最小。

V（7.6）= V（13.4）=（18057.6-15629）米^3=2428.6 米^3

室内空间体积可以减少13.4%

V（9.6）-V（13.4）=（22809.6-15629）米^3=7780.6 米^3

室内空间体积可以减少 34% 左右，这样的空间形体显示出有相当的优越性。

要做成这样的空间，结构如何能够予以支撑？我们向结构专家杨迎文与王笑峰请教，他们一致同意采用跨度相同但高度不同的梯形钢框架，我们认为这一意见很好，但接下来的问题是：

（1）室内游泳池，水蒸气很大。这种钢材需要很好的耐候防锈能力，这是钢材的弱项之一。世界上只有美国有 Cor-TenA 和 Cor-TenB 耐候钢。

（2）根据目前国家规范，泳池属公共建筑厅堂，属于一级建筑，结构需要防火，所以这种钢材需要很好的耐火性能，这又是钢材的弱项之二。世界上只有日本有 SM400FR 和 SM490FR 耐火钢。而我们需要的是一种新型的，既耐火又耐候的钢材，它在世界上还没有出现过，怎么办？如果不用钢材，用钢筋混凝土结构呢？那么这样结构的构件一定会又粗、又大、又笨。而且业主已经向上级领导汇报了用钢结构。最后，我们向武汉钢铁公司求援，他们以全国劳模副总工程师陈晓教授为首的科技中心勇敢地接受了这一任务，在短期内炼出了"高性能耐火耐候建筑用钢WGJ 51 0C 2"。耐火性能：600℃屈服点的σ_s不低于室温的σ_s的2/3；耐候性能：为普通钢材的 2～8 倍。详见《高性能耐火耐候建筑用钢WGJ 51 0C 2 简介》[武汉钢铁（集团）公司技术中心 2002 年 5 月]。新型通过耐火试验、焊管检验、焊接试验并经过政府的层层审查，才得以正式加以应用。同时在 2001 年 10 月钢材通过了以两院院士师昌绪先生为首的 4 位院士及 7 位知名专家组成的鉴定委员会鉴定，他们一致认定："该钢集高耐火性、高耐候性、高 z 向性和能承受大线能量焊接于一体属技术首创。其技术性能指标达到了国际领先水平"。最后结构由上海宝潮公司施工得以建成。建成后，整体及泳池建筑给人"相见不相识，欣喜佳客来"新颖亲切、楚楚动人之感。

游泳馆耐火耐候钢框架及点式玻璃幕墙细部

　　该建筑于 2002 年 12 月经过施工验收后投入使用，中央电视台作了报道，得到业主、使用者及市民的好评。我们将这种钢材推荐给国家大剧院，也得到采用（见《科技日报》2005 年 11 月 23 日第 5 版，陈晓《痴心高性能新钢材》一文）。通过这件事，使我们深切地感受和体会到：建筑师不仅仅是一位你拿材料来我使用的人，而是应当深刻理解建筑材料与建筑物的优劣关系，关心材料。在必要的情况下，和有关材料部门的专家合作，推进建筑物往前走上一小步，为人类造福。

游泳馆由起点向终点望内景

（原载《戴复东论文集》440–444 页）

第三篇　师恩友谊

1 春蚕到死丝方尽，蜡炬成灰泪始干

——怀念四位老师

戴复东　吴庐生

在最近短短几个月里，杨廷宝老师、童寯老师、张镛森老师三位老人相继离开了人世，加上 1968 年在"四人帮"时期被迫害致死的刘敦桢老师，南京工学院建筑系与建筑研究所失去了四位"元老"。

作为他们四位老人的学生，我们缅怀良师，思念之情不能自已。是他们，在中国的建筑学教育领地上，和其他老一辈学者一起进行了披荆斩棘的拓荒工作；是他们，用勤劳与智慧的乳汁，培植了我们；是他们，以自己严肃认真、辛勤努力的为人与治学态度，给我们树立了榜样；是他们，为我们留下了很多珍贵的遗产，有待我们学习、继承。

杨廷宝老师

杨廷宝老师

我们是在 1948 年 9 月 1 日进入前中央大学建筑系的，杨廷宝老师从一开始就和我们有了较多的接触。由高年级同学的介绍，知道杨老师曾在美国宾夕法尼亚大学留学，在学生时期参加全美建筑系大学生作业竞赛，两次获得第一名，连得两块金牌，因此 T. P. Yang 的名字很早就被人们熟悉。对于这样一位老师，我们认为他是一位赫赫有名的、为中国人争得荣誉的学者；同时高年级同学说他被尊为"国宝"，因此我们怀着一种敬畏之情去接近他。可是杨老师完全不是趾高气扬目空一切的态度，而是一位神采奕奕、和蔼可亲的长者，对待学生诚恳、谦逊，有着从容、大度的学者之风，所以很快地我们消除了对他的"戒心"。

从一年级起，杨老师就多次教导我们，作为一位建筑师应当随身携带笔与笔记本，每当看见一个对你产生深刻印象的与建筑有关的对象就徒手将它描画与记录下来，这样既收集了建筑方面的资料，避免遗忘，同时又锻炼了徒手勾图的能力。他也经常把自己的笔记本拿给我们看，在这一点上他培养了我们这种工作方法和习惯。

在建筑设计教学中，杨老师非常重视学生在草图设计时进行比较。他告诉我们在他自己的设计工作中这是一个重要的方法。他说在美国读书时，他的一位老师是一位开业建筑师，有一次他的老师设计一幢建筑物，把他找到办公室征求意见，他看到墙上贴满了约十多个方案的草稿，他问老师为什么这样做，老师告诉他，有很多想法往往稍纵即逝，只有画出来才能理解和进行准确的比较，同时通过多个方案草图的比较有时可能会综合产生新的想法。所以杨老师向我们推荐这一工作方法。这也成为指导我们自己设计和学生学习的重要方法之一。

杨老师在建筑设计教学中极少用拷贝纸蒙在学生的草图上给学生们具体地画方案，而是重视对学生设计的评论和讨论，分析问题时比较多采用辩证的分析方法。他经常教导我们建筑设计不是绝对化的，特别是学生的作业，情况不同，结果不同，因此他很少对一些问题作绝对的肯定和绝对的否定。但他对我们的作业要求又是细致、严格的，有时甚至对室内家具的布置恰当与否也都会提出中肯的意见。他的谈话总是态度诚恳，与学生共同讨论研究。

由于杨老师长期参加建筑工程设计，因此有着丰富的实践经验，在教学中一有机会总是对我们谆谆告诫，有几件事使我们印象很深刻。

其一，杨老师设计了一些中国古典形式的建筑物，为了真正吸取古典建筑造型的精华，而不是画虎类犬，杨老师诚心实意地向一些有经验的老匠师学习。他放下架子求教于他们，一段时间内每天中午请他们一同吃午饭，在饭桌上，老匠师们向他传授了知识，杨老师认真仔细地作了笔记，把这些知识应用到设计中去。他说要学就要学得准确，绝对不能自以为是、马马虎虎。他这种对学问一丝不苟、虚心向实践者请教的良好学风，给我们以深刻教育。

其二，杨老师告诉我们，建筑师切忌骄傲，要细致，因为在我们的图纸中总会出差错，他说新中国成立前有一位建筑师自命不凡，对待营造厂（施工单位）态度极为傲慢粗暴。有一次，这位建筑师设计一幢房子，在楼梯下作了一个主出入口，可他犯了最容易犯的错误，即入口高度不够，人走不过去。施工的人看了图纸，当然不给他指出，而是"按图施工"。待钢筋混凝土楼梯浇好后，该建筑师看了大发雷霆，责怪施工方，但当营造厂出示图纸后，才大吃一惊，最后赔礼道歉，请客送情反复说好话才了结，打掉重做。所以杨老师告诫我们，在设计中不要只看平面，要重视空间立体。我们发觉在学生的设计中这种走不过人的楼梯间的情况，的确极易产生，屡试不鲜，我们就以杨老师对我们的教导来教育学生，同时在我们的设计中一直引以为戒。

1981年庐生因公出差南京，带了复东编著的《国外建筑实例图集——机场航站楼》送给杨老师，他非常高兴说你们给我这么好的礼物，我拿什么来送你们呢？于是赶忙将自己的《杨廷宝水彩画选》送了一本给庐生，说这本书刚印出来，出版社才送来几本，虽然数量不多，但应该先送给你们，并认真地在书页上一笔一画地写上我们的名字并签字，郑重地把书送给了我们。他老人家楼上楼下奔忙几趟，并没有因为我们是他的学生而稍事马虎，使我们极为感动，谁知这竟成了最后的一面和他送我们最后的礼物……

童 老师

童寯老师是我们在一年级刚入学不久的一次师生聚餐会上认识的，高年级学生向我们介绍，他是华盖建筑师事务所的"三巨头"之一，华盖建筑师事务所在抗日战争时期是西南地区很著名的设计事务所，复东读书的中学，总体和各单体建筑就是华盖事务所设计的。在当时钱少、建筑材料奇缺的情况下，这所学校从总体到单体都给人清新、朴实、大方和富有乡土气息的深刻印象，所以一见面我们就对童老师产生了敬意。

我们的建筑设计理论课是童老师开的，当时他向我们介绍各种建筑类型，讲解对各种类型建筑物在设计时应特别注意的问题。由于他有丰富的实践经验，因此讲课的内容非常深入细致、生动具体。当时我们就钦佩和惊异童老师在建筑使用功能上怎么会有那么丰富的学问与知识，使我们了解到建筑设计不仅是画一个建筑方案的图纸或是做一个形象美好的外壳，而是要深入细致地研究在这座建筑物中使用者的需要和习惯。这给我们以深刻的印

童寯老师

象，一直作为我们学习和设计中的指导思想。同时上完课后他还检查我们的听课笔记，对笔记中的错误、错别字，都逐个用红笔进行修改，甚至连英文拼写的错误也不放过，现在这本笔记还在，是一件极为珍贵的纪念品了。

童老师指导学生做设计很注意方案的大关系，而对一些一般的细节问题则留给学生自己去研究解决。我们做学生的，由于思考处理不当，有时方案大关系或表现图会陷入绝境，可童老师善于因势利导，聚精会神地替学生找出解决的方法，在山穷水尽之中发现柳暗花明，令人豁然开朗，而这时童老师会很高兴地莞然一笑，师生之间达到高度的情融意洽。

童老师的笔头功夫是有目共睹、有口皆碑的，但我们认为更重要的是他的空间理解力特强。新中国成立后1951年学校举办教学成就展览会，建筑系师生全都参加布置工作。因要有一张学校校园鸟瞰图，时间紧任务重，身为教授的童老师自告奋勇地承担了这一任务，他脱去了外衣、捋起袖子，既不

要校园总平面图，又不用作图法来求出鸟瞰轮廓，只用了一把丁字尺、一支木炭笔，一个下午画出了校园鸟瞰图，比例大致准确，各单体建筑轮廓符合实际，整个图面效果很好，使我们深为敬佩。

童老师的家离学校有一段距离，但他无论天气好坏一定准时到校上课、从不延误，而他却是步行来校从不坐车。他生活有很严格的规律，平时不苟言笑，但一笑却是异常亲切，颇有古代哲人的风度，赢得学生的尊敬。

1982 年 5 月，复东有事去南京，在南京工学院建筑系期刊室内遇见了童老师，二人见面非常高兴，复东向他请教美国一些大学建筑系的情况，童老师仔细地、不厌其烦地向复东作了介绍，最后语重心长地告诉复东，建筑是一门科学，要踏踏实实地研究和对待，千万不要去搞一些哗众取宠、虚张声势的东西。想不到这竟是童老师最后留给我们的话语。

刘敦桢老师

刚进大学时，刘敦桢老师是系主任，对我们新学生的学习、生活关心得比较多，从上课、仪器文具、来往交通（我们新生住丁家桥，要到四牌楼上设计初步课）等各方面都向我们介绍安排。他的朴实、沉静、学者风貌给我们很深刻的印象。高年级同学告诉我们，刘老师是国内非常著名的建筑历史学家，具有真才实学，道德、文章国内外知名，和杨老师一样，也是一位"国宝"，这些使我们对他肃然起敬。

刘敦桢老师

新中国成立后刘老师暂时没有担任系主任的工作，可他对学生仍旧非常关心。1949 年夏初，庐生的母亲因癌症去世，父亲瘫痪行动不能自主，弟妹幼小寄养亲戚家，家庭及个人生活都非常困难；刘老师都看在眼里，虽然他生活也还是清苦，但他每个星期六自己买菜、烧饭，做了红烧肉，叫自己的孩子叙杰一定把"大姐"请到家来，饱饱地吃一顿，让她这个没了家的孩子仍旧享受一下家庭的天伦之乐。三年级时，庐生得了急性肾脏炎，眼睛肿得只剩一条线，大家都说她长胖了，唯独刘老师认为这是病态，因为刘老师年轻时曾想东渡学医，后来学了建筑，所以他的医药知识也是很有根基的。在他的敦促下，庐生去医院检查，结果被确诊为急性肾脏炎，得到了及时治疗而未延误。这种把学生当做自己的孩子，关怀孤苦忠厚长者的崇高品德，使我们永世不忘。

刘老师教我们西洋建筑史、中国建筑史、中国建筑营造法。他有渊博的学识和丰富的古建筑调研经验，虽然我们班学生人数也不到十人，但他还是极为认真地备课，每次上课时一看到他手中抄写得整整齐齐的备课讲稿时，便不由得使我们肃然起敬。为了克服没有印刷条件，不能发给我们参考图纸的困难，刘老师在讲课的过程中，将中外建筑史必需的图例，全部徒手非常准确而工整地画在黑板上，让我们记录下来，使我们对所述的内容有直观的理解，真是难能可贵。他把教育我们这些普普通通的学生，自始至终当做一件严肃认真的事业来对待，把全部身心都扑了上去，使我们深受感动。

刘老师的讲课是非常精彩的，有血有肉如数家珍。他的讲课总是把建筑、历史和重大的政治、经济、文化等活动联系在一起，使我们对很多建筑活动不仅能知其然，而且是知其所以然。在讲到中国建筑史和中国建筑营造法时，刘老师又结合到考古发掘、古文物遭受破坏、劫掠等令人痛心的事实，教育我们中国人民应当热爱祖国科学文化遗产。其中印象深刻的有唐太宗墓前昭陵六骏被帝国主义列强偷盗出国，而被当时天津海关的工作人员发现全力抢救，最后部分保存了下来；南京南郊南唐古墓的发现，是由于在古玩旧市场上发现了南唐时代珍贵文物，被盗墓者偷出准备卖给外国人。这些激发了我们对自己国家民族的悠久历史和灿烂文化无比热爱和对破坏、盗窃我国文化珍品无比痛恨的思想感情。

在我们大学即将毕业时，刘老师、童老师、杨老师等又给我们开了不少讲座。刘老师除了给我们开讲建筑庭园的讲座外，有鉴于当时山西榆次纺织厂施工前没做地基勘探工作，将工厂建造在古坟上，以致发生 289 根柱子沉陷了 280 根的重大事故，又特地为我们讲授了"基床的检验"（地基探测）。今天翻开当年的笔记看看，想不到一位建筑历史专家竟能深刻地掌握地基钻探知识。

刘老师虽然是中国建筑史的著名专家学者，但他并没有对中国传统建筑持抱残守缺的态度。在平时教学中，刘老师很关心我们的建筑设计学习，向我们强调建筑因材料、施工技术和工业生产的发展而不断进步变化的观点，同时他也认真仔细地向我们介绍中国传统建筑的演变与特点，经常鼓励我们把古今中外结合起来很好创造，而不是故步自封，这是非常难能可贵的。

在十年浩劫中，我们听到刘老师遭受迫害，最后不幸致死的消息，为失去这样一位良师而感到万分悲痛。

张镛森老师

张镛森老师是四位老人中年纪较轻的，是一位对营造学和江南古建筑有很深造诣的专家。

张老师教我们阴影透视和营造法（即今之建筑构造课）。给我们树立了重要的空间立体概念，给我们打下了较为坚实的建筑构造基础。特别是营造法的课，内容很多，头绪烦琐，往往不被学生重视；由于张老师有很丰富的营造学实践经验，讲课时经常教给学生一些关键的点子，讲课精炼，每课一黑板，图文并茂，中途不擦黑板，因此很受同学欢迎。张老师不仅教构造知识，而且把构造学中的全部英语专用名词，随着讲解汉语名称，逐堂课细水长流地教给我们，这样就丰富了学生的专业英语词汇，提高了学生阅读专业参考书的能力，取得了很好的教学效果。我们在毕业后长期工作中，遇到过不少困难和问题，但张老师的教导就像一柄锋利的尖刀，有了它很多困难都能比较顺利地解决。

张镛森老师

张老师对待学生和蔼可亲，学生提出问题时总是耐心、细致、笑容可掬地予以回答，所以虽然他和我们接触时间较少，但给我们的印象却是很深刻的。

以上这些绝大多数都是三十多年以前的事了，可是今天回忆起来犹历历在目、宛如隔日。如今这四位老人却又都已离我们远去，再也见不到了，而他们的音容笑貌依然常留心中，思之不禁神伤。他们为了我国建筑事业和建筑学教育事业鞠躬尽瘁死而后已的孺子牛精神是不朽的。我们应当继承和发扬他们的优秀品德，为我国的四化和培养四化建设人才贡献我们力所能及的微薄力量。

（原载《建筑师》1983 年第 16 期 23–26 页）

（原载《戴复东论文集》570–575 页）

2 祝贺冯纪忠教授从教 60 周年

戴复东

今年是冯纪忠教授从教 60 周年纪念。这在同济大学、上海、全国乃至在国际的业界都是一件有着重要意义的事。

冯纪忠教授与贝聿铭先生是同时代的学者，他在家庭、中学时代，既受过传统的祖国文化教育熏陶，同时又在向国外文化思想开放的学校中学习。然后，在二战前到欧洲访问，并在维也纳学习建筑学，经过他聪慧天资领悟和勤恳学习钻研，他成了一位底蕴深厚、学贯中西并兼有飘逸之气的学者。

冯纪忠教授

1952 年，全国院系调整，根据国家建设的需要，同济大学由综合性大学成为土建为重点的大学、并成立了建筑学专业。这时建筑系的教师来自沪、杭等地的名校名专业，人才荟萃，各显特色。几年下来在教学、生产、科研的实践中，年轻有为的冯纪忠教授在工作上、思想上头角峥嵘，得到了广大师生的拥护，担任了系主任的职务，并被评上了二级教授。

担任系主任以后，在教学上，冯纪忠教授针对建筑学专业学生在建筑设计思想上到底是要严格受实际现状的制约？还是敢于探索开放？提出了自己的见解。他认为：学生入学后应该逐步、逐年开阔设计思想，到了四年级下学期及五年级上学期毕业前，要逐步联系实践中的各种制约，在设计思想上受限和收缩，最后，到五年级下学期毕业设计时，让学生的设计思想再能有根底的开放。这样一种"放—收—放"的思想，用图形来表达，就好像是一个花瓶一样。这是一种很有见地的教育思想。但后来在政治运动中，被批判为"花瓶式"教学。

但冯纪忠教授并没有因此而退缩，在国内建筑界学术思想受到制约的情况下，他学习借鉴了国际上对建筑的"灵魂"是空间这样一种认识，来观察审视国内外从古至今的建筑设计教学体系。他认为建筑设计的核心就是善于组织空间，过去的建筑设计教学方法是：一个课程设计就用一种建筑类型作课题，如住宅、学校、剧院、医院、工厂等，让师生去摸索建筑中不同的个性，几年学下来，学生的设计能力参差不齐，什么是建筑设计中的共性和核心问题？不清楚。经过他一段时间的思索，他把建筑设计中空间组合的方式归纳为大空间、空间排比、空间序列、多组空间等几种方式，并以此来组织建筑设计的教学，提高了全体师生的认识，受到了师生的欢迎，并得到实践的初步肯定。但 20 世纪 60 年代初期，全国设计革命化运动和"文化大革命"运动的出现，他的这种思想又遭到了批判，空间原理的教学探索就画上了句号。"文化大革命"以后，建筑学的教学计划、教学大纲全国统一，因此，在建筑设计受制于学时、学期等条件，仍旧因袭了传统的思路，他的改革思想就无法再继续下去。

冯纪忠教授在全国院系调整之前，已经设计了武汉市的同济医院大楼，把医院的各个科室部门作为尽端来进行组合，以避免和减少医院中的交叉感染。从 50 年代到今天，这都是一种科学先进的医院建筑设计组合方式，这一建筑物并在建筑空间形态上取得了别致的效果；此外他还设计了武汉东湖客舍老甲乙所，建筑与环境有机结合，空间变化灵活、休闲、自然，建筑物外观朴实亲切，到今天看起来都令人感到活泼真切、尺度宜人；以后又在同济大学旁边公交一厂内设计建成了当时在国际上都算是比较先进的大跨拱形壳体车间建筑；60 年代初，他设计杭州花港茶室，提出了室内外应一样重视，室内空间楼层间交融流动，整体与湖光山色结合的设计构思，这些都说明了他的设计思想和实践都走在国际和时代的前列，是一位有着很强能力的设计大师。但恰逢设计革命化运动与"文化大革命"，遭到了不应有的批判。

他的学术思想和实践，对同济大学建筑系和后来的建筑城市规划学院有着极为深刻的影响。因为从 50 年代中期以后，国内的业界受苏联在 50 年代初期的"民族形式社会主义内容"的影响，所以未能在全国批判复古主义以后，对西方的建筑设计思潮及时分析吸收。而冯纪忠教授担任系主任以后，即从建筑设计的功能、技术、材料以及它们的互为因果和双向制约关系出发，既深耕细作地进行学术上的探讨和研究，同时又身体力行，以此为指导地进行建筑设计创作。同时建议学校图书馆订阅了数量较多较全面的多种外文建筑书刊杂志，自己学习，向师生推荐介绍，并探讨其中重要的内容，因此在同济逐步形成了审慎地开放型教育和学术思想，并逐步被社会认可为同济风格，有自己的特色，走在全国前列。

冯纪忠教授虽然已 94 岁高龄，但仍精神矍铄，思维开阔，他领头开创的同济风格已经深入人心、发扬光大。我们感谢他并祝他健康长寿，在学术上还能不断创新启示后人，有益学界。

2000 年，冯先生作学术报告

冯纪忠教授在家中

（本文写于 2008 年）

第三篇　师恩友谊

3 纪念杨廷宝先生诞辰95周年

戴复东

访问者：齐康

被访问者：陈植、吴景祥、张镈、张开济、徐中、汪定曾、冯纪忠、汪坦、郑孝燮、戴念慈、吴良镛、朱畅中、罗小未、戴复东、王世仁、张锦秋

时间：1979—1980 年

戴复东谈话录部分

时间：1979 年 11 月 14 日

地点：上海同济大学

我认为一位建筑师并不一定要达到非常了不起的水平，才能整理他的集子，更不能把这位建筑师奉为神明后才出他的著作。一个人经过长期的研究和实践劳动，有成功的东西，有失败的东西，有成功的经验，有错误的教训，有优点，有缺点，都可以作为后来人的借鉴。再说一句，不能把人奉为神明，才能出他的专著。

所以，我认为我的老师——杨廷宝，他从事建筑设计已整整 50 年，他代表了老一辈建筑师，代表了一代人，可以出他的专集。评价一位建筑师，要从国家的历史背景结合客观条件来分析，不然也得不出正确结论。在建筑创作上独树、独创，那要有一定的历史条件。一个人在某学科，有了出色的成就，归根到底是要有一定的社会、历史背景和条件以及他本人的艰苦劳动，不然会是一种幻想。

作为建筑界的老前辈来说，杨老是位开荒的人。他们一辈子的贡献是不能抹杀的。他们不只是几个人在开荒，而是培养了一批建筑师。杨老他本人参加的建筑设计数量是多的。在教学上他认真负责、踏实。今天我们有那么一批建筑师，都与他们那一辈取得的成就是分不开的，他们起了相当大的作用。

杨老在美国学习期间，他的学业成绩是相当出色的，他得过几块金牌，为我国当时的留学生争了光。也许有人会说学院派系统，要知道 Ecole de Beaux Arts 也是当时欧洲特定条件下的产物。直到工业技术的发展，这个学派渐渐地与社会生产的发展产生了矛盾，杨老那时去美国学习，他的老师又是从学院派中出来的，他怎能脱离那个环境呢？

我们研究建筑设计的人，不能只从建筑形式上来分析，而是要从建筑的实质、建筑的功能上来分析，我认为他所设计的建筑功能还是好的。

建筑师是要为业主服务的，在那时的历史条件下尤其如此。他的自由度要在服务对象的同意下，才能变成可行。他的建筑创作作品是比较稳重的，不是哗众取宠，没有市侩气，没有庸俗的东西。如果将杨老的作品与当时国外同辈来分析比较，也是不差的。

至于设计大屋顶，我认为中国人为了探求自己的形式，在一段时期内求索，也是可以谅解的。

杨老的创作生涯说明，他并未停留原地不动，他向国内的同辈人，向国外建筑师，学其长处。至于在国内建造不起来，这与当时我国生产技术水平、建筑材料的现况分不开。

你们在分析杨老作品时，要与当时国内外同辈来比较。

南京工学院建筑系有好的学风，认真、细致、踏实的作风。这与杨老、童老、刘老的治学精神分

不开。踏实、认真、实事求是，这是建筑师应有的品质。我们今天之所以能从事设计工作，这与老师们的循循善诱，乐于教人分不开。有的人说："你们的设计是'悟'出来的。"我看正确的设计构思是"悟"出来。学设计的人怎么能不用他的笔来"涂"，以他的构思来"悟"呢？衡量一幢建筑首先要看他的创作构思，建筑的功能处理，以及相关条件的综合处理；衡量一所学校，那就要看有无好的学风，好学风要辈辈相传。

杨老对自己的学生是爱护和培养的，如对戴念慈、巫敬垣及其他人，都是倍加关心。记得那年设计上海革命历史纪念馆时，许多学生都云集来拜访他，谈到老师们的培育，可惜当时没有记录。

知识面的不断扩大，对一位建筑师来说显得十分紧要。我做学生时，他曾对我们说，建筑师的适应面宽，所要求的知识面也应当广。大家若是照着杨老的办法去做、去学习，我们的设计水平就会提高一步。

建筑师应当成为一个实干家，老师是很注重实际的。回忆学生时代，他就讲设计过程中要重视树木的保护，要注重施工，了解建筑材料的性能。他对建筑细部设计很重视，但不放过建筑的群体、总体，他注重建筑物之间在功能、形式上的协调，并且要观察和了解人们的活动。

（原载《戴复东论文集》617–619 页　由齐康、杨永生整理戴复东谈话部分）

（原载《建筑师》1996 年第 10 月总 72 期）

第二篇　师恩友谊

4 园·筑情浓，植·水意切

——纪念莫伯治院士

戴复东　吴庐生

华南理工大学和岭南建筑丛书编委会举办了莫伯治先生建筑创作座谈会，邀请我参加，我感到荣幸和高兴。

莫老和佘老在广州这块肥沃的土壤上，率领其他很多同行及好友，辛勤地耕耘了数十年，取得了丰硕的成果，真是可喜、可贺、可羡、可学。这次能有这样的机会是不容易的。

我出生在广州，虽然我很少停留，但总有一些类似乡情的东西在吸引着我，特别是1977年的广州之行留给我深刻的印象，因此我很想多来这里。

"文革"中的广州，由于对外贸易和广州出口商品交易会的需要，在当时省市有关领导的主持下，仍然建设了一些比较开放和不受某些所谓"禁区"框框约束的建筑物，又随之对广州火车站及北区部

左起：戴复东、尚廊、莫伯治

分地段的改建做了一些城市设计工作，这在全国有较大影响。1977年，经过8年的学术思想禁锢之后，我又有一次到南方几个省市参观学习的机会，在广州市的参观学习，让我获益匪浅。

那次我有机会欣赏了莫伯治先生和佘畯南先生主持和设计的东方宾馆新楼、矿泉别墅、白云山山庄、友谊剧院、白云宾馆等具有高水平的建筑。当时，我非常兴奋，如饥似渴地又是用建筑画做记录，又是用相机摄影，又是做文字记录，用心思考，忙得不亦乐乎，同时留下了一些有历史价值的形象资料，所以至今记忆犹新。

在东方宾馆新楼西翼，我看到了国内首例底部架空层，平台、庭院水池、绿化很好地结合在一起，一种富于气势的空间流动通透之感油然而生。当我站立在架空层下时，有一种说不出的空灵开敞的情趣。新楼的西北角入口大厅内圆形楼梯的流畅感、室内外拙丽黄蜡石的应用，屋顶层国内首例屋面庭园的应用与处理，屋面上小巧玲珑的会客室与庭园打成一片等，给我留下了极其深刻的印象。

在矿泉别墅，入口处室内外无差别联系廊，两个不高的条形体段围蔽而成的内水庭，洋溢着亲切、温馨的气息。南体段地下层架空的大休息平台，夸大了水庭空间，又形成了极佳的嬉憩场所。平台东段构思巧妙的无立柱悬挑楼梯（飞梯），以及细圆竹制作的遮阳等，使得它与东方宾馆新楼虽然形相近而质相远，又有异曲同工之妙。

白云山山庄这组建筑物依山就势，空谷藏轩，回廊周布，随内庭溪水水位下泻变化而逐步下跌，空间体型错落有致，层次分明。三叠泉将室外引入室内，水形、泉声、砖色、绿意融成一片，相辅相成，令人过目难忘。

友谊剧院中，在门厅的处理上，是国内首先打破惯用的双梯对称手法的实例。它只采用一个楼梯到楼层，显得轻盈舒展。楼下置水池。整个前厅布局得体，采用室外休息廊及庭园手法，别具一格，

在空间布局上很有新意。虽然在建筑局部处理上还有些小疵，但将绿化环境推到了"前台"，因此做到了瑕不掩瑜。

矿泉别墅

矿泉别墅内庭一角

白云宾馆是当时国内最高的高层建筑。底层裙房在南向悬挑很大，下为水池，池中稀疏几块黄蜡石，形成了灵巧的空间。底层右手向的小内庭亲切可人。庭的后部保留了大榕树，楼梯架空，与下面涌泉流水结合，做到了因事制宜。顶层总统套间内的室内小庭、腐蚀花玻璃隔断、民居中木装修拆来运用等等，都令人耳目一新。

双溪是一个别墅型的建筑群，其南幢极为诱人。建筑物朴实无华，南部是一个大阳台，用以聚友会客，通畅无窗，本身深入绿化，绿化又渗入空间，坐此立此，可以近观，可以远眺，心胸为之一爽。中部一厅，三面由普通石灰墙及简易木门围蔽，一面为山之陡壁，屋顶在此留一缝，阔不足2米，可以通风、采光，木板地面到屋顶前为止。陡壁上山石嶙峋，藤蔓丛生，枝繁叶茂，郁郁葱葱，日光下泻，碎影婆娑，溪水琮琤，泉水汩汩。陡壁下山石上刻有"读泉"二字。噫！此图画耶？实物耶？室内耶？室外耶？人工耶？天然耶？使人迷离，使人忘机，使人清澈，这确是设计的大手笔！令我叹为观止！

看了这些，我激动兴奋不已。这些都是我所喜爱的东西，也是我和我爱人吴庐生同志从武汉东湖客舍设计以来一直孜孜以求的东西，他们有机会实现，我感到很高兴。回到上海后，我多次向大家介绍了他们的成就。

这次我又有机会来，听到很多专家的高见，又参观了东方宾馆老楼改建、白天鹅宾馆、南越王墓博物馆、南园酒家、白云山山庄、双溪别墅、岭南画派纪念馆、中山温泉高尔夫俱乐部及宾馆、珠海的珠海宾馆等优秀的新建筑，更觉收益不少。我感到，经过莫老、佘老以及广大的广州、广东建筑界同志们的努力，一个新的岭南建筑学派已逐渐形成，而且它对全国各省市地区的建筑创作带来了有益的影响，为此，我感到非常高兴并向他们祝贺。

如果有人问我，新岭南建筑学派的特点是什么呢？我想大致可以用"园·筑情浓，植·水意切"这八个字和以下四点来说明。

1. 建筑为人，舒适有情

这是最重要的，新岭南建筑是为人的，而不是为某些其他的东西的。因此，它具有代表性的建筑作品无不体现着一种从人的需要出发，根据人的需要而存在，在其中与其外使人舒适，让人觉得不受拘束，不受压抑，从环境整体上感到生活的情谊。我想这应该是建筑之所以成为建筑的重要依据和应当具有的普遍含义。

2. 天人合一，紧密对话

新岭南建筑极为重视人与自然的关系。广州地处我国南疆，气候温暖，适合各种动植物生长，这就为人的生存带来了很有力的外部条件。新岭南建筑学派的建筑师们充分地运用了这一优势，规划、选择、组织、设计了绿化和水环境，并赋予建筑以意境和美，然后在空间与实体的环境组合上，将人这一自然产物，处处时时纳入自然之中，使之得到回归，既是非常好地体现了"为人"，同时也表现了非常聪明的"人为"。

3. 地方特色，浓妆淡抹

新岭南建筑由于有原岭南艺术传统的宝藏，又在国内率开放的先河，因此它既有传统的浓妆，如南园酒家，又有开放的浓妆，如东方宾馆老楼改建（翠园宫）。这些都受到普遍欢迎。而在 20 世纪 60 年代末至 70 年代初的那些优秀建筑物都采用极为普通的建筑材料，不施铅华，娥眉淡扫，却显示了玉骨冰肌、天生丽质。另外地方材料如竹、木、石等的应用也颇具匠心，具有岭南特色。

4. 有法无法，无法有法

新岭南建筑有不少在平面图形、权衡比例和细部处理上，与中外的很多惯用手法不大相同，会使人觉得不"习惯"和不"规范"。我认为，他们在建筑设计创作中是从生活出发，从需要与可能的结合出发，从自己的真实感情出发，而不是从固定程式或模式出发，因此，这一不"习惯"和不"规范"正是新岭南建筑学派精神的一个组成部分。这说明了他们不背包袱，勇于探索，走自己的路。当然，这样说并不表示新岭南建筑学派已经到顶了，而是说，它和任何学派一样，大方向确定以后，切磋琢磨，精益求精，就上升到第一位了。

（原载《戴复东论文集》600–603 页）

（原载《莫伯治集》1994 年）

（原载《岭南建筑艺术之光——解读莫伯治》1994 年）

5 用心，求精，有情，索真
——我所知道的佘畯南设计大师
戴复东

"文化大革命"中，建筑设计工作处于万马齐喑的状态。绝大多数建筑师被扣上"资产阶级思想、为贵族老爷服务"的帽子，很压抑，不知该怎么做才好。但听到从广州出差回来的人都说广州建筑造得不错。我虽未见过，可是从人民画报上和报章上看到广交会大厦（利用原中苏友好大厦改建）有一种现代建筑的气氛，我心向往之。

1978 年，我和几位教师有机会往南方出差参观调研那里的新建筑。我们的行程路线是：长沙、桂林、南宁、广州。一路走下去收获很大，而且是每况愈佳，特别是广州，名不虚传，火车站附近一大片建筑，东方宾馆新楼、友谊剧院、中山纪念堂贵宾接待室（图2、图3）、矿泉别墅、白云山庄、双溪别墅等，令我大开眼界。这样，我就知道了佘畯南先生和莫伯治先生。

图1 佘畯南大师

当时，我住在东方宾馆新楼（图4、图5），人们告诉我这是佘老设计的。我对于这座新楼下的架空层的空间布局及其与内庭外院的联系，有着非常深刻和美好的印象。这是一个人为的、充分利用了技术可能性的、视野广阔通透的空间环境，创造出了一种有盖无遮、虽透仍蔽的妙在其中的气氛。架空层的地面平台，既是室内，又是室外；东面是一泓北大南小的清澈池水，内庭是小有起伏的地面，芳草如茵，绿树成荫。在庭院中往西看去，草坪后是扁长的、镜面似的水面，托着平台，平台上是线条坚挺峻拔、似空却丰的架空层，北部衬以掩映在小树丛下单面设栏杆的三曲石桥，水中、桥畔、架空层内地面上，位置恰当地缀以数点广东特产黄蜡石，色鲜形拙、朴实浑厚，与整个架空层庭院相辅相成，相得益彰。整个"画面"清纯、平静、开朗、宜人、情趣盎然。在这里，我深深感到中国传统园林空间布局精神的运用和体现。但它又突破了中国传统园林中个人独娱的、封闭的、静心内省的局限，创造出一种开放的、可憩可娱、可敞可蔽、可群可独的空间，但又是楚楚动人、内外兼容、沁人心脾的优美氛围。对这一空间环境我非常喜爱，我对这里流连忘返，不忍离去。对于这一设计我认为

图2 广州中山纪念堂贵宾休息室外观

图3 广州中山纪念堂小贵宾休息室前小庭院

第三篇 师恩友谊

是一种匠心独具的大手笔，是一个人长期积蓄的满腔热情和学识，因时因地制宜地倾泻而出，如滚滚洪流，行于所必行，止于所不得不止的一种具体表现。

图4　东方宾馆新楼屋顶花园

图5　东方宾馆新楼下架空层

我也很喜欢友谊剧院（图6、图7），在这座建筑物中我体会到了唐朝诗人秦韬玉的"共怜时势简梳妆"的诗意。这是一位有才华的、有能力的、有水平的建筑师的作品。他用建筑的语言和建筑的规律性来体现与满足为人服务的宗旨。它给我也给绝大多数建筑师以启示：长条形剧院前厅布局是否可以不对称？不放两只楼梯？在经济和其他条件很紧促的情况下，观众厅是否能作出既符合视、听、聚、散、观等各种功能需要，又能创造出群众集会场所的"人气"？大家知道，剧场的设计本身就是很不容易的，因为它太过于标准化，前面是前厅，中间是观众厅，后面是舞台，再后是后台，布局上很难脱离这一框框，加以舞台要高出其他部分甚多，很难打破这一模式，何况又是在建造费用较低的情况下，更是一个棘手的问题。可是佘总并没有在钱少的压力下屈服，而是从里而外，动了很多脑筋，作出很多设想，将钱用在刀口上，使友谊剧院

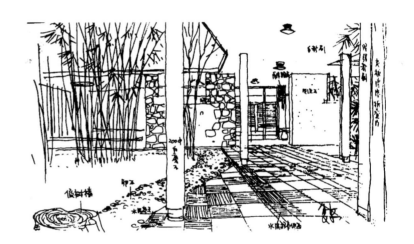

图6　友谊剧院贵宾休息室外

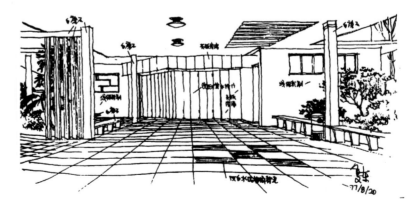

图7　友谊剧院室外休息庭院

的前厅典雅开朗，亲切大方；观众厅从座席、坡度、视线、台口、侧墙、顶棚、色泽等方面，都各得其位，全面协调，达到相当高的水平。再加以佘总特别聪明而有心地利用了广州的气候条件，将休息空间与室外庭园有机结合，让绿化护人，并与人打成一片，创造了非常宜人的休息环境；同时，在这里他把形彩丰富、有生命的绿化推到与人接触的第一线，而使建筑退居二线，即使建造费用低些，也无伤大雅。在这里看到了"简而不陋"，说明设计者用了不少智慧，取得了突出的效果，值得我们好

好地学习。在我看来，友谊剧院在中国剧院的历史上是一件有里程碑性质的作品。中山纪念堂是我们建筑界元老之一吕彦直先生的作品，在它的主体旁要附加一个贵宾接待室，这是一个工程虽小但却异常艰巨的设计任务，当时人们建议我去参观。在我走进去看见接待室和小庭园之后，令我折服。在这方寸的范围内，内外空间安排得如此妥帖宜人和亲切温馨是不多见的。特别是小庭院是一个水园，很小，尺度很好，栏杆用铁，有很简洁明确的细部，涂以白色油漆，在深色水体衬托下，线条清晰细腻，温馨可人，令人流连忘返。虽然是很小的东西，可以看出佘总不因物小而略之，而是精心构思、精心塑造、精心刻画、精心推敲，体现了设计者的良苦用心与深厚功力，对此我非常喜爱，也愿意很好地向他学习。

这次南方之行对我来说的确是非常有益，也是非常重要的，同时看到了佘畯南大师亲自设计的一些精品建筑物，感到在当时思想禁锢得较深的情况下，他能大胆出色地走在前面，运用建筑学的规律去认真思考并解决问题，将设计提高到创作的高度，确是一位在这方面的先驱。

我认为，建筑设计是一种用各式各样可能去解决各式各样需要的矛盾的活动，解决得好的、突出的就属于建筑创作的范畴。在各种各样的可能中，经济的可能占有绝对重要的位置。而在我国，由于经济还不够发达，解决这二者之间矛盾的难度大大增加。可是问题并不这样简单，因为投资者的层次、认识不同，想法与做法也就大有差异。有些人对各种各样的需要，舍不得在极难实现的情况下作必要的让步，甚而不切实际地提出："要××年不落后！"而在另一些情况下，有人认为只要把房子造起来就好，甚至于不顾一切地提出"因陋就简"，而不重视某些在近期内将适应发展的基本需要。处在这个位置上的建筑师的确是左右为难，"巧妇难为无米之炊"。我们应当力争做巧妇，要做少米能果腹之炊，或找米下锅之炊。总之，要站在建筑师严肃的立场上，尽可能多地为各种人和物着想，用所拥有的一切可能，去解决尽可能多的需要，这就是我们建筑师的责任，佘老就是这样做的。他热爱专业，尊重规律，真情为人，努力工作，追求真善美的顽强拼搏的精神，给我们树立了一个学习的榜样。

（原载《戴复东论文集》622–626 页）

（原载《佘畯南选集》1997 年）

6　《陈从周画集》之序

戴复东　吴庐生

陈从周先生是我们的老师。

　1952年夏天，我们从南京大学（前身是中央大学）建筑系毕业，被分配到同济大学，戴复东担任了建筑设计与中国建筑史的教学辅导，作为陈从周先生的助教，辅助他的中国建筑史教学课。陈先生对中国历史的宏观面貌和微观细节都比较熟悉，所以在课堂上能把历史与建筑的关系、一般人不太熟悉的人与建筑的轶事、我国南方与北方民间的民俗生活等生动的内容穿插在讲课的内容中，从而引起学生对中国建筑史的兴趣。此外在中国园林的规划设计中强调结合中国绘画的特色，如池水岸线宜曲不宜直、宜隐不宜现等都仔细地教给学生，从中我们也获益匪浅。

记得戴复东第一次随陈先生去浙江省峡石市为学生的参观实习做准备工作，陈先生向我们刚出校门的年轻人介绍了徐志摩先生的经历、诗作，并送我们几本《志摩诗集》；陈先生还回忆了自己早年向张大千先生学习绘画的情况，使我们了解了陈先生在中国画、书法、诗词和文学方面的功力，让我们在人文知识方面开拓了眼界。

另一次陈先生带领戴复东去苏州为学生的教学实习参观做准备工作时，在文庙山门两侧发现了极为珍贵的宋代《天文图碑》和

陈从周老师

《平江府城碑》，于是立即告知陪同我们的苏州文管局同志，这两块碑有很高的历史价值，要好好保存。后来，这两块碑移到了苏州市博物馆。以后陈先生在长年的教学、古建筑保护与改造实践中，坚持著名的"整旧如故"的观点，得到了学界、社会和政府的广泛认可。以后，有新毕业生留校，由他们担任陈先生的助教，戴复东和陈先生在工作上分开了，但陈先生和我们的师生情谊却是永存的。"文革"后，陈先生的绘画与书法要携带出境需得到海关的特批，这说明陈先生字画的水平已经达到了很高水平并得到国家的承认。在20世纪80年代初，陈先生送给我们夫妇一幅画有葫芦的条幅（吴庐生曾被朋友们谑称"葫芦生"）。构图活泼雅致，着墨浓淡组合有韵律，笔法丰满饶有风趣，我们非常珍爱，将它装入红木细边画框内，挂在起居室里，得到客人们的赞赏。陈先生也很喜欢画竹，构图简练、叶片挺拔、浓淡有致、劲节有力，有板桥先生风格，得其神韵。

陈从周先生的夫人蒋定女士去世后，在殡仪馆举行家庭送别仪式，我们夫妇都应邀参加。在仪式上陈先生默默无言，但内心显得极为痛苦。仪式结束，准备送走他夫人的遗体时，陈先生突然双膝跪下，两手伏地长拜不起。这一情景给我们很大震撼，几十年夫妻的恩爱、深情以及对夫人为他而受苦的歉疚，中华民族的家庭、道德、夫妇之礼、心与心的牵挂……全在老先生的长跪之中，使我们不禁潸然泪下。

陈先生晚年时节，卧病在家。老年人爱吃水果，吴庐生知道他对梨更有所好，于是经常送鸭梨给他，他见梨而喜，露出稚童般的笑颜，我们心中也感到愉快。

陈从周老师逝世后，在南北湖为他建立了纪念馆，今天学院为陈从周老师出书画专集，我们的怀念之情油然而生，写出这篇短文以示我们对他永远的纪念。

（原载《陈从周画集》2007年5月）

（原载《戴复东论文集》661–662页）

7 深切怀念恩师——徐中教授

戴复东

我怎样能学建筑的

徐中教授是我的大学早期学习阶段的恩师。

我学建筑是多种偶然相遇，又是一种必然的结果，1948年初，我在贵州省贵阳市花溪镇清华中学高三年级学习，到了初夏很快就要考大学了，其他的同学多数都选择了方向，如：电机、机械、森林、地质、医学、中文……可我还没决定方向。一天下午，体育活动中我腿上擦破了皮，到校医室，校长唐宝鑫先生的夫人陈琰医生问我："你就要毕业了，大学你准备考那个系呢？"我无奈地对陈琰医生说："我是家中长子，我要负担母亲和弟妹的生活，最好是能读工科，工资有保证。但我又舍不得丢掉绘画，所以思想上不知怎么办好。"陈琰医生立刻回答我说："那你去学建筑吧！"这样我就决定下来学建筑。陈琰老师现在也住在天津，我非常感谢她。在那个时代，中学考大学是很艰难的，特别是数学的入学考试，题目很难，但我碰到了一个好机会，当时我们毕业班的数学老师是很爱护学生的女老师叫于闺彦，她是贵州大学化学系主任聂恒锐教授的夫人，他们二位就是今天天津大学建筑系著名教授聂兰生的双亲。

徐中教授

于老师知道考大学数学很难考，于是她提前完满地结束了我们班"范氏大代数"课程，利用下午课余的时间给我们补习数学中有关的难题，当时已是夏天，天气很热，于老师两个小时授课下来早已是汗流浃背，有不少同学在炎热的气候下，都昏昏欲睡，但我却是头脑清醒，精神抖擞，基本上掌握了于老师教授的对某些数学难题的入门解法。在南京考中央大学建筑系时，数学卷子发下来，三个题目中有两个是于老师教过解题思路的，这样，我就比较容易地过了数学考试这一关。

有幸结识了徐中教授

进入中央大学建筑系以后，中大的教师队伍老、中、青人才济济。使我感到陈琰医生给我指的路太好了。老一辈的杨廷宝教授、刘敦桢教授、童寯教授这些名家是国内顶级之辈，中年教师才40岁左右，其中有徐中教授、刘光华教授、张镛森教授等人，个个都是优秀的杰出人才。

我们这个班六个学生，吴庐生、吴贻康、闵玉甫、汪一鸣、白展曦、戴复东，一年级的建筑初步水墨渲染是杨廷宝先生亲自教授，巫敬垣先生做助教。这样给我们打下了部分重要的建筑学基础。

一年级下学期时，我们第一个课程设计题目是小乡村邮局，我的设计指导教师是徐中教授。徐教授高高的身材，瘦瘦的体量，眼部、鼻子比较挺拔，一副电影上智者的形象。徐教授给我出了主意，他建议将这个小邮局放在东北林区范围，于是就建议我利用当地原木水平横向层叠架构起来，在建筑端部，木材互相穿插，看上去很有特色，有浓厚的乡土气息，这种小屋英文叫 Logcabin。这样使我这个从长时期局限于贵州边陲地区的"小土"受益很大，思想上逐步受到豁然开朗的启发。

二年级上学期时是1949年，当时我们的课程设计第三个题目是：小公共汽车站，这个题目虽小，但当时我的确是孤陋寡闻，而且南京还没有新建造的小公共汽车站，只有稍大些很陈旧的老公共汽车站，所以我们拿到这个题目时束手无策。在贵州时，清华中学在郊区花溪，高中三年级时，才有了城郊来往的贵州公共汽车，在抗日战争中和战争结束不久的年代，公共汽车往往缺汽油，人们就用一个铁皮筒子烧木炭，用一氧化碳气操纵汽车行驶。当时社会上有一首诗讥讽这种汽车，诗云："一去二三里，抛锚四五回，修理六七次，八九十人推"。在这样的条件下汽车站会是什么样子呢？可想而知了，随便一间破烂房子也可以将就了。

　　根据这个情况，徐教授教我们一个小型公共汽车站的内部有哪些部分，其中人与物的流程情况，同时在改图时建议我们在形态上要向现代建筑的新建筑、新材料、新形式发展。这些教导给我很大启发。同时对图纸的表现方法建议并鼓励我向新、现代的趋势去做。我作为一个缺少时代感的、缺少现代化思路的、见闻闭塞的低年级学生，受到启发后认真根据徐教授的指导意见去操作，思想上收获很大。这样，在我学习的进程中确实得到了名师的启发，这次作业我感觉比较满意，当时得了78分，已经是成绩相当好了，南京大学老师分数打得比较紧，78分就相当于现在的80多分了。多亏南京大学其他老、中、青教师以及同济大学老、中、青教师和社会上的专家学者的教导，才有了我今天的进步。徐中教授，我学习进程中的启蒙者，今天是您的百年诞辰，我的心中默默地悼念："恩师徐中教授，学生戴复东在这里向您敬礼，敬谢您的启蒙教导！向您表达我由衷的敬意和感激！"

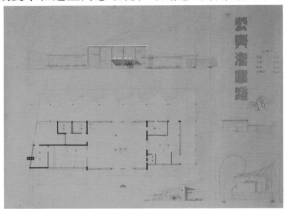

平面、立面图　　　　　　　　　　　　　平面图

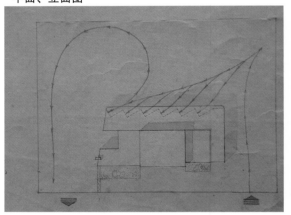

总平面图　　　　　　　　　　　　　　透视图

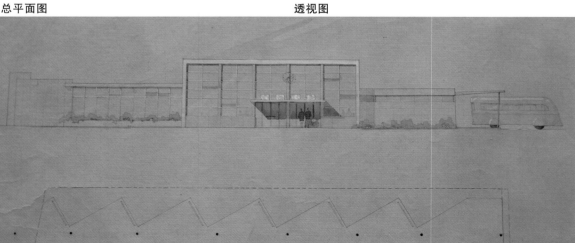

立面图

第四篇　杂文漫想

1　热爱事业、热爱职业、热爱专业

戴复东

各位教师、各位同学：

今天，刚开学不久，是我们高校重新招生后，第一批学生入校的好日子，所以想和大家一起谈谈热爱事业、热爱职业和热爱专业的问题。

我们的事业是什么呢？全国人民在中国共产党的领导下，经过长期艰苦的努力奋斗，最后要走向共产主义社会。所以我们的事业就是共产主义事业。这要一步一步踏踏实实地来实现，每一步都要做到具体化。首先要把我们的国家和社会建设好。这是很具体的，这个责任就落在我们大家肩上，我们要通过我们的努力，使人人能生活得好，能幸福、丰实，最后能过渡到消灭"三大"差别。这个理想我们应该牢牢树立和记住。因为这个理想与我们的职业和专业是紧密联系的，这是一个长期而艰巨的过程。

消灭城乡差别不是要把城市拆掉，而是要规划和建设好城市和乡村。要建设好城市和农村，我们每个人都可以充分发挥自己的聪明才智，我们的前途是十分美好的。

听说最近几年农村建设住宅要达到 15 亿平方米，国家要求在结构方面研究农村房屋抗震问题，这是很具体的工作。

农村点、城市点怎样规划布局？房屋怎样建造？在这些方面就会形成很迫切的需要，我们的城市农村面貌就要在你们这一代人的手中有比较彻底的更新和改变。这时，中国的面貌也就在你们的努力下有了彻底的改变的部分近景，它是很现实的，也是很具体的。

我们的职业与专业是相适应的，并紧紧相随的。我们的职业这一点对你们来说是毕业以后的事，但却是紧紧为事业服务的。下面说一说专业的事。

我们大家要热爱专业——建筑学、城市规划和风景园林。同时在专业上应当树立进取心。作为一个学科，建筑科学在近几十年来有了很大的发展，这块园地是一个土壤肥沃的地方，规划、建筑、园林有很多问题有待我们去探索。

（1）要探索就有一个勤奋、努力、肯动脑筋和持之以恒的问题。无论在什么环境下都能不为他物所动。

（2）会有逆境，应当把逆境看成是磨炼自己的机会，孟子说过："天之降大任于斯人也，必先苦其心志、劳其筋骨"，是告诉我们进行伟大的事业就要准备承受巨大的压力与苦难。

（3）不怕困难，就算条件再优越，但在科学的进军中，困难之大也是必然的，是否能出成就还得靠自己的努力。陈景润努力攀登，争取摘下王冠上明珠的事，大家应当记忆犹新的，"少小不努力，老大徒悲伤"。我们应当引以为戒。

（4）要善于思考，善于总结，善于学习，要学会学习的方法。

（5）要脚踏实地、精益求精，要反对差不多就可以了的思想。

（6）树立做铺路石子的精神，大海是无数水滴集成的，历史的道路是大家来铺筑的。从广义上来说，每个人都应当是铺路石子、砂、砾石、条石、钢筋混凝土……争取在学业上做一个大石块。

（7）要谦虚谨慎。在一些职业圈子里，有人有深刻体会，说："初学三年，天下无敌，再学三年，寸步难行"，所以绝不能自满。

此外，非常重要的一点是：不但要学道，更要学德。这是建设精神文明的大问题，是五讲四美的一个极重要内容。

社会比学校复杂，这是历史的形成与延续，不是一天形成的。总之要做一个正直的人，勤奋的人，热爱学习、热爱事业、热爱专业和热爱人类的人。

我的岳父叫吴正华，是一位在法国留学，与严济慈、徐悲鸿同时代的历史学家，可惜不幸早逝，他在我和妻子吴庐生结婚时，送了一个铜墨盒给我们，盒盖上有两句话，值得我们夫妇学习、遵守，我们也愿意奉献给大家，那就是我国明代程登吉所著《幼学故事琼林》书中的两句话：

胆欲大而心欲细，智欲圆而行欲方！

愿与大家共勉之。

2　祖国大陆城镇居民区建设中的一些问题

附 "来去匆匆的台湾之行"

吴庐生

一　居民区总图设计中需要解决的问题

1. 要能做到改善原有居住环境，建立新型居民区风貌，才能得到政府和居民的支持

以北京冠城园（马甸危改小区）为例，规划用地 21.8 公顷，总建筑面积 41 万平方米，其中居住建筑面积 29 万平方米，公建建筑面积 12 万平方米，规划居住人口约 1 万人，3000 户。在冠海房地产有限公司征地规划前，曾请北京科盟艺术广告公司制作了一段短小的录像片，现摘录部分，说明该地区原有居住环境，以及建成后居住风貌，以得到政府和当地居民的支持，使搬迁问题能够较顺利地解决。相继完成了总平面布置图、道路系统图、绿地系统图、管线布置图、竖向标高设计图。进一步进入单体设计和施工。

2. 解决居民区住户交通、停车、购物问题

马甸危改小区位于立交桥西北角。步行系统的出入口应与公共交通站头衔接。车行系统应与城市交通和小区内车库衔接，车库与各户住宅又要联系便捷。停车问题要建立汽车、自行车的地下车库和露天停车来解决。

该小区购物问题采取如下办法解决：基地临近市级商业服务中心，沿东面马甸东路设自选商场、购物中心，还应在附近定点设集市农贸市场，规模可大可小，解决居民日常生活副食品供应。

3. 解决居民区给排水、电力电讯、燃气、热力等市政配套设施

给水：到自来水公司解决水原、用量、与城市管网接头位置、管径、水压、标高等问题。

排水：到排水所解决拟接入的城市下水道井底标高、管径等。

环保：解决排水系统（分流、合流）、空气污染（油烟、烟囱、废气等）、污水处理（污水处理装置、化粪池）等。

污水处理厂：污水处理厂能容纳小区污水，则直接进入城市污水管道；不能容纳小区污水，则须先经过污水处理装置，再进入城市污水管道。无污水处理厂时，则须先经过污水处理装置，达到排放标准，再流入雨水管道；或征得水利部门同意流入附近河浜。

电力电讯：电力方面须先确定住宅和公建负荷标准，根据小区建筑量，计算可得小区总用电负荷，到供电局用电科申请用电量并获得批准。确定电力来源、小区内变电所的数量和位置，提供居民用电。大型公建内设配电室，保证自身的电力供给。

电讯方面须计算居民电话量和公建电话量，适当地点设置电话交换站，大型公建可自行设置电话交换设备。向电讯部门申请，明确管线走向及交换设施布点，解决小区内长途电话、市内电话、传真等。

广播电视：到广播电视部门解决有线电视联网，或征得政府部门同意，自装天线。

燃气、煤气、热力：燃气、煤气按每户用气指标，计算出总用气量，向燃气或煤气公司提出申请，由城市燃气或煤气管道接入，在小区内适当地点设调压站，供给居民和公建用气。

热力方面首先要确定是否城市供热？还是小区内自设锅炉房、地下热力站，分别供给各类建筑。

各工种先做好各自的管线布置图，再由建筑做综合管线布置图。根据各种管道与建筑的距离、管

道之间的相互距离、各种管道的埋置深度等,分析哪些管道放在通行或半通行地沟内,哪些不做地沟直接埋地。做出正确的综合管线布置平面图、主要剖面和节点详图。

4. 居民区原有住房回迁和补偿问题

对基地内有多少动迁户须先做好调查,多少户愿意原地安排?多少户希望易地安排?以便统计两处回迁户的数量。在迁入新居前,对动迁户应有多少经济补偿?上海锦仓文化大酒店坐落在繁华的南京西路上,1987年投资者动员动迁户时,先请动迁户看电影,当众宣布在一个月内迁出基地,每户每人补助100元,两个月内迁出基地,每户每人补助50元,三个月内迁出一文不补,直补助到迁入新居为止,另外每户购送进口电饭锅一只。结果搬迁工作很顺利,一个月迁出的有40%,两个月全部迁出,无一钉子户。到打桩时,噪声和振动影响了附近居民,为对这些受影响的居民住宅安全负责,先对这些住宅的结构拍照,监视破坏情况,打桩时间从早上八时到下午五时,投资者又请这些居民看电影征求意见,居民们非常通情达理,建议打桩时间每天可延长三个小时,即从早上八时到晚上八时,难题都顺利地得到解决。

当然投资者要将投资费用,减去建造回迁房和补偿费用,再和土地所有者分成,出售价和建筑价之差,就是营利所得。

二 居民区单体设计中出现的一些问题

1. 商品住宅房标准高低问题,外销房和内销房的营建情况,为什么要控制高档住宅房项目?

住宅房标准高低主要体现在每户建筑面积和每平方米造价上,上海市区八五住宅标准,每户建筑面积最多不超过50~60平方米,居住面积最多30~40平方米,以二室户为主要户型,每户仅有不大于6平方米的厅和不大于4平方米的阳台,所谓小厅大卧室。20世纪90年代以后,每户住宅面积逐渐增大,商品住宅房目前在上海的行情是每户80、90或100以上平方米,厅的面积一般在20平方米左右或更大些,三室户设有浴厕,有时还设有阳台,卧室面积均在14平方米以下,所谓大厅小卧室。

别墅住宅建筑面积每户可达200、300、400平方米。小面积住宅当然也还存在,但往往需要有专用配套家具和设备,做到小而精致。

外销房标准高、售价高,每户售价20~40万美元,工薪阶层望尘莫及。

国家鉴于这种情况,将加大发展普通住宅建设,且普通住宅需求非常强烈,市场潜力很大,将成为房地产开发建设的主流。开发有许多优惠条件,如免征土地增值税,仍有20%以上投资回报率。高档住宅房项目将受到限制,不再批准立项和开工,不被批准的项目银行不贷款,住宅建设向普通消费者倾斜。

2. 住宅房的"买"与"租",为什么宁租不买?

住宅公积金的推行情况:租房便宜买房贵,将买房的钱存入银行拿利息付低租金还有很多剩余可用,因此宁租不买房。解决的办法是提高租金,大力优惠出售现有的旧工房,提供一定比例的平价房(二室一厅55平方米建筑面积的安居工程)。

组织职工建房合作社,筹集资金建造廉价实用的住宅,对低收入的职工,采取个人出资、单位补贴的办法认购廉价房。北京马甸小区即有高、低两种住房,提供低收入的回迁户住房。

住宅公积金是职工个人的一种义务性长期储金,按月缴纳公积金,对筹集个人和集体住房资金,加速解决职工住房问题起到积极作用,这种制度应该坚持,目前也在推广。

3. 大开间住宅的推行——商住两用,壳子住宅倾向,室内空间灵活分隔

住宅内分隔太死,难以改动,带来很多后遗症。为了住宅设计有超前意识,预先考虑到可能产生空间再分隔,住房内采用非承重的分隔,或采用大开间形式由住户自己分隔,随着时间的推移,或人们住宅条件的改善,需要对住宅进行再分隔时,才不会留下后遗症,这种做法是在住宅设计百年大计上迈进了一步。

例如上海国泰大厦高层住宅,在建筑和结构设计方面都作了一次新的尝试,可作为公寓,也可作

为办公之用，分隔自由。

4. 住宅房间发展前景分析——普通住宅将占优势，考虑工薪阶层的购房能力

1994年末，国家经济工作会议上决定：将房地产发展的重点放在解决广大居民住房上。国家计委主任陈锦华在全国人大八届三次会议上所作报告中指出：房地产投资应主要用于普通居民住宅及相应配套设施的建设。1995年3月建设部长侯捷在全国房地产工作座谈会上所作报告中重申：房地产的发展必须和整个经济发展与改革过程相协调，房地产发展的重点要放在居民住宅建设上……

以上情况表明，国家将加大普通住宅建设的力度和速度，普通住宅需求强烈，市场潜力很大，因此无论是国家政策，还是市场导向，普通住宅建设都将成为房地产开发建设的主流，又可免征土地增值税，有20%以上投资回报率，开发普通住宅可以利国利民利己，何乐不为。

附：来去匆匆的台湾之行

1995年11月1日至7日，上海同济大学吴庐生和戴复东教授应台湾成功大学举办的"海峡两岸新市镇公共工程学术暨实务研讨会"邀请，赴台参加会议，宣读论文并进行交流。此外同济另有三位教授也受到邀请，于是我们五人同行。

11月1日五人由沪飞抵香港后，时值重阳节，香港各机构放假，无法换取正式赴台入境证，只得在香港滞留一日，11月2日的会议无法参加，这是我们均始料不及的，因此也打乱了会议的原定程序，迫不得已将我们五人排在会议最后，并一连串地宣读论文。

11月2日在香港金钟大厦办好正式入境手续，顺便在附近拍了几张照片，如中国银行、太古广场。下午乘机抵高雄国际机场，它的新候机楼的建筑形式有些高技派的作风，采用钢结构和金属板饰面。可惜提着行李走动，不好停下来拍照片。会议组织人王水宝先生亲自来机场迎接，安排我们住在台南市首相大饭店，当晚参加了研讨会组织的宴会，会见了会议主席和同济老校友等。

11月3日上午开研讨会前，先拜会了会议主席蔡攀鳌教授及成功大学土木系部分试验室，这是一组低层的四合院式建筑，看来是台湾1970年以前建造的低层建筑。参观完后再赶到会场，同济大学五位教授连续宣读论文。吴庐生教授的论文题是《大陆城镇居民区建设中的一些问题》，戴复东教授的论文题是《江南水乡发展与公共工程开发》，两人均附幻灯片。五位教授发言后，大会又进行了一小时的讨论，戴复东教授应邀参加共同主持会议，在会上与会者提出很多问题，两天的大会内容发言人都一一作了解答，其中大家对大陆的规划、管理等方面很感兴趣，由于时间有限，未能全部满足要求。论文全部登载在《1995年海峡两岸新市镇公共工程学术暨实务研讨会论文集》上。

会议结束后，吴、戴二人由同济大学博士生郑明仁先生（台湾逢甲大学建筑学系讲师，目前在同济大学的博导是戴复东，副博导是吴庐生）驾车前往凤山陆军学校参观以戴安澜抗日烈士命名的"安澜楼"并拍照（戴安澜将军是抗日烈士，是获得海峡两岸及美国三方面承认的民族英雄，是戴复东的父亲）。

从凤山转高雄回台南，参观了台南市最高建筑——长谷世贸中心（50层），这是台湾建筑师李祖原的力作，洋溢着李先生作品的个性。这是1980年以后建设的高层建筑，突破了台风、地震等自然条件的限制（台湾每年7—10月为台风季节，终年大小地震千余次，但6级以上大地震不多），突破了35米高度的限制。当晚九时，从台南出发，上高速干道，近午夜抵达台中市，住全国大酒店。

11月4日上午赴郑明仁先生的母校私立逢甲大学（台湾有建筑学系的大学共八所，仅成功大学为国立，其余均私立，有建筑、都市设计、都市计划专业）拜会了孔祥珠副校长（孔校长系孔子后裔）、工学院院长刘安之教授后旋即向逢甲大学建筑系师生作《传统、现代、追求》学术报告，由戴、吴二人介绍自己的建筑作品和建筑创作精神，会场气氛热烈。

4日中午由逢甲大学总务处的总务长李元栋教授出面设午宴招待（李元栋系会计系教授兼总务长，

郑明仁系建筑系讲师，兼营缮组主任，成功大学学士、逢甲大学硕士、同济大学博士生，现仍为逢甲大学总务处文书并任课）。

4 日下午，参观了逢甲大学校园（该校基地特别紧张，学生有 18000 名）。逢甲大学董事长廖英鸣教授在一次宴会上曾告诉我们数十年来，逢甲大学培养了很多优秀人才，目前台湾经济界有将近 60%的重要人物毕业于逢甲大学，郑明仁先生也是优秀人才，希望我们认真努力培养，我们表示一定要做好培养工作，但双方应努力促成对郑明仁博士学位的承认，对方表示理解。在校园内拍了几张照片，内容有普通教学楼（特别重视残疾人设施），新建教学楼，丘逢甲先生纪念馆（纪念台湾抗日英雄丘逢甲，亦逢甲大学名称由来）。

4 日傍晚由郑明仁先生陪同到私立东海大学校园参观，该校建筑系陈恪理教授热烈接待（陈教授也参加了两岸学术研讨会）。我们先参观了贝聿铭先生在东海大学的杰作——一座小教堂，年轻人的结婚典礼常在此举行。太阳将要落山，我们抢拍了几张小教堂内、外景照片。东海大学校园基地很大，与逢甲大学成强烈对比。校舍成田园式布局，每个学院一座低层四合院。所有学院布置在一条林荫大道两旁，尽端建筑是图书馆。建筑系馆由于它的特殊性，不在此范围内。系馆的中庭虽小，但却有它活泼的一面。我们参观了一些教室，不整洁可能是所有建筑系学生的通病。系馆的评图室却很有特点，引起我们的注意，它的布置方式是讲台后墙是一排可以转动的活动隔扇，当一个学生在讲台上答辩时，另一个学生就悄悄地在后面换上了他的图纸，到答辩时，只要转动 180° 即可。

4 日晚间由逢甲大学工学院院长刘安之教授设宴招待，建筑系主任郭永杰等教授出席陪同。台湾大学教师几乎全是英、美、日各国培养的博士生担任，形成非博士不聘的现象，席间他们自然询问大陆及同济培养博士生的情况，我们告之以培养及要求均很严格，论文须经 15 位教授认可方能答辩，然后由学校研究生院组成答辩委员会由资深高级职称专家任答辩委员，论文最后还要经过学院和学校的学术委员会通过，学位授予要经院和学校的学位委员会通过，他们听后表示满意。因为同济负有培养台湾第一批博士生的责任，大陆培养的博士生要取得台湾的承认。

掐指一算，11 月 1 日离沪，2 日在香港滞留，3 日及 4 日做了两个报告拜会了三个大学并交流，7 日中午就要离开台湾了，只剩下两天半的时间，可台湾建筑概貌尚未见到，下面真要抓紧参观，否则就太遗憾了。

5 日上午参观台中市建筑和市容，先从我们所住的"全国大酒店"附近看起，附近有戴红帽子的办公楼、街心花园和小品。台湾属亚热带气候，三季为夏一季为春，温湿度高，适合植物生长，整个宝岛是一个大花园。5 日下午参观台中市自然科学博物馆，这个博物馆的建筑设计、设备配置均为上乘，内容丰富先进，陈列有吸引力，观众绝大多数是全家来参观且多次，成人与儿童同时受教育，成为有科学文化的人。在一个多小时内我们参观了生命形成馆及太空全景电影馆（还有科学中心馆、中国科学馆、地球环境馆来不及参观）。太空全景电影介绍了宇宙的形成，台湾岛的形成及台湾从古到今的发展，内容很精彩，使我们了解台湾人民辛勤劳动的成果及艰苦历程。据我们了解像这样的自然科学博物馆，仅建在台中市一处，主张集中优势人力、物力、财力尽量提高该处的建设和管理质量，并不到处开花，粗制滥造，到后来弃之可惜，食之无味。拍照的内容除自然科学博物馆外，尚有附近的建筑及小品（洛书、1～9 数字的排列，取自易经）、一所中学，但大多数是高层建筑。值得一提的是在台湾省几乎没有自行车，已成为"摩托车王国"，街道上设车挡，自觉存取，看不见警察维持秩序。售房楼建筑也别具一格，很吸引人。台湾的高层公寓很多，如台中市海德堡公寓，环境优美、外观讲究、公用设施配套、平面类型齐全，但每坪售价在 12 万新台币以上（每坪约等于 3 平方米，人民币兑新台币为 1∶3，所以合人民币约每平方米售价 1.3 万元以上。除海德堡公寓外，尚有许多底层带商店的公寓、造型讲究的多层公寓。为了防止盗窃，这些公寓进门处除使用密码钥匙外，尚使用指纹印证，双管齐下。

5 日晚上我们去了台中市的亚哥花园，除具有特色热带、亚热带花卉、树木外，尚有当今世界上唯一的水幕电影场。门票每位 450 新台币（约合人民币 150 元）。水幕电影是法国和亚哥花园共同研制开发的，利用一座高科技扇形强力水幕喷头，形成宽 40 公尺、高 17 公尺、厚 0.7 公尺的"水幕"，结合镭射、灯光、音响、烟火和形象的科幻视觉节目。这项户外水影剧场，占地 5 公顷、费时三年、耗资 5 亿新台币。

11 月 6 日上午郑明仁先生驾车送我们到终点站台北市，由郑先生的好友白肇亮建筑师在百忙中做导游。中午吃饭的餐厅，进门处放了一顶花轿，这也是一种招揽顾客的方式。下午先参观台北市的忠烈祠，在抗日阵亡的武将牌位里，找到了戴安澜烈士的牌位，靠窗有他的放大照片和生平介绍。继而参观台北市故宫博物院，观赏院藏珍品和极品，总的感觉是这些展品体量小但很精致。有幸看了台北市故宫博物院举办的"法国卢浮宫博物馆珍藏名画特展——16 至 19 世纪西方绘画中的风景画"，中小学生参观者特多，这种纯西洋古典写实手法的风景画，他们却看得津津有味，而票价每张高达 100 新台币。

晚饭后参观台北夜景市容及建筑，走进一家地下书店，感到该中庭地面装修颇有特点，就顺便拍了两张，晚上住"中国大酒店"。

7 日清晨再想去原处拍中庭上部装修，内部警卫却不同意，只好在室外拍此高层外貌，圆形中庭结构由钢结构球节点的立体桁架组成。最后的半天太珍贵了，我们尚须继续努力跑马观花，决定直奔台北市的市贸中心及其附近的新建筑，拍下了形体复杂的市贸中心一组建筑。附近的凯悦大饭店，室内装修非常精致，在大堂和中庭拍了几张，气势不凡，尤其是自动楼梯和跌落瀑布，更引人注目。附近的高层公寓立面处理也很有特色，每处不同。

最后我们登上了号称台北之窗的最高建筑——新光大厦，高 244.15 米，地上 51 层、地下 7 层，建筑面积 35800 坪，电梯 25 台，展望台专用电梯 540 米/分是台湾第一高速。我在展望台上（即瞭望层）向台北市各个方向拍照（北、东北、东、东南、南、西南、西七个方向），借以说明台北市容，这里包括烧了屋顶的圆山饭店。

时间飞快，应该去机场了，我们又拍了台北市火车站的中庭，就告别了台北市区，赶到桃园县桃园机场，在自动步行道上拍了几张桃园机场外观，然后到香港转机回上海。

去台湾的手续相当麻烦，几经周折。在台湾仅四天半的时间。从台南跑到台北，从高雄机场下飞机，又从桃园机场上飞机，在两天的时间内做了两次报告，走访了三个大学（成功、逢甲、东海），还剩下两天半跑马观花地参观了不少建筑拍了一些照片，也算不虚此行。

总的感觉是：

（1）台湾建筑在近 20 年飞速发展，突破了台风、地震等不利条件，大造高层建筑。

（2）台湾建筑施工质量相对较高，特别表现在内外装修上，这和优胜劣败的淘汰制有关。

（3）受气候影响，绿化条件好，天然生长和人工培植，使宝岛环境一片郁郁葱葱。

（原载《1995 年海峡两岸新市镇公共工程学术暨实务研讨会论文集》80-83 页）

3 中国建筑师要重视自己的"根"

——访贝聿铭先生

黄兰谷 戴复东

借来美访问的机会，1983 年 7 月 26 日上午，经长期在美工作的建筑师蔡敦厚先生引领，我们在纽约市中城区麦迪逊大道 600 号 9 楼，I. M. Pei and Partners 事务所中，拜访了国际著名建筑师贝聿铭先生。

贝先生刚从欧洲回来，风尘仆仆。贝先生虽已 60 多岁，但看起来却年轻得多，身体健康，精神焕发，很热情地接待了我们这些从未见过面的陌生人，态度谦逊诚恳，言谈朴实，平易近人兼有学者与长者风度。

看到贝先生非常忙，我们就开门见山地向他提出：华中工学院建筑学系主任周卜颐教授（贝先生的旧友）请贝先生为华工建筑学系即将出版的《新建筑》杂志撰稿，谈谈香山饭店设计创作，对中国建筑设计事业提出宝贵意见。

贝先生说，他工作太多，时间安排太紧，并谦虚地认为长期居住在美国，现在用中文写作不太流畅。他说，关于香山饭店的文章最好还是国内建筑师整理、评论。根据这一情况我们征得贝先生同意，整理和发表这次谈话的记录。

话题还是从对香山饭店设计的看法谈起。

贝先生认为香山饭店的设计还是可以的，但对管理工作未能跟上甚感遗憾。特别是开幕式结束，贝先生回国后，问题比较多一些。贝先生谈到前不久国内《建筑学报》对香山饭店的讨论，对此表示关心。

我们提出：香山饭店的设计和建造要看它的历史意义和作用。粉碎"四人帮"后，全国人民向往"四化"，建筑设计界出现一种以为高、大、洋才是"四化"的理解。我们认为这种观点是不足取的，贝先生这样一个世界知名的建筑师回国后只搞一个 4 层楼的而且富于中国民族风格的香山饭店，这本身就是一个有力的说明。

贝先生告诉我们，现在国际上开始重视香山饭店的设计，并初步加以评论。他叫秘书拿出两本杂志，一本是《鉴赏家》（*Connoisseur*），其中介绍评论香山饭店的文章有："More than a Hotel（远远超出一个旅馆）"及"I. M. Pei's Stunning Hotel in China（贝聿铭在中国的旅馆杰作）"；另一本是（*House and Garden*），文章的名称是"New Splendor for China（中国的新光芒）"。两本杂志都刊登了香山饭店的大幅彩色照片。

这两本杂志都认为，香山饭店建筑创作的意义已远远超出一个旅馆的范围，是很有见地的。

贝先生说，他的想法是在香山饭店的设计中能将现代化与中国传统的好东西结合起来。他一直试图努力地去探索，去挖根。他一面说，一面很有信心地用手势表示去挖。他说，在这些方面，这次他初步进行了一些探索：设计中根据地形，保留了环境与全部树木；吸收北方四合院的精神加玻璃顶做出四季咸宜的中庭——溢香厅（即四季厅）；采用低层，但建筑密度并不小；流水音不建亭子，与自然环境结合得更好些；白墙灰瓦虽然江南较多，但这是中国的东西（我们插话说：承德和北京也有白墙灰瓦）……贝先生强调说，香山饭店的材料绝大多数都是中国自己土生土长的东西。他认为这就是探索"根"的一个很重要方面。贝先生谈到了外墙使用灰砖的问题，他说这是中国建筑中一种可以就地取材、比较便宜、效果又好的优秀建筑材料，在日本建筑中也不多见，使用它是希望促进它的新生。

但现在只有 70 多岁的老工人才会加工制作，结果可以是几分钱一块的东西变成 6 元人民币一块，这件事很可惜。有些事情可以商榷，他说，一般来说第一次搞总会贵些。例如，第一部福特牌汽车肯定是贵的，因为各项试验的费用全算在它头上。香山饭店的公用设施、管线与道路的铺设也有类似情况。

当我们告诉贝先生，同济大学建筑系陈从周教授对香山饭店的评价是："清、雅、静"三个字时，贝先生高兴地谈到创作香山饭店主要是要发扬中国建筑的优良传统。他说，中国的建筑师不应盲目抄袭国际式（International Style）。他强调，他自己的根就是在中国，所以他认为应当探索它，发扬它。

贝先生告诉我们，建筑首先是适用，然后重要的是 Form 与 Space。他认为这两个字中文译为"形"与"空间"还不够，他说，这两方面中国有自己的理解与特色。

听到这里，蔡先生问："听说格罗皮乌斯（Gropius）在建筑上有些看法就是受了你的影响。"贝先生说："是的，过去格氏曾说过，全世界建筑最终都免不了要成为国际式。但我认为，即使科技有很大的发展进步，作为文化来说，各国总是有其自己的传统而且是各不相同的。"现在全世界对这一点都很重视，大家也很关心，都希望中国发扬自己的传统。

贝先生说，对于传统要看产生它的因素。例如中国园林，它是如何形成的？这与西方大不相同。在西方，是以建筑物为主，作为一个 Object（对象），把它放在园中，而中国的建筑与园融合在一起，浑然一体。一个房间前面就是一个小园，园在建筑物中，这是中国建筑在几千年来的一种表现。他说以后再这样做可能占地太多，但不一定平房才是这样，可以做成多层，这种 Idea（构思），也应当可以应用在高层建筑之中。他说，香山饭店是一种 Garden Hotel（园林旅馆），仅是他设想中的一部分，他希望将来有机会能在北京再设计一些体现中国传统的高层建筑。我们衷心祝愿贝先生这一愿望能够早日实现。

在探索中国建筑方向的具体做法时，贝先生认为要重视成片的建造。他强调说，High Density（高密度）并非 Automatically Equipped with High-rise Buildings（自然而然地伴随着高层建筑）。当然全部用低层，可能用地会不经济，可以有一些高层，要高低结合。要设计出反映中国人民生活的新建筑。不要盲目地抄袭国外的东西，更不要抄袭西方过时的并已被丢弃的东西，如一排排呆板的行列式，或仅仅点状相连的高层建筑。他认为，在北京城内现有的建筑中仍可做出有中国风格的建筑群体与单体。他对设计一个完整的区有兴趣，他说，应当将年轻的建筑师组织起来参加这样的设计。他希望我国领导人对在建筑中探索中国的根这一问题加以重视。同时他希望中国的建筑界能够团结起来，共同努力。他认为相互之间应当有批评，但是为了促进而不要去拆台。

谈到这里，我们向他介绍了华中工学院建筑学系准备组织力量在湖北设计一个小城镇，希望能得到贝先生的指导和帮助。贝先生高兴地表示愿意尽力协助。

贝先生很同意我们提出的目前我国城市建设中，忽视自己传统是一个 Critical Point（关键）的观点。他说，他回国讲学中，介绍他在国外的作品时，大家感兴趣，而介绍香山饭店时，有些人就兴趣不高。他认为搞四化建设社会主义是一个重要的事业，而建筑是社会主义建设的一个很重要的体现，应当有中国自己的东西。中国老的东西里面有很多的好东西，应当保留，要"取其精华，去其糟粕"。建筑创作要有我们自己的东西，不应盲目抄袭外国。如果我们的建筑中有自己的特点，人家就会佩服我们。中国的社会主义应当是中国的，应不同于苏联，不同于东欧，这些是他对中国青年建筑师的希望。

贝先生说，以 Fenestration（开窗）而言，中国与欧美的看法不相同，在欧美，窗仅作为采光、通风之用，而中国人除此之外，还把窗作为景框，看上去有景。因此香山饭店中他应用了这一特点。

贝先生认为中国的假山中，堆石非常重要，但很不容易。由于找不到成熟的专家，即使陈从周教授也感到很困难，因此香山饭店的溢香厅内就没有做假山堆石，他怕弄得不好像动物园。贝先生说，中国园林的特点是把真实自然的尺度加以改变缩小，一草一木一石都是这样。对此，他谦虚地说，香山饭店海棠形窗前的松树配置不理想，窗是作景框，而框内的景本来应当是缩小的，但现在一棵树挡住，比较遗憾。

贝先生告诉我们，探索根应当更多地重视唐代和宋代的优秀遗产和民间的东西，他说他对慈禧的以及慈禧以后民国等的一些东西很不满意。所以，他主张在这方面要"革命"。他要我们在教学中，要教给学生重视自己的根，重视自己的好东西。他说，日本在第二次世界大战后保留了自己的根，也创造了很多新东西，日本的村庄、小城镇，味儿很足。而反过来看我们自己，却做得不够。中国85%的人在农村，20年后城镇人口可能达到25%以上，城市要发展，农村也要发展；不要把城市的面貌搞坏，也不要把农村的面貌搞坏。

　　谈到城市问题，贝先生说，现在国内对城市规划与建设重视起来了，这很好。和很多人谈起来，他们比较重视 Circulation（流动）、Traffic（交通）、Zoning（分区）等问题，这当然是很重要的；但对于如何满足和表现人民生活、文化，使人民生活舒适这些根本的东西，却想得不够。将来几十年，上百年之后，人们看社会主义成就，还是要看当时的建筑（广义的建筑）。例如对罗马帝国的成就，人们就看罗马城；对英国、法国历史上的业绩，人们看伦敦、巴黎……这些都是当时高度文化的产物，我们应当重视这一点。如果我们做的东西没有自己的特点，体现不出自己的特色，将来也不会得到人们的认可。

　　谈到这里，贝先生再一次强调了建筑界团结的重要性。他说，大家团结起来才可以找到一条大路。这条大路上有无数的流，并非只是一条道，犹如一株大树，它有很多枝条。

　　对于建筑设计和探索根的问题，贝先生说从哲学上我们可以谈，可以探讨，但最后还是要创作，他建议从一个小的村镇开始。他希望年轻的建筑师们能努力创作，设计出一个 Model Village（有典型意义的村镇），完整地做一套，这也是一种 Challenge（挑战），如果做得好的话，可以有世界性的影响。

　　最后，贝先生说，中国是一个有几千年文化历史的国家，有很多有历史价值的城市，例如苏州、扬州、西安、绍兴、成都等，这些城市中古代的东西很多，应当保存，显露老"根"，如果必要，某些新建的不合适的东西情愿拆除，要做出 Landmark（里程碑）来，工作要快，否则苏州、西安等城市就要没有了，要先恢复，而后现代化。例如北京的城墙就拆错了。北京的四合院是需要拆除很多的，但总有一部分要保存，不应当只保留王府，也应保留一定数量的民居，北京的建设应当研究，北京新老城市应当有 Continuity（延续性）。贝先生希望"崇拜"和抄袭国外一些三四等货或是无用货的现象赶快停止。

　　贝先生对中国派建筑师出国学习，也提出了宝贵的建议。他认为应增加年轻人的比重，可先在美国的大学学习一两年以取得硕士学位，然后在美实践一二年，这样培养的效果可能会更好。

　　时间匆匆过去，接近午后1点钟，我们不得不起身告辞。通过2个多小时的亲切交谈，贝先生热情诚恳地希望中国建筑师重视自己的根的思想深深地印在我们的心中。

　　补记：8月9日，我们将访问记录整理稿送给贝先生过目。贝先生又介绍他在香山饭店工程方面的主要助手方光虎先生。方先生热情地向我们谈了他在北京两年多的体会。他认为国内建筑界从设计到施工及安装很有水平，很有潜力。问题在于更好地发挥潜力，这就有待于加强经营管理。中国的领导不少是内行，也有权威，但不能事事都靠领导干预，他认为应该更充分地发挥设计与技术专家的积极性，施工单位与使用管理单位应更多地尊重设计技术专家的意见。方先生说：贝先生认为，如果管理不善，则会将原来的设计意图破坏，如庭园中的水池（流水音），应保持活水，不应为了节省水费而使其成为死水一潭。贝先生认为从某种意义上讲，旅馆的管理比设计更重要。

　　方先生最后又强调贝先生的设计思想是为了寻求中国自己建筑的"根"，所以设计时尽量考虑就地取材，适合中国的民间风格，要保留国粹精华，但亦非复古与抄袭，要古为今用。在建设上，一般应该先修整旧有的传统建筑，再努力创新，在创新的同时要注意新旧之间的延续性。香山饭店的设计就是他这种思想的体现。

（原载《戴复东论文集》316–320页）

（原载《新建筑》1984年第1期）

4 广记博闻、兼收并蓄、博采众长、坚实前进

戴复东

今天在大学和研究生教育中，有不同的研究方向和专业。"隔行如隔山"，用我所学习和掌握的狭窄知识，在"枫林节"的总论坛上向大家谈些学习、生活、文化、研究的问题，感到捉襟见肘，力不从心，但研究生会的盛情难却，只好恭敬不如从命地来向大家作一个汇报。

学习是一件比较普通的事情，我们大家过去在学、现在在学、将来也还要继续不断地学。现在很多人都在各种学校学习，将来人人都有机会在校学习，人们也需要自己学习。

学习又是一件很艰辛的事，学习的成果及好坏要受检验的，一种检验就是人为设置的种种考验，另一种就是随机的，人们在社会生活和生产实践遇到了各种问题，要靠我们运用学习的成果去解决的这样一种检验。

我国南宋时代，活了86岁的著名的爱国诗人陆游（陆放翁），在《示子遹》的诗中，以切身的体会教育他第四个儿子子遹作诗的道理。诗中最后一句"汝果欲学诗，功夫在诗外"是历来被认为作诗、作文及学习的重要道理。

这句话的意思是：你真的要学诗的话，除了学诗以外，作诗作得好的基础应该是在作诗以外的学问和认识中。事实上就是扩大眼界、扩大思路、扩大知识面……我们所熟知的陆游诗句"山重水复疑无路，柳暗花明又一村"这是生活中他曾经历过的，也是很多人经历过的自然现象境界和社会现象境界。经他这位伟大诗人一点拨，字字珠玑，诗意盎然，而却又情景再现或哲理明晰。还有他的生命中最后一息，最后一首诗《示儿》："死去原知万事空，但悲不见九洲同。王师北定中原日，家祭毋忘告乃翁"。这绝不是会作诗的人就写得出来的，这是在那个历史时代，一生把中华统一的思想放在第一位的爱国诗人的毕生追求的呼声！诗作是文学创作的一个方面和一种方法，要创作出好诗，眼界思路、方向等是更为重要的。

我在九岁左右的时候，抗日战争爆发，我随家庭从南京逃难到武汉、到长沙、到柳州、到广西的全州，后来又到贵阳，那时我到过的很多地方都是经济上、生活上比较落后的地方。特别我在贵阳的南面，距贵阳十八公里之遥的花溪清华中学读书，家住在那里。早晨上学时，在石坎小路上看到小学生，背一个背篓，路上看见"有用的东西"就捡起放在背篓中，下午放学回家时，他们在路旁的潺潺流水的小沟中，捉一些大一点的小鱼鳅、小蟹等放在背篓中，我问他们捉这些干什么，他们告诉我，有些"好的东西"可以留起来以备不时之需；水里的鱼鳅、蟹带回晚上做菜吃。我想，哇！这真是好主意，上学放学的路上总要走一段距离，白走也是走，带一个篓子，去装捡到的东西不是可以一举两得吗？所以我就学习他们，在路上一面紧张地走路，一面两眼在路旁加以观察，把我认为好的、重要的、有意义的事和物，装到我的脑子里来，丰富我的知识面、扩大我的眼界。这个好习惯我就一直保留下来，无论我在路上、车上、船上，甚至飞机上，只要有能看得见的东西，我都要注目、观看、思索、筛选。当我1983—1984年作为访问学者我挑选了美国纽约哥伦比亚大学，因为在纽约可以有机会看很多新建筑，同时，哥大在纽约北部，我经常步行从北到南世贸中心和华尔街，多少次我是一半乘车，一半步行，沿途可以观看到一些我认为是重要的东西。

1948年7月，当我考进了当时在南京的中央大学建筑系以后，入学后的《建筑设计课程》是我国著名的建筑学家杨廷宝教授主授，他告诉我们，建筑设计工作是一项接触范围很广、很细致、多面的工作。建筑设计没有公认的教科书，全靠老师教、学生自己领悟探索。因此他要我们每个人备一个小笔记本、一把卷尺，随身携带，看见一些新奇的陌生的东西用尺量下来，用笔画下来，这样可以永记

不忘。我和我的爱人吴庐生教授听从了他的教导，在做学生时期，在我们毕业以后，都听从了他的教导，我们随时都很认真仔细地在做记录和做笔记，通过听、看、想，仔细地记，我们学习到很多在课堂上根本无法学习到的知识，这使我们不断地得到真知，取得了踏踏实实的进步。

我们做了教师以后，特别是做了硕士生导师之后，我要我的研究生们也像杨先生要求我们一样，随身带着卷尺、小笔记本、笔，看到重要的东西记录下来，我们的学生们也答应我们了，但总是透露着一些不甚理解的神情，我就问他们问题。我说：读建筑学，尤以建筑设计的研究生，就是要会设计、设计得好，而设计会遇到很多大中小的问题，这些，当然有一些规范和标准可以参考和制约，但很多东西是缺乏有关资料的，这就要每个人自己去收集、体会。比如不同房间的空间尺度，应该多宽、多长、多高，很多都没有定论，这就靠我们观察体会，取得自己的经验，自己或同别人一同研讨鉴定，这样记录下来。各种不同性质建筑内走廊应该是多宽多高较好？楼梯踏步每步的高度与进深以多少为可接受的尺寸？……这些都是教科书和参考书中没有的，必须由我们每个人自己关心领悟，才能得心应手地进行设计。同时也有不少有才能的建筑师，设计了一些比较好的建筑，有的是总体布局方面，有的是在建筑形态方面，有的是在建筑的某一个局部做得很有特色，有的甚至一档门、一扇窗，如圆形的较大的转门，或凸出在墙外的凸窗等，在建筑上都有一个大小是否合适，好不好，怎么个做法的问题，我们必须将别人做的东西搞清楚，这样才能使我们可以有借鉴，进行我们的设计。因为我们作为建筑师有可能设计大的整体的东西，但也可能设计局部和比较小的东西，不论大小，我们都要将它们设计好，因为这是一个以人为本的大目标、大方向；我们是为人服务的，我们就要服务得好，这是我们工作中至高的目标。

我们从事的建筑设计工作是一个牵涉面非常广，各个方面又很错综复杂、互相交叉干扰的活动。因此，在我们的设计工作中会碰到很多的困难和难题。在这个情况下，建筑师会压力重重，很难走完设计路，由于设计出图纸在时间上有限制，有些问题就根本没解决，或是解决得不好，也就算了。这样，我们的设计就不可能做好做满意。但有时候会有灵机一动，想出一个新的或好的办法。怎么会有灵机一动的现象？怎样才能产生一动的灵机呢？我不是心理学家，也没有专门研究过这方面的问题，但我想有广博的知识面，有丰富的生产生活和阅历经验，应该也是灵机一动的背景，下面用我自己一些实践经历来说明一下。

（1）1957年3—4月份，在杭州西湖边一个重要地段要建筑一座华侨旅馆，举行全国第一次大型建筑设计竞赛，我参加了，我给自己提出了两个目标和要求：一个是我希望这个旅馆每一间客房都能看见西湖，这样人们就会非常喜欢这个旅馆了。另一个是旅馆在西湖的东侧，西湖美丽的风景虽好，但景向在西（景向这一词汇是我的创造），西晒对房间很不利，而南向是房间的好朝向，我想，我应当解决朝向与景向不同的矛盾。这两个题目都不是简单可以解决的，一面思考、一面设计后来我突然想起将矩形的客房外墙做成凸出的钝尖锥形，这样一排客房的外墙平面就形成了锯齿形。同时，从西湖周围整体环境要求来看，建筑物不宜造高，造四层楼就可以了，这样建筑铺得较开，做成一个东西向的体段、一个南北向的体段，组合在一起，两个体段相互垂直拉开，我的两个要求都达到了，结果我的方案就获得并列一等奖。

（2）1957年7月份，波兰为了纪念在第二次世界大战中波兰人民对德国法西斯进行的艰苦卓绝的斗争，他们向全世界举行"华沙英雄纪念物"的国际设计竞赛，当时我和我爱人也参加了这个竞赛。这个设计竞赛的主题就是表现华沙人民的斗争、波兰人民的胜利。如何表达？我们想到了，旗帜是斗争的引导，是胜利的表现，我们不是画家不是纯艺术家，我们要用建筑的语言来表现旗帜。其次，斗争、胜利，我们通过学习、了解国内解放战争胜利的历史，感到光靠"形"是不够的，要有大量的历史、文学资料对后人作教育，要用馆和旗共同表达，于是我们把馆做成旗。此外，水是静的、纯洁、晶莹剔透，表达了烈士高尚的人格、情操；廊，使人流连忘返的休憩；华沙美人鱼是华沙城的标志。这个方案得到了方案收买奖。

（3）1958年6月，武汉的湖北省委招待处要同济大学对他们招待所的设计图纸提提意见，系主任黄作燊先生要我参加。去了以后，别人施工图都画好了，我不善于客气、交往，而是实事求是地对这一组建筑提出建议。在武汉东湖山旁水畔，建筑没有考虑与地形地貌的关系，一是客人从各种房间看出去的感受，和游人从各个角度来看它的感受，我们说了意见，带队的人是一位断了左臂的军人，听了意见后他马上跟我说，这个方案不要了，请你来做设计好不好？听他的口气是正面的意见，我马上回答他："我只是提些可能不太成熟的意见，你们已有设计单位了（当时他也在座），我不能做"。我想，抢别人的设计这是缺乏职业道德，因此婉言谢绝。第二天，他来校到系总支办公室要我们做，总支书记同意他了，我告诉总支书记，不能做，这是不道德的，总支书记就谢绝了他。后来他到上海市委，由市委压任务下来，我不敢不做，系里只好接了这一任务。他要我们立刻做一个方案，我在对原设计者万分抱歉的心情下，做了新方案。我考虑到招待所接的客人，是"人"，因此以人的尺度、人的感受，人与自然的关系来设计，而不是考虑庄严、宏伟……他们很喜欢，带回武汉被批准，叫我们去武汉做现场设计。断臂英雄和我很多看法都很一致，唯独对主客人的卧室 8 米×8 米大小，4 米净高的要求坚持不让，我很不同意，觉得太大、太高不够亲切。后来有一次有机会见到毛主席，断臂英雄告诉我，这间房是给他老人家用的，这我才放下心来。

设计室内游泳池：①机平瓦坡顶，我将朝南屋顶一大部分做成玻璃面，为了池内一年四季阳光充足，冬至那天阳光可照到北面池壁上端。②怕泳池内平顶上凝结水滴下，平顶做弧形面，采用木条做顶面，木条内有凹槽，凝结水会聚于槽内，流到旁边墙壁，顺墙流下，不会从顶上滴冷水点下来，使人突然冷得吃惊。③泳池室内空气中水分很多，水蒸气会凝结在墙上，这样墙体墙面不能吸水，如果墙体材料坚硬，室内混响很大，往往会有震耳欲聋的感觉，要吸声。能吸声的材料往往是松软的，这二者有矛盾怎么办？国外当时五十年前就采用金属穿孔墙面，内部填充了吸声但又不怕水的材料。可当时国内没有。国外进口，那是三年自然灾害时期，几乎不可能，怎么办？思想上担子很重很重。经过冥思苦想，我们先解决面层是硬质，但可钻孔不怕水的材料，当时连铝材都没有。后来我想不怕水光滑的材料只有玻璃，磨砂以后背后涂油漆也是可以的，但是否能钻孔，我不得而知。最后没办法，提出这一方案，叫工地试试，结果居然成功，这令我非常高兴。但吸声材料用什么呢？又经过一番苦思。我想起了农村农民下雨天披的蓑衣——棕榈叶，软的、松散的、可吸声，但又不怕水，想到这儿如获至宝。结果就按照这个意见做了，这是 1959—1960 年的事。后来我又去看了一下，他们反映效果还是很好的，当然我还感到不足，因为这些只是定性的东西，缺乏定量的研究。但我又高兴地认为，这好比是一场战争，我用土枪土炮，打下了敌人易守难攻，只有机械化重武器才能攻克的现代堡垒。④小会堂：当我知道这是毛主席使用的，我想到领袖愿与群众打成一片，而群众也希望与领袖握手。我立即想到舞台口部，首先我想小会堂不要做台框，这样容易感觉将领袖与群众隔开。其次我想台口最好做成抽屉式的踏步，推进去就是普通台口，拉出来就是台上台下交流互通的踏步。我的想法很好，但这个台口怎么做？世界上还没有过。我不怕困难，我运用我的全部建筑、构造、结构、材料和机械知识，台口设计好了我很开心，我后来没见过它的建成，我想也许不太好，被建设单位改掉了。但当我 80 年代再去时，看到了这个台口，用手推拉很轻巧，我很开心。这是我的成功。2002 年，我在上海设计了中国残疾人体育艺术培训中心，一个小剧场的舞台口我也采用了这种可推拉方式，采用机械推拉，但常常被卡住，没有手推的好。

在我的生活经历中还有一个重要的内容：1983 年 6 月—1984 年 10 月到美国纽约哥伦比亚大学作访问学者。

我是学建筑的，我希望通过这次访问提高我对建筑广泛、全面的认识。访问的学校我定在纽约市的哥伦比亚大学。纽约是国际上最大的都市之一，那里有很多著名的建筑。哥大的图书馆有很多较好的藏书（看过之后感到还不满足）。每个星期，甚至没有听课的日子，我乘车或步行去纽约各地参观很多建筑、建筑群及水上、陆上环境。有几个好朋友邀我去休斯顿、洛杉矶、圣路易斯和芝加哥，我比较详细地了解了这些城市，和城市中的建筑与环境。贝聿铭先生在 1984 年获得了普利兹克奖（相当与建筑的诺贝尔奖），他拿出一部分奖金作为"在美华人学者奖学金"，很多人提出申请，我也提出了申请。由于我在哥大学习、听课、钻研，比较认真仔细，我写了一本英文的《医院建筑综合设计》的资料，我在学院办公室里打字、复印，院长波歇克教授、其他教授、教师，学院职工都知道我的学习情况，于是经过广泛的研究讨论，最后以贝先生为首的委员会决定将这个第一次的唯一名额授予了我，奖金 2000 美金。拿到奖金后好多人劝我买大件、买衣服、买好东西。但我想，我到美国来看到这个国家比较富，但我不是来买东西的，我想用这笔钱能周游一下美国，我决心这样做。这样又有人劝我，一个人走太危险，最好有个伴，但一时怎能有伴？除非让我拿钱，但我不肯，我想我就一个人去闯，虽然危险些也是值得的。当时我已经 54 岁了，但我身体还不错，在美国时，很多教师、学生以为我只有三十岁多一些。于是我就买了月票，坐"灰狗牌"长途公共汽车访问了三十二座城市，这使我对美国的情况有一个稍稍清晰的了解。回国后，在我担任系主任的阶段内，我提出了广义的建筑（包括规划、建筑、室内、园林、工业生产用品等）都是人所生存、生活和生产的环境，大小都是相对的，因此环境可以分成宏观环境、中观环境、微观环境，环境从性质上来说有自然环境、人工环境和自然人工环境。在这个基础上，回国后我在建筑学基础上协助校长建立了建筑城规学院，在原规划、建筑、园林三个专业的基础上，又成立了室内设计和工业造型设计两个新专业，扩大了广义建筑的空间，我也提出了各专业之间互相交流互渗，这一情况一直影响到今天。在新的院系领导之下取得了更大的进步，我很高兴。

长期以来在学术上我提出了："我有两只手，一只要紧紧抓住世界上过去和现在的先进事物，使我不落后。另一只手要紧紧抓住我们自己土地上生长的、正确的、有生命力的东西，使我能有根。当有条件时，或创造条件使两只手上的精华结合起来，去创造更新更美好的东西。"我也提出我们设计的广义建筑要有"现代骨、传统魂、自然衣"，我们的设计要大气、要有书卷气，有文化内涵。这和我1952 年以后，在 1958 年到 1964 年间我在同济夜校每周两晚学古汉语知识，在 30 岁以前进一步再打好汉语基础。

现在，我们已经进入了信息时代，我们的思维要往前进一步探索。意大利的文艺复兴，人类创造出了与希腊艺术可以媲美的第二个光辉的西方艺术史的辉煌时代。数学、几何学（解析几何）、解剖学、工程力学的兴起，将艺术与工程推向了一个新高峰。三百年前，牛顿发现了万有引力和力学三大定律，既展示了客观世界大量的规律，又导致了一个机械决定论的结构，认为所有的自然现象及过程只能按机械必然性发生和进行。在这些基础上现代哲学的奠基人笛卡尔在 1637 年完成的《方法论》(The Discourse on Method) 是他的哲学重要新起点，试图以机械运动说明自然一切。同时他又创立了坐标几何是经典物理学和天文学的基础，也是现代工程力学以及与之有关的工程技术的理论基础。通过直角坐标系，笛卡尔将空间进一步数量化和抽象化。这些，是线性的因素。人们以这些因素指导思考是线性思维。进入 20 世纪以后，量子力学突破了机械决定论，相对论突破了绝对时空观，混沌理论突破了确定性科学及其宇宙观。这些都说明了自然界还存在着捉摸不定的混沌现象，原因就是其内部蕴涵着非线性因素，即有序与无序两种可以共存的对立结构现象。非线性是科学在当代的新发展和新特征，因此我们要学习它、理解它，用它来观察思考问题这就是非线性思维。有一些先行者在30～40年前已在建筑学和建筑设计中进行探索了。我们对这些信息应当了解、关心，这样，我们才能是一个"聪明的"、"清醒的"、"有预见性"的实践者，我希望各位年轻人都能在各方面提高一步。

在我的长期工作中，我坚持四句话，提供给大家参考。

坚韧不拔地追求，
执着勤奋地探究，
清醒周密地思索，
顽强谨慎地奋斗！

谢谢大家！

2005 年 11 月 16 日

5 呈中国工程院院部领导的信

戴复东

中国工程院领导：

1. 国家拨款四万亿抵抗经济危机是重大非凡的举措。使用和分配上虽由中央决策，但建议各级政府仍应组织智囊团（工程院科学院推荐部分院士参加），对项目、技术、研究作出可行性报告，给领导作参谋，以避免不必要的失误。

2. 由于政治、经济、金融、企事业、科技、交通、运输、教育、卫生、文化、艺术的物质载体是城市，因此，城市化也就是社会主义建设的重要内容。在物质层面上说，就是要将原来非城市用地转化成城市用地。我国是一个人口众多，适合集居土地较少的国家，因此土地是第一位的资源。土地是用一块少一块，它不可能增大和再生，所以也是较脆弱的资源，因此要好好保护并节约使用。国务院在 2008 年 1 月 3 日发布了 3 号文件《国务院关于促进节约集约用地的通知》，一定要坚决认真执行。建议工程院重视并适时发放类似此类重大内容文件给工程院成员，紧跟中央步伐，如有可能在京津唐、长三角、珠三角、闽三角、川中、桂南等地区，协助政府做好参谋工作。

由于土地珍贵，要善用土地。土地好比衣服料子，不同的料子宜作不同服装，人们根据不同时间、场合要穿不同的服装，这就要求决策者、规划设计者更好地发挥聪明才智，把土地用好。农民的土地被征用以后，对他们的工作、生活应当作亲切和妥善的安排，因为他们和他们的祖先曾为中华民族的生存、壮大作过无与伦比的贡献。

3. 久远以来，由于生存生活的需要，人们只能向地球索取资源、生产物品，并在其上排放废污。时代向前，科技、社会长足发展，这些现象日趋严重。

党和政府一直重视保护环境、保护生态、节能减排，领导国家向可持续发展目标前进，我们全国人民坚决拥护、积极行动。污废的排放一定要加强管理、违法的单位希望能加大惩治的力度。节能的问题我想是包括了节流和开源两个方面，节流是节小量集成大量；而开源是开发或创造大量。前者相对简单，后者难度较大。

节流的问题，一般人往往会说："这些是技术人员的事！"听似有理，但不尽然，在日常生活中就有不少节能的事。例如：灯要不要开得那么久、那么多？空调要不要开得那么多，那么久？水笼头是否关紧？水管是否渗漏？……在具体的规划设计中要不要装这么多的灯、空调？给水的零件是否完好？管路的施工是否到位？……我认为这与某些人的"与我无关"、"少管闲事"、"马马虎虎"的思想有关。我国有一句古话："莫以善小而不为，莫以恶小而为之。"这句话是非常珍贵的传统，多少年来教育人们从善弃恶。我们是不是应当从小就对孩子进行教育，同时，各种媒体向全社会大张旗鼓地宣教这一思想。这不仅是在小事上起作用，而是可以进一步帮助人们分清是非、扬善去恶。对人的素质提高有益，对建设节约型社会与和谐性社会也定会有促进和帮助。

开源的问题，这是一个思路和技术综合的大事。开源很难立等可取，应作为一个长远的目标，积极努力去开拓。愚者千虑，或有一得，提一些不成熟的构想，供领导参考。

太阳是人类生存环境中最大的能源，它离地球虽远，却要积极开发利用。其他的能源，社会上都知道，我不赘述。

1. 光电板、光伏电池已有很长的历史了，但功率较小，性价比较低，推广工作在经济上问题较大，这是一个不易攻克的前沿阵地，可是一定要攻克它。有关专家要拿出袁隆平院士的精神来动手动脑。建议中央和工程院要像抓航天工程一样,那么,这个困难我相信一定会很快克服的!

2. 从海水中分解和提取氢和氧作能源,亦可有助于降低海平面的涨幅,减少土地被淹没范围,保障人类安全。在这一作业过程所需能源建议用阳光。

3. 海水淡化。地球上淡水资源也很紧缺,海水淡化设想已付诸实现了一段时间,但成效还不突出,价格很贵,负担很重。建议换一种思路,用阳光来淡化海水!

以上各项,我想用自然处理自然而获得自然的思路,不知是否可行?真的可行了,对大气层,对气象,对大水文,对地球是否会有不利影响?请有关专家批评指正。

建议中国工程院、中国科学院在"造福人类、保护地球"的大前提下,紧紧抓住几个重大的课题,锲而不舍,这样一定可以很好地发挥国家工程思想库的作用。

敬礼

水·土·建学组

戴复东敬上

2008 年 12 月 15 日

6 中国工程院院士自述

戴复东

1999 年 11 月（20 世纪末），我成为了一名中国工程院院士。当时我百感交集，老泪纵横，立即写了一首诗，敬赠给我在贵阳花溪清华中学读书时的校长唐宝心先生和夫人陈琰老师，表达我对他们和学校的感激之情：

> 凡苗有幸入清华，
> 养育精心壮嫩芽。
> 虽逾古稀花易果，
> 师恩铭记永无涯。

1940 年，我在广西全县小学毕业。父亲在贵州省贵阳市以西的安顺县，于是母亲带我和弟妹到贵阳市，我考上了贵阳市花溪镇的清华中学。这所中学是抗日战争开始后不久，清华大学在贵州的校友们为报效祖国、培养人才而创办的一所中学。它沿用了清华大学的很多好东西，"自强不息、厚德载物"作校训，校歌也是清华大学校歌曲调，仅结合时间地点，文字略作修改，此外"诚实、自立、助人"也是学生们自觉遵守的准则。学生们一律住校，进行准军事训练，并很重视日常的体育锻炼。起先，我家在贵阳，花溪到贵阳有 18 公里路，周六下午放假，师生步行到贵阳，周日下午步行返校。这样步行也就成为我的一种喜好。两年以后，家搬到了花溪，我就有机会接触到农村、农民和农民的孩子，小学生们上学、放学，身上都背个背篓，沿途拾些柴棍或有用之物，下午放学回家，在水沟中捉些鱼鳅等，回家自食或喂猫、狗。这种必须走路，但可以顺便采集有用之物的行为，给我很大教育和启示，也成为我一生学习仿效，作为研究和探索学问的方法之一。由于我在初中一年级时，先父戴安澜抗日战争时在缅甸牺牲，当我高三要毕业的时候，我考虑我是长子，今后要承担家庭生活的重担。而在 40 年代，只有学工科，毕业以后找工作才能有较稳定的生活条件，而我又喜欢胡乱涂上几笔画画，因此在人生道路的选择上犹豫不决。陈琰老师知道后告诉我："去学建筑！"这样我才知道还有建筑这一行，这就给了我一个明确的目标，决定了人生的方向。此外，那时考大学，数学考试难度极大。教数学的敬爱的于闾彦老师（天津大学建筑系聂兰生教授的母亲），在教完我们《范氏大代数》后，留了约四周多的时间，每周 2~3 次给我们讲解分析数学上的若干难题，教我们如何去识题和解题。炎热的六月下午，人们都昏昏欲睡，但我不知怎么的，毫无倦意，都听进去了。在大学考试时，数学有三个大考题，其中两个是于老师给我们分析过的，这使得我喜出望外。由于家在南京，我考上了当时在南京的中央大学建筑系。

进入中大建筑系后，我感到很满意，我们班只有七个学生，初始系主任是中国著名的建筑历史学家、在日本著名的东京高等工业学校毕业的刘敦桢教授，他的中、外建筑史讲学令人眼界大开、神驰内外、心旷神怡。以后，系主任是杨廷宝教授，他是美国潘雪文尼亚大学的硕士高材生，做学生时得过两块金奖，数枚铜奖。当时系里高班同学告诉我们说，他们两位都是国宝，后来都做了中国科学院的学部委员（即以后的院士）。还有一位老教授童寯，是满族人，和杨先生在美国是同学，设计能力很强，1952年中央大学50周年大庆，展览会上要一张大的校园鸟瞰图，可那时学校基建资料未经整理过，他让我们用最大的图版，为他裱了一张超0#大白水彩纸。他脱去外衣，用一支铅笔和一把丁字尺，很快、很正确地就完成了校园鸟瞰铅笔稿，然后用水彩画的方法，在一天的时间中完成了正式透视图，这令师生们敬佩不已。可是他从不宣扬自己，虽然他的学历、学术经验和刘杨二位教授不分伯仲，但他宁愿作一个布衣身的学者。其他还有各方面的老师，也都各有特色，水平很高，令我感到非常满意。

我进入中大时正是1948年。因为是一位熟悉同学的关系，地下党利用我的家庭地位，将一箱子资料藏在我家中。曾有一次一位不认识的人想闯入家中，向楼上走去，已经上了半层，但被我制止，他就走出去了。这样直到1949年南京解放，地下党的重要材料被安全地掩护了下来；此外，在地下党的教育下，我参加了反美蒋的"四一"学生运动，担任宣传，在路边墙上写标语。当天另一路游行中，有一位叫成宜宾的同学被打伤了脾脏，急需输血，我是O型血，给他输了200CC血，但仍未能挽救他的生命，使我感到很遗憾。1949年，南京解放，不久中央大学更名为南京大学，此后，在"思想改造运动"中我向党交了心。

1951年夏天，读完了大学三年级，杨廷宝先生给我们联系到北京去参加生产实践的实习，实习的单位是中共中央直属修建办事处。通过近两个月的实习，我们收获很大，懂得了学建筑设计不是画画，而是要为人的生活需要服务，用工程技术去解决各种各样的难题。使我开始体会到，设计工作是一桩艰巨的、为人服务的、但又是很有趣的创作工作。

1952年8月，我和同班同学吴庐生（后来成为我的妻子）等被分配到上海同济大学作教师。这时，是全国院系调整时期，德国人办的综合性的同济大学改成了以土木建筑为主的大学。新建筑系是由圣·约翰大学、之江大学、杭州美院的建筑系和同济大学土木系的一部分以及其他大学有关土建系教师合并成的。这是一个营养丰富的土壤，各校在各地的原生态情况各有差异。比如圣·约翰大学建筑系在学术思想上，主要是在建筑方面代表现代主义思想的德国包豪斯（Bauhaus）学派；而中央大学建筑系主要是美国潘雪文尼亚学派（代表法国波杂—BEAUX—ARTS学派），主要是重视古典建筑艺术思想的学派；再加上其他各大学各有不同特色，所以我和我爱人吴庐生在这个新环境中就有一个认真努力地学习、熟悉、理解和磨合的过程。在校党委、校部、系总支和系行政的领导下，在约三年的磨合过程中，在思想上、业务上我受到了不少的深刻教育，我在冯纪忠、金经昌、黄作燊、吴景祥、谭垣等老一辈教授、专家的身上学到了很多很多好东西，为我后来的教学、设计、研究和行政工作打下了极为重要的基础。

1957年4月，在杭州，为建设华侨旅馆，举办了全国第一次建筑设计竞赛。我也报名参加。由于西湖位于旅馆基地西侧，我们认为应当解决客房以朝南较好，观湖以西向为佳的朝向与景向的矛盾。在解决了这一矛盾的基础上，又作出了使得每一间客房都可以看得见西湖景色的、形态比较新颖现代的、具有较大特色的方案。因此，我们的方案取得了和吴良镛先生的方案并列第一名的好成绩。

同年7月，在吴景祥教授的领导下我和爱人吴庐生及她的妹妹吴殿生又参加了波兰国举办的，为纪念二次世界大战中华沙人民英勇斗争作出重大牺牲的"华沙人民英雄纪念物"的国际设计竞赛。我们用建筑的语言，设计了用历史文字、实物及文献教育后人的纪念馆与作出了体现引导华沙人民艰苦卓绝斗争的飘扬旗帜的建筑形态，再用折板形的长廊围成水池庭院，加强永远波动感的沉思哀忆气氛的方案，结果和其他方案获得了方案收买奖。

在 1958 年 6 月，我和爱人吴庐生等有机会为湖北省委招待处的武汉东湖梅岭工程设计梅岭一号楼（为毛主席使用）和梅岭三号楼（主席用多功能小会堂、室内游泳池等）。在这一工程中，当时我特别重视建筑是为人使用的目的，不追求豪华、气派、堂皇，而是重视自然与人的关系，强调人与自然的有机结合，关心人在室内、室外与环境以及景观的互动关系，建筑材料就是用当时比较普通常用的材料。我们后来提出这一种做法叫"低材高用，普材精用"。所以建筑物朴实无华，但很合乎人的需要，并给人以舒适宜人的感受，室内外空间符合使用者的要求与尺度。由于该建筑位于武昌东湖之畔，建筑物采用了瓦顶坡面，但是，在室内游泳池设计中，我们做出冬至日太阳可以满照整个泳池；同时在建材极度匮乏的情况下，用毛玻璃穿孔背面涂漆的方法代替穿孔板，背后空腔内用不怕水的棕榈蓑衣作吸声材料的土办法，来解决现代科技上泳池内壁防水吸声难题。几十年用下来效果据说还是不错的，得到了使用者和管理者的好评。在这次东湖梅岭工程的设计中，我们有机会看见了毛主席，事情是这样的。当时主持工程工作的是一位在战争中失去左臂的英雄——朱汉雄处长。他对建筑的态度基本上与我们是一致的，所以工作进展得比较顺利。唯有对客房主卧室大小上，他坚持要 8 米×8 米，高 4 米，我们认为这样大面积的客房住人是不舒服的，双方坚持不下。后来有一次，他要我们去看演出，我们进入场子演出已经开始，在黑暗中他领我们坐在了第八排中间的边座。坐定以后，才发现前面都是空的，只有第五排中间坐了一个人，是谁？看不清。一个节目演完，他鼓掌了，从这个姿势上才发现，是毛主席！当时心情异常激动，整个演出结束后，毛主席离开会场时就从我们身边走过，我拼命地睁大眼睛屏住呼吸注视着他老人家，心中升起了极大的幸福感。这时，朱处长跑来告诉我们，卧室是给他用的，这样我们才放下心来，同意了领导的决定。

1983 年 6 月，我由国家公派至美国纽约哥伦比亚大学建筑与城市规划研究生院作访问学者。这是一个非常难得的机会，所以我非常认真努力地学习。在这一期间，每逢闲暇，我身背相机，携带笔记本，乘地铁并徒步在纽约市内、大街小巷、建筑内外、高楼上下，进行参观调研。既拍摄了大量的幻灯片、照片，又勾画了城市内各种风貌，记录了规划和建筑中的一些重要问题。此外，我就在图书馆借书或在馆内，或在住所认真阅读思考。同时在 1983 年 9 月份，在国内钻研的基础上，我写出了 *A Brief Review about Hospital Building Synthetic Planning——Marching Forward to the Integration of Needs and Possibilities*（《医院建筑综合设计——向着需要与可能的整合前进》）这样一本介绍医院设计的小书，并呈交给院长，转交给该研究生院的图书馆保存。

1984 年春，著名美籍华人建筑大师贝聿铭先生获得普立兹克大奖，这相当于建筑设计界的诺贝尔奖。他用这笔奖金设立了一个在美华人学者奖学金。我也报名申请，最后在人数众多申请者的激烈竞争中，获得贝先生设立的第一届奖学金，奖金的数目是二千美元。当时有不少人向我建议买几件大件回国，或是把钱存起来积蓄财富，但我没有这样做，而是用这笔钱，单身一人，乘坐灰狗公司（Grey Hound）长途汽车，冒着人地生疏的艰险，环绕全美 32 座城市作了一次旅行学习。途中遇到了不少困难，一次几乎要丧命。但我察看了那时美国城市和乡村的现状和环境，以及当时在美国称雄于世的高层建筑情况，这些使我在建筑学专业方面的理论和知识技能有很大的收获和长进。我高兴并感慨地说："这些是用钱换来的，但也不仅仅是钱就能换得来的。"这样，我取得了重要的第一手资料和感性认识。

刚到美国不久，我就为一件事烦心。我的父亲戴安澜，是国民党二百师的师长。在第二次世界大战中，为反抗日本法西斯帝国主义，作为中国远征军人赴缅作战，取得了较为突出的战功，但不幸在缅甸壮烈牺牲。毛主席和周总理都曾在悼诗悼词中对先父作过高度的评价（抗日战争胜利 60 周年大会上，胡锦涛总书记的报告中也提到了他的名字）。美国国会根据罗斯福总统的提议，曾授予先父戴安澜将军以"军团功勋勋章"，也称"懋绩勋章"，对他进行表彰。但这枚勋章不幸在"文化大革命"期间遗失。我赴美前，整个家族要求我去要一张该勋章的照片。我到美国后如何去要呢？向谁去要呢？后来我只好写了一封信给当时的美国总统里根先生，说明了事情的情况，最后又只能将此信投在了校门口路旁邮筒中。我想我只能如此地尽我的努力，履行家庭交给我的任务。出人意料的是，两周后我收到了美国陆军副总参谋长的回信，说明里根总统委托他办理此事，也将当时历史资料的复印件寄给了我，并且告诉我说，美国有关机构将为先父重铸一枚勋章，这使得我喜出望外，收到了勋章后，我填写了一首《忆秦娥》的词来纪念这件事。

忆秦娥

先父以鲜血与生命获得之代表中美两国人民战斗友谊之勋章，失而复得，感慨系之。

千般憾，
宝章不翼肠愁断。
肠愁断，
魂萦梦绕，
暮思朝盼。

"功勋"再铸光华艳，
斯人惠我酬衷愿。
酬衷愿，
时空纵阻，
友谊长灿。

回国后这枚勋章被北京的军事博物馆借去，直到现在仍在展出中。

1984年10月回国后，我担任了同济大学建筑系的系主任，到1986年建筑系扩大为建筑与城市规划学院，我又担任了副院长、院长、名誉院长。为了将我在国外学习到的知识，结合我国和同济大学建筑系、建筑与城市规划学院的具体情况，在1985年初，我提出了"建筑是为人服务的生存与行为的人工与自然环境。宏观、中观、微观应全面重视、相互匹配、首重微观"的全面环境设计观的教育与设计思想。在这个思想基础上，1986年初，我在系原有的城市规划、建筑学、风景园林三个专业之外又成立了"室内设计"、"工业造型设计"两个专业，希望系和学院在全面环境观的指导下，能有研究并实践全面环境的系和学科，并使各专业的师生都能互相了解、互相交流、互相学习、互相促进，及早树立互相匹配的观点（室内设计专业最后未获批准）。此外，一方面我虽重视理论，但我也很重视设计实践。我认为这是培养大量学生能够适应社会需要的根本目的、方法和手段。同时，我认为建筑设计是建筑师的看家本领，我自己也积极参加各项不同的建筑设计工作。我提出了："我有两只手，一手要紧握世界上先进事物，使之不落后；一手要紧握自己土地上生长的、正确的、有生命力的东西，使之能有根。创造条件，使两只手上的精华结合起来，往前走一步，去创造出有科技内涵、有文化深度、宜人的、动人的美好建筑环境和事物。"同时在设计中提出了，要体现出"现代骨、传统魂、自然衣"的精神。同时我很重视设计要"突出新意、重书卷气、永远富有创新锐气"。这些，是我长年来实践的经验积累和思想小结。

此外，在长期的工作中，激起了我在建筑设计和理论方面的广泛兴趣，设计以前及以后，我广为收集资料，进行思考和总结。如宾馆建筑、医院建筑、航空港建筑、旅游建筑、高层超高层建筑等。特别在"文化大革命"中，从校图书馆的外国建筑杂志上，看到了我国航空港事业落后了，我就徒手描绘了大量国外新机场图文资料，这些手工描绘的资料由中国建工出版社出版了《国外机场候机楼》一书。此外由于我年轻时在西南花溪落后地区生活过，因此我还非常重视乡土建筑和建筑文化的研究。1988年，在当时省委书记朱厚泽同志和市长赵西林同志（都是我中学时的同学）的支持下，我在贵州省的中部地区周游了不少地方，写下了《贵州岩石建筑》一书。

后来我在山东省威海市荣城地区，考察了当地渔民利用海草及当地石材建成的海草石屋后，向当地领导极力推荐，建成了布局上类似天上七星的"北斗山庄"，受到各级政府和人们的赞许和欢迎，被有些人称誉为"化腐朽为神奇"。

90年代下半期，我被邀请参加广西壮族自治区人民大会堂的建筑方案设计竞赛，我将广西地方建筑风格糅合了进去，获得了一等奖，但可惜没能按这一方案建造。此外厦门有一位台商投资者，要建造一座乐园，也邀请我参加设计竞赛，由于它位于厦门很大的湖面外围，而湖的四周已被其他建筑占满，我设计了一个山岩形的建筑，结果也获得了一等奖，可惜也没按这方案建造。

1997年，我从第一线退下，学校批准我成立了一个高新建筑技术设计研究所，我一面进行设计工作，一面对住宅产业化开展研究。

进入21世纪，我又受到残疾人坚忍不拔精神的激励和感染，我和吴庐生设计了我国第一个残疾人培训用房"上海中国残疾人体育艺术培训基地——诺宝中心"，经过多方面的探索，摒弃了直线形走廊的旅馆客房的平面，最后采用有中庭的圆形平面，解决在客房走廊上能便于与聋人互通信息的联系办法；同时又设计了与前人不同的室内游泳池，但体量较一般室内泳池小，可以节约能源。在室内游泳池的结构中，由于规范上有防火要求，实际使用中有防锈的需要，我们向武汉钢铁公司提出这一要求，他们以副总工程师陈晓教授为首的技术中心炼出了世界上无先例的耐火耐候钢，并克服了重重困难，才得以在室内游泳池中应用。整个建筑，想做到"残疾人殿堂，残健可共享"，受到了残疾人和健康人的喜爱。此建筑荣获2006年度上海市建筑学会第一届建筑创作优秀奖（最高奖），名列第一。

2003年，武钢技术中心要建新楼，我们参加了方案竞赛，被选中，我们提出并设计了世界第一例17层的耐火耐候钢结构的大厦，又克服了重重困难，于2006年秋天竣工。这项工程获2007年度上海市优秀工程设计二等奖。

2001年初，我自己家乡——安徽省无为县的地方领导和开发商找我，要我为他们再设计一个文化广场，性质由我决定。经过我深思熟虑，我的家乡是安徽省沿长江的农业大县，但农民实际上被重视得不够，我觉得应当歌颂作为我们民族脊梁的农民和农业，于是我设计了歌颂我国农业和农民的"农文化广场"。其中有用白色大理石巨型石壁，正反十个壁面上，镌刻了26首我国历代有关农民农业的诗词和五组农民进行农业生产各个过程的大型铜雕像，屹立在广场范围内，歌颂了我国有史以来农民不朽的历史功绩，受到了地方领导和广大人民群众的欢迎与赞赏。

2004年，我和吴庐生又设计了杭州浙江大学紫金港新校区中心岛组团建筑群规划与设计，人们很喜爱它的形态新颖、有现代感和地方氛围，我们很高兴。该工程获得2008年全国优秀工程勘察设计二等奖。2001年初，安徽省芜湖市弋矶山医院（前身为我国较早的一个教会医院），要我们为他们设计一个1000床以上的医院病房楼。我们用现代医院的理念，给他们做了十几轮的方案。我们已完成了施工图纸设计，正投入施工建造。

2002年夏天，芜湖有一位开发商在一块较小基地上造一座宾馆，两幢公寓和相当数量的商店，要我们参加建筑方案的设计竞赛，我们参加了这一活动，认真仔细地进行了设计，最后我们的方案中选。但由于投资者有自己的要求，地方领导与规划部门有各种规定，经过了较长时间的探索、磨合，基本取得了共识。2006年春节后开工，由于资金不畅，现仍在施工中。由于设计难度大，我们将设计做到既符合地方要求，又做得不一般化，功能很复杂，我们希望能取得好成绩。

长期来，我们的思想、工作、研究的座右铭是：

坚韧不拔地追求，
执着勤奋地探究，
清醒周密地思索，
顽强谨慎地奋斗。

虽然我已80岁了，但仍希望我还能继续不断地为我国建筑事业再多做一些有益的事情，因为设计并建造着既能为祖国奉献微薄之力，同时也是极大的快乐！

青锋怎忍滋锈迹，
伏枥永怀万里情！

（原载《中国工程院院士自述》）

7 斩不断，理还乱，物与情
——建筑与文学

戴复东

建筑与文学乍看是两种互不相干的专业，但是只要我们深入地探索一下，就会发现在它们之间早已存在了先天的、千丝万缕的联系。

建筑的一项根本任务就是在各个时代的经济和社会条件下，建筑师和各种工程技术人员运用当时的科学技术条件、艺术理解能力和对人类的关怀，为当时的人们创造出美好的生存与行为环境。

文学是各个时代的作家和文学工作者抱着一颗对人类的爱心，运用他们敏锐的观察力和丰富的想象力，以及语言文字的组织能力，为时代过去和未来歌颂并启示人们去追求并创造出美好的生活、情感和氛围。

人们的美好生活、情感与氛围最终离不开生存与行为的环境。在这一点上，二者是密切相关、互相支持、相辅相成、互为因果的，所以建筑与文学在这方面有着同一意愿并殊途同归。

具体来说，建筑与文学的结合有着不同的方式和不同的层次，有直接的，有间接的，有表象的，有深层的。

最为直接的一种方式是利用建筑物的某些界面，以文字的形式来抒发人们的思想感情和行为意愿，但这里却有文野之分、美丑之别。

有这样一个笑话：某土财主贪而狠，乡里恨绝，以各种谩骂文字及图画涂满院壁。财主以白垩覆压洁白如新后，于其上书五大字：此墙不准画！当日相安无事，次日财主出院，见墙上新添五字：为何你要画？财主怒极，又书五字：我墙我自画！次日财主启门出院又见赫然五个大字：要画大家画！老财气厥！这是一种将建筑界面作为发泄的物具，是一种破坏建筑的现象，也是一种对人类环境的破坏行为。我国各地建筑与自然物体上被涂刻的"到此一游"和歪诗，全世界普遍存在的男厕所文学，国外尤其是美国地下铁道或城市中部分地区墙面、雕塑上的 Graphitte（涂鸦），"文革"中涂在墙上的大字报、"批判"标语也都属于这种行为，这是我们现在和将来都不希望再发生的现象。

然而利用建筑物的界面，用一些经过巧妙构思安排的文字的方式来表达人们对环境的描述、赞颂和希望等等，则是一种建筑与文学结合的好现象，这在中国和外国从古以来都已有之，特别在我国早已有了高度成就。

在《岳阳楼记》一文中，范仲淹一开始就写到"庆历四年春，滕子京谪守巴陵郡，越明年，政通人和，百废俱兴，乃重修岳阳楼，增其旧制，刻唐贤今人诗赋于其上，属予作文以记之"。这就说明了在北宋或以前，文学的内容就已经被深深地铭刻在建筑物的界面之上了。这就从文学结合建筑的角度对环境丰富了情趣、增强了感受、渲染了氛围，一般来说是相辅相成、相得益彰的。

在中国传统建筑中这种方式应用得最多的是匾额和楹联。一景、一厅、一堂、一室、一轩、一斋、一门、一户、一亭、一台、一楼、一阁、一榭、一桥、一洞、一井等，往往根据它们的使用性质，地理地区特点，使用者的感受、爱好和要求，亲友们的祝愿和希望，取上一个名字，制成匾额，置于其上。这样就定了它的属性，打上特殊的印记，使观看者可以得到强烈的感受和愿望。例如西湖的"平湖秋月"、"三潭映月"，使人们知道湖与月的关系，向人们点出了空间与环境的特点与优点；苏州拙政园中西部有一扇形小亭，取名"与谁同坐轩"，它隐喻了李白的"与谁同坐？清风、明月、我"的佳句，给人以一种时空渗透感；西湖"三潭映月"中，在长满藕花的水中步廊上有一座三角形平面的亭子，取名"亭亭"，既赞美了亭廊下荷叶亭亭如盖的丰姿，又讴歌了亭本身犹如凌波仙子亭亭玉立的美态。颐和园的谐趣园中有一座小轩，临水而筑，夏日来时，青树碧荷，水光山色，绿意盎然，取名"绿饮"，使人心旷神怡……这是动用了文学中语言文字的魅力，促进并提高了环境的实用价值与审美情怀。

此外，有一些建筑物或建筑群体，经过设计者和/或使用人的精心布局安排和经营，做到了物与神游、天人合一，将自然与人工有机结合、互相渗透，使得其内外空间环境上具有引人入胜的佳意，能够激发起人们产生感情上的共鸣和激动。这种激动可能是从眼前的环境中得到的一种美的享受，是属于对于"景"也即是空间的激动；另一种是由眼前的景和环境联系到过去、现在，以至于未来，激发起人们追思、怀念和憧憬……这是属于对于"情"的，也是时间的激动。这些即是建筑的感染力。而文学是通过人们可以直接理解的语言文字来诠述环境与空间的，在这方面楹联往往是一种较好的诠述方式。例如，当人们站在济南大明湖的湖心亭中，向四周看去，湖光山色尽入眼底，动人异常，这时人们在这一特定环境中受了感染，产生了激动，往往会情不自禁地发出感叹，说道："真好呀！真美呀！"可是究竟好在哪里，美在哪里却又说不清说不透，但当人们猛抬头看到亭柱上挂的楹联上写道："四面荷花三面柳，一城山色半城湖"，就会使人豁然开朗，将这种激动提高到一个理性的高度。杭州西湖孤山西冷印社有一座"四照阁"，在这里可以四面观看有魅力的山色湖光，墙上有一副对联："面面有情，环水抱山山抱水；心心相映，因人传地地传人。"将环境的景与观者的情逐层地有机地结合并表达了出来。前面提到过的三潭映月内"亭亭"亭上的一副楹联"两岸凉生菰叶雨，一亭香透藕花风"。好一个"雨"字"风"字，将凉与香的温暖和气味表达得淋漓尽致。杭州孤山南麓有一副楹联："山山水水，处处明明秀秀；晴晴雨雨，时时好好奇奇"，既很好地描述了环境，又做了很好的文字游戏。在济南大明湖的历下亭中有一副对联："历下此亭古，济南名士多"，立刻可以使人联想到历下其他不及此亭古的亭子，而对此亭另眼看待，此外，从亭子的古又想到济南在历史上和今天的很多风云人物，从而对这一古城肃然起敬，就将时空引入到更大的深度。

笔者不才，1963年在杭州吴山书场和茶室的设计中曾在这方面做了一些肤浅的尝试。对书场取名"新音阁"，演出厅取名"漱玉厅"，并在台口拟了一副楹联：

> 西子、钱塘，遍历千年苦乐；
> 铜琵、铁板，讴歌万代繁荣。

想使听书的人从吴山联系到西湖、钱塘江，又想到苏、辛，从而联系古往今来。可惜由于种种原因设计受到更改，这些当然不可能实现。

20世纪70年代末，学校给我分配了新的住房，大中小三室加厨卫，一条走廊相连，空间很局促，但那究竟是"文革"后属于我自己的窝。为了使自己生活得开心些、有趣些，我在走廊中的各扇门上各贴一种黄色纸条横幅，上面写上不同的名称和语言。我和妻子的房间取名"益壮室"，鼓励老当益壮；儿子的房间取名"业勤轩"，鼓励业精于勤；我们的书房取名"万斛珠斋"，表明我们对书的珍爱；为厨房写了"酸甜苦辣咸香臭，气米油盐酱醋茶"，表示有七味七事；厕所取名"推陈"，这些虽然水平不高，但我感到在我们的住宅中唯一的联系各个房间重要的狭窄单调空间里，这样一来却有了灵气和光彩，能自得其乐。

以上这些都是一些直接的方式，既可以是表层的结合，也可以是深层的结合。

另一种是间接的结合方式，当然同样也存在着表层的结合和深层的结合。在《岳阳楼记》中范仲淹又写道："予观夫巴陵胜状在洞庭一湖，衔远山，吞长江，浩浩荡荡，横无际涯，朝晖夕阴，气象万千，此则岳阳楼之大观也。"从文中我们可以知道，岳阳楼的选点、布局，使登楼的人可以饱览洞庭景色，这就是岳阳楼的主要景观作用。然后又深深地触景生情，最后谈到那时一个真正有知识有良心的人："处江湖之远则忧其君，居庙堂之高则忧其民，是进亦忧，退亦忧，然则何时而乐乎。其必曰：先天下之忧而忧，后天下之乐而乐！"写出了惊天地、泣鬼神的伟大格言来。这样因楼而得名文，因名文而得名楼，相辅相成，相得益彰。

此外，在建筑创作中的一项核心内容是构思，构思是建筑创作者对于一种尚不存在的，但已在他脑海中逐步酝酿成熟的，对于具有一定特色的环境的塑造依据，除必须用图形或模型来表达外，还需要用文字和语言给予生动、精炼和恰如其分的描述，这就是一项从思想到形式不折不扣的文学活动。

此外，文学与建筑的关系中，何者为先何者为主并不是绝对的。在《中庭建筑——开发与设计》一书的第四章一开头便写道："约翰·波特曼的第一座中庭旅馆建成后，人们就注意到它的室内，使人缅怀起科幻电影中的装置。很多设计者应用一种时尚的概念……他们是某些作家、艺术家和建筑师们在两个多世纪以来所共同具有的一系列思想的体现：这是一种方式，事物看起来在'未来'之中。""在20世纪早期和中叶……在插图期刊……风俗画得到了繁荣。在这里，作家的与插图作者的思想走向为发展未来而工作，城市建成为巨大的，但也更为集中，当代的摩天楼没有任何东西能与之相比。"从这里我们可以看到，文学并不仅仅是作为建筑的陪衬，由于它只是思想和文字的活动，没有具体的事物和现实条件的约束，因此文学可以张开幻想之翼，在思维无边无际的领域内，让人们纵情欢快地翱翔，给建筑以启迪。

所以，总的来说我的看法是：

> 建筑创造环境，文学讴歌景情。
> 文学憧憬景情，建筑实现环境。
> 斩不断，理还乱，物与情。

这就要求建筑工作者也要热爱文学，去努力提高文学素养，做到在建筑中与文学结合，并追求文学的呼唤；而文学工作者也要关心建筑、了解建筑，并注意随时随地观察环境，领悟环境，追求景情。这样就会对提高建筑设计大有好处。

（原载《建筑师》1999年10月第54期）

（原载《戴复东论文集》627–631页）

8 我们的想法，我们的足迹
——同济大学建筑与城市规划学院的建筑教育
戴复东

一 历史背景

同济大学建筑城规学院于 1986 年 10 月 6 日建立。它的前身是同济大学建筑系。1952 年大陆有很多大学的学院与系重新组合调整，叫做院系调整活动。从那时起同济大学就由一所理、工、医、文、法多学科的综合大学改成一所单一的土木建筑学科的大学（1980 年后它又恢复成综合性大学）。当时它集中了华东地区六省一市大量有关的土木建筑人才，成为大陆唯一的一所土木建筑大学，同济大学的建筑系就是在那时建立的。它是由上海圣约翰大学及杭州之江大学建筑系全体师生，杭州浙江美术学院建筑学科的学生，同济大学土木系部分教师与学生，上海交通大学、上海大同大学等校部分建筑教师以及南京大学（前身为中央大学）建筑系分配来的几位毕业生，在一起共同组合而成的。从现代科学的观点来看，同济大学建筑系的这种组合是一种多品种杂交体系。这个系从创立到今天这一段漫长而又短促的日子里，它走过了并继续走着一条具有自己特点的道路。

（一）由于它是由很多学院的建筑系合并而成的，因此长期来形成了一种兼收并蓄的优良传统，各种学术思想、各种技法、各种意见在这里都可以存在、互相吸收，并通过彼此交流而逐渐熔化成一体。

（二）长期以来它重视建筑设计的实践活动。1953 年，同济大学内成立了房屋修建办事处，参加华东地区教育系统内的建筑设计工作，当时建筑系的教师和毕业班学生、结构和其他工种有关的教师和毕业班学生全部参加设计，在短短的半年中设计完成和建造了 50 多项工程。建筑设计教学和设计实践紧密结合，重视科学与工程技术，这些重要的观点很早就在我们的思想中扎下了根，并形成了重要传统。接下来由于学习苏联的全套教育体系，他们没有这种做法，所以 1954 年被取消。

1958 年，系里的教师们深感建筑设计实践的重要性，希望能有机会参加设计工作，大家创议成立和举办自己的建筑设计院。当时提出：医学院有自己的附属医院，医生通过医疗实践提高水平，才能提高教学质量，建筑系也应该有自己的设计机构，在得到学院领导和建工系的支持下（当时和结构系合并成建工系），和结构教师共同组织了一个设计院。高级班和毕业班的学生和全体教师都参加设计，接受了很多工程，教师和学生得到极好的锻炼机会。这个设计院后来就一直保持了下来，但一年半后由于设计工程的时间程序不固定而教学的时间程序要固定，因此大多数教师又回到了教学单位，留下的人成了专职，性质上与初创时有了变化。

"文革"以后，教师们纷纷又要求能够参加实际设计工作。正好各地建筑工作蓬勃发展，他们都希望能提高建设工程的质量，来到同济大学建筑系并找到很多教师，要求为他们进行设计。这样几乎每一位教师都在不同的地区设计和建造了一些建筑物（有的与当地设计院的结构工程师、设备工程师合作，有的与校内结构系教师、电气给排水和暖气通风等专业的教师共同合作）。

（三）在设计思想和信念上经过一个否定和认真的探索过程。院系调整后不久，由于当时学习苏联，大陆建筑界盛行"复古主义"。同济大学当年集中表现在 1954 年教学中心大楼的设计上，教师们为此引起了激烈的争论，产生了很大的分歧，1955 年苏联批判了复古主义对建筑事业发展的阻碍，对同济大学建筑系也引起了巨大的震动。

同济大学建筑系在学术上批判了复古主义，结合近现代世界建筑历史的发展，通过学习，全系比较清楚地认识了科学技术、建筑材料、工程实践发展方面的某些根本性的突破必然会导致建筑上产生根本性的变化。在系里当时由罗维东副教授介绍了密斯·凡·德罗（Mies Van Der Rohe），黄作燊教授介绍了格罗皮乌斯（Walter Gropius），吴景祥教授介绍了勒·柯布西耶（Le Corbusier），还有一些教师介绍了赖特（Frank Lloyd Wright），以后又介绍了 Alvar Aalto。这五位大师的功绩、作用、思想对全系的师生有根本性的影响。不久系里来了两位专家，一位是苏联莫斯科建筑学院的克涅亚席夫教授，时值苏联批判复古主义之后，于是他在教授工业建筑时一方面强调建筑的功能合理、结构先进，另一方面又介绍了大量美国与欧洲的建筑现状，使全系的师生开拓了些眼界；另一位是德国的城市规划专家雷台尔教授，他讲授欧洲城市史与城市规划理论课程，介绍了欧洲和现代城市的很多新动向，又大大地开阔了师生的视野。

1956 年，在端正了建筑设计思想的基础上，学习并运用现代建筑和城市的最新成就，在系主任冯纪忠教授与城市规划元老金经昌教授的共同创议下，成立了城市规划专业，这是世界上当时成立的第四个城市规划专业。它的特点是：建筑与城市交通、工程并重的城市规划专业。它对系的发展有重大的影响。1957 年有几件事比较显著地影响到同济大学建筑系的后来：

①在抛弃复古主义、形式主义以及苏联的影响后，由李德华副教授与王吉螽副教授为首的设计小组设计了同济大学教工俱乐部，并正式建成。

②全系很多教师参加了杭州华侨旅馆设计竞赛。这是第一次全国性大型建筑的设计竞赛，同济得了三个奖励。其中戴复东讲师等的 78 号方案获得了一等奖。

③部分教师参加波兰华沙英雄纪念物的国际设计竞赛，以李德华、王吉螽副教授为首的设计小组获得了二等奖，吴景祥教授、戴复东讲师、吴庐生讲师的方案获得了方案收买奖，这些方案都以自己独特构思所形成的空间与形象而取胜。

④罗维东教授担任建筑设计初步课程的主持教师，他将密斯·凡·德·罗的教学思想与方法介绍到教学中去，完全摒弃了原有的美国宾夕法尼亚大学、莫斯科建筑学院等 Beaux Arts 的教学方法，在国内走着与以前完全不同的道路。

⑤冯纪忠、黄作燊教授担任正、副系主任后，订阅了大量国外的建筑和城规期刊，如除美国以外，重视英国、西德、法国、日本、北欧、意大利以及其他的很多国家期刊，也包括苏联、东欧的。还购买了很多外国的建筑书籍，而且他们经常将书中的观点、论点提出来向大家介绍，和大家讨论。

以上的几项活动对全系师生的设计思想和对建筑的看法上有着重大的影响。从那时起同济大学建筑系在学术思想上开放、学习先进就占了主导地位，就走着一条较为不一样的道路。

（四）在教学思想体系上曾进行了初步的探讨。1962 年系主任冯纪忠教授鉴于过去建筑设计是按建筑物的类型，如学校建筑、商业建筑、医疗建筑、观演建筑等等只讲个性而不知共性为基础进行教学，而且在建筑设计原理课中只是讲解建筑类型。就事论事，只讲个性而不知共性，不可能各种类型学完，因此提出在建筑设计教学中以空间具形与空间之间关系为主线系统的"空间原理"。他将空间分为四类，即大空间或主从空间、空间排比、空间序列、多组空间，希望这样学生可以学习到共性的东西，企望他们通过学习能举一反三。这是一种新的尝试，在学校内遇到了不少不理解及非难的意见，但仍进行了三年的试验。

（五）从 1958 年到 1976 年的近 20 年中，很多年长资深的教授曾遭到冲击和批判，学术思想也受到巨大的冲击，但大家在学术上的见解和认识并未被冲垮，始终认为要开放和向世界上的先进事物学习，同时也非常重视民间和乡土的东西，设法要将二者结合起来。

二　在培养建筑师工作方面的具体做法和打算

1. 办学总方针

建筑系的任务是什么？有人说它的任务是教会学生进行建筑（广义的）设计，培养这方面的人才。我们认为这个看法还不够全面，属于低层次。

由于今天政治、经济、科学技术、信息交流有了空前飞速的进展，人们已经从过去的仅仅追求一定的空间作为栖息之地的要求，发展到提供适宜于人们生存、生活和行为的各种"场"。这样的场我们认为是人们生活的环境。这样的场就是我们应当努力探索和创造的对象。因此，建筑系应当是研究人与环境之间关系的学术与教学机构，它的任务是要教会学生能很好地创造适应人所需要的各种环境——场。应当依据这一要求为国家和社会培养有关人才。

环境有自然环境与人为环境。我们的责任是创造带有自然化的人为环境，和具有人工智慧的自然环境。

环境有大有小，即有宏观环境、中观环境和微观环境，它们研究的问题如下。

宏观环境：国土规划、区域规划，区域规划包括城市及乡镇规划、部分城镇设计、风景区规划和/或设计、城市设计、村镇设计。

中观环境：建筑物单体和/或群体及风景区设计、公园设计、绿地设计。

微观环境：室内环境设计、室外微环境设计、工业造型设计。

人们所存在、生活、接触、行为的环境实际上是一个宏大的系统，这一系统是各个时代和社会人们创造的结果，是一种更新和延续现象的交融。既是有机的，又是随机的，它们对该时代人的适应取决于该时代创造者水平的高低。这一系统内各种环境之间必然要求各方面能相互匹配，假如不匹配则将通过社会和人们付出必要的代价予以调整。因此我们在人才培养上重视这种匹配的关系，则可以减少不必要的损失，以加快和改善社会物质给予人们更好服务的进程。

系上原有建筑学、城市规划、风景园林等三个专业，今年经过国家教委批准，又成立了工业造型设计专业，明年还将要报请成立室内设计专业，这样就有五个专业。它们几乎可以包括研究环境的各个方面。想要在四化建设中起重大的作用，要全面研究环境，并使各方面人才有机会进行彼此之间错综复杂的交流和渗透，为今后的有机匹配在思想上打下基础。此外系内各专业人才的培养不能仅仅满足于学会与自己专业有关的一些课程，因此它的学习不等于各种学科知识的装配——物理变化，而是除专业有关课程外在更广阔范围内的吸收熏陶和借鉴，是类似一种"酿造、炙烤"的过程——化学变化。这就要创造机会让他们在一起能够互相接触学习交流，这是一种能使师生不断提高、成长和成熟的、极为重要的"熏陶"过程。因此，依据系的可能性成立这些专业是我们的历史任务。

2. 原料的选择

我们认为作为一位优秀的建筑师，应当具有较强的逻辑思维能力、高度的文化艺术修养、敏锐的形象思维能力和用手、口表达形象的能力，它的原料就应当具备这些萌芽的素质（这是普遍的要求）。今年国家招生采用考试、报志愿、统一录取的办法，同济大学建筑系的录取分数在580分以上（考数学、物理、化学、外语、语文、政治及生物七门课，其中生物考分只占一半），因此每门课平均分数在80分以上，这些学生的逻辑思维都已有了一定的基础，但在统一招生中我们无法了解新生的形象思维和用手表达形象的能力。"文革"以前报考建筑系要加试美术，前两年取消了这一加试，许多教师对此很有意见，各校看法也不统一。从1985年起，我们认为应当有一种加试科目，但不是素描，因为建筑系不是美术系，所以决定加试能反映学生形象思维和用手表达形象能力的科目，并采取了两个步骤。

其一是对于已经录取进入建筑系三个专业的新生进行一次测验，了解一下学生的能力，对极少数这方面能力完全无法适应的学生，劝说他们转入其他系学习。

其二是由于整个同济大学考生入学的考分比较高，征得学校的同意后我们给予一些入学第一志愿报名为建筑系各专业而被录取在其他系的学生，对他们进行一次形象思维与手表达能力的测试，对于成绩较好的学生可以再录取到建筑系各专业中来，这样收到了效果。根据实践，学生的平均水平有了提高。

总的来说，原料的优劣对今后成材的结果有着至为重要的关系，我们将坚持选择的办法，而且要通过实践不断加以改进。

3. 打好基础

建筑系的三个专业：建筑系、城市规划、风景园林都要求学生们不仅要有严密的逻辑思维能力，而且对自然和人工环境要有相当程度的形象思维能力，以及用手与口来表达客观对象的能力，这样就应当接受共同的基础训练和学习，就好像生长在一棵大树树干上的三个分枝，我们称这样的关系为"一干三枝"。要想枝繁叶茂必须有苗壮的树干和根，这是不言而喻的。这一主干就是建筑设计基础课，因此在系的教学中开始明确和肯定了这关系，并在教学计划、教学组织与教学安排上依据此一原则进行了适当调整。

过去在几十年的教学中，建筑系的建筑设计教学安排一年级设立一门"建筑设计初步"课程。它的实际意义和作用就是想为建筑设计打下一个好的基础。由于建筑（包括城市规划、风景园林）是工程技术，因此它需要用图和模型来表现立体及空间，但它同时又有艺术的内容，因此有自己的特殊语言及词汇。所以过去几十年来"建筑设计初步课"着重给学生绘制线条、书写字体、学习绘图、测绘房屋、渲染表现等，认为这些学好了就给设计打了基础。系里对建筑初步课作了一些较大的改进，如要求学生做一个铅笔盒的设计及制作，我们开始重视在一年级就要培养学生认识到，对于一个物体内部空间尺度的决定与它内部容纳物体的尺度有根本的关系；同时我们希望学生自己动手把自己构思的东西做出来，加强这一个从思维到实现的跨越过程；我们让学生做海报设计，使学生能学习用恰当的艺术形式表现他所想表现的内容；我们增加了形体设计中的平面构成与立体构成的讲课与作业，以加强对形体空间的组合能力；同时在这一门课的最后阶段做一个很小型的建筑设计课题等。但现实的长期实践告诉我们，在学生学完这门课程之后，到二、三、四年级时的建筑设计学习还存在很多问题。建筑设计是一门高度综合的课程，对它的掌握要有一个过程。用过去的教学方法，教师们和学生们都反映很多人并没有真正打下建筑设计的基础，很多内容并不因为教师教授了以后学生就能理解和掌握，所以到三年级时才有一部分学生开始"领略"到建筑设计大约是怎么回事；还有少数学生到四年级毕业时仍旧不能有所"悟"。而教学计划却是无情地按一年级基础、二年级加上三年级上学期各专业的建筑设计课大致相同的规律进行。这样我们就考虑：建筑设计仅仅是一年级时打的那些基础够不够？什么是基础？怎样才能真正地打好基础？形势迫使我们思考这些问题。

我们认为建筑设计（包括广义的风景园林设计、城市规划设计在内）是一门逻辑思维与形象思维高度综合的课程，学生们在从事这些设计之前，除了要进行以往一年级的教学内容学习之外，还要在综合思考问题的方法上、程序上做适当的练习，不但要学生们能对于建筑设计中的功能安排、空间组合、内部及外观处理的一般规律有大致的了解和掌握，而且随着认识和掌握过程的深化，学生们能对于支持和实现这些规律的有关学科作分门别类和循序渐进的理解和掌握。所以这一基础应当是一个有机的体系。此外还要从今后实际工作中对建筑师、规划师、园林师思考问题的逻辑上、文字上、语言表达的技术与艺术的要求上，使学生们能从"学生唯教师之命是从"的状态中起一个变化，作必要的过渡。这个体系究竟应当包括什么内容？如何完成？正是我们要研究的东西。这不是轻而易举就能解决的，要实践、辩论、总结、再实践多次才有可能取得一些进展。但我们认为过去只有一年的"建筑初步"课程，从内容、学时和教学方法上与此远远不能适应，特别是教学组织上这种将一年级教师单独安排，会造成严重脱节的危险是显而易见的。因此我们将二年级的设计课与建筑初步课合并，成为"设计基础"课，以期能有所改进。这门课的任务就是要研究"什么是基础？"、"怎样才能打好基础？"两个根本性的问题。通过教研室调整以后，将建筑设计基础教学分成了几条纵向的体系，各自循序渐进；同时又努力安排这些体系的横向交织，积极进行探索。我们希望在今后的一段时间内能对这两个问题得出较为切实的答案，并能在实践中得以贯彻。

4. 专业学习

设计课是一门综合性很强的课程，也是一门反映学生根本水平的课程，它历来是各校建筑系最为重视的课程。指导学生进行思考的主导物是学生对设计的看法，是对设计成果对象的理解，也就是指导他们设计的设计思想。

虽然青年人存在着缺少阅历、缺少经验、不懂事的缺点，但是，学生们始终都是朝气蓬勃的，他们勇于接受新事物、探索新问题，他们每个人都向往而且力图走在时代的最前列，所以青年人总是代表着希望和未来。因此他们在国内外的书刊中大量吸收营养来充实自己的建筑设计课程的学习。对于学生中的这些情况我们有自己的传统。

在1956年的秋天，全国教育界就已关心到学生的培养教育如何与国家的建设能够同步的问题，其中关键的是两种方针和态度。一种是认为教学中要多多考虑到经济、工程技术等当前社会实践中苛刻条件的制约，叫做收。另一种是不做过多的制约，任凭学生发挥自己的想象力和创作力，叫做放。对这两种态度究竟如何对待，全国意见纷纷，不统一。主要有三种：

第一种，学生的学习在各年中逐步收，用图来表达是呈漏斗形。

第二种，学生的学习在各年中逐步放，用图来表达是金字塔形。

第三种，是我们系的意见，由系主任冯纪忠教授提出来的，学生在各年内的学习中先宜放，到四分之三的阶段时应当收，以后再放，用图来表达呈花瓶形。

这种想法基本上一直贯彻下来，称花瓶式教学。所以我们对待学生的设计从学院和系的主导思想来说不加以限制，不加以干涉，而是引导、鼓励、讨论。

在全系教师、学生的学习、创作中，我们从来坚持的想法是：抓两个方面，一方面是极为重视世界上最先进的技术、理论、思潮、方法，这就是"**开放**"；另一方面是极为重视乡土的、民间的创作和实践，这就是"**寻根**"。我们对待民间建设的重视是因为它与广大人民的生存生活休戚相关，由于普通人为了生存生活去建设、改造自己的"场"，相对于宫殿官衙说来，经济不够宽裕，工程技术不高，条件比较苛刻，于是就着重在"巧"安排，因此，它最富有生命力和创造精神，这正是"根"的所在，不可忽视，不容忽视。在设计和实践中，我们就把这两个方面与现实情况结合起来，朝着能创作符合四化要求的大方向前进。

对建筑教学"收"与"放"的三种意见

5. 重视实践

在几年的学习中有这样的一些环节。

低年级学生在建筑构造技术课中除课堂教学以外，组织学生到施工现场深入参观调查，将课堂理论和工地实际结合起来，使学生加深理解，真正学到必须学习的知识。

到三年级以后，学生到设计机构去参加设计工作，有机会通过施工图与详图大样的设计，学习设计中多种工作的综合、协作，学习绘制施工图，培养深入设计和实践工作的能力。

在各年级的建筑设计与构造设计的教学中，结合教学安排的要求，课题尽可能选用真的设计任务，如果设计方案被业主采用，则利用假期学生可以参加施工图的设计与绘制工作。近年来，三个专业毕业设计的课题采用的百分之百全真题。这样对学生设计的评价、意见就不仅是教师和学生之间的意见，而是有业主、施工和生产方面的意见。这对学生们认识自己的设计与社会要求的密切关系有重大作用。此外还需要根据现实的经济、材料、工程结构技术等综合地、有强制约束地来思考自己的设计。

近几年来，我们的毕业设计选题也百分之百全是真正要建造的工程，教师指导学生做了许多方案比较，由建设单位选择，然后由系组织力量或根据教师与有关设计院合作共同完成施工图纸设计。特别是从 1984 年起，全校集中力量接受了山东省黄河出海口附近胜利油田的孤岛新镇的规划及建设工作，面积 525 公顷，60000 人口。城市规划、建筑、风景园林三专业的毕业班学生和教师以及道路、给排水、暖通、供电等各专业教师全体出动，做了规划和建设的施工图纸并付诸工地进行施工予以实现。现在这一新镇已经部分建成，而且获得了城乡建设与环境保护部所评定的城市规划一等奖和居住建筑创作奖。

此外，我们对工程建设中重要的支柱课程"建筑力学和建筑结构"正进行全面改革，既重计算又重宏观。不久就可以完成教材。其次，我们将建筑技术学科提到较高的高度，重视光、声、温度、视觉环境、嗅觉等人们生存生活环境科学的教授工作，而且对建造和构造技术也全面革新教学内容和教材，通过教学实践，明年可以写出新的教材来。再者，我们下学期也将开出建筑法规的有关课程。还有，我们已开设工程经济学的课程，今年通过教学实践后要作进一步充实、修改、提高。其他如美术课、历史课等有关课程我们要在过去长期教学的基础上作必要的改进。

总之，我们认为对未来建筑师的培养是一个关系到我们国家和人民生存和生活环境质量高低的大事；而且从教育的规律看，古训就告诉我们"十年树木，百年树人"。因此，我们肩上所负的责任非常重大。改革已成为不可阻挡的历史潮流，也是我们全系师生员工的共同愿望。我们认为：努力发挥我们学院的优势和优良传统，不断学习国内和国外有益的经验成果，运用创造性的思维，大胆而又审慎地进行改革，是我们坚定不移的方针。我们坚信，在这一精神的指引下，一步一个脚印，坚持不懈，我们一定可以对四化建设作出一点微薄的贡献。

（原载《建筑师》（台湾）1988 年第 9 期）

（原载《戴复东论文集》328–336 页）

9 黄浦江开南门

——上海成为国际海运枢纽大港战略举措的建议

戴复东　吴庐生

　　上海位于我国东海岸的中部，在雄伟壮丽长江出口之滨和富饶美好长江三角洲的东端，是南北沿海航运和长江内河航运的枢纽，上海是我国最大的港口。

　　五千年前，长江入海口在江苏的江阴。现今长江口已距江阴255千米，过去长江入海口平均每年向前伸长20米。滔滔长江水每年流量约1060立方千米，携带着5亿多吨的泥沙，倾入长江口区。目前，上海出海交通渠道要从长兴岛南面的南港进出（图1、图2）。

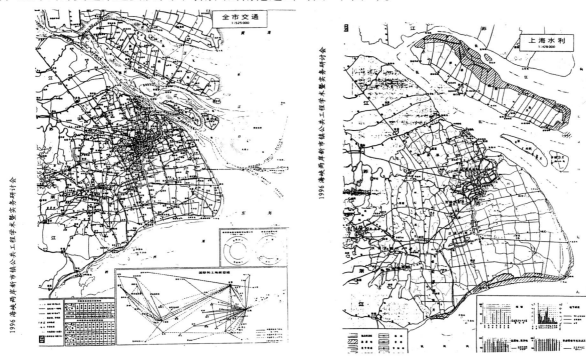

图1　全市交通　　　　　　　　　　　　　　图2　上海水利

　　由于近5亿吨的大量泥沙到河口受到海潮顶托，以及咸淡水混合，絮凝沉降，形成大片拦门沙；口外海面又多风暴，横浪荡涤，回迁严重。传统的疏导方法是整治南支，挖槽治沙，挖槽越深，维护越难，要在这一地带开辟吴淞口基准以下12米以上深度的航道，难度极大，且泥沙又易逐年填充。因此长江口的泥沙淤积和航道宽深就成为一个难解决的大课题。

　　自从浦东开发以来，上海港的前途举世瞩目。由于上海港长江入海口深度和宽度的阻碍，因而不能接纳以10万吨级散货轮和第三、四代全集装箱船为代表的现代海运主力船舶，影响到上海港能否成为国际海运枢纽大港的重大问题。

　　由于长江口治理难度太大，且很难根治，近年来有"跳出长江口，到上海相关地区寻找外港"之议（《中国城市导报》1991年5月9日，第306期）。我们很同意这一建议，同时我们具体提出：黄浦江开南门，利用黄浦江由东向北转折处的现有金汇港河，加以拓宽、挖深（深度至少在吴淞基准17米之下），作为黄浦江出口，可以直达杭州湾。这样，上海就能够拥有一个直接出海的海口，10 万吨级以上的大船可以直接进出（这一建议早在 1992 年初就由上海船舶设计院沈岳瑞总工程师提出过）。

这样，从南方来的海轮（甚至北方海轮）就可以不绕道长江口，既节约路程，又节约时间。因此，可以将现有吴淞口以内的港区主要作为内河港区，而新开辟的河道两侧——即黄浦江南区主要作为海运港区，从而可以适当地将港区加以自然的分工。

从金汇港的入海口到龙华的长度约 35 千米，而到黄浦江的转角闸港也有 21 千米，这样就可以争取到 20～70 千米长的两岸泊岸，其中 20 千米为平直泊岸，于是上海就会成为世界上为数不多的大港；同时，东岸是处在世界开发和投资热点的浦东，而西岸是广大的杭嘉湖平原和长江三角洲，并紧傍沪杭宁高速公路与沪杭铁路，两岸都有着较广阔的腹地，是绝好的现代化海港。

"二战"以后，世界上发达国家都经历了一次运输领域意义重大的革命，即国际集装箱运输门到门服务的多式联运，简称英特模特革命（Intermodelism Revolution）。这就促使了流通领域高度合理化，也就促进了生产的发展，从而使国民经济腾飞。亚洲四小龙的腾飞都与此有关，即交通运输与集装箱化同步。

我国在有关部门努力下，近若干年来也有重大发展，但由于缺乏国际枢纽港与高效内陆基础设施，因此上海长期来不能摆脱作为香港和神户支线港的地位，受到很大制约，其中一个重要因素就是长江口及长江水域水运发展跟不上形势的需要。如果黄浦江开南门，加上长江口整治，就会使长江三角洲成为一个直接自海轮运输，再用公路、铁路或水网疏运集装箱的多式联运系统，对我国的经济腾飞就会作出重大的贡献，同时上海港也就会成为国际海运枢纽大港，在世界交通运输和经济方面发挥应当发挥重大作用。

"黄浦江开南门"这一设想还将面临着不少的问题：

第一，是出海口的风浪往口内吹拥的影响。我们建议可以在出海口内挖出一个 3.75 千米阔，2.5 千米进深的大避风港，这样可以保证在恶劣天气下，船舶不会受天气影响。同时，对进出黄浦江南门口的船只又可以有疏导调节作用。在陆上操作，比在水上做防波堤作业要方便、安全和经济得多。问题是挖农田会感到可惜，我们想，挖掘的土方量很大，可以填海造田。退一步说，用这点田来换得一个大港还是划算的。

第二，是钱塘江的泥沙对黄浦江南门出海口影响。我们建议是否可以利用出口西面的大、小金山，设置拦沙堤，以保持沙不往新的出口集中；同时利用大、小金山及和防沙堤可以使潮汛在此形成涡流，反冲击河口，有利于河口的疏浚。

第三，是土地盐碱化问题。开宽的河流两旁将用作港区，因此要作圬工驳岸，这样海水的影响不大。

第四，是水量问题，我们想可以使海水导入一定的深度，这样可减少淡水流量；其次，黄浦江是源于太湖、淀山湖，也是它们的泄洪渠道。相信对整个三角洲水网系统进行规划和调节以后，这个问题是会解决的。

第五，是黄浦江两岸联系的问题。建议在拓宽河道时，于陆上大开挖多条过江隧道，进行两岸联系，在陆上施工难度相对小得多。

此外，可能还会有不少其他问题，诸如开辟航道，基础设施等等，这些问题都可以再深入研究，但我们认为这是一个关系经济发展和航运设施大布局的事关重大的战略举措问题，因此建议各级领导重视，有关方面配合，相信前景是诱人和光明的。

（原载《1996 年海峡两岸新市镇公共工程学术暨实务研讨会》论文集 1-6 页）

（原载《戴复东论文集》509-512 页）

10　全球第六城市群

——长三角城乡生态建设随想

戴复东

长江三角洲是我国也是世界上一块有很大历史与地理特色的地区。它泛指北到长江入海口附近及跨江地区，南到钱塘江南端，中间是一个大水池——太湖。我想，严格说来应当是长江、钱江双三角。这里就是中国和世界著名的"江南水乡"。

历史文化背景

在1991年10月的《建筑学报》上，我有一篇文章《重技求精，吸收并蓄，发展求新》谈过我对上海当时在建筑上的情况，和历史文化背景。

这一地区的土地、群山、河湖，近万年来养育着中华民族，也有惠于世界文明。远在7000—5000年前，即公元前50世纪到30世纪，这里的先民们就种植了水稻，创造出了精彩的"河姆渡文化"。当时已经发明了榫接的木结构和缫丝织绢。在这里又陆续存在了"马家浜文化"、"崧泽文化"。在距今四五千年，又进入了"良渚文化"。出现了犁田器、千篰（罱河泥工具）、水井和竹器。公元前21世纪大禹曾在太湖地区治水，死于东巡路上，葬于会稽（绍兴）。据《史记·越王勾践世家》记载，勾践的祖先是大禹的后代，夏后帝少廉幼子被封于会稽，称无余国，看守禹陵并祭祀。他们"文身断发，渔猎耕作"，与当地土著结合，"开发草莱，建立城市"，逐步形成了越文化。在公元前11世纪，根据《史记·吴世家》记载周泰王古公直父的长子泰伯次子仲雍为让君位，奔赴蛮荆的江南，建立勾吴国，与土著结合，"文身断发"。不久"民人殷富"，逐步形成了吴文化。吴越文化的形成是这一地区文明的飞跃。于是在我国春秋时代，公元前515年吴王阖闾及其子夫差和越王勾践领导的吴越两地，在这一地区的政治、经济、文化、军事方面有了重大发展，在中国历史上创造出耀眼的光辉。

以后到三国时的东吴、东晋、南朝到隋唐的开发，使这里成了"人人尽说江南好，游人只合江南老"（唐·韦庄）；"江南好，风景旧曾谙，日出江花红胜火，春来江水绿如蓝，能不忆江南？"（唐·白居易）；"君到姑苏见，人家尽枕河。古宫闲地少，水港小桥多。夜市卖菱藕，春船载绮罗。遥知未眠夜，相思在渔歌"（唐·杜荀鹤），这样令人流连向往的胜地了。到了五代十国、南唐、吴越等国的实际经营，使这一地区成了繁荣富庶的"地上天宫"。再往后南宋建都杭州，明太祖建都南京、清代大力经营……纵观中国历史上强大的政权斗争与建立，主要都在北方。江南水乡地区仅是偏安一隅，或是天高皇帝远的地区，大有"世外桃源"的情况。因此在这一地区内，人们比较有条件对环境和生活给予更多的关心，由于江南水乡地区的自然条件比较优越，农业、副业、手工业、商业、贸易、交通运输、文化教育事业也就有了较大发展，这样"上有天堂、下有苏杭"的说法，就是这一地区在封建社会时期高度发达的综合结果与评价。这些是长三角重要的历史文化遗产，是全体先民们留给我们的宝贵财富，我们应很好地继承并发扬光大。

1842年，鸦片战争失败以后签订了《南京条约》，开辟了广州、福州、厦门、宁波、上海为五个对外通商口，外国的坏东西与好东西都进入到中国。其中有两个市就在长三角地区。

新中国成立四十多年，上海一直在我国的经济、工业、科技、教育、文艺、内外贸易、交通运输等方面起着极为重要的作用，处在了辛勤生产、无私奉献、任劳任怨、精打细算的类似家庭长兄的地位，竭智尽忠、鞠躬尽瘁。在上述的文章中，我提出了上海的思想中就存在着"重技求精、吸收并蓄、发展求新"的内涵。相信上海今后一定会继承发扬过去的优点，做好长三角带头的工作。从20世纪70年代中期，中共中央制定了改革开放的伟大方针政策以来，三十年来，我国的社会主义建设克服了重重困难，战胜了多少自然灾害。从那时到现在，我们广袤的国土上，包括江南水乡在内，城市化进程在建国后的基础上有了快速的进步，而且越来越好。

经济的快速发展，和非农业经济比重的提高，对城市的发展形成了强大的推动力，也就是城市化的发展。

城市化在物质层面上说，就是将原来非城市的土地转化为城市的土地来使用。为什么会这样呢？因为政治、经济、工业、财贸、金融、科技、文化、教育、卫生，各种企事业等的主要载体就是城市。以上的事业发展了，城市就要发展，城市化就是城市规模和数量的扩大和质量的提高。

1995年，我在台北《海峡两岸新市镇公共工程学术暨务实研讨会》上发表的《江南水乡发展与公共工程开发》论文上提出了"江南水乡，也称苏南浙北，过去被称为上有天堂、下有苏杭的地方，是长江三角洲，有14个主要城市，以上海为龙头，南京、杭州两个大城市，加上苏州、无锡、常州、镇江、扬州、南通、宁波、绍兴、嘉兴、湖州和舟山，管辖了74个县市，以太湖为中心，面积有十万平方千米，包括1300个岛屿，7000多万人口，它们位于我国东部沿海开放带，和沿长江产业密集带，组成了T字型结合点，也就是著名的黄金海岸线和黄金水道交汇点。当时人们在思考，以上海为龙头的长江三角洲地区的14个城市有没有可能在21世纪跃入世界级城市群的行列而排行第六？"现在看来，它已经稳稳地实现了这一目标。但不止14个城市，现在已达到30个城市了，我想还会增加。

应当祝贺世界第六个有生命活力的城市群诞生了，它一定会有越来越兴旺发达的更大发展。

土地的征集和使用

我国是一个人口众多，而合适的用地较少的大国，国土是最重要的资源，是不可能增大也不可能再生的，在江南地区要将良好的、肥沃的、丰产的、人均面积很少的农业用地转化为城市用地，问题非常突出。因此在这个过程中，节约土地和善用土地就非常重要，就要求领导和执行转化工作的人，既要站得高，看得远，又要以热爱祖国和人民的心去珍惜土地，惜地如金，认真妥善地进行策划、组织、安排，并进行规划设计，这也应当成为全长三角人的共识。大家共同关心、把关。

2008年1月3日，国务院发出了3号文件《国务院关于促进节约集约用地的通知》，文件中指出了城镇化过程中存在一系列浪费耕地的现象，要求根据中国国情，节约集约城市用地的指标，加强对城市用地的监管，建立节约集约用地的考核制度。这是我们大家都应遵守的法律文件。同时对土地被征用后的农民应当妥善安排工作，以做到良性互动。由于我是规划师和建筑师，我觉得这一个大行业中的执业人员，应当在有关机构的领导下，对待他们所经手的每一块土地的"料子"，要珍惜、爱护，努力地作出合身、舒适、经济、美观的"服装"来，要像服装大师那样，"巧安排，会剪裁"。此外我感到：人往城市集中，是城市化的必然，在长三角地少人多是国情、也是水乡情，这样，地少楼高也是逼不得已之举。为此我建议，在这个大区内根据各自的具体情况，适当加高建筑物、适当提高容积率，以便在不大土地上容纳较多的人和建筑，看起来这是势在必行的事，但仍应当从严从紧，避免盲目求大求高。

生态问题

自然界的生态建设牵涉到人类生存环境的优劣。人类在能源、材料和物资上向地球索取、和长期排放废气、有毒气体、废物、有毒物质，对环境、对人类、对自然界、对地球造成了很大的危害。节能、减排首先被提上了日程，全世界都在大声疾呼，大张旗鼓地推行。我想在我国在当前形势下，是不是需要动员广大的政府工作人员、科技工作者、教育工作者，积极认真地投身到这样的活动中来，发挥他们应有的作用，千万不要让一些人"视而不见"，"听若罔闻"。虽然各人条件不一样，但动脑、动手总比不动要好。这就有节流和开源两个方面。开源比较复杂，专门的节能也不易，要靠懂技术的人去做，而一般的、日常生活中的节能、减排应当比较容易些，也应该使大多数人认识到要从这里做起。

节能、节材、节物、减排是属于节流的范畴，而科技工作者中有能力的人是不是可以多动一些脑筋，去努力开源，特别是开发能源呢？恕我才疏学浅，不懂想懂，例如能否在海水中提取氢气和氧气，这样就有了能源，也可以有助降低海平面，避免人类可能遭遇的浩劫。又是否可以开发新能源？例如是否可以大力深层次地开发光电板，尽可能多而大地把宇宙中目前一般可以理解和看得见的阳光更充分、有效地利用呢？是否可以在城市的上空和郊野上更有效地收集到风能呢？是不是有什么办法能够在城乡更大的范围内方便、卫生地生产更多的沼气呢？……看来是不是可以向全国人民和工程技术科学界的人士作出号召、呼吁，让大家奋发图强、自力更生、创造未来呢？

水的问题

水的问题也是极为重要的大问题，城市发展了、生活改善了、科技进步了，水的需要就会急剧大比例地增加。水同样也有开源和节流的问题。拿一般生活上的节流来说，首先，全长三角地区，推而广之，全国自来水管的干管、支管、水龙头的设备漏水现象有吗？我想可能还不是很小的。其次，现在全国和长三角地区的大多数人家都购买和安装了燃气或电热水器，方便和造福人民的生活，这是大好事。我在冷天的使用中发现：把开关打开后，约在近 30 秒的时间内全要无用地放掉冷水，一个人一天用几次？一家人一天要无谓地放掉多少自来水？全长三角地区，全国一年要放掉多少水？我感到这是一个问题，这些制造和销售电或燃气热水器的公司能不能在这一点上做到"亡羊补牢，未为晚也"？水的开源问题，我也曾想过很久，自知水平不够，但这一情结尚存。现在长三角的人能不能用阳光来淡化海水呢？这样可以节约人工能。从理论和概念上来说应该是简单合理的事了，但可能难度很大，应当吁请真正的能人来研究探讨这一种可能。

废水和污水的处理问题也是大问题，江南水乡河网纵横密布，很容易成为泼污水的地方。同时太湖因四周城乡的影响，也遭受到污水排放的影响，建议从中央领导到地方，想方设法把太湖的污染较好地解决，还它一个清洁的大水池。

中国传统节俭的美德中有一句老话很重要，那就是："勿以善小而不为，勿以恶小而为之"。建议在媒体、学校以至全社会推广教育大家，我想这是提高人民道德的重要思想，也是节能减排从小事做起、从自己做起的重要的教育观念。

绿化

我只说一点，种树。长三角地区有 25% 的土地是丘陵山区，为了充分利用土地，就应该开发多种经济作物和种植树木，这样可以充分利用山地和低洼。那么在这 1/4 的土地上种什么好呢？我想起了一段往事：

1983 年 6 月中旬到 1984 年 10 月下旬，我有幸被学校给予一个到美国做访问学者的名额，我选择了去纽约哥伦比亚大学建筑与城市规划研究生院做访问学者，其间朋友接待我访问了波士顿、休斯顿、洛杉矶、旧金山、圣路易斯、芝加哥、华盛顿等大城市，后来回国前我申请并获得了贝聿铭先生以自己荣获的普利兹克奖设立的第一届"在美华人学者奖学金"。当时我乘"灰狗"公司公共汽车在全美绕一圈又访问了 32 座城市，最后返回纽约。有一位朋友问我："你在美国待了一年多时间，跑了不少地方，还有什么你想参观的东西？"那时是 10 月中旬，我就信口说了一句："红叶！"在我印象中，当时还没有红叶。这位朋友说："好的，我去打听一下。"第二天他告诉我："后天是周末，在新泽西州北紧贴宾夕法尼亚州，有一个斯托克斯州森林（Stokes State Forest），红叶茂盛，我们一起去。"我听到很高兴，但又反问他说："万一这个周末不行呢？"他说："不要紧，报纸上会登出各地不同时期茂盛红叶的信息的。"我感到很新鲜，问他是怎么回事，他告诉我，这是 20 世纪 30 年代美国经济大萧条时罗斯福总统的功劳，当时他用全国植林的办法来克服经济萧条，很多树木专家研究并提出了全国各个不同时期枫叶茂盛的不同品种的枫树，以满足人们不同休假时间的需要。我深深地佩服这些专家和罗斯福总统的决策。所以我在想，长三角的绿化栽树是不是可以请多一些专家和能人来研究种什么为好？能适应各种人各种不同时期各种不同的需要呢？也就是在绿化工作中体现人的智慧呢？

中共十七大七中全会提出来要学习实践科学发展观，我觉得这是很重要的事。通过学习，我理解了科学发展观的提法是很正确的，我想用普通百姓的看法来理解它：科学发展观就是克服困难，避免错误，向着美好的方向发展，做到保护地球，造福人类。这正是社会需要的、人民需要的、历史需要的思想指导下努力前进的方向。

我相信经过在座和将要到来的各位领导的共同努力与正确领导下，长三角一定会在中华民族先人们用体力、脑力、血汗和生命创造出光辉历史的基础上，经过符合科学发展观的建设而变得更加美好。

（本文为 2009 年 6 月 5 日在上海国际绿色建筑和生态环境发展大会上的发言）

11 认真地创作，真诚地评论
——我的广义建筑创作观

戴复东

从 1948 年夏天，我考进南京中央大学建筑系起，就进入了建筑圈子，到今天已经有 58 年了。时间不算长，也不算短。自 1958 年以来，我国在广义建筑领域内从设计理念到工程技术的变化令人瞠目结舌！我就亲眼目睹了古典主义、复古主义、现代主义、后现代主义、晚期现代主义、解构主义、欧陆风，到极简主义、到××主义……同时，今天电脑的发展，使得建筑信息极为丰富，传播的方法又非常先进，网络、各种媒体、书籍、报刊等制作、储存并且运载着大量的观念、构想、言论、实践、作品数不胜数，新事物新思维不断涌现，得到迅速而广泛的传播，令人眼花缭乱、莫衷一是、一言难尽。

在这样的环境内，建筑师该怎么办？我想我们广义的建筑师是这样一种群体：他们在爱心、忠诚与诚信的基础上，根据时代的发展和社会的需要，应用自己从各种渠道学习到的社会科学知识、自然科学知识和工程技术本领，结合他们不断学习和掌握的广义建筑技能，以为人服务作为基本宗旨，在各主管部门的领导下，团结或被团结，与各种有关的工程技术人员、工人、各种管理人员，在设计上和建设中去创造新世界的这样一种群体。这些话说得容易，但做起来却是相当艰难的。

今天，广义的建筑师队伍越来越大，年轻的广义建筑师的水平越来越高。在这种情况下，中年人和年纪大的人该怎么办？我的爱人吴庐生教授很早就曾经说过这么一段话："天分是爹妈给的，机遇不是人人可得的，只有勤奋是属于自己的。"的确是这样，只有在"勤奋"这一点上是人人平等的。所以，只要自己努力，还是可以继续学习、提高，在前人的基础上走出有益的步伐。为此，我感到在这样的形势下，在广义的建筑创作中我们最好能建立"为人、求精、创新、动人"的广义建筑创作观。

我们的设计工作首要是为人，这是建造广义建筑的目的，如何才能为人呢？人的需要和要求是随着时代的前进而不断丰富变化的，也是随着经济和科学技术条件的变化而变化的。所以有一个在时间、地点和条件上的磨合和制约问题。那么如何才能根据具体情况做到为人呢？我认为我们的设计工作应当重视"合理、合情、合法"的原则，这样应该是可以基本上做到为人的要求和达到为人的目标。

一 合理

什么是合理呢？理就是道理、规律、法则。营造广义建筑的主要目的就是要满足人们各种不同类型、不同层次、不同目的的要求。设计合理就是我们设计的目标要根据时间、地点及条件有目的地解决若干或全部的问题。解决得好就合理，什么是好呢？可能有不同的意见和看法，但是会有一个结论，这个结论就是最后的社会实践结果。以这个为出发点来组织空间、设计界面、安排细部、创造形象、完成环境。这样就会比较容易取得人们的理解和支持，引起争议和认识差异的情况就会少些。我想，世界上的事物是复杂的，但是，做设计合乎道理，符合规律，顺于法则，把道理说明白了，大家的看法就比较易于统一。当然，道理也不是一成不变的，随着时代和社会的发展，经济的丰实和科学技术的进步，也会发展和变化的。

由于我们对别人的工作了解较少，下面我们想谈谈自己在这方面的一些浅薄体会。我们从事的建筑设计工作是一个牵涉面非常广，各个方面错综复杂、互相交叉、互有干扰的活动。因此，在我们的设计工作中会碰到很多很多的困难和问题。在这个情况下，建筑师会压力重重，真是很难走完设计路。由于设计出图纸在时间上有限制，有些问题就根本没解决，或是解决得不好。这样，我们的设计就不容易做好做满意。但有时候会有灵机一动，想出一个新的或好的办法。怎么会有灵机一动的现象？怎样才能产生一动的灵机呢？我不是心理学家，也没有专门研究过这方面的问题，但我想有广博的知识面、有丰富的生产生活和阅历经验，应该也是一动灵机的背景。下面用我们自己一些实践经历的例子来说明一下：

1. "华侨旅馆"评述

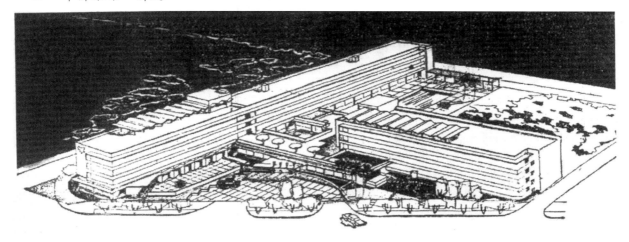

图1 杭州华侨饭店总体鸟瞰

1957 年 3—4 月份，在杭州西湖边一个重要地段要建筑一座华侨旅馆（图1、图2），举行新中国成立后第一次大型建筑设计竞赛，我也参加了，我给自己提出了两个目标和要求。一个是，我希望这个旅馆每一间客房都能看见西湖，这样每一个客人就都会非常喜欢这个旅馆了；另一个是，旅馆在西湖的东侧，西湖美丽的风景虽好，但景向在西（景向这一词汇是当时我的创造），西晒对客房很不利，而南向是房间的好朝向，我想，我应当解决朝向与景向间不一致的矛盾。这两个题目都不是简单可以解决的。一面思考、一面设计，后来我突然想起将矩形的客房外墙做成凸出的钝尖锥形，这样一排客房的外墙平面就形成了锯齿形，就解决了朝向与景向矛盾问题。同时，从西湖周围整体环境要求来看，任务书要求

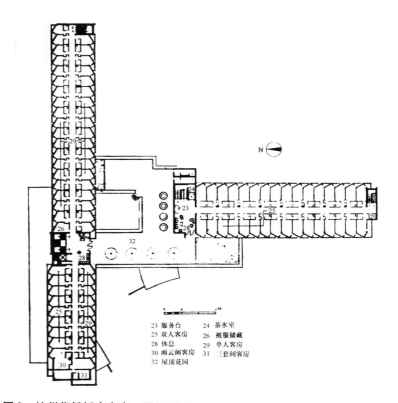

23 服务台	24 茶水室
25 双人客房	26 被服储藏
28 休息	29 单人客房
30 雨云阁客房	31 三套间客房
32 屋顶花园	

图2 杭州华侨饭店方案二层平面图

建筑物不宜超过 4~5 层，这样建筑物铺得较开，做成一个东西向的体段、一个南北向的体段，组合在一起，两个体段互相垂直拉开，我的两个要求都达到了，结果这个方案就获得了并列一等奖。

2. "华沙英雄纪念物"评述

1957年7月份，波兰为了纪念在第二次世界大战中波兰人民对德国法西斯进行的艰苦卓绝的斗争，他们向全世界举行"华沙英雄纪念物"的国际设计竞赛。设计竞赛的主题就是表现华沙人民的斗争、波兰人民的胜利。当时我和我爱人也参加了这次竞赛（图3，图4）。如何表达主题？我们想到了，旗帜是斗争的引导，是胜利的表现，应当以旗为主题。但我们不是画家，也不是纯艺术家，我们要用建筑的语言来表现旗帜。其次，斗争、胜利的过程和成果应当使观众理解。我们通过学习、了解国内解放战争胜利的历史，感到光靠"形"是不够的。要有大量的历史、文学资料对后人作教育。于是决定用一个陈列馆和旗的形态共同表达，这样我们把馆的墙面做成折叠状，产生旗的感觉；此外，我们想方案中要有水，水是纯净、净洁、晶莹剔透的物质，表达烈士的人格、情操；我们的方案中也希望有廊，廊使人在参观后可以坐下来流连忘返的反思与休憩；"旗"上有执刀拿盾的华沙美人鱼形象，它是华沙城的标志。后来，我们的这个方案和其他方案都得到了方案收买奖。

图3　波兰华沙英雄纪念物模型东面鸟瞰　　　　图4　波兰华沙英雄纪念物模型西北鸟瞰

3. 湖北省委招待处评述

1958年6月，武汉的湖北省委招待处要同济大学对他们招待所的设计图纸提意见，系主任黄作燊先生要我参加。去了以后，看见施工图都画好了。我不善于客气，而是实事求是地对这一组建筑的不足之处提出意见。在武汉东湖山旁水畔，原方案没有很好地考虑与地形地貌结合，其次是未考虑客人从各种不同的房间看出去的感受，和游人从各个角度来看它的感受。带队的人是一位断了左臂的军人，听了意见后他马上跟我说："这个方案我们不要了，请你来做设计好不好？"听他的口气是正面的意见，我马上回答他："我只是提些可能不太成熟的意见，你们已有设计单位和设计人了（当时设计人也在座），我不能做。"我想：抢别人的设计，这是缺乏职业道德的行为，因此婉言谢绝。第二天，他来校到系总支办公室，要我们做，总支书记同意他了，我后来告诉总支书记，不能做，这是不道德的，总支就谢绝了他。后来他到上海市委，由市委压任务到学校，系里只好接收下来，我不敢不做。他要我们立刻做一个方案，我在对原设计者万分抱歉的心情下，做了新方案。我考虑到招待所接的客人，是"人"，因此以人的尺度、人的感受、人与自然的关系来设计，而不是考虑庄严、宏伟（图5～图9）。他们很喜欢，带回武汉后被批准了，叫我和吴庐生与傅信祁老师三人去武汉做现场设计。断臂英雄和我很多看法都很一致，唯独对主客人的卧室大小为8米×8米，净高4米的要求坚持不让，我不同意，觉得太大、太高、不够亲切。后来有一次他们让我们参加观看演出，有机会看见了毛主席，断臂英雄告诉我，这间房是给他老人家用的，这我才放下心来，不再坚持己见。

图5　武汉东湖梅岭工程主套房部分东外观（梅岭一号）

图6　武汉东湖梅岭工程入口腾飞雨篷（梅岭三号）

图7　武汉东湖梅岭工程会议室（梅岭一号）

图8　武汉东湖梅岭工程报告厅活动台口（梅岭三号）

图9　武汉东湖梅岭工程游泳池局部内景（梅岭三号）

在设计室内游泳池时，我们考虑了以下几点：

（1）从整体看，游泳池也要做成机平瓦四坡顶，除了朝南开落地大窗外，我们就将朝南屋顶一大部分做成顶部采光的玻璃面。这样泳池内一年四季阳光充足。在冬至那天，阳光可以照到北面池壁上端。

（2）防止泳池内吊顶上凝结水滴下。吊顶采用木条做弧形顶面，木条内有凹槽，凝结水汇聚于槽内，流到房边墙壁，顺墙流下，不会从顶上滴冷水点下来，使人突然冷得吃惊。

（3）泳池室内空气中水分很多，水蒸气会凝结在墙上，这样墙体的墙面应当是硬质，不能吸水，如果墙体材料坚硬，室内混响就很大，往往会有震耳欲聋的感觉，因此室内就要吸声。能吸声的材料是松软的，这二者有矛盾，怎么办？国外十多年前就采用金属穿孔墙面，内部填充了吸声但又不怕水的材料。可当时国内没有，只有国外进口，那是三年自然灾害时期，几乎不可能，怎么办？思想上担子很重很重。经过冥思苦想，我想一步一步来，先要解决面层是硬质、可以钻孔但不怕水的材料，可当时连铝材都没有。后来我想不怕水的光滑的材料只有玻璃，磨砂以后背后涂油漆外观效果也是可以的，但是否能钻孔，可能难度较大。最后实在没办法，提出这一方案，请工地试试，结果居然成功，这令我非常高兴。但吸声材料用什么呢？又经过一番苦思。我想起了农村中下雨天农民披的蓑衣——棕榈皮，软的、松散的、可吸声，可它不怕水，大家对这一想法如获至宝。结果就按照这个意见做了。这是1959—1960年的事，后来20世纪80年代我又去看了一下，他们反映效果还是很好的，当然我还感到不足，因为这些只是定性的东西，缺乏定量的研究。但我又高兴地认为，这好比是一场战争，我用土枪土炮，打下了敌人易守难攻、只有机械化重武器才能攻克的现代堡垒。

（4）小会堂：当我知道这是毛主席使用的，我立即就想到了领袖愿与群众打成一片，而群众也希望与领袖握手，就立即想到舞台口部。首先我想小会堂不要做台框，这样容易感觉将台上与台下隔开。其次我想舞台口部最好做成抽屉式的踏步，推进去就是普通台口，拉出来就是台上台下交流互通的踏步。我的想法很好，但这个台口怎么做？世界上还没有过。我不怕困难，我运用上了我的全部建筑、构造、结构、材料和机械知识，设计好了之后我很开心。但我后来没见过它的建成，我想也许不太好，被建设单位改掉了。但当我20世纪80年代再去时，看到了这个台口，很高兴，再用手推拉，很轻巧，我很开心。这是我的成功。2002年，我在上海设计了中国残疾人体育艺术培训中心，有一个小剧场的舞台口，我也采用了这种可推拉方式，并采用机械推拉，但使用后常常被卡住，没有我手推得好。

4. "诺宝中心"评述

2002年，我们设计了上海中国残疾人体育艺术培训基地——诺宝中心（图10~图18）。初看这个建筑，也许有人会想，大概是赶时髦，做曲线，给残疾人搞这些东西，是玩弄形式，铺张浪费。可事实是这样的：经过对残疾人的了解，我们认为残疾人和正常人一样，他们不少人有很高的聪明才智，做出很多成绩，看他们的演出使人一直热泪盈眶，我想社会应当重视和尊重他们，所以我们要将这一组建筑设计成残疾人殿堂，残、健可共享。

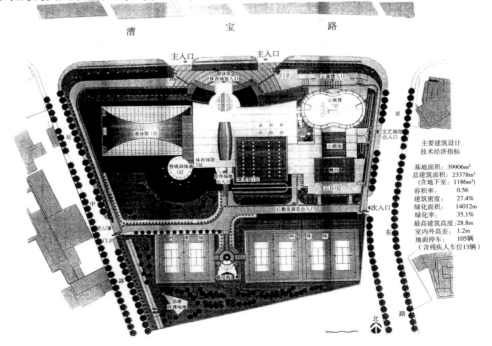

图10　上海中国残疾人体育艺术培训基地——诺宝中心总平面图

图 11　上海中国残疾人体育艺术培训基地——诺宝中心漕宝路上北面整体外观

图 12　上海中国残疾人体育艺术培训基地——
诺宝中心公寓楼

图 13　上海中国残疾人体育艺术培训基地
——诺宝中心残疾人疏散大坡道

图 14　上海中国残疾人体育艺术培训基地——
诺宝中心主入口前厅侧面仰视

图 15　上海中国残疾人体育艺术培训基地
——诺宝中心公寓楼四层以上中庭内景

图16　上海中国残疾人体育艺术培训基地——诺宝中心公寓楼顶棚

图17　上海中国残疾人体育艺术培训基地——诺宝中心游泳馆

图18　上海中国残疾人体育艺术培训基地游泳馆点式玻璃幕墙细部

（1）旅馆

残疾人的旅馆为什么做成双圆形平面呢？过程是这样的：在设计时，甲方向我的妻子吴庐生教授提出一个要求和难题。在残疾人艺术、体育工作人员中，与听力不好的人是很难进行联系的，因为他们完全没有听觉，在直线型平面旅馆的走廊中，后面的人有事要通知他们会非常困难。经过一番思考后，我们提出旅馆部分用圆形并有中庭的平面，但甲方非常不喜欢单圆形，认为那是炮楼子形状。再经过一番思考后，吴庐生教授提出做双环形平面，双中庭，用观光电梯放在双圆之间。这样，用肢体和形象语言来达到，与听力不好的人联系，得到甲方的认可。建成后，甲方告诉我们，这样做的结果，在使用及观感效果方面都比较好。

（2）室内游泳池

1959年我们在武汉东湖设计了一个室内游泳池。在当时物质困难的条件下，我们做到了，泳池可以接受充分的阳光和室外自然景色，人与自然接近。40年过去了，应当与时俱进。于是我们首先就在矩形空间上动脑筋。首先将两长端高度部分近似三角空间切下来搬到中部顶上，这样在体量大致相当的情况下，整个游泳池空间高敞了，最高点达到了15.8米，净高13.4米，比较高爽。然后，又在室内游泳池横剖面上做文章，在两侧面上各斜切一刀，又去掉了上部不需要的空间，整个室内游泳池的室内外空间形态做成了一个类似花篮状的东西。它的室内空间形态、日照、外部景色诱人的效果使人与自然的关系更为接近，得到了一个比较满意的结果，而它的空间体积比12米高的矩形空间减少了近1/4。此外，游泳池内的钢结构根据规范的规定，要耐火、耐候（耐潮湿），最后，武汉钢铁公司科技中心承担了这一重任，由他们短期中练出了世界上第一例这种钢——高性能耐火耐候建筑用钢WGJ510C2，我们协助他们克服了重重技术难关和技术检验，才得以实现建成这幢单体。后来，我将这种钢介绍到国家大剧院和其他很多重要的工程上去，已得到更广泛地应用。

（3）残疾人疏散坡道

紧急疏散对残疾人是很重要的，因此我们必须要设计和建造残疾人疏散坡道，在此也没有先例。坡道的栏杆不做金属的，而做成实心的钢筋混凝土，以防止火焰窜入坡道上去，这样既取得雄浑有力的形象，同时也可以在平时作为残疾人登坡运动之用。

5. "浙江大学紫金港新校区中心岛组团"评述

这个工程的总体规划由华南理工大学何镜堂院士领导的小组获得浙大的入选奖和认可，后来浙大邀请我和我爱人吴庐生教授以及其他单位的一些专家也参加单体设计工作。浙大有关方面问我们愿意设计哪一个单体？我们想：何院士中的奖，我们能受邀参加设计已经很高兴了，因此我们提出由浙大安排，别人不愿做的我们做也行。最后浙大校方指定我们设计中心岛组团，我们推之再三不允，只得承担下来（图19～图22）。

图19　杭州浙江大学紫金港新校区中心组团东南方向鸟瞰中心岛建筑

图20　杭州浙江大学紫金港新校区中心组团南入口看中心岛建筑

这是一个人工岛，中间有一条东西向的主干道穿过。岛的面积是48678平方米，而建筑面积是37992平方米，为了使得岛上建筑不显得拥塞而破坏校区中心，我们利用了有大量陈列室的内容，将道路北区建筑满铺，由北向南斜切一刀，使体量北高南低，形成了半月形。利用陈列室屋顶北向开条窗，展示出大屋面向北斜伸，这样沿中央主干道上就显得建筑物不高而感到亲切。同时，这一个形体可以使人从外观上感到基地北面虽被遮挡，但地面仍呈现出圆弧形的态势。而且，南面水上的倒影使北区也有逐渐向后退缩之感，在这样一个要建造大量空间的环境中，才能够没有拥塞感，从而得到开畅而产生"江上往来双白鹭，波平俯仰两琼宫"的效果。

图21　杭州浙江大学紫金港新校区中心组团中心　　图22　杭州浙江大学紫金港新校区中心组团1200座观众厅
　　　岛A、B两区之间连廊内景　　　　　　　　　　　内景

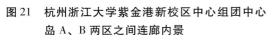

这些，只是我们几十年来追求和探索的一部分，水平还是有待提高的，只是想借这几个例子来说明，广义建筑中对于合理这一创作原则追求的一点努力，可能很不成熟，希望得到批评、指正。

二　合情

什么是合情呢？情就是人的情感、意向。设计出来的方案和建成后的实物，主管人、投资人、使用人，还有相当多的局外人和局内人都觉得不错，对它有好感，这就是顺合了人们的情感、意向，我认为这就是合情了。但不同的人有不同的文化程度、文明素养、个人意趣、不同爱好，特别是主管人、投资人、使用人，如果设计人与他们在早期意见就有不同，而设计人的意见又是正确的，那就要说服他们，我们做出设计的原因和道理何在，取得他们的认同、理解和支持，否则我们设计的人就只好改变我们的看法，去适应别人的需要，或者是坚持我们的"真理"，而不顾其他可能的后果。此外，情的问题中也有一个雅与俗的矛盾问题。一般的情况下，设计人都自认为雅，要重视雅，但要避免孤芳自赏。有时也免不了随一下俗，但要重视俗不伤雅，最好做到雅俗共赏。总的来说，合情的问题，应该是立足于现实，情感上就高带低，就未来带现在。

三　合法

什么是合法呢？在整个建筑活动中，建筑的行为和过程，是受法律制约和维护的，我们首先要遵守国家的大法，其次在大法下有民法，也有刑法。此外，我们还有建筑法规、安全法规、消防法规、节能法规等，必须遵守，因此遵纪守法是第一要务。当然，各种建筑的法规有时也会因人而异，例如过去国外设计了一些与国内法规不一致的建筑物，后来由专门的机构组织有关专家，专题讨论予以修改，例如超高层高度、特高中庭等。当然也可能我们的规范还存在不合理之处，但这就不是我们个人力所能及的事了。

做到了以上这几点之后，求精、创新、动人既是操作技术问题，也是对合理、合情、合法的追求之上的。

四　结语

最后我再简单说说真诚地评论这个问题。评论是一件很严肃的事，在我国，国内建筑界之间的评

337

第四篇　杂文漫想

论不容易开展，这与建筑师在社会和工作上所处的地位有关，大家多半是处在被动、受支使的地位，此外受到反面评论的对象，在待遇上会受影响的。而且中国人的传统思想"和为贵"，对评论也会有阻碍。当然，对外国人的设计情况就比较不一样了。这反映在国家大剧院、奥运主会场、奥运游泳馆几个比较大，而且在设计上与国内的认识、观点不一致的工程上，评论开展得还是比较热烈的。

对大剧院来说，经过了很多轮的方案提出和讨论。我有机会参加了很多次评审，我认为整个的过程是正常、合法的，决定方案前的好几次评审，朱镕基总理都参加了，但他一言不发，只是在听专家们的发言，专家们希望他能提些看法，可他从不发表意见。最后一轮评审中，规划、建筑、舞台、设备、文艺、演员、导演、音乐家等各方面专家绝大多数评委都赞成安德鲁的方案，于是这个方案就送交给中央政治局常委讨论，而他们又基本上一致同意了这个方案，并作出了采用的决定。后来引起了众所周知的轩然大波。为此，召开了各方面有关专家的专题会议，正式进行讨论，我也参加了，会上有的人赞成这一方案，有的人反对这一方案。我本不想发言，不想参加争论，但大家都谈了，也要我发表意见，这样我就谈了最后一次会议上我对这个方案的看法，我认为这个方案在形态、空间、整体布局、具体定位上是有特色、与众不同的，但是在内部剧院形态上还存在一些问题。所以，当时我未明确表态，我认为这些过程都是走合法的法律程序的，如果现在要否定方案或改用其他方案，那应当仍要经评委会讨论，最后由政治局常委再讨论作出决定。特别在政治局常委会重新再讨论决定的这一点上，否定方案可能是不明智的。第二天，因为上海有教学活动，我提前离开了北京，后来这次会议作出了决定：根据安德鲁的方案仍继续往下进行，但面积和造价不得超出，会议之后，我心里感到很纳闷：这一工程为什么要政治局常委来定案呢？这个方案从设计哲学、形态的处理与国内一般认识有很大差别，虽然今天我们强调了改革开放，领导人接受了新事物，但怎么会得到当时政治局常委的一致支持呢？后来，我有机会到北京去，车行在天安门广场和长安街新华门段上，看到大剧院外壳出来了，霎时间我突然受到了启发，原来，大剧院对外没有一间房子单独设置窗子，面对中南海方向就是一层外壳。在一般情况下，在大小剧院、音乐厅等有国内外各层次、各专业人士的很多活动，人员和操作时间会很杂乱的情况下，用一层大壳，对中南海的安全就会有较好的保证。在已经正式作出建造在这一块基地上的条件下，在评委会绝大多数评委对目前方案表示赞同的前提下，政治局常委作出认定这一方案的决定应该是正确的。虽然在决定方案后深入方案的讨论中，我提出了为了安全的需要，大剧院大棚壳下不能放置室内停车场的建议，并被采纳，当时我只想到了地下的安全，而没有想到地面上的安全。这一下我的思想豁然开朗，心中的谜团得到解开。作为一般的执业建筑师、学者，有时我们的"书生气"是比较浓厚的（以上纯属我个人不成熟的想法）。所以我认为对建筑物的评论在建成之前是完全是应该的，同时我又认为，有时特别应该在建筑物及其环境建成以后对其进行评论。因为方案、图纸、甲方和设计人的意见并不可能在建筑及其环境建造之前我们就能一清二楚，而且图纸上甚至模型，和实物之间还有较大差距。

所以我认为我们在开展评论时应该是严肃、严格但又能宽容的。

以上就是我的粗陋、浅薄的意见，请批评指正。

（原载《华中建筑》2006 年 2 月第 24 卷）

（原载《戴复东论文集》445-458 页）

12　戴复东执教 60 年座谈会上的发言

——创造宜人的环境

戴复东

周祖翼书记、伍江副校长、吴志强副校长、吴长福院长、彭震伟书记、唐云祥书记、金大钧书记：

各位领导、各位嘉宾、各位校友，大家好！今天我怀着衷心感激之情来参加座谈会。

一转眼，我们的思绪返回了一个甲子——六十年前。1952 年 7 月底，南京大学建筑系四年级毕业班有两位新民主主义青年团员（吴庐生同志和我）和两位毕业生（陈宗晖和徐馨祖），一共四个人，乘南京到上海早晨的班车，怀着建设祖国美好明天的热情，在下午二时多，到达了上海北火车站。下车之后，跟着拥挤的人群出了站房，叫了两辆三轮车，前往同济大学。车行不久，车子就转到了其美路。这时沿路多是棚屋，到了临平北路才看到一幢新建的三层住宅，再往北就差不多大部分是农田和菜地了。走了好一会儿才到了一个矮矮的小门房前面，门口的墩子上挂了一个黑字白牌子——同济大学。三轮车停了下来，收款后就走了。一位门卫，后来知道叫王德贵同志，问我们是什么人，来这里干什么？我们告诉他，我们是南京大学的毕业生，国家分配我们到同济来工作的。老王急得用手摸摸头说："今天是礼拜天，没有人上班。"我们一听也都呆了。后来，老王说："你们跟我来吧！"我们就拎着箱子跟他一起走到一二九礼堂东面的———系列小平房前，在东面中间的一户人家处，老王敲敲门。一位穿着圆领衫短裤胖胖的长者出来了，老王跟他说："李先生，这几位是南京大学分配来的学生，来报到的。"并向我们介绍了这位是教务长李国豪先生。我们向李教务长问了好，他立刻打电话联系到后勤部门的人，把我们安排到解放楼男女宿舍住下。第二天，我和吴庐生同志又到校团委会和市团委会报到，这样，我们就在上海和同济大学扎下根来，当时校长是夏坚白教授。一转眼到今天，一个甲子，60 个春秋就过去了。

1　60 年前同济的面貌

那时，是新中国成立三年以后全国高等学校的院系调整，当时同济大学的地址就是日本人的一所中学的扩大，只有一二九大楼建筑群，其他只是零零星星地盖了解放楼、青年楼、民主楼、和平楼、学生宿舍，文远楼在建造中，建筑系是草棚子教室、教师休息室是利用老房子胜利楼，即今逸夫楼位置，大草棚的饭厅兼礼堂，校门旁的一、二、三号草棚就是建筑系一、二、三年级教室。而今天，同济大学在市区内的校区已经是巍峨挺拔、区划规整、道路宽阔、繁花似锦、芳草如茵、绿树成群了。郊区还新建了一处现代化绿色的嘉定新校区。就拿上海市来说，其美路很早就改成了平坦宽畅的四平路，同时整个上海早已彻底改变了面貌。这些，都随着我们伟大的中华人民共和国天翻地覆的神奇变化，早已彻底改变了软弱贫穷落后的面貌，以欣欣向荣和虎虎生气的气度展现在世界历史发展前进的大变化中了。

2　最初的理论联系实际

同济大学新学期开学后就成立了同济大学设计处，以建筑、结构二系的教师为主力，加上两系毕业班学生一起承接华东地区很多学校和教育机构的建筑设计任务。当时我被分派在丁昌国和傅信祁二位先生的手下，承接了一些上海、济南等地以及本校的建筑设计任务。这样的工作对于刚毕业的学生是很好的学习和教育机会。特别是丁、傅二位都很聪明，又是很有经验的教师，对我影响很大。我认为以这样的方式安排教师参加建筑深入设计工作是同济大学很重要的一个传统。1958 年教师学习讨论上我和部分年轻教师提出学校应学习医学院成立附属医学院，培养教师、学生。当时成立了与教学结合的设计院，但设计工作如何结合教学不易解决，设计院单独设置。

3 民族形式、社会主义内容

1956 年，同济大学为了发展的需要，决定由全体教师分别组合进行一次校中心大楼的设计方案征集。这对全体教师而言是一个鼓励，对学校而言也是一次对教师力量的考核，在学校对建筑系教师动员的晚会上，冯纪忠教授热情洋溢地使用了杜甫的："为人性僻耽佳句，语不惊人死不休!"的诗句，来表达自己的创作热情。这时中国建筑学会一些著名的建筑师到苏联访问，回国后传达了苏联的建筑创作是"民族形式、社会主义内容"。当时的新莫斯科大学是一个标志和楷模，特别是我，受到这个影响很大，最后走向复古主义，是个很大的教训。当时，苏联正好批判复古主义，我国也批判复古主义和浪费，我和吴庐生受到较大的震动。

4 了解国际建筑的新动向

接下来系总支和系行政组织了很多学习国际上建筑发展新动态的学术报告，如介绍四位现代主义大师、介绍国际建筑界的新动态等。我和吴庐生同志每次都很认真地去听、去学习，使得我们自己在原有的基础上可以更深入地理解建筑的发展和今后应当如何正确对待建筑设计工作。同时另一方面我们积极努力地参加各项教学工作，因为搞好教学工作才是我们最最重要的任务。

5 花瓶式教学和参加设计竞赛

冯纪忠教授、黄作燊教授开始担任了系的正副系主任，在他们的领导下，系内的学术气氛和教学活动取得了较突出的成绩，教学上对学生思想的收与放也从所谓"花瓶式"方法的认识中基本得到一致，思想上收放有时、有序、有度，教学活动蓬勃向前发展。以后，"反右"运动和几次"火烧文远楼"的政治运动结合着教学、设计工作、国内外的设计竞赛活动夹杂在一起，我们系取得了李德华先生、王吉螽先生领导下的校工会俱乐部设计的突出优异成绩。波兰华沙英雄纪念物国际设计竞赛中李德华先生、王吉螽先生领导的团队获得了二等奖；吴景祥先生领导的团队三个方案获得方案收买奖也取得了好成绩。此外杭州华侨旅馆国内设计竞赛在我校也取得了一等奖，与清华大学吴良镛先生等获得并列一等奖的好结果。

6 设身处地、身临其境和画出来看

这时，由于我的身体底子好，除了参加上述活动之外，我晚上及周末学习、写文章，写了有关国外医院建筑设计的论文。同时思考在教学中，学生们普遍存在的对建筑设计不够深入的现象，慢慢理解体会他们的问题。在我的思想中酝酿了三句话：一是我们要对建造建筑的人和组织即建设单位，对他们的心态和想法、做法，设法理解，我们要为他们设身处地着想；二是对学生和设计者，对要从事设计的建筑物的内容、大小、室内外环境既要设身处地地去设法思考如何去设计，同时我们也要能去身临其境地思考体验；三是在建筑设计时，有些学生对老师总爱说："我有这样那样的想法，但我不知道好不好"，对这样的学生们，我告诫他们四个字：画出来看，即尝试去动手，不要无谓的空想，这些做法当时也初步取得了一些效果，到现在，我仍然用这三句话告诉学生们。

7 "文化大革命"后期

"文化大革命"的后期，学校复课了，图书馆也开放了，我抽时间到图书馆去参阅国外期刊。看到喷气式客机使用以来，在国际上航空交通事业有了很大的发展，杂志上介绍得很多，我感到很重要，于是逐渐借了一些有关期刊，闲暇时用小钢笔描绘在白纸上，日积月累数量很多。"文化大革命"结束后，路秉杰教授主持系的工作，他知道这一情况后向中国建筑工业出版社推荐，正好那时出版社需要介绍国外的建筑信息，就将我用手描绘的资料加以整理，用原来徒手绘制和书写的图与文字出版了一本418页的《国外机场候机楼》。

8 深入探索医院建筑设计写教材并编写书籍

同时，为工农兵学员上高年级建筑设计课，正好是《医院建筑设计》课题，一方面我到医院将大家不熟悉的各种专用的治疗室等，包括里面的设施、装备都用透视的形态勾画下来，并合伙编写了一本《综合性医院建筑设计》教材，学生们反映看了之后易懂、易学。同时，我又到校外医学讯息图书馆看资料并记录资料，写下了《研究、质量、技术、速度：从国外医院中的一些问题所想到的》论文。此外由于吴庐生同志在学校中及校外设计计算机房有较丰富的经验，于是她协助陆轸高级工程师，合著了《实验室建筑设计》一书的第二章《计算机房设计》；同时我也结合为学校设计结构静力、动力试验室的经验和参阅的有关资料，编写了第七章《结构静力、动力试验室设计》。

9 走出校门参观学习

1977年7月，建筑系的龙永龄老师、薛文广老师等人和我为了学习广东、广西、湖南三地在"文革"中做了一些较好建筑物的经验，我们一同前往三地去参观学习。这次学习给我教育启发较大，我徒手勾画了近二百张室内外透视图，而且在图面上大部分注出了面层所用材料名称及色彩，局部附注了尺寸，我不是画家，我是建筑师，我完全是用建筑师的方法收集资料，自认为收获很大。

10 恢复高考建筑系第一班学生

1977年高校恢复考试招生，走上正轨，当时录取的一些学生成绩很好，令我们感到非常欣慰，他们入学后学习又很努力，这样在教学上广大的教师都信心百倍、满怀热情地想方设法搞好教学，成果很喜人。但很可惜的是这一个班级据说在毕业时考研究生，不知怎么的成绩都不理想，很少录取，这样的做法对同济本身来说是一个很大的损失。

11 走出国门、放眼世界

1982年学校给我一个到美国做访问学者名额的机会，经过努力，在1983年6月我到美国纽约哥伦比亚大学建筑与规划研究生院做访问学者，通过体验、观察、教学、实践、旅行……初步认识并体会到了：

①美国的社会表象。

②美国部分大学教育及教学情况。

③纽约城市的大致情况。

④在一些朋友的帮助下参观了6~7座城市。

⑤经过自己的努力，在众多的竞争者中获得贝聿铭"在美华人学者奖学金"，2000美元，利用这笔奖金不买大件，冒着未知的危险，单身一人乘"灰狗"公司的长途公共汽车周游了美国一圈多，又参观了32座城市。结合上述近40座城市的情况，使我对美国的高层建筑有了一些认识。

⑥在 10 月中就欣赏到了美国的红叶，而且学习到了 20 世纪 30 年代美国经济大萧条时，美国罗斯福总统为了将解决大萧条与改善民生结合和专家们为了满足人们在不同忙闲时间欣赏红叶，而采用了针对各种红叶不同时间发红的特性，在美国北方地区广泛栽种了不同品种的枫叶和银杏，满足了人民错开时间欣赏的需要，我很赞赏他们是应用了人工的智慧来开发自然环境；自然环境是人工善意的结果。

通过一年零四个月在美的访问，我对祖国感情更加深厚，感到我们的国家、民族一定可以很好地自立于世界民族之林，对搞好我们国家的建筑事业和教育有了更充分的信心。

12 报效祖国、努力教改

1984 年 10 月，我从美国回国、回校。不久，学校对我委以重任，让我担任建筑系主任，我想我一定要运用我的智慧和能力将国外有益的好经验带回来，加强学校与国外、国际的联系，提高教学质量和同济的声誉。

首先，通过长期的教学和设计实践，我认为我们搞规划、建筑等工作，是我们在做为人的服务工作，是我们人在创造我们所生存、生活和工作的人工与自然各种宏、中、微观环境，所有这些环境都应当是宜人的，而且我们规划设计者一定要重视它们的互相交融、匹配，以利于我们的生存、生活和工作。因此我们有责任、有义务去培养规划和设计各种宏、中、微观环境的人才，由他们把各种环境规划、设计、建设好，以造福人类，这是一个很大、很艰巨，又是很必要很光荣的工作，必须全力以赴，长期、永不停息地努力，而我们每一个人一辈子都要做：

宜人环境的追求者和创作者！

在回国以后，我希望在系原有的三个专业方向内再加一个室内设计专业和一个工业设计专业，但室内设计未能实现，我认为这个专业不仅是做到环境美，而是还要更加科学化，更加保证人的生命安全和健康才能成立。我相信将来一定会成立。

1986 年，在江景波校长领导下同济大学的建筑系在全国第一个升级为建筑学院，这是一件大事，这意味着同济的规划、建筑力量壮大了，李德华先生担任院长，我担任副院长，1987 年，我担任了院长，1990 年，我已 62 岁，就不再担任行政职务。1999 年，我被推选为中国工程院院士。

13 老有所为，全心投入创作

回国以后我写了很多高层建筑的论文，同时又到贵州调研石头建筑，并且写出了《石头与人——贵州岩石建筑》一书；又和吴庐生同志一起组织研究生，共同翻译了《中庭建筑——开发与设计》一书。此外，我们又在我和吴庐生同志二人负责的"高新建筑技术设计研究所"内，1999—2011 年共完成了 73 项 15 种类型工程项目的设计并准备出版册子。同时，也书写了一定数量的论文，如：《因势利导、随机应变——烟台市建筑工程公司办公楼创作体会》《北斗山庄——一个继承传统与文化建筑创作的探索实例》《山东省曲阜市后作街的规划设计——传统环境、配角、新事物》《北京中华民族园——一次"源于生活、原汁原味"的建筑创作实践探索》《如螺似蚌、起伏跌宕——山东省荣成市两个小招待所》《老店、传统、地方、现代——浙江省绍兴市震元堂大楼设计构思》《因地制宜、普才精用、凡屋尊居——武汉市东湖梅岭工程群建筑创作回忆》《现代骨、传统魂、自然衣——河北省遵化市国际饭店建筑创作漫记》《交流、自然、文化——同济大学建筑与城市规划学院院馆建筑创作》《行云流水、峡谷梯台、冰肌玉骨、闲雅飘逸——同济大学研究生院大厦建筑创作与实践》《是亭似堂、石材筑构、高风亮骨、不落俗臼——朱启钤先生纪念亭》《上海中国残疾人体育艺术培训基地——诺宝中心的建筑创作》《浙江大学紫金港校区中心岛组团建筑与环境创作》《丰富提高现代生活、念念不忘务农文化——安徽省无为县农文化广场的策划、规划与设计》《武钢技术中心系统工程》《一座基督教医院的改建和新建筑——安徽省芜湖市弋矶山医院》《山地、机械化战争、对先烈的纪念——广西昆仑关战役纪念馆》《在拥挤中站好队——安徽省芜湖市综合建筑天泰大厦》等

14 高新建筑技术设计研究所诞生

1990 年后，我不再担任建筑与城市规划学院的院长，1992 年，世界各国首脑在巴西里约热内卢会议上正式提出"可持续发展的问题"，我国"九五"期间，为了保护耕地，全国和上海多次明确提出：禁止使用黏土砖，并要求新型墙体有好的热工性能，并在节约能源的基础上改善室内温度环境。在这种情况下，墙体改革不得不进行，这个问题提到了我们的面前。由于我们在设计的探索中遇到了一位早有志于植物纤维砖的探索者。于是就和他合作，用麦草、稻草，后来用芦苇叶子，加上一些矿物质，不用黏土，不用砖窑烧制，做出砖来，很轻、不怕水、不怕火、保温性能好、可锯、可钉。用两块砖面对面重击之一下，黏土砖会碎，而稻草砖不碎。经过上海墙改办组织专家鉴定有发展前途，我自己就花了积蓄三十万元，在浦东一个农场租用了一块地，准备试生产，后来砖是造了一些，但用机械制作还有不少困难，制砖速度赶不市场需求，又由于受到场方欺骗，收了钱、不给地，无法继续试生产而停止。

1992 年，当时有一位朋友是某防水材料厂的厂长，他提出一个设想：居住建筑的主体承受荷载，用钢结构，由工厂预制，到现场装配，一次可以吊装四层框架，楼板用压型钢板作模板浇筑，外墙用铝制板加泡沫塑料，内墙想用绿色纤维板。然后大部分构配件都是工厂预制，工地装配、减少湿作业，重量轻使得 18 层建筑可以不打桩，节约投资，缩短工期。他找到了我，我认为他的设想不错，但还可以再进一步努力改进。这样，我们就成立了一个"高新建筑技术设计研究所"专门研究"装配式住宅"和稻草砖问题，并组织研究生研究"装配式住宅"和稻草砖。首先，装配式住宅在校内造了二层楼样板房，有起居室、卧室、工作室加上盒子式的厨房和厕所，其他外墙、内墙、楼板、屋面、楼梯、门窗均为预制构件。由于初步取得成绩，1998 年全国部分南方地区水患，我们建议代表上海市捐赠给湖南省澧县 20 幢装配式住宅赴现场安装完成。后来因缺乏经费，及缺少配合厂家，而未能继续这项研究。

15 国家大剧院

21 世纪初，北京大剧院进行国际设计竞赛，组织了一个国内专家组进行有关事务的研究和讨论，我很荣幸地也被邀请作为一名成员。第一次竞赛，国内不少单位都参加竞赛，同济大学也参加了，因此我没有参加评审讨论，以后又进行了三次竞赛，同济没有被继续邀请参加竞赛，因此我就有机会参加了讨论。那三次，朱镕基总理都来了，可是朱总理只是旁听，一言不发，评论时大家都希望朱总理能发表一下自己的意见，朱总理摇摇头摆摆手就走了。第三次，也就是定方案的一次，他也是一样，不发言不表态，到投票时绝大多数评委（非建筑师、建筑师、文艺界人士）赞成安德鲁的现在方案，所以评委会就将此方案报中央政治局常委批准（我因感到观众厅形态还不理想，当时就没有投赞成票）。谁知全国有很多人表态反对，也有人劝我参加签字，我婉言予以谢绝。全国不同意该方案的人很多，这一结果在全国引起轩然大波，于是评委会又召开专家组讨论会，我也去了，我感到问题太复杂，开始不想发言，一直到下午主持人指名要我发表意见，我表示了："现在我认为，既然是评委会正规投票通过，完全是走了合法的程序，又经政治局常委批准，这是很慎重的事。今天再去反对是对我们自己国家不利，如果再开专家会加以反对并重做，一个是程序上说不通，还有让最后批准方案的政治局常委如何针对这一局面后果?! 对于已经决定的方案还有缺点，大家可以协助修改，要补台，但不要拆台"，我想我的会上发言表态，根本不会有任何作用，所以我说我有教学活动，于是会没开完，晚上我就回沪了。第二天中午，我打电话给留下来的专家，问他们情况如何？他们告诉我，第二天没有再讨

论，而是由领导决定，既然我们走了合法程序，就没有必要进行是否彻底推翻方案的研究，因此就散会了。我听了之后，心情觉得很欣慰，幸亏没有闹出大事来，但我有一个思想没想通："决定大剧院方案，由政治局常委批准是不是有点小题大做了？"但等到大剧院建成，一次到北京开院士会，路过大剧院和新华门时，我看到这一新建筑了。这时我彻底明白了，当时不应该在这里选址，但现在这个大剧院的外界面是连半扇窗都没有，真的只有这样做了，对中南海的安全才有保证，我举双手赞成，同时我又为自己后来对方案改进提出了："为了安全保卫需要，大剧院地下绝不能设置停车场"的意见得到采纳而感到高兴。

16 《戴复东论文集》的产生

感谢学院的领导们，吴志强原院长现副校长，两年前就组织了班子，收集整理我过去写的并在有关刊物上发表的文章，有一百多篇，根据文章的内容与性质，拟定了："第一篇建筑设计创作；第二篇建筑理论探求；第三篇放眼城乡发展；第四篇艺江友海汇流"四大部分680页。也是我60年来和吴庐生同志（包括金大均书记、黄兰谷老师以及与我英年早逝的孩子戴维平和我共同写的文章）。我的内心非常激动，这是几十年我的一部分思想活动的积累。非常感谢学院、非常感谢学校、非常感谢有关的领导和同志们！

此外，到目前为止，我培养了2名博士后、46名博士和57名硕士，我还要继续培养博士后、博士生和硕士生。

17 我的承诺

各位领导、各位嘉宾、各位同志，非常感谢大家今天忙里抽暇来出席这一个聚会，使我很激动、很受鼓舞。回顾这六十年，我的一切都是党、新中国、人民政府和学校给我的，虽然我已经84岁了，但我仍旧要发挥余热，为教育事业、为建筑事业、为国家、为人民贡献我力所能及的力量，用我的余热，为祖国的富强，人民的幸福安康再多尽一份力！谢谢领导、谢谢嘉宾、谢谢大家！

13　我和国歌
——应上海院士风采馆及国歌展示馆所约而写

戴复东

我出生于1928年4月。1928年，日本帝国主义者在山东济南杀害了北伐军的一位叫蔡公时的代表，制造了"济南惨案"。我的父亲叫戴安澜，是黄埔军校第三期毕业的学生，当时他是北伐军的一位低级军官，但他对日本帝国主义极为痛恨，就将我取名为戴覆东，意思是要覆灭东洋帝国主义。小学一、二年级时，我在北京北池子小学读书，父亲当时是北伐军17军25师145团团长，部队驻扎在北京南苑，任务是要守住长城，不要日本帝国主义者侵占我国华北，他们的部队在北京北面长城的古北口地方，与日本军队进行了激烈的战斗，我的父亲受了伤，他得到了北京及华北地区人民的称赞。我二年级还未完全读完，由于日本帝国主义的凶焰，父亲所在的部队就撤出了北京，妈妈和我就搬到了南京，日本帝国主义者占领了北京。我在南京鼓楼小学读三年级，当时虽然我还小，但对日本帝国主义的野心嚣张的气焰很气愤。后来日寇在上海挑起了淞沪之战，全国人民痛心疾首，咬牙切齿，但没有好的、能立刻见效的办法。那时，上海的电影工作者拍出了一个电影叫《风云儿女》里面有一首歌叫《义勇军进行曲》受到广大人民的欢迎。学校的老师都教学生们唱这首歌，电台（那时电台远不及今天发达）也经常播放这一首歌，只要大家一听到："起来，不愿做奴隶的人们，用我们的血肉，筑成我们新的长城，中华民族，到了最危险的时候，每个人被迫着发出最后的吼声，起来！起来！起来！我们万众一心，冒着敌人的炮火，前进！前进！前进！进！"这个歌不要教，一唱就会，因为这是每个人心中的话，很快地在社会上传开了。一直到后来，日寇占领了上海，我母亲带着我和一岁的妹妹回到了安徽省无为县的老家，但很快地，日寇又要攻打南京，父亲在河北抗击日寇，我们随着家族中的长者向武汉、长沙方向逃难，也成了难民。每个人对日本帝国主义者的愤怒、仇恨达到了无比的程度。后来，我的父亲被任命为国民党的二百师师长，他带着队伍到了广西壮族自治区，我们这时才和父亲会合到一起。当时国共合作，父亲的师里就有了文工团，每个星期六晚上师里都要举行营火晚会，文工团员演出激励抗战、反对汉奸的话剧。晚会中，大家一定会一起唱歌，其中有很多爱国反敌的歌曲，而最后一个一定是"义勇军进行曲"。这是最能团结大家、激励大家、给大家信心、力量和希望的歌曲。唱这首歌时全场沸腾，最后的"前进！前进！前！进！进！"更给大家带来胜利的希望。不久以后，我到贵阳读中学，父亲的部队到云南。我们中学的歌咏之风很盛，师生们爱国热情旺盛，《义勇军进行曲》始终是鼓舞我们的精神力量。1948年我中学毕业，家在南京，我考取了当时中央大学的建筑系。在进步学生的领导下，参加了地下党领导的革命活动，而且我和家庭掩护了地下党的材料。

中华人民共和国成立后，当时大家也在议论国歌的事，我感到法国的国歌是《马赛曲》，我们也可以用《义勇军进行曲》。结果梦想成真，我想这首歌是在中华民族最苦难的时候出现的，真正地表达了全民族和全体人民的心声。因此世世代代都要记得她，思念她，永远作为我们这个伟大而谦和民族和人民的心声，永远激励着我们善良、勇敢、向前！

14 建筑设计、为人服务、永无止境

戴复东 吴庐生

从人类开始利用各种物质与方法，超出一般的兽类，能有意识地、因地因事制宜地构建出保护自己的环境，使得自己和组群得以安全与舒适的生存，这就是人类在进行广义的建筑设计工作了。从那时到现在，根据历史学家的考证，建筑设计在我国比原始人的 170 万年还要早的泥河湾人已有 200 万年，以我国历史上著名的"燧人氏取火"迄今，也已经有一万年的时光了，但那时缺乏建屋方面的文字记录和遗物，我们不知道在这些方面原始人究竟是根据什么原则和如何操作的。

在《建筑与你——如何体验与享受建筑》这本书中，作者向我们介绍了国外的一些情况。大约在公元前 40 年，古罗马时代的建筑师马库斯·维特鲁维·波里奥（Marcus Vitruvius Pollio）较早地向人类明确地宣布：设计的主要指导元素为"适用、匀称和经济"。

现在的建筑师仍旧向这些希腊人学习，即伊克蒂诺（Ictinus）、卡里克瑞特（Callicrates），他们是雅典卫城的首席建筑师。卫城有一座帕提农神庙，它拥有已建成"最完美建筑"的声誉，建造技艺达到了登峰造极的程度。但是有一个对帕提农神庙严厉的批评是：它的成本太高了，"愚蠢"的人是想象不到的，建筑师陷入了巨大的麻烦之中，某些历史学家曾说过：帕提农神庙促使了雅典王朝的颠覆。

回头看一下更古老的建筑。据记载：埃及最大法老的胡夫金字塔，花了 20 年，由 40 万名奴隶建造而成。胡夫金字塔为这么多人带来了痛苦。这就是高投入。

世界著名的、美丽的印度泰姬陵，曾受到广泛的赞誉，但它却促使了莫卧尔人的衰落，连它的建筑师也被推入到滚烫的水中，因为它的建造费用太高。以上是这本书中所提到的实例。

当我们在大学生的时代（20 世纪 40 年代末、50 年代初）国际上和国内对建筑设计主要元素的看法是："适用、美观、经济"。新中国成立不久，50 年代初期以后，国内建筑界批判了建筑设计中的浪费现象以后，刘秀峰部长在一次全国建筑会议上提出了"适用、经济，在可能的条件下注意美观"的建筑设计原则。得到了全国、全社会和业界的认可。因为我们这个庞大的国家要走上繁荣富强的道路，要靠国家的经济来支持，因此，这一提法是切合国情、符合实际的。

一转眼，60 年就过去了，在今天，我们的国家在中国共产党的领导下，逐步走上了繁荣富强的道路，国家的基本建设、维护广大人民生活的城乡建设和环境，在新的、复杂的历史与时代条件下，设计上应该遵循什么方针原则被提上了日程，大家也在纷纷议论。

我们觉得，建筑设计工作是一项在地球条件和人类环境的制约下，在国家的经济、物质生产和供应的情况下，妥善地因时、因地、因事制宜地为人民服务得好的问题。我们想到了在建筑设计中有六个方面应当注意：

（1）保证安全。建筑和环境最重要的任务就是要保证人的生命、健康和财产的安全，这里有结构的稳固、材料的无毒害、安全地疏散、避难，防偷、防盗、不会发生意外等。建筑师要注意各种突发事件发生的可能及规避的方法。

（2）完善功能。人对功能的要求是很广泛的，随着科学技术的进步、物质生产的丰富，人们对功能的要求会越来越广泛，因此建筑师必须重视这方面的发展，并努力做到与时俱进。

（3）优化造型。随着经济的发展和时代的进步，人们对建筑美的要求也与日俱增，这就要求建筑师在经济和物质材料许可的基础上不断提高自己的水平，创造出日益优秀的建筑形态与空间来。

（4）宜人环境。人生活在大大小小的各种环境中，就以一幢建筑来说，就有室内、室外、周围等大大小小的各种自然环境、人工环境及半人工半自然环境，我们的责任就是要使人生活在舒适宜人的环境之中。

（5）低碳节能。今天这一点已经上升到全球的、国家的、地方的重要事项当中，它关系到我们生存的地球大环境的安全问题。建筑师必须要认真严肃地加以重视。

（6）投资平衡。要建造建筑物，国家、有关单位、投资者是要拿钱出来的，如何能在投资数量的控制下，设计好我们所要设计的建筑物，这应该是建筑师的一项必须加以认真对待的问题。

当然，对不同性质、不同功能、不同地区的建筑物也可能在以上六点之中各有所侧重，或者还会有不同的其他的要求。但是我们想，对绝大多数建筑而言，以上六点如果能够做到的话，对建筑师来说应该是可以比较放心地交出答卷了。

以上意见不知当否？敬请批评指正。

15　在美国做访问学者记事

戴复东

引子

1982 年 5 月 26 日，这是父亲戴安澜在第二次世界大战的同盟国和伟大的抗日战争缅甸战场上英勇牺牲 40 周年的日子。民革中央在北京人民大会堂台湾厅举行"纪念戴安澜将军殉国 40 周年座谈会"。全国政协副主席萧克将军在会上赞扬戴安澜是一位值得纪念的民族英雄。这是伟大、光荣、正确的中国共产党对先父的评价，我们家族中的每一个人都受到鼓舞。

1982 年下半年，同济大学给了我一个到美国去做访问学者的名额，对我来说这是一件光荣的事，可是如何完成这个任务呢？接下来许多手续就要全靠我自己办理和操作。那时我 54 岁，是同济大学建筑系副教授。

首先，我先短时间补习了英语，然后通过了正式的考试，这就过了第一关。

其次，我要联系一位国外的友人做我的经济担保人。找谁呢？我想了好久，这个人我应当认识，同时他要有钱，又肯做我的经济担保，不大容易找。后来，我想起我父亲的老上级——抗日名将徐庭瑶将军的次子徐先涛先生，他在美国是一位房地产开发商。1940 年，父亲在昆仑关战役中背部受重伤，从前线被抬下来到柳州，就是在徐老将军家治疗的。那时是冬天，母亲带着我们子女三人（小弟尚未出世）从全州赶到柳州看望父亲时，就是住在徐庭瑶将军家，当时我正在全州读小学六年级，和徐先涛及他的哥哥徐先汇年龄相仿，所以大家比较要好。我写了信给徐先涛先生后，承蒙他的好意，允诺做我在美访问期间的经济担保人，并填写好了经济保证书，这就又过了第二关。

第三，我要找一个我想去并能去的大学，而他们也要愿意接纳我做访问学者。想这个大学所在的城市应当是我想去待一段时间的地方，因为我是学建筑的，纽约是世界上最大的城市，建筑不论新、老，量多质优，街道、环境也非常别致。国内学校订阅的美国建筑杂志《建筑实录》《先进建筑》上有不少关于纽约及其建筑的介绍，我立即就想到了纽约市。而纽约市内有一所著名的哥伦比亚大学，有个建筑与规划学院。可是，这所大学肯不肯接纳我呢？这是最关键的问题。后来，我知道有一位哥伦比亚大学建筑与规划学院的硕士毕业生安东尼·凡其奥尼（Antony Vaachione）先生在天津大学访问，正好，我有一个机会去天津大学，见到了这个黄头发、蓝眼睛、白皮肤的文静青年，天津大学的老师介绍了我以后，他告诉我，在美国哥伦比亚大学是资历较早的大学，建筑与规划学院成立于 1881 年。现任院长叫杰姆斯·斯蒂华·波歇克（James Stewart Polshek）教授，也是一位著名的建筑师。我就把自己想到哥大进修做访问学者的事告诉了他，他表示了欢迎。我请他代我向波歇克教授表明我的愿望和敬意，同时请他带去了我的申请信。

我的母校东南大学，当时叫南京工学院，我的老师刘光华教授在那儿工作，20 世纪 40 年代中期，他是哥伦比亚大学建筑与规划学院的优秀研究生，他在出国前知道了我的想法和要求，就以校友的名义写了一封信给哥大建筑规划建筑研究学院，对我进行了推荐。

同时，南工有一位比我低两级的高民权校友，已早我好几个月到了哥大建筑规划学院做访问学者，我写信给他请他帮忙推荐。

后来，我知道哥大建筑与规划学院有一位终身教授克劳斯·赫尔岱格（Klaus Herdeg），对阿拉伯和中国文化很感兴趣，我写信给他表明了我想做哥大访问学者的心意。不久，他来中国，到同济讲学，赞同我去哥大。他回纽约之后不久，我接到波歇克院长同意我去做访问学者的信件，1982 年 12 月 13 日，我又收到了哥大人事处处长格雷汉（Graham）先生寄来的 IAP—66 入境申请表格，我非常高兴，第三步又落实了。

有了这些信和文件之后，我就可以开始办理正式的入境申请了。那时办这种手续是比较麻烦的，等表格寄出国，获批准，再寄回来时，已经到了 1983 年 4 月下旬了，同意我的申请表上批准的入境日期是 6 月 1—15 日，接下来就开始准备带出国的学习资料、四季衣物、生活用品、办理护照等，我患有糖尿病，还要备齐相关药物，还要带去我编写并已出版的《国外机场航站楼》及在其他杂志上发表的文章等，忙得不亦乐乎。正巧，我又光荣地当选为第六届全国政协的无党派委员。6 月 1 日—6 月 12 日要到北京去开全国政协会议。我想，这是党和政府给我的荣誉和对我的信任，我一定要参加。所以，5 月下旬我参加了出国人员培训班的出国知识学习，然后按时参加了全国政协会议。6 月 15 日，我才由上海启程赴美。那天，很奇怪我一点没有特别的激动，就好像是到广州或北京出差似的。我很早便到了虹桥机场，但最后才办好出境、安检手续，到了和妻子庐生和儿子维平分手时，才感到心中不是滋味。机场大巴接客人登上民航 981 号的波音 747 飞机。B747 从书上我已很熟悉了，但第一次看见它并乘坐，还是很有新鲜感的。机舱内人不多，我的座位虽靠窗，但视线却被机翼挡住了一部分，想看看舷窗外的景色，但一是被机翼挡住，二是天下着雨，视线不清。近下午 2 时许，飞机进入跑道，滑行向上，虹桥机场候机楼在雨中只见淡淡的模糊影子，飞机一下子就进入了密厚的云层，下面什么都看不见了。此后，飞机一直在云海里飞，从九千米到一万一千米高空，全都布满浓云，茫茫云海一片混沌。

3 点半时，服务员开始送晚饭，一个托盘，量不多，质不错，挺丰盛，饭很热。我问空中小姐日本在哪里时，被告之，已经过了，失之交臂。晚饭后，天全黑了，繁星满天，突见南方有一架飞机，根据灯光移动的方向判断，是向西往祖国飞行，我感到很亲切。

5 点半，机舱内熄灯睡眠，可是我睡不着，7 点醒一次，8 点醒一次，10 点天色大亮（在上海是夜间），往窗外看去，下面是太平洋，一片深蓝，几朵白云飘浮其上，后来，好不容易看见一只很小的船，后面拖着一条白浪。突然，机舱里沸腾了，我朝窗外一看，见到了美国西海岸的大陆。海岸蜿蜒，波浪给它镶上了一条白花边，土地是绿色的，茂密的森林呈深绿色，地形起伏，呈丘陵状。大地上有很多小住宅，一家一个庭院，布局整齐，各不相同，整个住宅区色彩很鲜明，跟我们在校时做的模型有些相像，给人一种兴奋感。飞机向南飞行了 10 多分钟，降落在旧金山机场，我感到既熟悉又新鲜，老候机楼简单，略显木讷，新候机楼简洁，立体感很强。整个机场内办手续的路线很曲折，但指示牌极为清晰，好似有人带路，因此人多而不乱，秩序井然。

办完入境手续后，11 点多，我又登上了中国民航原班机，继续向东往纽约飞行，在舱内，我换到了一个视线没有被遮拦的靠窗的位子。飞机起飞后不久，又看到大片的小住宅区，我问坐在前面的一位美国人，这是哪里？他告诉我是奥克兰（Oakland）。后又看到一座高山，有浓密的树林，他又告诉我，这是内华达州锯齿山。整个地区叫优色迈特公园（Yosemite park），有一个坍荷伊湖（Lake Tahoe），湖水有 1 英里深。这位美国人 40 岁不到，他和妻子带着两个孩子，热情地向我介绍，表现出了一位普通美国人的热情好客与自豪感。到内华达（Nevada）州时，他告诉我这儿可以赌钱，但赌会输钱。我看他是指拉斯维加斯城，心中想：我是不会去赌的。内华达州看上去有大片的荒地，极少农田，好像极少草木，看起来大量地面有被水冲刷的痕迹，疑为大片湖泊干涸。

不久看到了有大片积雪在顶上的洛基山（Rocky Mountain），我立即想到在中学里我们常唱的那首《当春天来到了洛基山》。此后，又看到不少丘陵的山地中修好了很多小住宅区的道路网，但还没有房子，美国人重视先建地下基础设施，再建地上房屋的做法是对的。

12 点多吃饭，吃完饭看电影，我因为想看舷窗外的土地，所以没看电影。一路上我经常看到地面上不时有呈圆形的田地，用水灌溉着，田地中心有一个臂，边转动边喷水，这也是一种好方法。

5 点 3 刻，我看见了大片平原，道路看上去是近 200 米左右的方格网。美国的交通太发达了，我又问坐在前面的美国朋友，他说这可能是艾奥瓦州（Iowa）或俄亥俄（Ohio）州，下面是农庄。看到这些，我就在想，这是一个充满着巨大物质财富的土地，但对我说来充满了未知数，我此刻是在美国大地的上空，并未真正踏上它，等我到达纽约时将会是怎样的一种情景呢？不久，我看见下面的田地分成了小块，道路也不再是先前的方格网了。

6 时半，过了密歇根湖，看见了很多房子，仔细地看有世界第一高楼西尔斯（Sears）大厦，此外又看见了大运动场和体育馆，这是芝加哥大学，又看见了芝加哥的奥黑尔（O'Hare）机场，太熟悉了。

7 点 40 分，天还很亮，下面还有一个城市，啊！是国际贸易中心！帝国大厦！啊！曼哈顿岛到了！纽约到了，下面是一片烟雾。飞经曼哈顿后，飞机又向东飞了好几分钟，再折回，下面可能是长岛（Long Island），飞机高度降低了很多，地面上全是小住宅，可游泳池少了，在住宅群中不时冒出一些形态各异的中小型公共建筑，设计和建造质量都很高，人和汽车清晰可见。飞机即将降落，可还没见肯尼迪机场。最后，飞机落上跑道，我看见了熟悉的国际候机楼和著名美国建筑师沙瑞能（Sarrinen）设计的大鸟形环球航空公司（TWA）候机楼，多激动啊！最后飞机停靠在泛美航空公司新楼前。我终于下了飞机，拿了行李，带着新奇寻觅的目光走进迎客大厅时，中国驻纽约总领事馆的同志已举着牌子来迎接我们了。其中有总领事馆教育组长施正铿先生及夫人周淑清女士（周女士是同济校友，在领事馆工作），我非常高兴。

上了车之后，向纽约市区进发，只见高速公路上，每边三车道，中间由绿岛隔开，往市区的车和上机场的车成串移动，在我这边看一片车尾红灯，飞速向前，另一边，一片车头白灯，飞速往后，因为有中间绿岛，灯光不耀眼，那景象真是车如流水马如龙，见所未见。穿过东河水下隧道进入纽约市区后，几十层的高楼，灯火通明，街上亮极了，感到这真是世界上最繁华的大都市啊！一路上从纽约市区西面的哈得孙（Hudson）河边上的整个 12 大道和整个 42 街一直到交角上的 520 号中国领事馆都是这样，一片辉煌。

车从领事馆侧门开入，上到六层楼车库，进入公共活动层，下车、搬行李、等候，一点不心慌，安全感很强。我被安置在走廊尽头的 1138 号房间。内有三张床位，有浴室、大壁橱，墙上有长条镜、台灯。在食堂进餐时每人每顿饭后一份水果，今天初到，有两个大橘子，吃完晚饭后回房间洗澡、洗衣服，休息时已 11 点多了。因为身上没有金属分币，所以没法打电话。

16 日早上，我五点多就起床了，窗外是哈得孙河和码头。在离领事馆北面第三个码头旁停了一艘无畏号（Fearless）小型航空母舰，它在第二次世界大战中立过战功，上面停着二战时的飞机，现在这艘航空母舰已成为博物馆。吃饭前我在电梯里遇见了两位贵州歌舞团的小青年，他们上 20 层屋顶拍照，我也跟上去，一推开上屋顶的门，哎呀！真是豁然开朗，大开眼界。这个屋顶层是一个游泳池，四周铺了人工草皮，视野极其广阔，可以看到整个纽约城的侧面全景，轮廓非常清晰动人。高层建筑此起彼伏，排列在面前，犹如在安徽歙县，看黄山群峰。我突然产生了一个新的体会和想法："人工景物的创造创作可以不是自然，而应当有自然之意、之感、之趣。"我想我一定要把这罕见的景色用我自己的速写方法画下来。当天下午，我向领事馆要了几张 A4 复印纸，又抽时间上了屋顶层，画了屋顶看纽约全景图，横向排列，一共有七张，可以连起来，并且在领事馆自己花钱又复印了一套。

9 点正，领事馆找我们这一批到纽约的人见面，由总领馆教育组组长施正铿先生向新到的人员问好，并介绍美国和纽约的情况以及注意事项。最后告诉大家，考虑到在纽约费用较大，国家给访问学者的津贴较高，是 410 元美金/月，但实发 390 元美金/月，因为考虑如有急需还有出处。施组长讲完之后，我就专门找到了主管哥大的杨鸿兰先生，把我的情况、要求告诉他，并将我带的《国外机场候机楼》和部分杂志上的论文也给他看了。这样我就算正式到达纽约，开始了新的陌生的生活。

到哥伦比亚大学做访问学者

到达纽约不久，我马上与哥大建筑与规划研究生院联系，接电话的不是波歇克院长，而是院长秘书戴维·欣科（David Hinkle）先生，他知道我已到纽约，很高兴，约我 6 月 17 日即到哥大去。

17 日上午，我乘公共汽车去哥大，在纪念馆东北角的爱弗瑞大楼（Avery Hall）的二层楼建筑与规划学院办公室里见到了戴维先生，他个子不高，与我差不多（1.65m 左右），长得比较清秀，留了小胡子。他很高兴我的到来，和我寒暄一会以后，便叫我到人事处去见格瑞汉（Graham）处长。我随即又去了另一幢楼，在人事处处长大办公室中见到了格瑞汉处长，他是一位长得很高大魁伟的中年男子，他比较严肃地问了我的情况后，看了我的护照，开了一张介绍信，叫我去爱弗瑞图书馆去办借书证手续，并给我去办美国国内安全编码（Security number）。随后我又到图书馆去办借书证，这样我就正式地被安置在哥伦比亚大学建筑与规划学院做正式的访问学者了。后来戴维告诉我，格瑞汉处长在部队工作了 20 年，看来人事工作是要退伍军人来做是比较好的。

建筑学与城市规划的研究生都有建筑设计和城市设计的课程，这些课程要在大的绘图板上进行设计的研究和探索，图纸都很大，每一位学生要有一个比较大的空间放置图板。此外，还要不少空间安置图书、杂志等参考资料、卷起来的作业图、绘图用的三角板、比例尺以及针管笔、圆规、墨水和改图用的卷筒透明拷贝纸等，所以都是专用教室，而教师又有专用的办公室。由于学院的建筑面积不大，所以像我和高民权这样的访问学者，他们就让我们挤在一间多用途的工作室中，别人不用时我们就借用一下。

1881 年，当哥伦比亚大学还是一个学院时，就成立了建筑学科，作为矿业学院的附属机构。1922 年，威廉 A·波瑞恩（William A. Boring）担任了第一任建筑学院的院长。

1981 年，学院举行了百年院庆。当时，现任院长、著名建筑师与建筑教育家杰姆斯·斯蒂华·波歇克（James Stewalt Poishek）教授就担任了院长并主持了庆典。

知道了这些情况后我非常开心，但因波歇克院长很忙，不在学院，所以未见到他。他约定 22 日与我会面。当天下午，我见到了我的推荐人之一克劳斯·赫尔岱格（Klaus Herdeg）教授，相谈甚欢。

6 月 22 日上午，我到哥大爱弗瑞图书馆看书，下午到学院与波歇克院长会面。他是一位五十岁左右、具有长者风度的智者与学者。他向我表示欢迎，询问了我的情况和要求，我一一作答以后，他告诉我，赫尔岱格教授是我的指导人。接下来，我将我编著的《国外机场候机楼》、小型张的《宋平江府城碑图》和我写的英文说明以及我在纽约领事馆屋顶上画的"纽约城市轮廓线图"复印件赠送给了他。看到这些，尤其是纽约轮廓图他非常喜欢，马上在抽屉里找了一支稍粗的黑墨水笔送给了我，告诉我说：今后可以用这支粗笔画建筑速写。我向他表示了谢意，他又告诉我，今后生活或一般的事务可以找戴维和莎拉（Sarah）（另一位年长的女职员），并将我介绍给他们。随后，戴维介绍了办公室里的设施——复印机、电动打印机等，并告诉我如果需使用它们，告诉他或莎拉一声就可以了。这些都是最新的装备，对我的学习和资料收集整理太有用了，我连忙向他们表示感谢。后来我整理医院建筑的正式文本《医院建筑综合设计——需要与可能的有机结合》，就是在这台电动打印机上完成的，一直到 1984 年时，我在学院里看书、参加教学讨论，进行建筑设计、借阅图书馆书籍等，他们都看在眼里，所以对有些我认为重要书籍的复印，他们也愿意我用学院中的复印机，并帮助我复印。到学院以后一年多时间，我参加了以下一些活动：

1. 在赫尔岱格教授教学组与学生面对面的教学中参加活动：上课时，学生在课堂内进行思考、探索、画草图，我也到教室，看看学生们的思考情况，有时与他们交谈，了解他们的想法和问题。由于他们是硕士研究生，原来专业有的是学建筑学的，有的则不是，基础就不一样，但是在学习中要解决的问题却应当是一致的，这样程度就参差不齐。可是有时非建筑专业出身的研究生思考的问题会独辟蹊径。

设计课每一个课题要花好几个星期的时间，按进度每周要有一至二次的导师讲评与集体讨论。这些讨论我也参加，相比较当时国内我们同济大学的情况也大致相仿，而他们师生的观点、见识等，比起我们要先进、细致得多，同时在一些方面要更深入一些，考虑问题的根本出发点，对人的重视、关怀要更多一些。

2. 听课：在国际上请著名学者和建筑师参加教学，对学生开阔思路，扩大眼界有好处。1984 年 1 月 23 日新学期开学时，赫尔岱格教授指导的课题由柯兹迈诺夫（Kotsminoff）老教授（学院前院长）做教学组长，请日本著名的建筑师槙文彦（Fumihino Maki）一同指导，我也参加听课、学习。槙文彦原在哈佛大学教书，是赫尔岱格教授的老师。这样，我也得益不少。哥大建筑规划学院有一位教建筑历史和理论的教授弗兰普顿（Frampton）讲授《先进理论》（*Advanced Theory*）的课，我去听过，同时他又讲授《建筑物综合分析》（*Comprehensive Analysis of Building*），我也去听。他的课内容很丰富，见解很新颖，但比较难全听懂，我笔记虽记录了，但不太完整。

此外，我还听了一门《计算机入门》的课。因为当时美国在计算机的应用上已得到普及，我在大学时的一位黄兰谷老师到美国来，他想把计算机学会，所以也劝我学，我就去听课。下了死工夫，课堂记笔记，记了一厚本，但我没有计算机，如果在校内上机要另外付费，可是我又拿不出多余的钱来。在当时，即使学会了计算机入门，对我的学习来说还不能派大用处。我一直保留着计算机应用普及及教材的笔记本。

3. 参加设计课的设计学习：1983 年 10 月 14 日，赫尔岱格教授生了一个儿子，取名约翰·保罗·尼翁·赫尔岱格（John-Paul Leong Herdeg），他非常高兴，正好他指导一个新课题设计，就出了一个"思想舱"（Think Tank——智囊团库）的题目。即假设某一智力公司要组织一批智者工作，但需要较大的空间，因此在纽约的某一高楼顶上加建这个思想舱空间，学生就要做这一空间的定位及较细致的设计，这是一个假题真做。我想，我也应当像学生一样，进行这一课程设计。

我选择了 42 街中间的一座泛美航空公司总部大厦，在顶上加添了一座"思想舱"。

设计做完之后，赫尔岱格教授送给每人一张卡片，上面有他儿子的出生照片、孩子出生的一个脚印迹。这是很值得纪念的事。

4. 参加中国驻纽约总领事馆的活动：为了感谢哥伦比亚大学和纽约大学对中国留学生及其他留学人员的热情接待和帮助，1984 年 2 月 10 日（春节），中国驻纽约总领事馆举行了盛大的春节招待会，盛情地邀请和接待了哥伦比亚大学和纽约大学两校的校长、教务长以及下属的几十所学院的院长暨夫人等共 400 余人。总领事曹桂生先生夫妇、副总领事纪立德先生夫妇、主管留学生的教育领事施正铿夫妇等都出席了招待会，我也参加了。哥大留学生会在张祥会长的领导下做了不少准备工作。哥大院长波歇克教授和夫人、建筑系主任马克思·朋德教授和夫人，以及赫尔岱格教授都出席了，对招待会和晚餐他们都很感兴趣，宾主欢声笑语，晚会非常成功。招待会使院长、系主任和我们感到更亲密了。

5. 学习了哥大建筑与规划学院的办学理念：波歇克院长在《学院的哲学与目的》一文中提出："建筑与城规学院是由五个相互独立但又相互合作的学位专业组合而成。集中在各学位教育培训的课程是针对一个大问题的范畴：人及其环境的不同方面。五个学位的学习在一个单一的学院中，可以使不同实体的理解进入到环境的创造之中，并保持各实体的相互依存。"这一点在当时和现在都一样是很重要的理念，即建筑、规划等学科要研究和探讨的问题是人与环境的问题。这给我以很重要的启示，回国后不久，我担任了同济大学建筑系主任，后来又协助江景波校长建立了建筑与城市规划学院，设立了建筑学、城市规划、风景园林（以上是老系主任冯纪忠教授时成立的）、室内设计和工业造型设计专业，针对人与不同范畴和尺度的环境问题的探索和研究。

6. 知道了师生学习资料来源：一为爱弗瑞纪念图书馆，当时是世界上内容领先的建筑图书馆之一，1890年由撒弥儿·普特南·爱弗瑞（Samuel Putnam Avery）建立，收集了建筑及有关领域的重要书籍。在专业上堪称国家图书馆，在世界建筑历史上成为国际研究中心，例如馆藏有关建筑的第一本印刷书籍 I. B. 阿尔伯提（Alberti）的 *De Re Artificatoria*《论建筑》（1485年）。此外爱费瑞图书馆中还有一个专为学生用的威尔（Ware）纪念图书馆。

二为纽约市：是学院可用的主要资源。它的历史与广泛的现代建筑实例，对广大师生及外国学者可以提供无穷实例，此外还有地方实验室、博物馆、美术馆和各种建筑与规划机构，包括各层次建筑师的设计事务所等。

7. 熟悉了哥伦比亚大学的概貌和印象：从我在1983年6月17日到达哥伦比亚大学并正式成为哥大访问学者时，对它就产生较大的好感。这个校园很整洁、很美，建筑物绝大部分都采用西洋古典建筑的式样，其中又夹杂一些美国的特色，但校园内部空间关系处理得较好。建筑物绝大部分都使用淡米灰色的石板材饰面，也有一部分墙面用深褐红色面砖，而柱、沿口、裙墙用石，整个给人一种既有厚重的历史感，又有深沉的文化氛围的印象。整个校区地面北高南低，建筑物有高有矮、疏密有致。绿化的面积不是太大，但尺度、比例很好，有大草皮、各种树木，而且不少树木还在不同的季节开花，6—7月繁花满枝，给人以色彩缤纷、生命旺盛之感。师生、游人们坐在草地上，小松鼠在树上、草坪上跑来跑去，树上不时还有鸟鸣雀跃……国内有些老校，可能建造时财力和设计能力不及美国，有历史感、文化氛围上努力了，但相比下来差一些。

在西校门（主校门）和东校门之间有一条大通道。联系了西面的百老汇大街和东面的阿姆斯特丹大街。校园最核心的地方是一个有八角状圆穹顶的基督教纪念图书馆，位于一块高地上，有好几层台阶，前面直到大道都是石头铺砌的硬地，中间台阶位置立有象征母校的铜塑像，很有气度、雍容华贵、大方得体。在这块广场硬地上，师生、外来游客、家属们也经常用一张纸垫衬在身下，坐在广场上休憩，使校园增添了活力。1984年夏天，学期结束时，应届毕业生举行了毕业典礼，这座建筑物的广场前人山人海，气氛非常热烈而庄严，学校备有硕士生礼服，届时出租。集会的前两天戴维·欣柯先生对我说："你也可以租一件礼服去参加典礼。"我很感谢他的好意，但我想我又没拿学位，所以没有租衣服。毕业典礼那天，我看了不少活动，拍摄了许多幻灯片。

我在哥大作访问学者的这段日子里，著名现代雕塑家亨利·莫尔的作品正好在哥大主校园展出，一些形态各异的雕塑、有着斑斑水印的铜像，带着浅色花岗石的基座，一座一座地分布在校园内，与校园环境相得益彰。此外，校园内还有一定数量原有及陆续树立的铜质塑像，在雨水冲刷后痕迹斑斑，站立或卧坐，与青草、绿树交融互动，与建筑物彼此映衬，使校园更平添了几份历史沧桑和文化底蕴。

购买相机记趣

同济大学建筑系有一位中国摄影界的元老泰斗人物——金石声（艺名），他就是在城市规划领域内的泰斗元老——金经昌教授。他的摄影水平很高，而且经常会说出精辟的道理，耳濡目染，我也喜爱上了摄影，自己冲印照片，并乐此不疲。但由于经济条件制约，所以一直没有像样的相机。出国时也没有带。到达纽约之后，我参观了一些建筑物，感到需要买相机了。

当时，在美国是日本相机占主要地位，如尼康（Nikon）、佳能（Cannon）、奥林巴斯（Olympus），等等，价格当然是不菲，但相机和镜头的性能和质量对我这个搞建筑专业又兼爱好摄影的人比较合适。42街上有很多卖相机的商店，看上去价格挺吓人。记得领事馆同志告诉过我们，有些店家有欺生现象，所以我问也不敢问。朋友告诉我，日本相机质量都是可以的，但以尼康、佳能为好。由于美国航天局在一次选择航天用的相机时选用了尼康，这样我就坚定了购买尼康135型单反相机的决心。可是会不会有假货呢？我怎么样才能不上当呢？心中完全无数。

后来有位朋友带我去找一位专门经营照相机的陈先生，和他见面以后，我说了我的想法，想买尼康135型单反相机，他问我是手动操作还是电子操作，我说不清，他便建议我买手动尼康FM型相机，质高、价优，然后说到镜头，我希望拍高层建筑物时上下一样宽窄和大小，而不是形成透视下大上小的画面，他说有，这种镜头叫PC（透视控制Perspective Control）镜头，尼康、佳能均有，佳能是35mm，尼康有35mm、28mm，我想28mm是广角，视野范围可以大很多，便决定买尼康FM型单反相机，28mm尼康PC镜头。这样，我在美国一年访问期间，拍摄高层建筑照片、收集高层建筑资料的工具就很完善了。我满心欢喜地问他价钱，他告诉我，相机120美元一台，镜头250美元一只，合计370美元。我想这折合我一个月的工资了，如果再加上彩色负片及正片的胶片消费那就太吓人了，陪我的朋友说他认识一个人跟我有相同的想法，只买了一只130美元的35mmPC镜头，便宜多了。听了他的话后，我想既然要买PC镜头，那就要好一点的。可是370美元我从哪里拿呢？我算了一下，我到纽约后，领事馆先发了三个月的薪金，如果我买这套相机，那我就要拿不到两个月的薪金过三个月的日子（因为我已经花了一些费用在领事馆食宿、交通等方面）。思索再三，我最后发了狠心，还是要买这套相机。我既不是饕餮者，也不是美食家，只要基本上能果腹便可。于是我就咬紧牙关决定买了，后来他又减了点价，加了一个防紫外镜及皮套。这样一台FM尼康单反相机和28mmPC镜头就配套完整了。我如获至宝，它跟我漫游了美国，后来我访问香港、日本、马来西亚、新加坡、巴黎、柏林、奥地利、匈牙利、捷克斯洛伐克、瑞士等国家和地区，在国内很多省市及边远地区考察，它着实立下了"汗马功劳"。可是打从数码相机发展以后，它就逐渐退出历史舞台了。

纽约居，大不易

纽约是世界上最繁华的城市之一，这里高楼无数，但大部分都是办公性质的建筑，高层住宅数量相对说来不太多，而且多是富豪及高收入者家庭所有，特别是闹市区内更是如此。哥伦比亚大学位于上城，学生及普通职员居多，因此一屋难求。

我是6月15日晚到达纽约的，总领事馆考虑安排还是很全面周到的，当晚我就被安排在领馆招待所，当然是方便的，但住的时间不能长。我便托人四处打听，自己也积极寻找，虽有一些朋友帮忙，但难度很大，我的条件是希望能在哥大附近，而又不希望住得太北面。因为安全问题可能有隐患，如果住到布鲁克林去则距离太远，到哥大即使乘地铁，经济负担也会太重。

7月6日，放暑假了，有一条线索：在布鲁克林地区普拉特学院旁威弗内大道171号有一位台湾学生暑假回台，他的房间会空一段时间。171号中还有两位中国学者住着，我通过朋友的介绍能住在这里。这时放暑假，我去哥大只能是到图书馆，而普拉特学院有建筑系，院图书馆中有很多建筑方面的书籍和期刊，我想正好可以充分利用这一资源。

经过一些朋友的介绍，我又知在哥大旁118街419号第32公寓一些中国大陆学者的住地有一间房间可以出租。我好不容易找到了那儿，告知住客，我决定租住此地，并告诉他。我8月14日要去波士顿开会，8月31日回纽约，届时我就搬过来住。我把自己的姓名，哥大访问学者身份，同济大学的教师身份告诉了他，他当时笑眯眯地答应了我。

8月31日傍晚，我回到纽约，当即到118街419号第32公寓，原本答应得好好的住客却反悔了，不肯给我住，因为他的那个房间里又住进去4个访问学者。这使我非常狼狈，心中非常怨恨，大陆来的学者，为了自己少开支、多赚钱，一个房间住五个人，居然言而无信。因当时我无处可去，这套公寓的中国学者中有人气愤不平地叫我住一夜厨房。待我在厨房安顿下后，那个不讲信誉的住客还跑过来要赶我走，此时我只好置之不理，他没办法就不敢再来干涉我。另外几个房间里的中国学者知道情况后纷纷跑来安慰我，这让我感到很温暖。

9月1日，118街419号第32公寓中几位访问学者告诉我：有几处中国访问学者临时不在纽约的住宅，让我凑合着住三四天。那些地址我都记不得了，日子过得很别扭、很不方便。

9月上旬的一个星期六（美国当时已实施一周五天工作制），国内亲戚的两个朋友——在联合国工作的李醒嘉女士和她的丈夫余宗敬先生邀我到他们家做客。他们家住在上城区为高收入家庭用的一座高层住宅中，一套公寓有较大的起居室、餐室、两个卧室，采光通风都非常好，见面后，他们问起我到美国纽约之后的情况，我向他们介绍了到哥大之后的情况，当然也包括了到联合国总部参观的感受等。后来，他们问我住在哪里，我只好如实相告，他们听了很不愉快，后来决定叫我当晚便睡在他们家客厅里，我感到不妥，他们却热情地要我一面赶快设法找房子，一面暂住他们家，有感于他们的真心相助，同时我也别无他法，就只好暂住了一个多星期。至今我还为他们的热情相助而深表谢意。

我的住房问题赫尔岱格教授知道后，他也很替我着急，他和院秘书戴维·欣科都知道我是在努力地学习、工作，于是叫我自己写了对住房的要求登在哥大校报的广告栏里，不写姓名，只写一位中国建筑师需要一间住房。信息登出后一个多星期也没有回音，于是赫尔岱格教授打电话给哥大的副校长，三天以后，戴维先生告诉我，学校已特别批准给我一间房间住。根据学校的规定：访问学者是不给房子住的，学院商量后决定改变我的身份，从"访问学者"变为"访问副教授"，这样我就可以住这间房子了。戴维给校住房办公室写了一封信说明了我的身份，并帮我重新填了访问教授登记表，表上有婚姻状况、毕业年代、学位等，我告诉他，1949年以后，我国就没有学位了，我1952年毕业，当然没有学位，他表示理解，就给我填了一个"相当于博士（Ph. D）"。

表格填好之后，我立刻把它送到住房办公室，主管的阿尔特女士（Mrs. Alt）看了之后告诉我，给我一间工作室，在113街（哥大校门在116街，建筑规划学院在117街）。那天是星期五，已经很晚了。星期六、星期日是假期，她叫我星期一早晨去看房，房租、水、电、煤气加起来250美元/月。戴维告诉我这算是很便宜的了，有的外国留学生要400美元/月。我想，房子的位置等各方面很令人满意了，这是非常不错的结果了，学校和学院把我的"访问学者"身份改为"访问副教授"我应当知足、感谢，至于房租贵了点，这是我自己应当努力去克服的问题，我既不能再麻烦校方更不能找人合租（这在纽约是很不妥当的，是被外国人看不起的事，我绝不能这样做）。于是星期一一大早，我去看了房子后就定下来了。

　　这是哥大西南角上 113 街口近百老汇大街的一幢建造了多年的楼房，是 600 号，我的房间在 6 楼，6BB 室，面积 13 米² 多一点，房间的净开间只有 7 尺 6 寸（2.3 米），里面还有一个凹间，隔壁南面是两部电梯，开窗朝东，通过房屋的夹缝可以看见百老汇大街，当然这不是 42 街到 46 街的百老汇大街，但对面也有"学院旅馆·餐厅"的红色霓虹灯，24 小时不熄，车辆川流不息，车轮摩擦在柏油路面上很大的沙沙声从早到晚不停。我倒不怕吵，反倒觉得是一种独特的异国情调。卧室里铺满了地毯，深米色底子上密布豆沙色斑点，挺好看但旧了一些。屋里有些基本的家具，如：单人床，写字台，两张椅子和半沙发椅、一张靠背椅等，但没有书架。几天后的晚上，附近的百老汇大街上一家商店丢出了一大堆白塑料装配式架子和铁架子，我用一辆旧行李车把其中的几件拿了回去，洗净后做成了一个三大格的白书架和一个三格铁架，挺漂亮的，书和资料就全放上去了。这样，我总算有了一个固定的"安乐窝"了。厕所在走廊北端，厨房还要往里面走一些，五户公用，这个单元就住了五家，厨房有大冰箱，各户分开，洗池有冷热水，洗脸用自己的塑料脸盆，坐马桶有垫纸，洗澡是穿着拖鞋站在盆里洗淋浴。我的房门对面是两个垃圾筒，这儿的垃圾种类很多，报纸、杂志、书、衣服等，稍脏一些的东西都会用塑料袋包起来，厨房里另有垃圾箱，所以没有腐臭味，筒内放一个大黑薄塑料袋，收垃圾的人把黑袋一包，一拎就走了。

　　我住的地方大门有两道，一道可自由出入，另一道要用钥匙，而且一直有校警值班，所以比较安全。

　　每天早餐我就在厨房吃，一杯牛奶、一个鸡蛋、两片面包，涂些麦淇淋（人造奶油）加花生酱，如上午 11 时有课（周一、周三、周五三天），就带四片面包加人造奶油一个鸡蛋一个橘子或苹果，用铝饭盒装好，放在拎包中作午饭，渴了就喝些沙滤水。晚餐则变化大些，一般一个大鸡腿，一个鸡蛋和生菜，或是炒饭或面条，一杯牛奶，一点水果，零食与我绝缘，那里一小瓶花生米要 2.3 美元呢。

　　这样安定下来的日子，一直维持到我环游美国一周时。

（原载《中华人民共和国院士回忆录》一）

16　重获遗失的先父勋章

戴复东

从 1984 年 6 月 15 日到美国纽约以后，我的日程一直被上课、开会、市内及外地参观等等活动安排得满满的。转眼就到了 9 月下旬。我想到来美之前，家族给了我一个任务：由于先父二战中在缅甸战场上"浴血东瓜守、驱倭棠吉归"，取得了中华民族扬威海外的成绩，美国罗斯福总统建议美国国会授予先父一枚勋章。但在"文革"中，这枚勋章遗失了。所以整个家族希望我到美国之后，能再得到一张该勋章的照片，如果可能的话，最好再能有一个美国政府授勋的文件复印件。这可是一个重大而意义深远的任务！到达纽约之后在我的脑海中也经常浮现这一问题，时间不等人呀，我该怎么办呢……到铸造勋章工厂去要照片吧，工厂在美国什么地方我根本不知道，同时勋章的准确名称我也记不起来了，怎么能使别人知道我的要求呢？最后我想，只有一个办法，写一封信给里根总统，将先父的情况和获得勋章的事告诉他，希望他能给我一张照片和有关文件。但我又想，里根总统是美国的国家元首，他又不认识我，这已经是过去 40 多年的事了，我的要求他愿意理睬吗？怀疑、顾虑、犹豫……但是为了家族的愿望和要求，别无他法、只有一条给里根总统写信的路可走了。

于是，我定下心来，给里根总统写了一封信。告诉他，我是一位中华人民共和国的来美访问学者，我的父亲叫戴安澜，那里戴姓的英译是 TAI。他是二战时在缅甸抗日战争中牺牲的，美国政府曾授予他一枚勋章，但那时我年纪小，已记不起勋章的名字了，后来，这枚勋章丢了。现在我到了美国，家族希望能有一张勋章照片和当时授勋的文件复印件，衷心地希望能得到他的帮助。写好这封信之后，在信封上我就写了华盛顿特区、白宫、里根总统收。这些都写好了之后，信怎么寄呢？我想了很久，把信封封口，贴上邮票，走到哥伦比亚大学门口，看到了蓝色的邮筒，我就小心翼翼地将信投入了邮筒，听见"啪"的一声，信落下了邮筒，心里放下了沉重的负担，松了一口气，我只能希望这封信不要被人随便地扔掉。

信寄出之后，能得到回音吗？我一点也不知道，我觉得我可以和家族有个交代了。在纽约我只是一个"无用"的人，可能会辜负家族的期望。

接下来，我每天还是参加教学、听课，到纽约市区去参观，进行日常活动。慢慢的，我都忘了这件事了，有一天，我到纽约洛克菲勒中心附近去参观，下午 3 时左右，我走回学校，在校门口，我遇见了建筑与城市规划学院秘书戴维·欣科先生，他看见我后，告诉我说："你有一封挂号信"。我很想接到家中的来信，就随口问他："是那里来的信"？他回答说："美国陆军部"！说完就走了。我听了后大吃一惊，我想，美国陆军部怎么会给寄挂号信呢？我心里着实忐忑不安，但究竟是怎么回事呢？我又不能不去拿这封信。

到了院办公室，另一位女职员莎拉女士看见我说："你有一封挂号信"，叫我在挂号信记录簿上签了字之后，交给了我一个 A4 大小，但比较厚的信封。

拿到这封信我心里很沉甸甸的，不知道是怎么回事，也不知道该怎么办。

拆开了信封口，看见一叠东西，在面上信笺的标识是"美国陆军部"，下面是"美国陆军人事中心"，是美国陆军副总参谋长帕克特里·J·何南先生的署名，全信的内容是这样的："谢谢你 9 月 20 日写给里根总统的有关对您父亲死后授勋的信"，看到这里，我悬着的心才放了下来，原来是里根总统接到了我的信。接下去是："你会理解我们政府的最高领导总统不可能亲自处理写给他的信……因此由我回答您的询问……"

然后他告诉我授予先父的勋章是军团功勋勋章（武官级）（Ligent of Merit-official），他给我寄来了节录的授勋文件复印件，他说当然无法得到原有签署人员的签字，因此做了一个替代授勋奖状。他已经关照美国陆军支持活动的司令，直接重铸该勋章并交给我，我将会在 30 天内收到该勋章。

我接到这封附有先父事迹的复印件和授勋证书后，心中狂喜，并将这一封信给课堂上设计课的赫尔岱格教授以及上课的学生们看了，他们都非常欣喜地向我祝贺。这封信成了这一天设计课的插曲。

授勋证书的复印件是一张有美国陆军人事中心公章的"荣誉军功嘉奖令"，全文如下：

一九四二年七月二十日，经国会授权批准，美利坚合众国总统特颁发军团功勋勋章（武官级）授予在卓越军事行动中功勋彪炳的中国陆军戴安澜少将。

戴安澜少将作为中国陆军第二百师师长，在一九四二年缅甸战役中著有丰功伟绩，声誉卓著。戴将军出色地继承和发扬了军事行动之最佳传统，为自己和中国陆军建立了卓越的声誉。

10 天左右，我就接到了美国陆军支持活动组织寄给我的、再一枚授予先父的、背面镌刻先父名号、军团功勋勋章——武官级。我用相机将勋章拍摄照片，另外，我激动不已地填了一首诗。

《忆秦娥》

先父以生命与鲜血赢得了代表中美两国人民友谊之"军团功勋勋章——武官级"失而复得，感慨系之。

千般憾，
宝章不翼肠愁断。
肠愁断，
魂萦梦绕，
暮思朝盼。

"功勋"再铸光华艳，
斯人惠我酬衷愿。
酬衷愿，
时空纵阻，
友谊长灿。

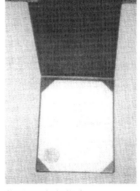
荣誉军功嘉奖令

军团功勋勋章（武官级）

我立即将这件事，将信、照片以及我填的词寄回国内给家人与他（她）们共享欢乐。

这件事也被国内来的一位叫谢珊的女同志知道了，她找我详细地了解这一过程，后来写了一篇报导，刊载在 1984 年 2 月 9 日星期四纽约《华侨日报》第 3 版上。标题为"时空纵阻、友谊长灿——戴安澜将军的军团功勋勋章失而复得"的事，将事迹、勋章照片、"中央人民政府授予家属的烈属证"、1983 年台湾重版印行的"安澜遗集"（这本收集有先父日记、诗文及军事著作的内容及图片）的封面，以及台湾在 1975 年 9 月 30 日抗日战争 30 周年发行的、一套六张"抗日英烈"邮票中，一张有先父肖像的、面值 5 元的邮票，以及我的《忆秦娥》词刊印在版面上。看到在异国他乡，祖国同胞举办的报纸上刊登了先父——中华优秀儿子的勋章失而复得的经过，和他老人家的英雄事迹，真使人心怀深深感谢、泪流洒满衣襟！

17 《追求·探索——戴复东的建筑创作印迹》序

戴复东

我学建筑是一件既偶然又必然的事。

1948年我在贵阳私立清华中学即将高中毕业，要报考大学，不知道选什么专业作我的终身职业。虽然我喜欢胡乱画上几笔，但水平不高，在那动荡的年月里靠卖画是很难养家糊口的。我是长子，有母亲、弟妹三人，未来的担子很重。我想读工科，但又盼能不丢掉画画，心事重重。五月的一天在校医室，医生陈琰老师——校长唐宝心老师的夫人，问我作出了决定没有，我便把自己的苦恼告诉她，她立刻说："行啊，你去读建筑系！"这时，我才知道有建筑系，并且决定报考建筑系。

我家那时在南京，同年我考进了中央大学建筑系。在这个系里，教建筑设计初步的杨廷宝教授、童寯教授都是在国外学习成绩很优秀的人才，他们对法国BEAUX ARTS的学派很熟悉，基本功很扎实，基本训练方法要求非常严格；助教巫敬桓先生曾是建筑系中异常拔尖的学生之一，从而留校任教。在他们的直接培养教育下，我很喜欢建筑渲染；教素描、水彩的是李剑晨教授和樊明体先生，他们也很重视基本功，室内室外的写生一直引起我很大的兴趣；刘敦桢教授的中外建筑史使人神驰古今，心向内外；张镛森先生教建筑构造，联系实际，深入浅出，点深面广；杨、童二位加上徐中先生、刘光华先生等老师教建筑设计，让人觉得时时日日都在长进。我对中央大学（以后改为南京大学）建筑系的学习太满意了。我想我的专业和职业就是这些了。

大学三年级读完后的那年暑假（1951年），杨廷宝先生给我们联系好到北京的设计机构中去实习，我被分配到中共中央直属修建办事处。当时戴念慈先生、严星华先生、王申祐先生等都在那里工作。这是我第一次参加建筑实践，通过设计施工图纸、详图大样研究和绘制，跟工程师下工地看与图纸有关的实物，特别是一次有关木窗节点大样的设计，指导我的叶芝轩先生问了我窗框与窗樘木材伸缩关不上怎么办？在北方地区木窗防止风沙侵入方面应如何处理？在我回答不出时，他把着手教我；我又看到一份针对窗设计原则的讨论记录……这使我深切感到，建筑设计工作不仅仅是画一些方案图、渲染图，而是建造一项实际可供使用的工程，因此对工程技术问题要非常重视才行。

大学毕业后，我被分配到上海的同济大学建筑系工作。这是新中国成立后经过院系调整的大学，华东地区一部分大学及上海原各大学的土木建筑系的师生集中于此。建筑系主要是由圣约翰大学建筑系、之江大学建筑系和浙江美院建筑科的合并体。由于师生来自不同的学校，加以很多教师毕业于很多国家，因此随时随地都自然而然地存在着和表现出不同的学术观点和看法。这是一个"营养"异常丰富的"土壤"。在这里我思想上原有的BEAUX ARTS学术观点受到了冲击。通过一段实践我认为是"民族形式社会主义内容"的东西在1955年变成了"复古主义"，并受到批评。这时，系里组织了对现代建筑发展历史和四位现代建筑大师事迹的学习，给我很大启示，我如饥似渴地学习新东西，开始作新的探索。

1956年冬天，我有机会设计同济大学结构试验室，我摒弃了原苏联工业建筑的框框，但吸收它的部分优点，用现代的手法来设计，得到了好评。

1957年春天，我参加了新中国成立后全国性第一次大型建筑设计竞赛——杭州华侨旅馆设计竞赛，我和同事吴定玮做了两个方案。在我的方案中，我针对住房要南向、可是人观湖会受西晒的矛盾，提出了解决朝向与景向矛盾的观点，并提出了"景向"一词，用自己的方法重点予以处理，同时我没有忽略江南风貌在建筑中的体现。结果我的78号方案得一等奖。这给我很大鼓舞，增强了我探索的信心。

1957 年夏天，我又和吴景祥教授等参加了波兰国华沙英雄纪念物的国际设计竞赛，我们共做了三个设计，作为一个方案提出，其中我和吴庐生、吴殿生设计的两个方案中有一个改进纪念物纯观看的精神功能，而将纪念碑与纪念馆合并，这是将人与纪念物从观看的动态活动程序上融合在一起的一种尝试。最后三个设计得到了方案收买奖。这又给我以新的鼓励。

1958 年起，我参加了武汉东湖客舍、上海虹口区三用会堂、上海革命历史纪念馆等建筑设计工作，1959 年又参加了中国建筑学会在上海举办的建筑创作座谈会，这些实践和理论活动，让我在思想上又受到一定的启示，产生了一些火花，使得我在不同的方面，不同的层次又得到启发和提高。

1963 年广西桂林发现了一个与七星岩齐名的溶洞——芦笛岩。桂林市邀请上海市的陈植、赵琛、吴景祥、金经昌四位老专家和我、袁德清、钱学中、魏敦山等年轻人同去规划洞内游览路线和设计洞口建筑。到现场踏勘后，大家把洞口建筑方案设计的任务交给了我。七星岩在历史上已很著名，洞口前有一块很大的半溶洞空间，它不需要洞口建筑。而芦笛岩洞口很小，直接暴露在山坡上，因此要一个过渡的、掩蔽的、便于观众逗留等候的小建筑物，这个洞口建筑该怎么做？是一个难题。有一种看法是：在洞口应做一个中国传统形式的建筑。

这时，我认为我国古代传统建筑是那个时代建筑技术、材料和审美的高度优秀创造，我欣赏和喜爱它，并对过去时代的创造者充满敬佩之心，但是今天我不再想也不应该直接搬用"古典"的东西。人们对古代的传统形式情有独钟是一种文化积淀，要认识它与今天技术和材料之间的矛盾，并在审美观上加以重新评价，需要一个较长的历史过程，但我想在这方面探索，往前走一小步试试。经过反复思考之后，我想在洞口做一个棚亭，两排柱子上做两条钢筋混凝土折板结构，将它们组合起来，产生出一种中国传统建筑中如翚斯飞的动态感。我把它画出来以后得到了老、青专家和地方政府的认可，并由华东建筑设计院袁德清女士和我一同进行施工图设计并得以按图建造，如此使我感到这样的探索很有意义。

1965 年的设计革命化与 1966 年开始的"文化大革命"中，我反复地思考自己的设计思想，很多问题弄不清楚，感到痛苦迷惘。

在 20 世纪 70 年代中"复课闹革命"的情况下，校图书馆重新开放，我又有机会接触到国外的书刊。这时，我看到国外航空交通的迅速发展，促使美国和世界上航空港和航站楼比过去有了长足的进步。我感到自己是远远和完全地落后了，于是如饥似渴地吮吸这些新信息，并用图纸徒手将它们抄录下来，又认真地作文字记录。通过在图书馆书库中对世界建筑知识的学习，使我如沐春风，如鱼得水。虽然背后有人在议论我说："戴复东躲在阴暗的角落里想干什么？"但我仍坚持不懈地在建筑领域内孜孜不倦地追求。打倒"四人帮"以后，1981 年中国建筑工业出版社出版了我全部用徒手书写和描绘的《国外机场候机楼》一书。但遗憾的是，16 年过去了，迄今我还没有机会在这一领域内进行过一次实践。

1978 年，我有机会和一些教师到南方的长沙、桂林、南宁、广州等地参观、调研、学习。那里的改革开放，敞开了窗口，吹进了新风，使我受到又一次巨大的鼓舞。"人与环境对话""绿化对人的庇护、包容""突破思想上的框框，学习国外的好经验"……使我得到具体的感受。

1983 年，我作为访问学者有机会到美国学习，并在 1984 年有机会获得第一届贝聿铭先生的在美华人学者奖学金"。在人地生疏的情况下，孤身一人乘坐公共汽车作环美学习旅行，访问了全美三十多座城市，使我真正大开眼界。另一方面，由于我代表全家给美国里根总统写信，蒙他指示，给我们家族重新颁发一枚过去授予先父戴安澜将军的"懋绩勋章"（Medal of Legend of Merit），这是中美两国人民友谊的具体体现，更激起我对祖国故土的深情爱意。在这一基础上，我进一步明确了对建筑专业学习工作的态度："我有两只手，一只手要紧紧抓住世界上最先进的事物，使得我不落后；另一只手要紧紧抓住我们自己土地上生长的、有生命力的东西，使得我有根。在条件许可时，或者是积极创造条件，将它们有机地结合起来。"

1984 年深秋，我从美国回国，在同济大学担任了建筑系主任，后来又协助江景波校长建立了同济大学建筑与城市规划学院，并陆续担任了副院长、院长、名誉院长。在多年教学、实践经验和国外访问学习熏陶的知识积累孕育下，在 1986 年我提出了'建筑（广义）中的全面环境观"。即：

（1）自然环境、人为环境（人工与半人工环境）并重，自然应当有机地渗入人为环境中；而在自然环境中应体现人的智慧。

（2）宏观、中观、微观环境并重，应很好重视微观环境，因为这是人们生活接触时间最长、最直接的环境，对人们影响很大。在这一思想指导下，我建立了室内设计专业《后未成立》与工业设计（Industrial Design）专业。这样在同济大学建筑与城市规划学院内，城市规划、建筑学、园林绿化三个专业的师生可以和新成立的两个专业的师生互相学习、交流、借鉴、互渗、互补，以便培养出能从各个方面全面认识环境与对待本专业活动的人才。

（3）宏观、中观，微观的各种环境（包括自然的与人工的）要在内涵和装置上力争做到相互尊重与匹配。

我就用这一全面环境观来指导教学、实践和科研工作。

1985年在担任系主任期间，我深感过去建筑设计初步课名称不妥，要求不明，内容不全。我做过学生，也曾这样学习过，也走过弯路，因此，我将这门课的名称改为《建筑设计基础课》，将它的课时改为二年，并将整个建筑学学制改为五年，又提出"一干三支"的观点。"一干"即建筑设计基础课，"三支"是指建筑、城规和园林三个专业的建筑设计专业课，这样在建筑设计上和教学体系上作了较大的改革。

同时在20世纪80年代中我有机会深入贵州省布依族地区，调研布依族特有的岩石建筑和岩石物体环境，并主持编写《石头与人——贵州岩石建筑》一书，由贵州人民出版社出版。与此同时，在这段时间里我又有机会参加了一些岩石建筑规划与设计的工作。

1987年德国的WEIDLPLAN公司坚持要求与我合作参加上海文化艺术中心的国际设计竞赛，由于这个问题太复杂，我先没有同意，后来在他们一再坚持下，情不可却，于是我组织了建筑系的部分教师和我的研究生与德国公司合作进行竞赛设计工作。设计中我坚持要尊重和根据中国和上海的情况，在合作过程中我没有唯洋人是好，甚至经常有激烈的争论，经过两轮的竞争，我们获得了第一名，但是却没有获得甲方的青睐。

1989年初，我因年龄关系不再担任具体的行政工作，于是我就有了很多时间和精力去从事山东省曲阜市后作街规划与设计、山东省荣成市北斗山庄规划与设计、荣成市"姊妹"小宾馆设计、北京中华民族园规划与部分建筑设计、河北省遵化市国际饭店设计、浙江省绍兴市震元堂震元大楼设计等等，并得以建成。在这些设计中，我从各方面针对建筑与特定环境氛围作了探索，使得我的愿望与理想一部分得到实现，这些都给我以鼓舞与教育。

1995年7月，南宁市组织广西人民大会堂全国邀请设计竞赛，他们也邀请了我。开始我不想参加，但考虑到南宁是先父56年前抗日战争中为民族负伤流血歼敌于其东郊昆仑关的地方，又是我从五年级到小学毕业"开窍"的地方，我应当为她尽一份力。这样我就全身心投入，冥思苦想、废寝忘食地设法做好方案设计。

陆游教育他儿子"尔果欲学诗，功夫在诗外"的重要启示，使我不仅从建筑上找素材，而是从民族生活的各个方面去找素材。同时，著名语言学家兼文学家林语堂的："中国建筑的基本精神是和平与知足，它不像哥特式建筑的尖顶直指苍天，而是环抱大地，自得其乐。……比笔直的中轴线原则或许更为重要的，是弧形、波浪形或不规则线条的应用，与直线相对映。……我们对手富于韵律的线条、

A PANORAMIC VIEW SKETCH OF NEW YORK CITY'S SILHOUETTE
FROM WEST SIDE ON ROOF GARDEN (20TH STORY)
OF THE CONSULATE GENERAL OF P.R. OF CHINA, NEW YORK
18 JUNE, 1983

纽约市全景图・曼哈顿轮廓线

曲线或断续线的喜爱。……"这些对中国建筑特点的评价，给我很大启发。

最后我用三弧、二色、一折、一银的方法，做出了方案，总的构思是：环抱大地，怡然自得。感谢评委的赏识，获得了一等奖。这一次又给我很大的鼓励，但未获得建造。

1996年，厦门要在员当湖边公园用地上建造一座丽心梦幻乐园，当地人们多次推荐我参加设计竞赛，盛情难却。我采用了将公园拉出到城市道路边，将沿街建筑外形做成山丘形态，避免了用建筑物将公园仅有的一点空隙封死的做法。感谢评委给予这个设想以肯定，方案被评为一等奖，又一次给我以鼓励，但仍未建造。

在1994年，河北省遵化市的领导为了改革开放，迎接内外宾客的需要，要我为他们设计一座宾馆，这是一个很好的创作机会。我以较多的精力做好了方案，得到批准，然后我本人带领研究生深入到设计工作中去，同时我十多次到遵化市施工现场绘制详图大样，并进行装饰艺术的创作。在1997年底，建筑落成后受到各方面好评与肯定。徐悲鸿的夫人廖静文女士激动地告诉我，她去过国外很多地方，看到过很多座旅馆，但这座旅馆给她印象最深刻，她最为喜爱！我回顾了整个设计和创作的过程，总结出：这是一种"现代骨、传统魂、自然衣"的构思结果（见《建筑学报》1998年8月）。

通过四十八年的实践，使我渐渐地认识到：

建筑设计工作是一种服务工作，绝大多数的建筑师都是"为他人作嫁衣裳"的。建筑师一般在拍板的问题上永远处于从属的地位。

建筑学是一项最古老又是最现代的学科。它是一项应用许多其他学科成果的学科。它与大众科学以及普通常识之间又有着最紧密的联系，这一学科有着强烈的综合特性。

从古到今，从外到中，特别是近一个多世纪来，无数的建筑先驱者、有实践成就的人和理论家，对建筑这一庞大的集聚地、综合体、空间、实体、界面等各种环境作了很多有益的分析阐述。建筑（广义）是有它自身规律的，而这种规律随着时间的推移、历史的发展、科技的进步，对其认识会不断深化。

建筑师要在符合建筑自身规律的前提下去服从业主的需求，去进行建筑创作。在制约中求舒展，在束缚下求翱翔，要维护职业道德和良心。

建筑创作实际上是一个综合性的建筑"艺术"与"功能"的创作。建筑师是为人类创造高层次、高品位、高格调、高情感的生存和生活环境的人，他们既应当是空间与活动的组织安排者，又应当是"艺术家"；他们需要有对人、对自然的深厚博大爱心，又要有为人、为自然、为生活、为艺术的激情，对他们所触及、所操作的环境，不论大小都要用自己的爱心，煽起那为人们组织生活和美化环境的熊熊激情。那激情是雷电、是烈焰、是熔岩，在这种巨大精神力的轰击与锤炼下，才能在前人成就的基础上真正地往前走一步。

感谢同济大学校领导和同济大学出版社，能够让我出版这本册子。这是我前进道路上的一个小结，也是一个新的起点；我知道有更多更大的困难横在我的面前，我愿正视它们，迎接它们，并想方设法披荆斩棘地去克服它们，创造新的成绩，以回报所有关心、支持、鼓励和帮助我的人们。

1999年2月8日于沪上同济新村东庐

（原载《追求·探索——戴复东的建筑创作印迹》序言）

EXHIBITION AND CONVENTION CENTER
DESIGNED BY I. M. PEI, UNDER CONSTRUCTION

18　实现中国梦　奉献微薄力

戴复东

根据中国工程院的《中国工程科技中长期发展战略研究（综合报告摘要）》一文中的《二、我国经济社会发展对工程科技的战略需求》小节中提出：

"2011–2030 年是中国经济社会发展的又一重大机遇期，到 2030 年我国将步入后工业化时代，城镇化基本完成，社会呈现老年化特征，国民收入达到较高水平。……我国经济社会发展对工程科技的战略需求概括为：推进农业现代化，促进工业化和产业升级，提升信息化水平，支撑城镇化，应对老龄化，推动绿色化，确保可持续、提升民生质量，保障公共安全。为我国转变经济发展方式，实现人与自然、人与社会和谐发展提出了强有力的科技支撑"。

在这一总目标的大前提下，我们"水、土、建学组"一定有很多我们前所未有的任务和工作等待着我们去思考、去涉足、去探索、去实践、去奠基、去合作、去培育新生力量、去锻炼我们自己。

对我这样一个 85 岁年龄的人来说，是生逢其时、生逢盛世。我们这些人曾伴随着我们亲爱而体弱的祖国，一步一步渡过了悲凉惊险的苦难岁月，已经和有幸正向着祖国宏伟美好的幸福远景，一步一个脚印地、脚踏实地地欢快前进，在十八大宏伟目标的指引下，在"工程科技战略"的促进下去实现"中国梦"！

中央经济工作会议曾明确指出：城镇化是我国现代化建设的历史任务，也是扩大内需最大潜力所在。所以，全国要围绕着提高城镇化质量，积极提高城镇化水平，引导并促进城镇化健康发展。

早在 2000 年，美国经济学家，诺贝尔经济学奖获得者斯蒂格利茨曾序言：21 世纪初影响人类社会进程中有两件大事，其中之二是：中国的城镇化。当时我国城镇人口仅 4.6 亿，城镇化率为 36.2%；经过 13 年的发展，我国城镇人口剧增至 7.12 亿，城镇化率达到 51.27%，城镇人口首次超过了农村人口，经济总量也上升到世界第二。自从 2002 年以来，我国每年新增城镇人口约 2000 万，带动投资超过 10 万亿元。

此外，在十八大的报告中还提到了要加快改革户籍制度。因为只有常住人口"市民化"，才能真正为城市输送劳动力，才能共享城乡福利，这个城镇化才是真正的城镇化，目前正逐步改进中。

最近，中国建筑业协会副会长兼秘书长吴涛发表了一篇文章——"新型城镇化建设与建筑业发展及工程项目管理创新"。在该文中他提出：建筑业要紧紧围绕新型城市化建设提供的发展空间，抓紧机遇，直面挑战，并提到：由发改委主导编制即将出台的《促进城镇健康发展规划（2011–2020 年）》，将涉及全国 20 多个城市群、180 多个地级以上城市，和 1 万多个城镇的建设，未来十多年将拉动 40 万亿投资。这样对建筑业就有了巨大广阔的市场空间；可以促进绿色建筑的发展、提升绿色建造能力，并在建筑工业化方面迎来新发展。其次，围绕构建和谐空间，要"超前研究、科学规划、制定措施、直面挑战"，为加快推进城镇化建设发挥主力军作用。要考虑 4 个方面的任务：

规划、设计、建设、管理全过程高水平服务。

新建、迁建、改建和复建一体化介入，包括新区规划、旧城改造和集中拆迁，将充分体现建设管理工作的复杂性和专业化的兼容。

民宅、公建、公用配套设施一条龙承担，新型城镇化建设在未来相当长时期内是建筑业市场的主流，企业的合同标的可能不是一个单一的项目，而是一个片区或一个成建制的功能体。

建材、设备、技术、劳务全方位供给，城镇化建设的实质在于集约化。

这些就是建筑业协会对未来我国大面积城镇化，对他们来说要针对思想行动的准备工作。这些我们应当有所知晓和了解。同时，建筑业协会的"超前研究、科学规划。制定措施、直面挑战"和四方面任务，也应当成为我们的方针和任务。

然后，再看看我自己。是国家一级注册建筑师，要在设计的第一线操作，又是教师，又是中国工程院成员的一分子，就要努力地做好我国当代城镇的规划、设计和建设等工作，但在新形势下，虽然有这样的意识，但体力、智力还是感到不足的，但一定要努力，下面向大家作一个汇报：

一

城镇化到底是怎么回事？我们怎么参与进去？我们这些在改革变化大浪潮波及之外的人是不大容易理解的。近一段时间，报纸上登载了一些理论性的文章，也刊载了一些记者的采访报道、很鼓舞人心，也说明一些问题，下面举两个实例：

（1）"重点城镇建设铺就富民强市小康路"（光明日报记者 张进中 耿建扩 通讯员 刘俊杰 高爱辉）

河北省任丘市作为省城乡统筹发展试点县（市），积极探索创新，以重点镇为突破口走出了一条新路。一段时期以来有些地方片面追求经济发展，不顾群众意愿，占用农田上项目，百姓多有怨言。任丘市把目光聚集到夯牢二、三生产业基础转变农民就业方式上。聚集拓宽增收渠道、保证农民可持续收入上，聚集到科学规划布局完善公共设施的配套及服务上。

大征村因临近市区有较厚的工业基础，被任丘市选定为重点的中心镇区。村常住人1684人、村占地960亩，耕地1825亩，现有大小企业40多家，全村适龄劳力1002人，其中658人在本村或市区就业，人均月工资超过2000元。

大征社区建设之初，不少乡亲担心改变面貌后买新楼要化很多钱，村里耕地会不会减少？将来粮食、农具放在那儿？猪、羊、鸡、鸭怎么养？

大征村书记掰着手指头一一解开记者心中的疑团：土地是老百姓的命根子，国家土地红线谁也不能碰，建社区的办法是"一举多赢"。搬新楼用宅基换楼房的方法，基本不花钱，有的还倒还钱。农民搬进社区新楼后，原村址上平房大院全部拆除，按原政策复垦，村里耕地一分不减，反会增加，绝大多数村民从农民变工人，有固定工资，村农业合作社把全村耕地包下来，统一耕种管理，农场化经营，各家农具集中存放，粮食有专门储藏间，社区都有超市、诊所、幼儿园，肉禽蛋菜不出社区可以买到，愿意操持点农活的老人们可以到合作社帮工，还拿补贴。

苏长雪是大征村第一个搬进新楼的，在他装饰一新的家里，液晶电视、空调、冰箱、电脑一应俱全，墙壁上挂着装裱精细的字画，按村民大会议定的置换办法，他用5间平房和一块宅基地，搭上8000元钱置换了2套130米^{2}的三室二厅。做饭、取暖用的是天然气，又便宜又干净，物业费村里负担。

大征村还建了一座6400米^{2}的高规格养老院，如今全村570余户村民在协议书上摁上了自己的红色手印儿。

群众思想通了，但资金从那儿来？工业用地腾出来了有企业投资吗？乡党委书记算了一笔账：大征社区建设总投资1.7亿元，按市里政策，以每亩35万元将旧村址421亩建设用地指标置换到市区规划使用。约收入1.5亿元，加上镇区建设293亩土地补偿金2000万元，正好1.7亿元，群众不付1分钱。老村址全部搬迁后可腾出建设用地960亩，其中按城乡土地增减挂钩政策复垦477亩，再拿出350亩，一部分用于新增人口住宅预留地，还有一部分建设学校、幼儿园、医院、养老院、社区活动中心、长青墓园、沼气池等公共设施。岗位200个，不少经营企业的商农听说大征村"有地"，千方百计打招呼要来建厂。

大征社区建成后，将继续吸引周边5个村向镇区搬迁，有1300多户，村占地3000亩，将来可集中2000亩用于新工业园。依此，任丘市委决定了思路，今后每个重点镇将聚集3-5万人，都有一个上千亩的工业园区，最终形成"人口向重点镇集中，工业向园区集中，土地向规模使用集中"的发展格局。以重点镇为突破口的探索和实践，是跳出农业抓农业，促进城乡一体化进程的有益尝试。让农民提前过上和城里人一样的幸福生活。

（2）村落变社区　生活有保障　（《文汇报》记者　徐维新）

满头黑发、体态轻盈、健步如飞……徐荷芬是位 73 岁的老人，最小的重孙都 9 个月大了，住在江苏省无锡新桥镇绿园社区。环顾四周，蓝天绿树、楼房林立，没有人会想到这里会是农村，绿园社区里新桥镇首个农村新型社区，作为该镇"三集中"战略（人口向镇区集中，企业向园区集中、农田规模经营集中）的具体体现，这里村落变社区、农民变居民，现有 1700 多户居民。此外，新桥镇 2.4 万户籍人口，已有 80% 得到集中安置。

当时全镇境内只有一条陶新（生）路，村民笑称"死路一条"。喝水只能喝村边小河的水，没通电，所以根本不见家用电器。问到当时生活，徐说："穷得要命"。

一切自上世纪末转变。1999 年初，当地党委政府提出了三集中，将全镇划为工业，居住和现代化农业三个区。

多年来，新桥镇土地集约化水平不断提升。目前该镇 13000 多亩农田已有 11800 多亩实现规模经营，集中度达 90%，按照"自愿、有偿、依法、规范"的原则，完善土地流转机制，稳步提高流转价格，实现土地股份合作社村级全覆盖。切实维护了农民的合法权益。现代农业迅速发展，现代农业大力推进，高效农业比重达到 95% 以上。

2003 年，徐家两个儿子各分到一套房，老两口出了 11 万元买了一套 125 米^2 的房子，住进了绿园村，用上了家用电器不用说，让她最安心的是社区置业设了卫生服务中心，卫生中心看病服务周到，新桥镇已实现了农村合作保险，农民基本养老保险全覆盖。对集中居住男满 60 周岁、女满 55 周岁每人每月发放 150 元生活补助费。同时还设立了 4000 多万元的慈善基金，有效保障了弱势群体……

2011 年 9 月，新桥镇被联合国教科文组织评为"国际花园城市"。联合国环境署专员、国际花园城市竞赛组委会秘书长阿兰·史密斯当时这样评价："这座富裕的中国江南小镇带给世界一个惊奇，经济发达又如此宁静，美丽而悠闲的小区常看到垂钓、晨练的人，外来人口可以享受与本地人一样的公共服务"。

实际上，依托阳光、海澜两个毛纺民营上市企业，新桥镇已成为全球最大的毛纺工业基地之一，人均收入水涨船高。新桥政府工作人员告诉我们："这里农民每年人均纯收入达到 2.5 万元。"

从以上的两篇报导使我们可以活生生地"看到"：普通农民变成了普通市民，有了现代化的住房，有了适当的固定收入，参加工作、劳动，过上了幸福安稳的日子，他们逐步地实现了中国梦的一部分，让我们和他（她）们一同感到了祖国的关怀和人民的幸福。但也正如该文作者所指出的：小城镇建设仍不可避免地遇到政策、法规、体制和机构等方面的掣肘。如何消除这些那些障碍，将成为今后进一步推进小城镇建设的重要方面。

二

在 2013 年春夏之交，我们接到一个邀请，参加西南某城市地区开发的规划建筑设计任务。在这之前，我看到了两篇有关该省的城镇化处置过急的报导：

（1）某省为了城镇化的需要，将一处山区在山上的少数民族村寨全部保留在山上，而村民搬下山，住到城镇中新的居民区，这是一件令人欣慰的大好事，但时间过不了多久，搬下山的少数民族同胞们又重新回到了山上的老家。因为他们赖以维持生计的田地、作业场地还在山上，他们需要耕种田地、生产粮食，为国家、为自己。

（2）也是该省的某一个市为了城镇化的需要，在城镇化的启动下，该市在市区边缘建造了一个小城镇，将郊区的少数民族村寨保留寨址及建筑，而将村民兴高采烈地迁到小城镇中来，但过不了多久，由于他们都还是经营农业的农民，他们的田地还在郊区原地，每天劳动要走较远的路，又费时间又累，结果很多人很疲惫，被折磨得吃不消，不少人搬回了原地。

这两个实例给我们很大教育，使我认识到了城镇化不仅是居住的城镇化而根本是居民生产工作的城镇化。否则居民不是城镇居民，各方面的城镇化是化不出来的。

因此，这两个实例对我们的这项规划设计工作敲响了警钟：我们在该省中部某两族的自治州的规划设计任务就遇到了少数民族原生活地区是否应当城镇化以及如何城镇化的问题。

我想这一个州的两个主要少数民族应当有不少人要住到州的城镇中来的，过去几十年来这一问题还没有明确过，似乎不理想。但这几个民族规模有多大？他们从事什么生产？农民和本民族特殊产品生产的管理及工作人员有多少？我们在规划用地上预留了一块地不知够不够，但我认为只有这个少数民族的居民住到城市中来与城市生活生产融为一个整体了，他们的自治州才能是名正言顺的少数民族自治州。但是，我知道有一些人已经从事行政、商贸、管理工作了，平时不穿少数民族服装了，他们的居住情况还有什么特殊要求吗？还要维持原始状态吗？这要调查研究，他们要从事什么工作？是否需要专门设置有关的建筑物？要多大？为他们使用的居住建筑根据家庭人口数要几种类型？有什么特殊的需要？有可能的话，地方政府或建设部希望能给出标准。但是他们一定要跟上国家的前进和发展步伐的，他们理直气壮地应当用上现代化的卫生设备（抽水马桶、浴缸、洗脸池等等）和厨房设备（煤气或天然气灶、淘米洗菜池、微波炉）冰箱、洗衣机、空调设备等等。但房租或购房款和水电费会成为他们的大负担吗？这样做的结果，他们民族居住的形态和生活方式等等如何能继续保留呢？但不如此，又怎样能成为 21 世纪的城镇化？这都是我们要重点研究的方面。

看来，推动国民经济发展的老三驾马车：投资、出口、消费的动力正在被新三驾马车：城镇化、信息化及民生建设代替有望成为推动经济平稳发展新的增长动力。我们大家应当为城镇化、信息化和民生建设去努力贡献力量，做出成绩。

<h2 style="text-align:center">三</h2>

前面我们介绍过发展和改革委员会的《促进城镇化健康发展规划（2011–2020 年）》……未来十多年将拉动 40 万亿基本建设投资。这对我们"水、土、建学组"就无形中提出了新的要求。我国的房地产业出了什么问题了？房价居高不下而且继续攀升？有什么办法能改变目前的状况？看来，土木、建筑学组义不容辞地应当参加到这个问题的解决者行列中去。事实上房地产业的一部分人已经在这方面动脑筋了。中国房地产业协会会长刘志峰就提出了："不论是从转变经济和行业增长方式方面，还是从节能减排适应新城镇化的市场需求上考虑，房地产业转型都迫在眉睫"。广大的消费者对调控之下仍在不断上涨的房价持观望态度。为了变换方式赚钱，不少房地产商去搞非传统住宅类新型地产，如商业地产、旅游地产、城市综合体、养老地产等，想以此作为一种新型发展的力量，寻求自身的转型与突破，但是在城镇化所要求的住宅——为广大居民所需的要求太密切，量也太大了，因此万科企业股份有限公司的负责人坦言："其实回到核心来，还是要解决人的发展带来的资源不足、分配不均的问题，在城镇化过程中要创造更多能容纳新型城镇人口容器问题"。而黄金湾投资集团则早已瞄准山东某地区一块 79 万 m² 的住宅用地，它的董事长说很多县城、城市当地的 GDP 还是很高，流动人口也非常充足，因而三四线城市依然有很强的投资空间。我们希望他们热心投入城镇化，更为重要的是建议他们想方设法改变传统的盈利模式与价值观问题。关键是要生产出价廉物美的绿色建筑。

如何产生出绿色建筑呢？这就要靠土建的工程技术人员们的努力了。住建部副部长齐骥曾说过："坚持住宅产业化将是中国住宅发展的方向，而住宅产业化就是采用工厂制造房屋构、配件，现场搭建施工，也就是建筑业及有关产业的工业化。这样生产出的住宅和生活服务房屋具有质量好、效率高、绿色、环保等特点，一般节材率可达 20% 以上，节水率 60% 以上，减少建筑垃圾 80%，提高施工效率 4—5 倍，是向工业化转型升级的最佳利器。"

住宅产业化是一个重大的课题，它与城市规划、城市设计、建筑设计、构造设计、结构设计、设备设计、工厂制作、工地装配都有着非常密切的关系。对于将来为居住者的安全、舒适、方便地使用，更是一个严肃的检验。我在 10 年前曾进行过住宅产业化的研讨，当时想墙体材料希望采用农产品废料和植物的枝干，我自己将小组设计所得的 30 万元全投入进去，最后没能成功。现在我们知道有几位国内的专家也在这方面进行探索，并有了一点进步，我们愿意和他们合作，把这一工作往前推进一步。但是这一项目在研究和设计试验上需要巨大的投资，我不知道这会不会是我们的致命伤。我觉得我们还是应当尽心尽力的。

想到一点：地震的烈度是人们无法控制的，但汶川地震后澳门负责扩建的芦山县人民医院，2008年汶川地震后开建，去年 5 月建成，距离震中十余公里，地震烈度介于八、九度之间，而设计的抗烈度仅为七度，可是门诊楼几乎毫发未伤，玻璃未碎、墙未裂缝，只脱落了少量乳胶漆，设计单位动了脑筋，这幢楼之所以这样"坚强"，是因为在地基和上部结构间采用 83 个直径为 500MM 和 600MM 的橡胶隔震支座，橡胶支座有点像打太极拳，最终起到了以柔克刚作用，将地震的能量转换、消耗掉了。1977 年，法国第一次将橡胶克震技术用于原子能反应堆中。我国第一幢使用橡胶隔震支座的建筑楼高8 层，位于汕头市，1991 年建成，目前已经历过两次地震，都完好无损。在某报 2013 年 5 月 25 日的报道中用了在地基上花小钱，在主体上省大钱，这也不错，但我觉得在地震中和震后，省钱当然重要，但保住和抢救人民的生命财产才是最重要的，我想这两幢建筑的设计单位和工作人员做出了突出的贡献，在科学与工程上有突出的成就，我建议中国工程院、住建部、和中国建筑学会应当给予他们重重的奖励。

四

水的问题，特别洁水资源太重要了，迫在眉睫，怎么办？我们是否也能出点力呢？有一位搞水底电缆的光学专家、通过几十年的工作，国内三个有关行业协会联合授予他"光纤光缆三十年风云人物"称号。我和他谈了，是否可以想办法用太阳能来淡化海水，还可以试试用太阳能、风能在海水中分解氢和氧，作为燃料，并提取盐，以节约能耗。如果能成功则将会大大有益淡水、氢、氧、盐等的生产，而少消耗能源。现在他已经在某大学启动了这一项目，希望能出成果。如果能够大面积的生产，一可以弥补陆地上水源不足的困难，另外一点就是有助于减少地球变暖海平面的升高，对地球上的陆地少一些侵蚀。

其次，对我们"水、土、建学组"来说，城乡建设中，洪水暴发、洪灾泛滥、山体滑坡、都是有关生命财产特等大事；而污水排放做得不好就会影响城乡和江、河、湖、海的污染，这些事，最近几年对城市、对农村、对国家、对人民、对环境造成巨大的、无可挽回的伤害，这些既是政府的难题，更是我们"水、土、建学组"义不容辞的责任。就拿一个城乡道路上窨井盖的缺失，死了好多孩子甚至大人的事，这究竟应该是谁的责任呢？我们"水、土、建学组"的成员难道就没有人能想出一个解决的办法吗？同时，最近地面强力喷泉把儿童冲上 2m 高摔下来造成严重伤害……这些难道是不可避免的情况吗？"水、土、建学组"不能视而不见，听而不闻。最近有一位搞建筑设计的朋友家里挖了一口井，怕盖子打开小孩子会掉下去，自己做了一简易装置解决了这个问题，他已准备申请专利，很好！

五

根据中央政府门户网站 9 月 16 日信息消息，国务院印发了《关于加强城市基础设施建设的意见》，（以下简称《意见》）指出，加强城市基础设施建设，要围绕推进新型城镇化的战略布署，切实加强规划的科学性、权威性和严肃性，坚持先地下，后地上，提高建设质量，运营标准和管理水平。要深化投融资体制改革，在确保政府投入的基础上，充分发挥市场机制作用，吸引民间资本参与经营性项目建设与运营，保障城市运行安全。《意见》明确了当前加快城市基础设施升级改造的重点任务：一是加强城市供水、污水、雨水、燃气、供热、通讯等各类地下管网建设和改造。开展城市地下综合管廊试点。对我们长期搞工程实践的人来说，先地下后地上，国外很早就这样做了，这是符合全部工程各工种能更早更好投入为人使用的道理。只不过过去有些人只重视面子工作、形象工作，先地上后地下或不地下的一种短视错误的作法。这是我们水、土、建学组的人员和全国土建设计和建设的人员非常拥护和热烈欢迎的。《意见》要求，要保持城市基础设施规划建设管理的整体性、系统性，坚决杜绝"拉链马路"、窨井伤人现象。城市人民政府要切实履行职责，科学确定项目规模和投资需求，抓好项目落实，接受社会监督。但是，先地下就要有地下管网的设计图和已施工完成的管道实物，但看来大多数新老城市在这方面是缺项，例如在某一城市，我们的实际设计中，100m 高的高层建筑、扩初图都出来了，但地下管网还不知在何处，怎么办？建议中央和各省市都要严肃认真审查、过关才行，只有下定决心，克服经济、工程上的困难，麻烦留给自己，面子、光彩可留给后人的思想，才能真心做好。

六

随着国家发展和改革委员会和交通运输部编制的《国家公路网规划（2013–2030）》（以下简称《规划》）的颁布，按照布局合理、结构优化、衔接顺畅、规模适当、绿色发展的原则，2030 年公路网总规模将达到 40.1 万千米。支撑城镇化发展已成为国家公路网规划制定的重要考量。通过《规划》的实施，普通国道将连接所有县级及以上行政区、交通枢纽、边境口岸；国家高速公路将连接地级行政中心、城镇人口超过 20 万的中等及以上城市、重要交通枢纽和重要边境口岸。这就等于公路交通可以初步方便地到达全国各地。我国的地面交通一定将可以全面联接起来，这对城镇化的实现起到了保证作用，这也是"水、土、建学组"的光荣责任。

以上五、六两项都与建筑、规划工作有较大的关系。

七

此外，城镇化也必然促进农业现代化的转型，目前在国内的东北、华北、华南等地已出现了规模大大小小的农场。我有一位博士后研究生前不久到美国去探亲，去美之前，我和他讨论过：结合我国大规模城镇化大趋势下，我们会有各种类型、大大小小的农场出现，而且希望这种农场与城镇化能逐渐同步。他在美期间，我希望他抽点时间调查一下，美国农场的情况，有哪些经验和教训对我们是有用的。但归根到底他们进行怎么样的农业生产和劳动，需要怎么样的空间和环境？采用什么样的组织和形式？他回国后告诉我，他抽空到一些地区去参观访问了一些农场及农业用地。我希望他写出调查文章来，使更多的人了解对我们有用的信息。

随着全国城镇化的全面展开和逐步深化，另一个重大的问题会出现在我国前行的道路上。它与我国的城镇化成功有着重大的关系。对我们的国家和人民来说，农业是最基础的产业，要保证 13 亿人民能吃得饱吃得好。目前我国耕地面积仅约 18.26 亿亩，人均耕地 1.3 亩，世界排名 126 位之后，仅为世界水平的 40%，在拥有 13 亿人口的大国，如何确保粮食安全，百姓吃得好吃得饱？城镇化以后原有的有经验有力气的农民会渐渐衰老下去，青年人多数可能都希望作城镇居民，我们的农业怎么办？这也是我的一个心头的隐忧。最近我看到中国科学院植物研究所研究员蒋高明发表的一篇文章，我认为有一定的道理，现介绍给大家，它的题目是"生态农业是对现代农业的'拨乱反正'"，同时我也夹杂介绍报纸上一些专家人员介绍的有关材料。

他提出：在美国的农业规模化、机械化、化学化、生物技术化……他们的探索中还存在不足之处，后果可能会很危险，最主要是农业生态环境会持续出现退化。现在之所以用少的劳动力能够生产较多的食物，主要得益于科技进步，但做得不好会导致农田生态系统退化，表现为地力下降、环境污染、超级杂草、超级害虫出现、蜜蜂消失、生物多样性下降、食品受污染等等。大量农药不仅会杀死了害虫，还误杀了益虫，用除草剂灭杂草会促进杂草进化，而喷洒更毒的除草剂，作物就会受到影响；为保护作物去搞转基因，喷洒除草剂的数量剂量都增加了，最终导致超级杂草出现，西澳大利亚大学研究除草剂抗性专家斯蒂芬·波尔斯（Stephen Powles）说："美国农民注定要遭遇一场危机"。因为除草剂抗性问题在美国日益恶化。美国一些州生长在大豆、棉花和玉米田地里的野草对草甘膦表现出抗性，而草甘膦是全世界最流行的除草剂，报纸上有详细的报导。更糟的是能抵御其他多种除草剂的野草也越来越多，尽管在日前举行的美国化学学会（ACS）座谈会上该问题被重点关注，但化学家能给出的建议很少；能接近商业化程度的新除草剂几乎没有，并且没有一个具备新颖的分子作用式。……杀灭害虫也一样，最后出现了超级害虫。这是因为物种繁衍是一切生物最根本的规律。我认为这个问题对全世界来说都要重视。

我国地少人多，适合发展生态农业，因此，他建议：

（1）化肥用量在现用基础上可减一半而不影响产量。

（2）农药用量大大减少，对害虫防控以预防为主、强调生态平衡；我们前期研究农药用量可在现有基础上减70%–80%而不影响产量。为此可以关闭一半的化肥厂和70%以上的农药厂，这样对生态环境保护和温室气体减排的意义十分巨大。

（3）消除农膜污染：农业薄膜前期有益、后期有害，以后全球气温变暖后可有计划逐步地少用或不用农膜而保证产量质量双赢，并从源头上杜绝二恶英致癌物质释放。

（4）消除转基因技术的负面影响。

（我想以上4项还应有更多的专家和有关人士进行必要的探讨。）

（5）生态农业及其下游产业可带动更多就业，吸引更多农民在家乡转变为职业工人，就地城镇化，这样对满足13亿人食品持续安全供应，促进城乡和谐发展是至关重要的决策。

他建议国家在全国不同生态类型地区建立农业生态示范区作为对照，同时建立现代农业包括生物技术的示范区，从而筛选符合中国情况的特殊农业模式，和智慧解决人类可持续发展的瓶颈问题。

我不懂农业，我觉得他的论述好似有一定的道理。同时我也担心，这样一来，农业生产是不是要多一些劳动力，从那里来？我也听过我的好几位朋友跟我谈起我国农业要走生态农业道路的诚恳意见，所以我建议：在一些特别重大的课题上，中国科学院与中国工程院联手起来，研究中国的城镇化与中国的生态农业应当如何更好更紧密地结合，使中华民族真正合理地学习他人，走出我们自己的城镇化与生态农业相结合的道路，为中国人民与世界人民服务，造福千秋万代，这应该也是我们祖祖辈辈梦寐以求的伟大中国梦！

2013年11月22日于南京紫金山庄"中国当代建筑设计发展战略国际高端论坛"发言 论坛由中国工程院主办，中国工程院土木、水利与建筑工程学部、东南大学共同承办。

附录1：戴复东、吴庐生和各期团队工程获奖情况

序号	获奖工程项目名称	评奖部门及获奖等级	二人获奖情况
1	武汉长江大桥	1954 年全国征求方案获三等奖	戴复东、吴庐生
2	杭州华侨饭店	1957 年是解放后全国第一次规模较大的建筑设计竞赛，和清华大学吴良镛先生的方案并列第一	戴复东
3	波兰国华沙人民英雄纪念物国际设计竞赛	1957 年三个方案共获得了"方案收买奖"	第一方案戴复东、吴庐生 第二方案吴景祥 第三方案吴殿生
4	广州 市国际综合商业中心	1982 年广州市国际综合贸易中心 全国设计方案竞赛，为四个优良奖之一 名列第一位，后因选址问题作罢	戴复东、吴庐生
5	广西壮族自治区南宁市广西人民大会堂	1995 年《广西人民大会堂全国邀请建筑设计竞赛》一等奖	戴复东、邓刚、赵巍岩、杨宁
6	福建省厦门市丽心梦幻乐园	1996 年全国邀请设计竞赛一等奖	戴复东、周勤、郑炜
7	上海市创业城	1996 年国际设计邀请竞赛二等奖方案	戴复东、吴庐生、杨宁、张小满
8	上海天马大酒店	曾获 1988 年上海市优秀设计二等奖 1989 年国家教委优秀设计二等奖	戴复东、吴庐生、宋宝曙
9	舟山浙江水产学院迁建工程（现名浙江海洋学院）	1998 年全国优秀教育建筑设计二等奖	吴庐生、刘航劼、马慧超、任皓、王玉妹
10	同济大学计算机中心	1986 年上海市优秀设计二等奖 1987 年全国教育建筑优秀设计二等奖	吴庐生
11	福州元洪大厦	1997 年上海市优秀工程设计二等奖	吴庐生、任力之、张洛先
12	同济大学建筑与城市规划学院院馆	1998 年教育部优秀设计二等奖（一期及二期工程）	戴复东、黄仁
13	同济大学研究生院（瑞安楼）	工程获 2001 年度教育部优秀设计一等奖 工程获 2001 年度建设部优秀建筑设计二等奖戴复东、吴庐生	
14	同济大学逸夫楼（同济科学苑）	获邵逸夫先生第五批大陆赠款项目工程一等奖第一名 1994 年获上海市优秀设计二等奖（建筑专业一等奖、弱电专业二等奖、空调专业三等奖） 1995 年获国家教委优秀设计项目一等奖 1995 年获城乡建设部级优秀建筑设计评选获奖项目一等奖 获全国第七届优秀工程设计银质奖	吴庐生
15	安徽芜湖弋矶山医院病房楼工程（含手术、医技）	2012 年全国工程建设项目优秀设计成果二等奖	戴复东、吴庐生、孟昕、吴白
16	南宁昆仑关战役旧址博物馆	2009 年荣获第三届上海市建筑学会建筑创作优秀奖	戴复东、彭杰、王笑峰

戴复东、吴庐生和各期团队工程获奖情况（续）

序号	获奖工程项目名称	评奖部门及获奖等级	二人获奖情况
17	武钢技术中心科技大厦系统工程科技大厦（现名武钢研究院）	2007 年度上海市优秀工程设计二等奖	戴复东、吴庐生、吴爱民、李国青、吴白、贾斌
18	浙江大学紫金港校区中心岛建筑群	2008 年荣获第二届上海市建筑学会建筑创作奖佳作奖 2007 年教育部优秀建筑设计二等奖 2008 年度全国优秀工程勘察设计二等奖	戴复东、吴庐生、吴永发、胡仁茂、杨宁、梁铭
19	中国残疾人体育艺术培训基地——诺宝中心	2006 年荣获第一届上海市建筑学会建筑创作奖优秀奖（名列第一）	戴复东、吴庐生、吴白

附录 2：戴复东、吴庐生和各期团队工程中标情况

序号	中标或中标后定设计合同时间	工程名称	建筑面积	投标人
1	1985 年中标，定设计合同，已建成	上海天马大酒店	17000 米^2	吴庐生、宋宝曙、张洛先
2	1987 年中标，定设计合同，已建成	兰州大学文科小区总体及单体	90000 米^2	吴庐生、戴复东、任力之、王建强
3	1990 年中标，定设计合同，已建成	福州市元洪和闽东两座大厦（外资建筑）	80000 米^2	吴庐生、宋宝曙、曹跃进
4	1999 年中标，定设计合同，已建成	上海市虹口区职业技术教育中心总体及单体	40000 米^2	吴庐生、任皓、蔡琳
5	2004 年 2 月中标后，定设计合同，已建成	武钢技术中心科技大厦系统工程	45655 米^2 其中科技大厦 31460 米^2 公共实验室 7480 米^2 新建设备供应区生活区 6355 米^2	戴复东、吴庐生、吴爱民
6	2004 年 12 月中标 2005 年 3 月定设计合同，已建成	黄山新城 B 块商业中心（上海）	13260 米^2	吴庐生、秦夏平
7	2005 年 4 月中标后，定设计合同，已建成	安徽天泰大厦工程	97100 米^2 其中宾馆 75270 米^2 公寓 21830 米^2	戴复东、吴庐生、王桢栋
8	2007 年 12 月中标后，定设计合同，已建成	高桥商务酒店	7690 米^2	吴庐生、吴白、孟昕
9	2009 年 3 月补发中标通知（2008 年 6 月定设计合同），已建成	庐江中学新校区规划及单体	90190 米^2	吴庐生、戴复东、曾育治

图书在版编目（CIP）数据

戴复东、吴庐生文集／戴复东，吴庐生著. —武汉：华中科技大学出版社，2018.1
（中国建筑名家文库）
ISBN 978-7-5609-9573-1

Ⅰ.①戴… Ⅱ.①戴… ②吴… Ⅲ.①建筑学-文集 Ⅳ.①TU-53

中国版本图书馆 CIP 数据核字（2013）第 299865 号

戴复东、 吴庐生文集
DAI FUDONG WU LUSHENG WENJI

戴复东　吴庐生　著

出版发行：华中科技大学出版社（中国·武汉）　　电话：（027）81321913
地　　址：武汉市东湖新技术开发区华工科技园（邮编：430223）

责任编辑：张淑梅　　　　　　　　　　　　　　　　责任监印：朱　玢
责任校对：赵　萌　　　　　　　　　　　　　　　　封面制作：张　靖

印　　刷：武汉市金港彩印有限公司
开　　本：889mm×1194mm　1／16
印　　张：25
字　　数：690 千字
版　　次：2018 年 1 月第 1 版
印　　次：2018 年 1 月第 1 次印刷
定　　价：168.00 元